U0220796

译 者 名 单

徐朝鹏　边 飞　成　惠
王　健　范长增　林仕容

Sommerfeld 理论物理学

（第四卷）

光　学

Optik

〔德〕阿诺德·索末菲 (Arnold Sommerfeld)　著

徐朝鹏　边　飞　等　译

赵达尊　校

科学出版社

北　京

内 容 简 介

本书是伟大的物理学家 Arnold Sommerfeld 的"理论物理学教程"第四卷《光学》的中文翻译,书中对光的反射与折射、运动介质和运动光源光学、色散理论、晶体光学和衍射理论的物理和数学原理作了系统和深刻的讨论,其中若干成果是他本人及其学生的创造性贡献.

本书适合高等院校物理专业的本科生,研究生和大学教师作为教材,也可供相关教师和科研人员参考.

图书在版编目(CIP)数据

光学/(德) 阿诺德·索末菲(Arnold Sommerfeld)著;徐朝鹏等译. —北京:科学出版社,2021.6

(Sommerfeld 理论物理学;第四卷)

ISBN 978-7-03-061572-5

Ⅰ.①光… Ⅱ.①阿… ②徐… Ⅲ.①光学 Ⅳ.①O43

中国版本图书馆 CIP 数据核字(2019) 第 112503 号

责任编辑:陈玉琢 刘信力 崔慧娴 / 责任校对:彭珍珍
责任印制:赵 博 / 封面设计:无极书装

科学出版社 出版

北京东黄城根北街 16 号
邮政编码:100717
http://www.sciencep.com

北京建宏印刷有限公司印刷

科学出版社发行 各地新华书店经销

*

2021 年 6 月第 一 版 开本:720 × 1000 1/16
2025 年 2 月第三次印刷 印张:21 3/4
字数:430 000

定价:148.00 元
(如有印装质量问题, 我社负责调换)

Sommerfeld 及其成就

Arnold Sommerfeld (1868—1951)

    Sommerfeld 是德国伟大的理论物理学家、应用数学家、流体力学家、教育家、原子物理与量子物理的创始人之一. 他对理论物理多个领域, 包括力学、光学、热力学、统计物理、原子物理、固体物理 (包括金属物理) 等有重大贡献, 在偏微分方程、数学物理等应用数学领域也有重要贡献. 他引进了第二量子数 (角量子数)、第四量子数 (自旋量子数) 和精细结构常数, 等等. 20 世纪最伟大的物理学家之一 Planck 在获得 1918 年度诺贝尔物理学奖的颁奖典礼的仪式上的演讲中指出: "Sommer-feld ⋯ 便可以得到一个重要公式, 这个公式能够解开氢与氦光谱的精细结构之谜, 而且现在最精确的测量 ⋯⋯ 一般地也能通过这个公式来解释 ⋯⋯ 这个成就完全可以和海王星的著名发现相媲美. 早在人类看到这颗行星之前 Leverrier 就计算出它的存在和轨道."

    Sommerfeld 思想深刻, 研究成果影响深远. 例如, 他去世后发展起来的数值广义相对论和新近崛起的引力波理论研究中, 还引用 "Sommerfeld 条件", 该条件在求解中发挥了重要作用. 这再次彰显了他的科学工作的巨大价值.

    Sommerfeld 非常重视教育, 他培养的博士生中有 Heisenberg, Debye, Pauli 和

Bethe 四人获诺贝尔物理学或化学奖, 博士后中有 Laue, Pauling 和 Rabi 三人获诺贝尔物理学或化学奖, 他的学生中还有数十位国际顶尖科学家, 如 Hopf, Meissner, Froehlich, Brillouin, Morse 等, 这在迄今所有作为研究生导师的科学工作者与教育工作者中是绝无仅有的. 这些学生中除了 Laue 的成就在晶体衍射, Hopf 等在流体力学, Morse 等在数学方法等领域之外, 绝大多数在量子物理与量子化学领域, 他被称为 "量子理论之父" 是当之无愧的. 当然其中有时代的条件, 他置身于经典物理向现代物理发展的关键时期. 20 世纪初, 德国是世界量子物理研究的中心, 而他所在的 Goettingen 大学和 Muenchen(Munich) 大学又是德国量子物理研究的中心, 他本人又居该中心的中心. 在年龄上, 他位于量子理论的开创者 Planck (1858—1947) 和集大成者 Schroedinger (1887—1961) 的中间, 承上启下. 这按中国话讲, 是 "时势造英雄". 除去客观条件外, 他本人的深邃的洞察力, 集数学物理和理论物理的才能于一身, 科学地组织讨论班, 发现人才, 提携后学, 等等, 也是他成功的原因之一. 1918 年起他担任德国物理学会主席, 1920 年创办和长期主持《德国物理学杂志》(*Zeitschrift fuer Physik*), 编委会决定任何一位有信誉的科学工作者的原始性研究论文, 不经审稿人审查就发表, 从稿件收到至发表最快仅两个星期, 这极大地推动了科学理论的发展, 其中包括使得 Heisenberg, Born 和 Jordan 等的矩阵量子力学的论文及时得以报道, 促进了量子力学在德国的发展. 他同时热诚地对奥地利青年科学家 Schroedinger 的波动量子力学给以崇高的评价, 热诚支持它的发展 (Schroedinger 的论文是由 Planck 主编的, 另一本德国物理杂志 ——《德国物理年鉴》(*Annalen der Physik*) 上得以及时报道的). 可见当时德国科学界伯乐不少, 办事公平和效率之高. 他本人当然是一位天才. Born 称赞他具有发现和发展天才的才能. Einstein 佩服他凝聚和造就了那么多青年天才. 他领导和大大推动了 1910—1930 年全世界原子结构与光谱学的研究, 这属于微观物理的领域. 同时在流体动力学等宏观领域也很有成就, 他指导 Hopf 与 Heisenberg 等在湍流方面的研究, 对后来的研究者, 包括取得很大成就的美籍中国科学家林家翘等都有重要影响, 等等. 按中国话说, 这又是 "英雄造时势".

Sommerfeld 一生的著述丰富, 其中之一是由他的讲课手稿整理的理论物理教程 (*Vorlesungen ueber theoretische Physik*), 共六卷, 包括: 第一卷力学 (*Mechanik*), 第二卷变形介质力学 (*Mechanik der Deformierbaren Medien*), 第三卷电动力学 (*Elektrodynamik*), 第四卷光学 (*Optik*), 第五卷热力学与统计学 (*Thermodynamik und Statistik*), 第六卷物理学中的偏微分方程 (*Partielle Differentialgleichungen der Physik*). 迄今各国先后出版了各种理论物理教程, 那些著者都是有成就的科学家. 像 Sommerfeld 这样对教程所涉及的各个领域都有重要贡献的著者, 还不多见. 另外, 在所有理论物理的教程中含有内容极其丰富的《光学》单独一卷,《物理学中的偏微分方程》单独一卷的, 这是唯一的一套, 因为 Sommerfeld 本人在这两个领域都有重要贡献, 这又构成此教程的特点之一. 这套书既是教程, 又是科学专著, 包含他本人, 他的学生, 例如 Debye 对固体比热, Heisenberg 对湍流的原创性的贡献的详细讨论的珍贵资料, 等等, 它对物理学、物理学教学和物理学史都有重要意义. 这一教程早就译成英文、法文、俄文和日文等其他文种出版, 遗憾的是, 迄今尚未见中文译本. 其实, 前辈学者早就酝酿过翻译成中文工作, 由于当时条件的局限, 迟迟未能实现. 现在的译本可以说是为圆他们的梦而做的一点努力, 但是未必做得好. 不过该教程不包括量子力学. 为了弥补这一缺憾, 此套译本之外补充一卷 Sommerfeld 1929 年出版的《波动力学》(德文原名 *Atombau und Spektrallinien, Wellenmechanischer Ergaenzungsband*—— 原子结构与光谱, 波动力学补编) 的译本, 当然不作为他的这套教程中的一本 (顺便指出, 他的《原子结构与光谱》, 共 1555 页, 是另一套伟大的科学巨著). 通过读这博大精深的七本书, 我们可以看到, Sommerfeld 对理论物理的各个领域, 从宏观力学到量子力学, 从物理到数学都有创造性贡献, 这在所有目前已经出版的各种理论物理教程的著者中可能是绝无仅有的.

习近平同志 2016 年在全国高等学校思想政治工作会议上指出, "只有培养出世界一流人才的高校, 才能够成为世界一流大学." 培养优秀人才, 需要优秀教材和优秀科学专著. Sommerfeld 这套培养出 7 位诺贝尔物理奖或化学奖的理论物理教程, 会提供我们借鉴和学习的一个良好材料.

这套书能译成中文, 应该感谢德国已故物理学家 Prof. H. G. Hahn (他属于 Sommerfeld 最后一波的学生) 多年前的建议, 当时他得知 Sommerfeld 的《理论物理学》尚无中文译本, 建议今后能出中文译本, 认为它会有益于中国青年学者和学生. 也感谢德国 Stuttgart 大学理论物理研究所前所长 Prof. H-R Trebin, 他从德国寄来这套书的德文版的第四卷和第五卷, 帮助了翻译和校对工作.

最后简单介绍一下原著和翻译的情况. 原书写于 1942 年, 是第二次世界大战最激烈的时期, 结束于 1951 年. Sommerfeld 不幸死于车祸, 第五卷尚未完稿, 后来由他的学生继续完成. 当时情况困难, 写出一卷, 就出版一卷, 出版社很分散. 第二次世界大战之后, 德国分裂为德意志民主共和国 (东德) 和德意志联邦共和国 (西德), 它们分别出版 Sommerfeld 的理论物理学, 出版社更加分散, 书一版再版. 其间, 他的学生们对一些卷的内容作了增补和修订, 其中第二卷增补最大, 增加了一章 (第九章)—— 塑性与位错. 它从物理学观点分析位错, 并且把晶体变形与宇宙时间 - 空间弯曲做了类比, 也就是和 Einstein 广义相对论做了类比, 这一思想很新颖. 包括这一章的习题和习题解答以及四个附录在内, 超过 80 页, 相当于原书的四分之一的篇幅. 第三卷增补了广义相对论和引力波的内容, 等等. 1991 年两德统一前后, 由 Harri Deutsch 出版社统一出版, 现在我们采用的作为最终校对的就是这一版本.

该书首卷 1943 年出版后, 美国首先出版了英文译本, 其中许多译者是过去在德国留学的 Sommerfeld 的学生, 翻译得很出色, 这些英文译本成为我们现在翻译的有力的资料. 鉴于这些英文译本出版时间比较早, 而且还存在许多错误, 甚至有的德文词句未能翻译, 德文版后来的增补和修订版的内容在英文翻译版中没有, 只能按照德文版翻译. 现在的中文翻译稿是按照德文原版和英文版翻译的结果, 因为我们德文水平的局限, 也只能这么做. 做的不好之处, 请读者多多批评指正.

此书中文译本的出版, 得到北京理工大学物理学院和教务处以及某些译者个人的资助.

总　　序

　　因受到以前学生的鼓励和出版社的多次邀请, 我决定出版一本关于理论物理学课程的书, 这也是我在 Muenchen 大学教授了长达 32 载的课程.

　　该课程属于基础课程, 听课的学生有的来自 Muenchen 大学和理工学院物理专业, 有的来自数学和物理学专业, 也有的来自天文学和物理化学专业, 他们大部分都是大三、大四的学生. 该课程每周四次课, 并辅以两小时的答疑时间. 本书并未涉及现代物理学的专业课程. 专业课程的讨论主要集中在我的论文和其他专著中. 虽然在研究背景和文献综述中有提及量子力学, 但这些课程的核心依然是经典物理学.

　　课程顺序安排如下:

　　(1) 力学;

　　(2) 变形介质力学;

　　(3) 电动力学;

　　(4) 光学;

　　(5) 热力学和统计学;

　　(6) 物理学中的偏微分方程.

　　力学课程由我和另一位数学专业的同事轮流讲授. 流体动力学、电动力学和热力学则由较年轻的老师讲授. 矢量分析会在单独的课程中讲授, 本系列课程将不会涉及.

　　本书基本沿用我上课的风格, 不会拘泥于数学论证, 而是将主要精力用于解决物理问题. 我希望通过适当的数学和物理学角度, 为读者展现物理学的生动性和趣味性. 因此, 若本书在系统论证和公理结构部分留有空白, 我也不会过于苛求. 我不希望读者被冗长烦琐的数学论证和错综复杂的逻辑推理所吓倒, 进而分散了物理学本身的趣味性. 这种风格在课堂教学中颇有成效, 故而被运用到本书的撰写中. Planck 的课程在理论框架部分是无可挑剔的, 但我相信我可以提出更广泛的题材并能更灵活地使用数学方法解决问题. 此外, 我很乐意更全面更彻底地向读者介绍 Planck 的理论知识, 尤其是热力学和统计学.

　　各卷末收集的问题是对正文的补充. 这些问题是学生的课下作业, 并在课堂答疑环节进行了讨论. 基础的数学问题并未收录在书末的附录中. 问题按章节进行了排序, 每个小节、每个方程都有编号. 因此, 给出小节和方程的编号, 便可找到每卷内引用的方程. 为了便于查询和翻阅, 每个页面左上角都标有章节号.

　　回顾多年的教学生涯, 我由衷感谢伦琴和菲利克斯·克莱因. 伦琴不仅为我的学术活动创造了外部条件, 让我得以享受优厚待遇, 并且多年陪伴在我左右, 致力于拓宽我的研究范围. 在我职业生涯早期, 菲利克斯·克莱因向我传授了最适合于教学的实践方法; 他深谙教学之道, 对我的教学方式产生了强烈而又潜移默化的影响. 值得一提的是, 当我在 Goettingen 大学任指导教授时, 我的课程虽不如现在的六卷那么全面, 但是却在听众中引起了很大的共鸣. 后期, 当我重新讲授这门课程时, 我的学生经常向我反馈, 他们只有在这里才真正掌握了数学结果的处理和应用, 例如傅里叶方法、函数理论的应用和边值问题.

　　最后, 由衷希望本书能激发读者对物理学的兴趣, 同时, 也希望本书带给读者的是身临其境的听课体验.

Arnold Sommerfeld

Muenchen, 1942 年 9 月

第 四 卷 序

本卷与《电动力学》, 即我授课的第三卷紧密联系, 不仅 Maxwell 方程组外在的形式体系, 还有其内禀特征, 以及关于 Lorentz 变换群的不变性, 都来自于第三卷, 并假设读者已熟知这些内容.

第 1 章的题目是 "光的反射和折射". 该章中只处理理想的 (这当然是无法实现的) 单色平面波, 它必须是完全偏振的 (通常情况是椭圆偏振的). 在这里反射和折射都被当作有着单一边界面 (平板的情况) 的或两个边界面的边值问题处理. 让人惊奇的是, 很多内容都属于这一类: 从经典的 Fresnel 公式到最近的隧穿效应问题, 涵盖了非反射透镜、Fabry-Perot 标准具, 以及 (不再时髦的)"黑潜艇" 的问题. 关于 "光的相干性与非相干性" 这一基本问题将在本章的图 2 中简要提及, 而直到第 6 章的 §49 我们再回到描述白光的问题.

第 2 章讨论的是运动介质的光学. 于我而言, 这些问题比后面的章节中所讨论的内容从根本上来说是更简单与更基础的, 因为这里讨论的是光速的普遍特性及其在物理和天文中的结果. 在本章的结尾处, 与 Doppler 效应和光电效应有关的内容将首次对光的经典波动本质提出质疑, 相对应的光的粒子性一面也将首次呈现.

第 3 章从 Drude 的半唯象观点来讨论色散理论, 该观点认为电子是服从经典的谐振公式束缚于原子内的. 然而, 我却认为需增加一节用波动力学的方式来讨论色散理论, 也就是电子的特征振荡用两个不同能级之间的跃迁来代替.

第 4 章将论述晶体光学, 这是 20 世纪物理中最受欢迎的课题. 本章仍以唯象的方式来处理, 即使是偏振平面在无对称中心晶体中的转动问题, 也这样处理, 得益于我们所采用的复数记法, 这将变得特别简单.

第 5 章及第 6 章的大部分将讨论衍射理论. 首先讨论的是光栅 (包括三维的情况) 的衍射; 然后运用 Huygens 原理对标量衍射问题进行求解, 并将其应用到 "光与阴影" 的问题中, 解决了几何光学的诸多矛盾. 第 5 章最后给出了完全反射直边的严格可解的边值问题.

第 6 章首先讨论的是狭缝问题, 这在 50 多年前由 Rayleigh 勋爵在一级近似下求解了. 由该问题可得到一积分方程, 如果能在直边问题的处理中考虑其屏边缘处分支解的行为, 利用它能够得到狭缝问题更高级的近似. 接下来将一种或多或少有点新意的复杂的观点应用到光谱仪器分辨能力的问题上 (包括用于恒星直径测量的 Michelson 反射镜), 进而给出由 Rubinowicz 得到的 Thomas Young 的衍射理论的公式, 以及焦点衍射的 Debye 公式. 最后, 重点强调了标量衍射与矢量衍射的区别, 讨论了 Huygens 原理的矢量推广. 后者将沿着最近 W. Franz 对该问题明晰的处理方法来讨论.

§47 展示的切连科夫 (Cerenkov) 电子将超出传统的光学概念, 可以说是进入了超光速的范畴. §48 讨论 (目前为止几乎完全忽略了的) 几何光学. 程函 (以及与之相关的单位矢量) 的引入使得我们可以简要地描述几何光学的几个基本问题. 另外, 生理光学作为一个很大的领域, 即使它对我们的实际体验至关重要, 也只能在引言中提及.

最后一部分内容与白光的本性相关, 白光并不具有周期性, 它的波的性质只能在让它通过光谱仪器后才能得到. 这里关于波的表示仅仅是光的次要属性, 而在几何光学中则可以将其完全忽略, 取而代之的是 Fermat 原理中粒子性概念. 这一粒子性概念为现代的光子论以及第 2 章末提到的波与粒子的互补性的发展指明了方向. 最后, 我们的论述完全是基于经典的波动概念, 仅仅是整个光学领域中的一部分, 而且也不包括在视网膜中的主要过程, 因为这些本质上属于光电过程, 因此对于它们的讨论必须基于光子论, 而非波动理论.

本卷的内容基于 1934 年 L. Waldmann 对我 "光学" 授课时所做的详细记录. 然而, 本卷最后讨论的一些主题已经大大超出了当时我讲课的内容.

如同在第三卷中的那样, 我很享受在准备本卷的过程中与 J. Jaumann 先生的合作. 在我们许多次的讨论中, 他不仅分享了他在实验光学中的丰富经验, 并为本书准备了初稿. 需要特别指出的是如下章节: §3C、§6C、§7C、§30C、§41 和 §42, 在本书中他撰写的部分不应低估; 手稿也经过我的同事 Q. Buhl 博士严格的检查, 他给了我许多有益的评论; P. Mann 博士帮助检查了书中的习题部分.

Arnold Sommerfeld

Muenchen, 1949

目　　录

引　言

§1　几何光学、物理光学、生理光学以及光学发展历史年表

眼睛是我们最灵敏的感觉器官, 因此即使是古代的自然哲学家也对光科学感兴趣, 对此我们也并不感到惊讶. Leonardo da Vinci 称光学为 "数学家的天堂". 当然, 他所指的光学仅是几何光学或光线光学, 是关于透视、光与阴影分布的理论. 如果他那时就知道了波动光学中起源于光的衍射或者晶体的偏振光等奇妙的颜色现象的话, 他的这一论断肯定会更加贴切! 尤其是当谈论到物理光学的时候, 人们会联想到后面的这些现象. 物理光学与射线光学的联系, 如同波动力学与经典力学的联系一样. 这一事实是 Schroedinger 基于 Hamilton 的卓越工作而认识到的.

然而, 光学尚有第三个分支, 称为生理光学, 这个名称来自于 Helmholtz 的主要工作. 而这个领域基本定律的成立也是基于感觉器官与思维的运作, 但是这些定律并不包含在物理的理论中. 对于 Goethe 而言, 他未能够区分物理光学与生理光学, 在他的人生中这是一个悲剧, 这也是他反对 Newton 无果的原因. 今天很容易就能理解我们对黄色的感觉乃是起源于钠的 D 线, 这是一个完全不同于波长 $\lambda = 5890\text{Å}$ 和 $\lambda = 5896\text{Å}$ 的现象, 而这些需从物理上描述. 我们也知道, 对于某一事件的生理反应可以完全不同于该物理事件本身; 二者本性就不同, 因此无法比较.

本卷中我们将只简要地论述射线光学, 很遗憾, 并不讨论生理光学. 波动光学将直接基于本套书第三卷的结论展开讨论, 这门学科借助光谱学打开了通往现代原子物理的大门, 我们将有足够的时间来讨论它. 我们不涉及如颜色理论这类有趣的领域, 该领域由 Thomas Young 和 Helmholtz 以经典的方式阐述过, 并主要由 Grassmann、Maxwell 和 Schroedinger 进一步发展, 即使在今天依然还不是一门完备的学科. 抛开色彩品质以及它们的对比效应, 这里仅简要地证明主观的感知与客观的事实之间存在着巨大的差异, 即使是对于可以定量决定的强度. 这一现象是所谓的 "半阴影" 问题.

这一现象在最早期确定 X 射线波长的尝试中发挥过作用. X 射线片上在全影与完全照明的区域之间会有半影区域, 这是由于生成了次级 X 射线, 例如在狭缝的边缘处. 肉眼所见的是明暗条纹, 最初, 这被解释为干涉线. 然而, Haga 和 Wind 能够证明这些条纹有主观的渊源, 也唤起人们对另一现象的注意, 该现象由 E. Mach[①]研

[①] 例如, 参见他的书 Prinzipien der Physikalischen Optik, p. 158, J. A. Barth, publ. 1921.

究过, 并被 H. Seeliger 在他关于月食的研究中证实. 作为我们介绍生理光学现象的唯一例子, 下面将对其进行介绍.

　　考虑部分涂黑的白色硬纸板圆盘, 如图 1(a) 所示. 白色与黑色之间的边界由两个 Archimedes 螺线以及部分圆盘半径组成. 我们考虑沿着与圆盘边缘同心的每一个圆的平均亮度 (或黑度); 根据 Talbot 提出的定律, 当圆盘转动得足够快时, 平均亮度决定了主观的亮度感受, 于是圆盘的中心呈现完全的黑色, 其边缘也是如此. 在中心与边缘之间, 有一个最大亮度的区域. 由暗到亮的过渡中含有两个半影区域. 由于 Archimedes 螺线的半径矢量随着圆心角线性地增加 (或减少), 因此半影区域的光强也随着该区域到圆盘中心的距离线性地增加 (或减少). 如果让圆盘在一个马达的轴上快速旋转的话, 那么呈现在眼中的光强分布将如图 1(b) 中的虚线所示. 不过, 眼睛实际所见的是什么呢? 眼睛感受到的是一个均匀的平均亮度, 而非这种线性变化的半影; 对于半影, 在邻近完全黑色的区域眼睛感受到的将是暗条纹, 这比在完全黑色区域所感受到的还要黑得多; 在邻近完全亮的区域感受到的是亮条纹, 这也比在完全亮的区域所感受到的还要亮得多. 在由半影到完全照明的转变过程中, 眼睛 (或是思维?) 好像是受到了惊吓一般, 使对比度增强了. 同样的增强也出现在由半影到完全黑色的转变过程中. 眼睛 (或是思维) 判断的只是对比度, 而不是客观的强度值; 比起纵坐标上强度的绝对值, 它受到的影响更多地来自于衍生出来的强度曲线. 亮条纹与暗条纹 (当然, 在转动的圆盘上是围绕中心的圆圈) 是如此的显著, 以致天真的观测者会发誓他们所见为真.

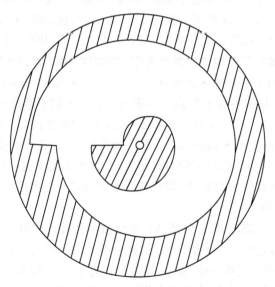

图 1(a)　转动圆盘证明生理的光学幻觉

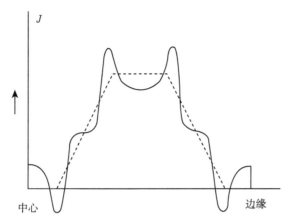

图 1(b) 圆盘转动时眼睛感受到的主观的强度分布 (实线) 以及客观的强度分布 (虚线)

根据几何光学, 只要扩展的光源产生半影, 就能观测到类似的条纹, 例如, 在 Welsbach 罩灯照射的铅笔后面. 同样, 当人们观察太阳从人背后照射在路面上产生的影子时, 会在自己影子的亮边界处看到头部以及四肢的一种光晕效应, 出现这种现象的部分原因与光学幻觉有关. 这种条纹也在作者与一群慕尼黑画家围绕 "Goethe 对 Newton" 论题的辩论中偶然起作用. 在这些讨论的过程中, 可以理解的是, 反对方将这种主观的现象当成客观, 并以此证明物理理论是错误的.

也许人们会认为这种错觉并不能被拍下来, 因此这并不符合它的主观特性. 而事实却并非如此. 即使照相底片上黑色纹理的数量对应正确的强度, 眼睛对摄影影像的感知依然会同对原始物体的感知一样, 受主观的对比度感知蒙骗. 这可用以下实验说明[1]: 用平行光从千分尺狭缝的后面照射, 然后将其拍下来, 在曝光开始时, 狭缝的宽度为 $2b$, 之后, 将慢慢地均匀展宽至 $2a$ 的宽度, 曝光在此时终止. 因此, 照相底片的中心部分 $2b$ 在曝光过程中是连续照明的; 邻近的部分 $a-b$ 受到照明的时间则短一些, 线性地降至零. 在底片上, 可在半影的边界处再次看到明暗的条纹 (如果狭缝是不均匀开口的, 那么在描述照明相对于时间的衍生曲线中, 对应于它的不连续处的半影区域 $a-b$ 里面还会有次级条纹出现).

对于生理光学就讲这么多 (或者说就这么少). 为了给本卷中所涵盖的大量素材提供一个概括性的总结, 我们继续给出大部分重要的光学发现的历史年表.

Snell 折射定律 (通过 Huygens 而广为人知) 和 Descartes 的屈光学 (Dioptrics), 1637. 彩虹的第一个理论也来自于 Descartes.

Grimaldi 关于光、色与潮的物理数学探讨 (*Physico-mathesis de lumine, coloribus et iride*), Bononiae (Bologna), 1655, 光学的第一本教材; 光线偏离直线传播; 衍射.

---

① J. Drecker, Physikal. ZS. 2, 145, 1900.

Olaf Roemer, 1675; 根据木星的卫星食确定了光速.

Christian Huygens, 光论 (*Traité de la Lumière*), Leiden, 1690; 未仔细研究振动本质 (纵向或横向) 的波动理论. Huygens 原理; 波面, 方解石中的双折射.

Newton, 光学 (*Opticks*), 1706, 英文版 1675. 薄板的颜色. 光谱色以及它们的组合白光. 侧向 "吻合" 的发射理论.

Bradley, 1728; 光行差.

Thomas Young, 自然哲学讲义 (*Lectures on Natural Philosophy*), 1807. 光的干涉; 衍射; 颜色理论; 颜色三角形; Young 也破译过象形文字.

Malus, 作用在光上的排斥力性质 (*Sur une propriété des forces répulsives qui agissent sur la lumière*), 1809; 反射导致的偏振.

Biot, Brewster, Arago, 晶体物理学 (*Crystal Physics*), Arago, 1811, 石英的旋光率.

Fraunhofer, 1787~1826, Fresnel, 1788~1827, 波动光学的两位大家, 他们都英年早逝, 但都留下丰硕的研究成果和名声. Fraunhofer 是他那个时代最伟大的玻璃技术员和望远镜制作者; 他制作了第一个衍射光栅; 他因为发现了太阳和行星的 Fraunhofer 谱线, 使其成为光谱学和天体物理学之父. Fresnel 发展了波动理论; 他的曳引系数是相对论的先驱; 他是晶体光学中不懈奋斗的实验家. Fraunhofer 衍射和 Fresnel 衍射.

Bessel, 通过 Fraunhofer 望远镜于 1838 年首次测量了天鹅座中的恒星视差.

Christian Doppler, 1842, 双星以及其他星体的色光 (*Ueber das farbige Licht der Doppelsterne und einiger anderer Gestirne des Himmels*).

在地面上测定光速: Fizeau 于 1849 年用齿轮; Foucault 于 1850 年用旋转反射镜; Michelson 也于 1926 年开始测定.

Faraday, 1845, 论光的磁化以及磁感线的变明 (*On the Magnetization of Light, and the Illumination of Magnetic Lines of Force*).

Maxwell, 1861, 光的电磁理论的发现 (*Discovery of the Electro-magnetic Theory of Light*); 专著, 1873.

Maxwell 计划用干涉法去确定光速对地球绕太阳的轨道在不同方位角的可能的依赖关系, Michelson 在 1881 年做了这一实验, Michelson 和 Morley 于 1887 年对实验进行了改进, Joos 于 1930 年在 Jena 的 Zeiss 工厂以最高的精度重复了该实验.

基于弹性理论的色散理论由 Ketteler 和 Sellmeier 发展起来. 色散的电磁理论始于 Helmholtz, 在电子理论的基础上由 Drude 完成; Drude, *Lehrbuch der Optik*, 1900. 色散的波动力学理论, 1926, 由 Schroedinger 奠定.

Abbe, 1840~1905, 光学图像的衍射理论; 同时也是 Helmholtz 和 Rayleigh 勋爵的研究工作.

O. Wiener, 光驻波, 1890, 基于光驻波的 Lippmann 彩色摄影术.

Rayleigh 勋爵, 1842~1919, 蓝色天空的解释; 将群速度引入光学; 棱镜的分辨能力. 将自然白光看成一种完全随机、非周期过程的观念.

Zeeman 效应, 1896; H. A. Lorentz 对正常 Zeeman 效应的解释.

Einstein 在 1905 年从量子理论演绎出光子 (光量子) 的概念.

第1章 光的反射和折射

§2 回顾电动力学：理想自然光的基本原理

在本套理论物理学第二卷 (中文版：《变形介质力学》, 范天佑等译, 科学出版社, 2018) 45 节, 我们曾指出, 在两个不同光学介质之间的界面处, 光的弹性理论所给出的边界条件要多于由偏振事实也就是光的横波特性所给出的边界条件, 因此我们把注意力转向光的电磁理论. 与弹性理论不同, 电磁理论只分别对电场强度 E 和相关联的磁 "扰动" H 给出了两个边界条件, 也即边界表面切向分量的相等性.

我们将假设光是单色的, 因此只用单一频率 ω 进行计算. 这个假设是对真实情形的过分理想化, 其具体含义可理解为：以光谱的方式将光分解, 而且只用光谱中的一个无限小部分作为光源. 用于此目的的分光装置叫单色仪. 而且, 我们将不考虑任意的光线束, 而是再次将真实情况理想化, 仅考虑数学上简单得多的具有确定传播方向的平面波. 这意味着我们使用了一个准直器 (一个含有其焦平面上开了狭缝的凸透镜的管子), 通过它我们可以得到一个能把原本发散的光线束变为具有一定宽度的平行光的系统.

自然光不具备这两种性质中的任一种, 甚至太阳光的频率也是完全不规则的, 而且由于太阳圆盘有一定尺寸, 光线不够平行.

我们将首先考虑从单色仪和准直装置中出来的理想光. 以后将会讨论自然光的特性. 我们选择平面波的传播方向作为 x 轴. 定义电磁场矢量为 E 和 H, 而且用它们表示下面表达式的实部, 其中右端应有的用于表示取实部的符号 Re 被省略了：

$$E = A\mathrm{e}^{\mathrm{i}(kx-\omega t)}, \quad H = A'\mathrm{e}^{\mathrm{i}(kx-\omega t)} \tag{1}$$

k 叫做光的波数, A 是一个常数, 与 x 和 t 无关, 但是对于 E 的不同分量, 有不同的一般为复数的值. A' 由 A 来确定. 当然我们也可以用曾经使用过的波的表示量 B 来代替 H. 我们偏向于用 H 的原因是, H 在两个不同光介质分界面上的边界条件, 即 H 的连续性和 E 的一样; 也有部分原因是光学中的一个基本量即辐射矢量 S 是由下式给出的：

$$S = E \times H \tag{1a}$$

(上式中没有任何附加的因子, 借助于卷三中引入的 MKSQ 单位系统, 本卷仍以该系统为基础). 而且, 这样做会与通常文献中 H 和 E 连在一起使用的做法一致.

在没有电荷的各向同性介质中，由于**条件** $\mathrm{div}\boldsymbol{E}=0$ ("Sommerfeld 理论物理学" 见第三卷《电动力学》第 6 章, 科学出版社, 待出版) 将导致由式 (1) 给出的平面波 的 $E_x=0$, 电磁学要求光具有横波特性. 因此, 这里只存在 E_y 和 E_z 两个分量. 对 于 $\boldsymbol{H}$ 也是如此. k 和 w 的关系见下式 (见第三卷, 第 6 章)

$$k=\sqrt{\varepsilon\mu}\omega \quad \left\{ \begin{array}{l} \varepsilon \text{ 为介电常数} \\ \mu \text{ 为磁导率} \end{array} \right. \tag{2}$$

在量纲上, $\sqrt{\varepsilon\mu}$ 是速度的倒数, 我们将其命名为 $1/u$, 这里 u 是特定介质中传 播的相速度. 这是根据式 (1) 中的指数项得出的. 将该项对 t 求导并令结果等于 0, 得出:

$$k\frac{\mathrm{d}x}{\mathrm{d}t}-\omega=0$$

在真空中, $\varepsilon=\varepsilon_0$, $\mu=\mu_0$, 则

$$u=c, \quad c=\frac{1}{\sqrt{\varepsilon_0\mu_0}}\sim 3\times 10^8 \mathrm{m/s} \tag{3}$$

式 (1) 中的 $\boldsymbol{H}$ 和 $\boldsymbol{E}$, 或者等价地, 常数 A' 和 A 之间的关联都来源于非导电 介质下的 Maxwell 方程:

$$\mu\frac{\partial \boldsymbol{H}}{\partial t}=-\mathrm{curl}\boldsymbol{E}, \quad \varepsilon\frac{\partial \boldsymbol{E}}{\partial t}=\mathrm{curl}\boldsymbol{H} \tag{4}$$

对于平面波的特联情况, 因为 $E_x=0$, $H_x=0$, 由式 (4) 的第一个公式可得

$$-\mathrm{i}w\mu A'_y=\mathrm{i}kA_z, \quad -\mathrm{i}w\mu A'_z=\mathrm{i}kA_y$$

因此从式 (4) 中的第二个方程得出

$$A'_y=-\frac{k}{\mu\omega}A_z=-\sqrt{\frac{\varepsilon}{\mu}}A_z, \quad A'_z=\frac{k}{\mu\omega}A_y=\sqrt{\frac{\varepsilon}{\mu}}A_y \tag{5}$$

由于常数 A_y、A_z 的选择不同, 作为 Maxwell 方程组的必然结果导致单色平波 面具有唯一确定的振荡状态, 即唯一确定的**偏振态**.

在习题 I.2 中, 我们将看到式 (1) 通常代表椭圆偏振. 这意味着如果在 yz 面内 以 $y=0$、$z=0$ 作为起点画出电矢量 $\boldsymbol{E}$, 则矢量端点在时间段 $\tau=\frac{2\pi}{\omega}$ 中将画出一 个主轴在 yz 面内的椭圆. 对矢量 $\boldsymbol{H}$ 也一样. 这里必须指出, 根据我们对 Maxwell 理论的理解, 在这个过程中, 没有物质振动, 也没有发生 "光以太" 的运动. 稍后将 看到椭圆偏振的这一理想情况如何能在很好的近似程度上被实现 (全反射, 金属表 面反射, 晶体光学).

椭圆偏振的一个重要特例是, 当

$$|A_y| = |A_z|, \qquad \frac{A_z}{A_y} = \pm \mathrm{i} \tag{6}$$

时出现的圆偏振.

线偏振的特点是

$$\frac{A_z}{A_y} \text{ 为实数 \quad (正的或负的)} \tag{6a}$$

当然, 也包括 $A_z = 0$, $A_y = 0$ 这种特殊情况.

在接下来的讨论中, 我们不仅会谈及单色仪 (monochromator) 和准直器 (collimator), 也会谈及偏振器 (polarizer) 如尼科尔 (Nicol) 棱镜、1/4 玻片等. 根据上述讨论, 这样偏振器实际上不产生偏振光, 只是把光从一种偏振态转变为另一种偏振态. 根据 Maxwell 方程, 单色仪和准直器可产生一般的椭圆偏振光, 对于光学的实验主义者, 这似乎听起来有些矛盾. 从理论上讲, 即使使用了理想的单色仪和准直器, 包含在任意常数 A_y 和 A_z 中的四个参量 (两个幅值 $|A_y|$ 和 $|A_z|$、两个相位 α_y 和 α_z) 仍然无法确定. 只有通过偏振器才能限定这些参量的值.

当然, 实际的单色仪和准直器达不到理想的效果, 所以在实际中我们从来得不到理想光, 而只能得到许多理想情况的连续叠加, 这时最好的结果是, 得到一定的频率范围或者有利于某一传播方向. 因此, 通过单色仪后出射的光也不是严格的单色光, 哪怕减小到单一谱线, 也具有一定的光谱宽度. 同样道理, 尽管空间方向中存在一个最强的方向, 从准直器出射光的传播方向实际上也包含了一个空间范围. 类似地, 不同的偏振器件也都有一定程度的不确定性.

自然光在各个方面的叠加范围都是无限的, 它包含了所有 $0 < \omega < \infty$ 的频率, 而且在散射情形下包含了所有可能的入射方向. 自然光在所有方向上的偏振程度相同. Planck 为了建立热力学辐射定律不得不分析这种结果. 他的定律反过来又导致了量子理论的发现. 他指出, 黑体辐射不是由式 (1) 描述, 而是对每个很小的频域 $\Delta\omega$ 以式 (1) 的形式作无限项求和. 其中, 即使对相邻的 ω, 常数 A 的绝对值和相位也会随意变化. 这个构想源于黑体辐射的基本过程: 单一原子辐射与其他原子无关. 仅仅 $\sqrt{A_y^2 + A_z^2}$ 的值会被所有元过程的平均能量确定, 然而, 单看 A_y 和 A_z, 它们都是完全不确定的, 尤其涉及它们的相位时. 所有这些也对我们所谓的 "自然光" 成立. 诚然, 当人的裸眼注视确定点时, 也会经历在自然光的无限个成分中选择出一些成分. 在凝视某一固定点时, 因为眼睛像准直器一样也有一透镜, 因此其作用与后者相似. 还有, 眼睛的光谱选择灵敏度和对颜色的感知, 限制了频域.

在任何单个情况下, 平面波的某个频率和某个方向突出得越明显, 则它可以足够良好地近似代表自然光场的时间和空间范围就越大. 在该范围之外, 相位在时间和空间上的变化服从统计分布. 图 2 试图通过实例做出说明.

图 2　由 6 个简单波组成的 "波包" 瞬态图像

—— 等相位线; - - - - - 等振幅线

图 2 代表 6 个平面单色波的叠加. 也就是说, 式 (1) 中指数函数的 6 个实部相

加; 它们的频率 ω 之比是:

$$95 : 97 : 99 : 101 : 103 : 105;$$

它们的传播方向 k 相对于中间一对的方向成对偏离 $\pm\frac{1}{20}$ 弧度, 表示为 $+\frac{1}{20}, +\frac{1}{20}$, $0, 0, -\frac{1}{20}, -\frac{1}{20}$.

大部分为直线的实线系显示了所产生振荡状态的瞬时节点. 在这些节点之间存在交替的波峰和波谷. 波峰和波谷的振幅用虚线表示, 其方式类似于地图上的等高线. 相邻等高线的振幅差为 1. 图中除数字 0 外, 每种情况下仅给出了最高振幅波峰的高度. 我们可以看到, 当振幅为零时, 规则的序列波被打断, 也可以说在这些点上, 加入了新周期的波. 由此可知, 在这种点的后面, 波前超过或者落后于对应一个局部临近的未扰动波的前进, 或等价地说, 为了使频率增加 1, 我们必须想象这整个波图像以光速沿着箭头的方向传播, 同时它的形状逐渐变化.

视觉观测表明, 存在一些约几个波长大的有限区域, 在那里一个波可以在足够的近似程度上具有均匀平面波的特性, 并且在传播时保持该特性. 因此, 这些区域实际上确实满足了上述关于 "良好近似区域" 的假设. 只有那些零点看起来是例外. 然而, 正是因为那里的振幅为零, 它们不会产生比其他强度变化的点更强的任何效应.

为了用实验证明对单色平面波计算得到的任何结果, 我们必须确保在观测的整个过程中所有的被考察物体都位于这一良好近似区域内, 如果这一条件满足, 我们就说产生了相干光. 更确切些, 我们应该说在时空中产生了足够大的相干区域, 因为即使是自然光场也有微小的相干区域.

在每种具体情况下, 要根据物体尺寸相对波长的大小来确定该区域的大小, 从而准备对光线的单色性和方向的一致性所做的措施, 为了便于以后的讨论, 我们将举几个例子.

不需要借助光学仪器来观察胶状粒子或月华中颜色的相互作用.

为了观察薄板的颜色, 入射光的方向平行性几乎不重要. 在这种情况下, 人眼的光谱选择性足以限制频率范围.

然而, 对于厚板, 只有应用窄峰谱线和方向性良好的光束才能获得干涉条纹; 有必要用望远镜区来区分这些条纹.

人们只有通过很窄的缝才能观察到太阳光衍射. 准直器或辅助狭缝是必要的, 只有从同一个相干区域内发出的光线才能相互干涉, 这些光线的光矢量相加. 来自相距较远区域的辐射场在时间平均意义上是能量的结合. 对于这些辐射场是强度相加.

在讨论本章的实际主题, 即反射和折射之前, 我们将简要回顾一下上面使用的单位以及第三卷中会用到的量.

使用四个 (基本) 单位: M (米), K (质量千克), S (秒), Q (电荷)[①], 我们得到

力的单位: $1N = MKS^{-2} = 10^5 dyn$;

能量单位: $1J = 10^7 erg$;

功率单位: $1JS^{-1} = 1W$;

电场强度: $\dfrac{\text{力}}{\text{电荷}} = \dfrac{N}{Q} = \dfrac{V}{M}$, $1V = 1\dfrac{J}{Q}$;

电流强度: $QS^{-1} = A$;

电流密度: $J = \dfrac{A}{M^2} = QM^{-2}S^{-1}$.

"位移电流" D 有同样的量纲, 因此 Maxwell"电位移" D, 也就是我们的 "电激发" 的量纲是 QM^{-2} (库仑/米 ^{2}). 因为 $D = \varepsilon E$, 介电常数的量纲是 $\dfrac{Q^2 M^{-2}}{N} = M^{-1}S\Omega^{-1}$, $1\Omega = 1JSQ^{-2} = 1\Omega$.

磁矩 = 磁极强度 × 力臂 = Pl. Wilhelm Weber 把它定义为电流 × 面积. 因此, 磁极强度 $P = QMS^{-1}$ = 从安培角度讲的 "运动电荷".

磁感应强度 (实际上为 "场强度"): $B = N/P = NSQ^{-1}M^{-1} = VSM^{-2}$;

磁场强度: $H = P \cdot M^{-2} = QM^{-1}S^{-1} = AM^{-1}$;

磁导率: $\mu = B/H = NS^2 \cdot Q^{-2} = M^{-1}S\Omega$; $\varepsilon\mu = M^{-2}S^2 = (\text{速度})^{-2}$, $\mu/\varepsilon = \Omega^2$, $\sqrt{\mu_0/\varepsilon_0}$ = 波的真空阻抗.

为了从公式中消去 4π, 规定 $\mu_0 = 4\pi \times 10^{-7}M^{-1}S\Omega$, 从而得出 $4\pi c^2 \varepsilon_0 = 10^7 MS^{-1}\Omega^{-1}$.

辐射矢量 $S = E \times H = JM^{-2}S^{-1}$.

这里我们不将磁极强度 P 作为第五个基本单位来介绍 (见第三卷 §8B).

§3 Fresnel 公式: 从光疏介质到光密介质的传播

如果我们把我们的考虑限制在边界的一小部分 (例如, 几百波长大小), 就可以把两个光学性质不同的介质之间的边界看成平面. 我们设这个边界为右手 Descartes 坐标系的平面 $y = 0$. 让一个线偏振平面波从 $y > 0$ 的半空间入射到界面上. 入射面是图 3(a) 和图 3(b) 所在的纸平面, 也就是 xy 面. 波的传播方向与 y 轴负向的夹角为 α. 为了所考虑边值问题的求解, 除了第二个介质中的折射波 (与 y 轴负向夹角 β) 外, 我们还将引入反射平面波, 它与 y 轴正向的夹角目前暂设为 α'. 我们

---

① 数值计算时用库仑作为 Q 的单位, 即 1 安培·秒. 译注: 按我国标准, 单位米、千克、秒的符号分别是 m、kg、s.

将这三波的电振幅标记为 A, B, C, 分别对应入射光束 S_i、折射或 "透射" 光束 S_d 以及反射光束 S_r. 我们首先考虑以下情况:

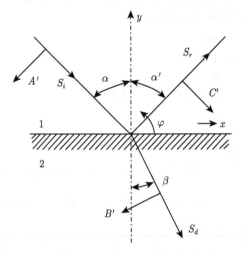

图 3(a) 图解说明 Fresnel 公式从光疏介质到光密介质的传播. 电矢量垂直于纸面

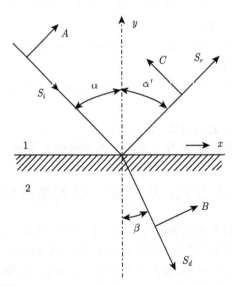

图 3(b) 推导从光疏到光密介质传播的 Fresnel 公式的图示. 电矢量位于图平面内

A. 电矢量垂直于入射面

对三种波, 除了省略 §2 关系式 (1) 中表示实部的符号外, 还将省略时间因子

$\exp(-\mathrm{i}\omega t)$. $\boldsymbol{E}$ 在所有地方的方向都是 z 轴方向. 我们现在暂时在 xy 面引入极坐标 r, φ, 对于 §2 式 (1) 中用 x 表示的传播方向, 我们做代换 $x = r\cos\varphi$ 或者考虑三个传播方向不同, 将其写为一般形式 $x = r\cos(\varphi - \gamma)$. 根据图 3(b), 我们必须用 γ 的下列值:

对于入射波 $-\dfrac{\pi}{2} + \alpha$, $r\cos(\varphi - \gamma) = x\sin\alpha - y\cos\alpha$

对于折射波 $-\dfrac{\pi}{2} + \beta$, $r\cos(\varphi - \gamma) = x\sin\beta - y\cos\beta$

对于反射波 $+\dfrac{\pi}{2} - \alpha'$, $r\cos(\varphi - \gamma) = x\sin\alpha' + y\cos\alpha'$

等号右边中的 x, y 是指图中所示的坐标, 与 §2 关系式 (1) 中的不同. 入射波和反射波在介质 1 中的叠加结果以及介质 2 中的折射波分别是

$$E_z = A\mathrm{e}^{\mathrm{i}k_1(x\sin\alpha - y\cos\alpha)} + C\mathrm{e}^{\mathrm{i}k_1(x\sin\alpha' + y\cos\alpha')} \tag{1}$$

和

$$E_z = B\mathrm{e}^{\mathrm{i}k_2(x\sin\beta - y\cos\beta)} \tag{1a}$$

在 $y = 0$ 处, 边界条件要求

$$A\mathrm{e}^{\mathrm{i}k_1 x\sin\alpha} + C\mathrm{e}^{\mathrm{i}k_1 x\sin\alpha'} = B\mathrm{e}^{\mathrm{i}k_2 x\sin\beta} \tag{2}$$

因为与 x 有关, 只有当指数因子相消后, 通过选择常数 $A : B : C$ 才能满足这一条件, 从而有

$$\alpha = \alpha', \quad k_1\sin\alpha = k_2\sin\beta \tag{3}$$

其中第一个公式是反射定律; 第二个是折射定律, 回顾 §2 式 (2), 变为

$$\frac{\sin\alpha}{\sin\beta} = \frac{k_2}{k_1} = \sqrt{\frac{\varepsilon_2\mu_2}{\varepsilon_1\mu_1}} \tag{3a}$$

这个方程的右边定义了介质 1 和 2 的 (相对) 折射率

$$n_{12} = \sqrt{\frac{\varepsilon_2\mu_2}{\varepsilon_1\mu_1}} \tag{3b}$$

如果我们假设介质 1 是空气, 它的常数 ε_1 和 μ_1 几乎和真空的一样, 而且我们仅用 ε 和 μ 来表示介质 2 的常数. 我们就获得了相对于空气的折射率的定义:

$$n = \sqrt{\frac{\varepsilon\mu}{\varepsilon_0\mu_0}} = \frac{c}{u} \tag{4}$$

这里, 和 §2 式 (3) 一样, u 代表介质 2 中的相速度. 将 $\mu = \mu_0$ 和 $\varepsilon/\varepsilon_0 = \varepsilon_{\mathrm{rel}}$ (相对真空的介电常数) 代入上式, 常写为

$$n = \sqrt{\varepsilon_{\mathrm{rel}}} \tag{4a}$$

这就是 Maxwell 关系. 像 Boltzmann 指出的那样, 这一关系对单一极性气体和蒸气能很好适用, 但完全不适用于固体和液体, 特别不适用于那些有红外共振的介质. 比如对于水, 得到 $\sqrt{\varepsilon_{\mathrm{rel}}} \sim 9$, 与实际的 $n \sim 4/3$ 不一样. Maxwell 关系完全不能解释色散 (n 与频率有关).

因为式 (3), 式 (2) 简化为

$$A + C = B \tag{5}$$

我们通过写出切向分量 H_x 的边界条件, 得到常数比例 $A : B : C$ 的第二个方程. 根据 §2 式 (5), $\boldsymbol{H}$ 的振幅因子是 $\boldsymbol{E}$ 的振幅因子乘以 $\pm\sqrt{\varepsilon\mu}$, 这里的正负号由右手螺旋定则来确定: 所有三个波的 $\boldsymbol{E}$, $\boldsymbol{H}$ 和 $\boldsymbol{S}$ 构成一个右手坐标系. 在 $\boldsymbol{E}$ 为正的瞬时, 也就是其方向从图 3(a) 所在的纸上由里向外, 那么 $\boldsymbol{H}$ 方向是由 $\boldsymbol{S}$ 方向作顺时针旋转产生的. 因此, 根据图中画出的光线方向, 入射波和折射波的 $\boldsymbol{H}$ 必须指向左, 反射波的 $\boldsymbol{H}$ 必须指向右. 这样, 分别就入射波和折射波来说, H_x 是相应电矢量振幅的 $-\cos\alpha$ 和 $-\cos\beta$ 倍, 对于反射波是 $+\cos\alpha$ 倍. 于是, 式 (1) 可被下式替换:

$$H_x = \sqrt{\frac{\varepsilon_1}{\mu_1}} \cos\alpha \mathrm{e}^{\mathrm{i}k_1 x \sin\alpha} \left(-A\mathrm{e}^{-\mathrm{i}k_1 y \cos\alpha} + C\mathrm{e}^{\mathrm{i}k_1 y \cos\alpha}\right) \tag{6}$$

而且式 (1a) 被替换为

$$H_x = -\sqrt{\frac{\varepsilon_2}{\mu_2}} \cos\beta \mathrm{e}^{\mathrm{i}k_2 x \sin\beta} B\mathrm{e}^{-\mathrm{i}k_2 y \cos\beta} \tag{6a}$$

利用折射定律, 边界条件可被简化为

$$\sqrt{\frac{\varepsilon_1}{\mu_1}} \cos\alpha\,(-A+C) = -\sqrt{\frac{\varepsilon_2}{\mu_2}} \cos\beta B \tag{7}$$

我们将其在形式上改写为

$$A - C = m_{12}\frac{\cos\beta}{\cos\alpha}B, \quad m_{12} = \sqrt{\frac{\varepsilon_2}{\mu_2}\frac{\mu_1}{\varepsilon_1}} \tag{8}$$

m 一般 (对于 $\mu_2 \neq \mu_1$) 不同于 n. 但当 n 为两个波速之比时, 根据量纲表, 我们要将 m 定义为两个波阻抗之比.

通过对式 (5) 和式 (8) 的加、减运算, 得到

$$\left.\begin{array}{c} 2A \\ 2C \end{array}\right\} = \left(1 \pm m_{12}\frac{\cos\beta}{\cos\alpha}\right) B \tag{9}$$

为了与通常形式的 Fresnel 公式一致, 我们使用式 (8) 和式 (3b),

$$m_{12} = n_{12}\frac{\mu_1}{\mu_2} = \frac{\mu_1}{\mu_2}\frac{\sin\alpha}{\sin\beta} \tag{10}$$

从而式 (9) 被替代为

$$\left.\begin{array}{c} 2A \\ 2C \end{array}\right\} = \left(1 \pm \frac{\mu_1}{\mu_2}\frac{\sin\alpha}{\sin\beta}\frac{\cos\beta}{\cos\alpha}\right)B \tag{11}$$

在通常情况下, $\mu_2 \sim \mu_1 = \mu_0$, 我们可以将第一个 Fresnel 公式进一步简化为

$$A : B : C = \sin(\beta + \alpha) : [\sin(\beta + \alpha) + \sin(\beta - \alpha)] : \sin(\beta - \alpha) \tag{12}$$

B. 磁矢量垂直于入射面

我们从 z 轴方向磁矢量 $\boldsymbol{H}$ 的开始. 如在本章 §2 式 (1) 中那样, 我们用 A' 表示入射波的振幅, B' 和 C' 分别表示折射波和反射波的振幅. 因为 H_z 在 $y = 0$ 连续, 边界条件 (2) 变为

$$A'\mathrm{e}^{\mathrm{i}k_1 x \sin\alpha} + C'\mathrm{e}^{\mathrm{i}k_1 x \sin\alpha'} = B'\mathrm{e}^{\mathrm{i}k_2 x \sin\beta} \tag{13}$$

由此导出的反射定律和折射定律正像式 (3) 一样, 式 (3a) 和式 (13) 简化为

$$A' + C' = B' \tag{14}$$

对于 $\boldsymbol{E}$ 波 (A' 和 C' 的因子是 $\sqrt{\varepsilon_1/\mu_1}$, B' 的因子是 $\sqrt{\varepsilon_2/\mu_2}$) 得到

$$A + C = m_{12}B \tag{14a}$$

这里 m_{12} 的意义由式 (8) 给出.

第二个条件由 E_x 在 $y = 0$ 连续给出. 为了确定正负, 我们看图 3(b), 其中 $\boldsymbol{H}$ 的瞬时指向垂直于纸面并指向读者. 因此, 根据 $\boldsymbol{E}$、$\boldsymbol{H}$ 和 $\boldsymbol{S}$ 必定依此顺序构成右手系统, $\boldsymbol{E}$ 箭头指向像图 3(b) 画出的那样. 将这些方向向 x 轴投影, 将得到替换式 (8) 的第二个边界条件

$$\cos\alpha(A - C) = \cos\beta B$$

将此与式 (14a) 联立得

$$\left.\begin{array}{c} 2A \\ 2C \end{array}\right\} = \left(m_{12} \pm \frac{\cos\beta}{\cos\alpha}\right)B = \left(\frac{\mu_1}{\mu_2}\frac{\sin\alpha}{\sin\beta} \pm \frac{\cos\beta}{\cos\alpha}\right)B \tag{15}$$

在通常情况下, $\mu_1 \sim \mu_2$, 上式可简化为

$$\frac{4A}{B} = \frac{\sin 2\alpha + \sin 2\beta}{\sin\beta\cos\alpha} = \frac{2\sin(\alpha + \beta)\cos(\alpha - \beta)}{\sin\beta\cos\alpha} \tag{15a}$$

$$\frac{4C}{B} = \frac{\sin 2\alpha - \sin 2\beta}{\sin\beta\cos\alpha} = \frac{2\cos(\alpha + \beta)\sin(\alpha - \beta)}{\sin\beta\cos\alpha} \tag{15b}$$

从此可以立即得到

$$A : C = \tan(\alpha + \beta) : \tan(\alpha - \beta)$$

另一方面, 由式 (15a) 能容易地计算出

$$
\begin{aligned}
A : B &= \tan(\alpha + \beta) : \frac{2\sin\beta\cos\alpha}{\cos(\alpha + \beta)\cos(\alpha - \beta)} \\
&= \tan(\alpha + \beta) : \frac{\sin(\alpha + \beta) - \sin(\alpha - \beta)}{\cos(\alpha + \beta)\cos(\alpha - \beta)} \\
&= \tan(\alpha + \beta) : \left[\frac{\tan(\alpha + \beta)}{\cos(\alpha - \beta)} - \frac{\tan(\alpha - \beta)}{\cos(\alpha + \beta)} \right].
\end{aligned}
$$

结合这两个比率, 得到第二个 Fresnel 公式

$$A : B : C = \tan(\alpha + \beta) : \left[\frac{\tan(\alpha + \beta)}{\cos(\alpha - \beta)} - \frac{\tan(\alpha - \beta)}{\cos(\alpha + \beta)} \right] : \tan(\alpha - \beta) \tag{16}$$

为了完成上面的计算, 我们将在习题 I.3 中弄明白, 事实是在 $y = 0$ 面上没有电荷, 从而就没有发生电位移 $D_y = \varepsilon E_y$ 的不连续 (在情况 A 中, 这是确定的, 因为 $E_y = 0$).

C. 垂直入射时反射的人工抑制

对于 $\mu_2 \neq \mu_1$ 的情形, 式 (9) 和式 (15) 的更完整求解有一定历史意义. 在战争期间, 作为对抗盟军雷达的一种措施, 问题出现了, 即要找到一层厚度很小的基本不反射 ("黑色") 的表面层. 对于垂直或几乎垂直入射的雷达波, 这层更不能发生反射. 在这种情况下, 由于反射定律, α 和 β 几乎都等于 0. 通过让

$$m_{12} = 1 \tag{17}$$

根据式 (9) 和式 (15), 问题解决了.

因此, 评判的标准不是折射率 n, 而是波阻率 m. 为了 "伪装" 一个物体以对抗雷达波, 必须在其上覆盖一层在厘米波区域波阻率为 1 的薄层. 根据式 (8), 这意味着, 如果所需材料的常数为 ε 和 μ, 空气的为 ε_0 和 μ_0, 则要求

$$\frac{\varepsilon}{\varepsilon_0} = \frac{\mu}{\mu_0} \tag{18}$$

因此, 不仅要研究介电常数, 还要研究介电常数和磁导率之间的关系. 必须制出一种相对磁导率 μ/μ_0 和相对介电常数 $\varepsilon/\varepsilon_0$ 相同的物质.

但是, 这个问题还没有解决. 薄层的背面与要伪装的物体 (金属) 是相邻接的, 第二界面仍然反射强烈. 因此, 必须施加进一步的条件, 该薄层应有足够强的吸收. 这需要一个复数而不是实数的介电常数, 而且因为式 (18) 的要求, 也需要一个相应

的复数磁导率. 因此, 材料必须是铁磁性的, 必须具有强烈的磁滞性或相应的结构弛豫行为. 因此, 出现了一个困难的技术问题, 虽然不是不可解决, 但需要大量的准备工作.

由于紧迫的战争形势, 必须根据下述考虑来解决这一问题. 根据以上所述, 反射是介质 1 和介质 2 之间材料常数不连续性的后果. 关于一个完全连续的传播是否同样会引起反射的问题是一个老问题, 一直有争议, 由于最近波动力学[①]以及电离层的研究对这个问题产生特别兴趣, 这个问题才得到肯问的回答.

然而事实证明, 当材料常数的变化扩展到等于或大于一个波长的距离上时, 反射变得非常小, 而在小于 1/4 波长时反射增加, 其行为类似于不连续的增加. 我们所说的材料常数指的是复介电常数 (由于必要的吸收, 它必须是复数; 可不考虑磁导率).

实际上, 有必要通过一系列步骤来近似满足 ε 的连续增加. 也就是通过应用多个薄层, 随着从一层到下一层的厚度不断增加, 介电常数 (特别是更为重要的虚部) 也增大. 以这种方式, 对于小于取决于层厚度的上限的所有波长, 反射强度可以降低到 Fresnel 公式给出值的 1%. 这可以在不超过允许的附加层重量的情况下完成.

我们将在第 7 章论述另一种消除反射的方法 (干涉消光).

§4 Fresnel 公式图解讨论, Brewsten 定律

让介质 1 是光疏介质, 如空气, 介质 2 是光密介质, 如水或玻璃. 因为这些介质都是非磁性的 $(\mu = \mu_0)$, m 和 n 具有相同的值. 这里的 "密" "疏" 之说来源于 Fresnel 的弹性 (或准弹性) 理论.

在图 4 中我们使用入射角 α 为横坐标, 其中 $0 < \alpha < \pi/2$. 纵坐标则表示透射光线的振幅比和反射光线的振幅比, 分别为

$$D = \frac{B}{A}, \quad R = -\frac{C}{A} \tag{1}$$

因为在整个图的大部分, 反射振幅 C 的符号与入射振幅 A 的相反, 所以 R 的负号是合适的. 反射曲线中的正负号变化显然意味着一个相位差 π, 即加上了一个相位因子

$$\mathrm{e}^{\mathrm{i}\pi} = -1$$

---

① 在波动力学中, 根据经典力学的能量定理, 当电子进入一个排斥势能增加的区域, 电子无法达到给定的动能. 这也可以从稍后 §5 C 所讲的隧道效应中得见. 特别是, S. Epstein 发现了折射率增加的特殊情形, 可以通过严格的计算 (通过超几何函数) 来计算反射. 有关进一步的细节, 可以参见, 例如 "Atombau und Spektrallinien" 卷 II, 29 页. 在 Ann d. Phys. (Lpz) **39**, 388, 1941; Kofink, ibid. 1, 119, 1947 的文章中, Kofink and Menzer 对于各种计算方法给出了一般性讨论.

我们现在通过下标 p 和 s 来区分上段中的两种情况 A 和 B, 它们的意思是 "偏振面平行或垂直于入射平面", 包含了原先具有任意性的 "偏振面" 的定义. 这个定义的意义只是历史上的; 详见 §8 的开头.

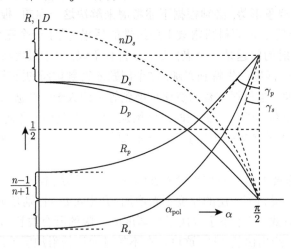

图 4　反射光线的振幅比 R 和透射光线的振幅比 D 随入射角 α 的变化图示

A. 偏振面平行于入射平面

根据式 (1) 和 §3 式 (12), 我们由 R_p 开始

$$R_p = \frac{\sin(\alpha - \beta)}{\sin(\alpha + \beta)} \tag{2}$$

对于小的 α, 根据折射定律我们有

$$\beta = \frac{\alpha}{n}; \ \text{因此} \ R_p = \frac{n-1}{n+1} \tag{3}$$

对于 $n = 4/3$ (水) 和 $n = 3/2$ (冕光学玻璃在光谱范围内的平均值), 得到的结果分别是 $R = 1/7$ 和 $1/5$.

相应地, 反射强度对入射强度的比率分别是

$$R_p^2 = 2\% \ \text{和} \ 4\%$$

水和玻璃都不能用作垂直入射时的反射镜. 如果我们垂直地看向水面, 所看到的自己镜像不如水底或深水情况下的水色清晰. 普通的镜子不是玻璃镜子, 而是金属镜. 玻璃仅用于保护其背面的银[①].

　　[①] 可以肯定的是, 玻璃前表面的反射很弱, 这使得这种背后镀银的镜子不适合光学应用. 为此, 玻璃前表面必须覆盖金属, 最好是铑.

我们希望将对小 α 的近似值提高一个数量级. 因此, 我们令

$$\sin(\alpha \mp \beta) = (\alpha \mp \beta)\left\{1 - \frac{1}{6}(\alpha \mp \beta)^2\right\}$$

得到代替式 (3) 的式 (4), 详见习题 I.4,

$$R_p = \frac{n-1}{n+1}\left(1 + \frac{\alpha^2}{n}\right) \tag{4}$$

因此, 我们在图 4 表示的 R_p 从距离横坐标 $\dfrac{n-1}{n+1}$ 处且具有水平切向开始, 然后呈抛物线增大.

我们现在从垂直入射过渡到掠入射, $\alpha = \dfrac{\pi}{2}$. 在这里, 根据折射定律, 我们得到

$$\sin\beta = \frac{1}{n}, \quad \sin(\alpha \mp \beta) = \cos\beta = \frac{\sqrt{n^2-1}}{n} \tag{5}$$

因此 $R_p = 1$. 对于掠入射, 反射是完全的. 这是通过一个山上的湖泊水面会看到对岸美丽镜像的原因, 也是在平滑海面上看到美丽夕阳镜像的原因; 这个像的强度接近于太阳本身.

我们也希望确定在哪个角度下 R_p 的曲线接近它在 $\alpha = \dfrac{\pi}{2}$ 处的终点 $R_p = 1$. 为此, 我们计算此点的 $\mathrm{d}R_p/\mathrm{d}\alpha$. 我们注意到 (还是因为折射定律)

$$\cos\alpha\,\mathrm{d}\alpha = n\cos\beta\,\mathrm{d}\beta \tag{6}$$

因此, 当 $\cos\alpha = 0$ 时, $\dfrac{\mathrm{d}\beta}{\mathrm{d}\alpha} = 0$.

因此我们需要让式 (2) 对 α 求偏导, 由此当 $\alpha = \pi/2$ 时有 $\left(\text{因为 } \sin\beta = \dfrac{1}{n}\right)$

$$\frac{\mathrm{d}R_p}{\mathrm{d}\alpha} = 2\tan\beta = \frac{2}{\sqrt{n^2-1}} \tag{6a}$$

因此, 图中 γ_p 表示的角度由下式给出

$$\tan\gamma_p = \frac{\sqrt{n^2-1}}{2} \tag{7}$$

现在绘制 D_p 的曲线非常简单. 在目前的[①]符号式 (1), 根据 §3 式 (5), 我们有

$$D_p = 1 - R_p \tag{7a}$$

这两条曲线的纵坐标加起来等于 1. 我们可以通过沿图的中心线 (纵坐标 1/2) 对

[①] 我们使用符号 R 和 D 是为了避免和 E 节中基于能量的量 r 和 d 产生混淆.

R_p 作镜像翻转来获得 D_p. 因此, 曲线 D_p 从距离纵坐标 1 的 $\dfrac{n-1}{n+1}$ 下面的一个水平切向出发, 并以抛物线的形状延伸, 终止于点 $\alpha = \pi/2$, $D_p = 0$. 在掠入射的情况下, 没有光通过光疏介质进入光密介质. D_p 曲线在其端点处以同样由式 (7) 确定的角度 γ_p 下降至零.

B. 偏振面垂直于入射面

根据式 (3.16), 当入射角不是太大时, C/A 是正的, 因此, 按照我们的定义式 (1), R_s 成为负的:

$$R_s = -\frac{\tan(\alpha - \beta)}{\tan(\alpha + \beta)} \tag{8}$$

如果让 $\alpha \to 0$, 那么除了正负号, 方程 (3) 在这里也成立, 于是其代替式 (4) 的高一阶近似度的公式如下式所示, 详见习题 I.4,

$$R_s = -\frac{n-1}{n+1}\left(1 - \frac{\alpha^2}{n}\right) \tag{9}$$

因此, 曲线 R_s 为二次抛物线, 从距离横坐标下面 $\dfrac{n-1}{n+1}$ 的水平切向开始. 根据式 (8) 它的终点在 $\alpha = \pi/2$ 处, 有正的纵坐标值:

$$R_s = -\frac{\tan\left(\dfrac{\pi}{2} - \beta\right)}{\tan\left(\dfrac{\pi}{2} + \beta\right)} = +1 \tag{10}$$

它的斜率比 R_p 的斜率更陡: 角度 γ_s 以与式 (7) 类似的方式计算, 由下式给出

$$\tan\gamma_s = \frac{\sqrt{n^2-1}}{2n^2} < \tan\gamma_p \tag{11}$$

在它的负起点式 (9) 和正终点式 (10) 之间, R_s 的曲线与横坐标轴相交. 我们称这一点为偏振角

$$\alpha = \alpha_{\text{pol}} = 偏振角 \tag{12}$$

根据式 (8) 可知, 在该点处分母的值必须从 $+\infty$ 突然变成 $-\infty$, 因此,

$$\alpha_{\text{pol}} + \beta = \frac{\pi}{2}, \quad \beta = \frac{\pi}{2} - \alpha_{\text{pol}}, \quad \sin\beta = \cos\alpha_{\text{pol}} \tag{13}$$

另一方面, 根据折射定律,

$$\sin\beta = \frac{1}{n}\sin\alpha_{\text{pol}} \tag{13a}$$

通过比较式 (13) 和式 (13a) 得出

$$\tan\alpha_{\text{pol}} = n \tag{14}$$

对于玻璃 $\left(n = \dfrac{3}{2}\right)$ 和水 $\left(n = \dfrac{4}{3}\right)$ 分别有 $\alpha_{\text{pol}} = 57°$ and $53°$.

因为这个角度处 R_s 消失, 反射光是完全平行于入射面偏振的. 这是 Malus 的发现. 我们的式 (13) 也包含了 "Brewster 定律"; 参见后面的图 5: 反射光线 S_r 与折射光线 S_d 垂直.

下面我们通过画出 D_s 曲线来完成图 4. 这可以从 §3 关系式 (14a) 导出, 用我们目前的符号, 它是

$$1 - R_s = nD_s \tag{15}$$

如果我们现在做相同于 D_p 情况的操作, 即如果我们沿图的中心线做 R_s 曲线的镜像曲线, 则如图中标注了 nD_s 的虚线所示, 出现了超过纵坐标值 1 的情形. 这个曲线的起点纵坐标为

$$1 + \frac{n-1}{n+1} = \frac{2n}{n+1}$$

为了获得 D_s 本身, 我们必须通过乘以 $1/n$ 来减小这条曲线. 这样, 我们得到与 D_p 曲线相同的起点坐标, 即

$$1 - \frac{n-1}{n+1} = \frac{2}{n+1}$$

C. 偏振光的实际产生

虽然在偏振角下反射成分提供了完全的偏振光, 但它只提供了低的光强度. 虽然折射成分只有不完全的偏振, 但它的强度大于前者. 事实上, 根据式 (13) 和式 (14), 当 $\alpha = \alpha_{\text{pol}}$ 时有

$$\sin(\alpha + \beta) = 1$$

$$\sin(\alpha - \beta) = \sin^2 \alpha - \cos^2 \alpha = \frac{n^2 - 1}{n^2 + 1}$$

因此, 根据式 (2), 对于 $n = 3/2$ (玻璃) 有

$$R_p = \frac{n^2 - 1}{n^2 + 1} = \frac{5}{13}$$

因此, 这种 "起偏器" 的效率 (反射光 p 成分与全部入射光 $(p+s)$ 成分强度总和的比值) 只有

$$\frac{1}{2} R_p^2 = 7.4\%$$

对于其他入射角 $\alpha \neq \alpha_{\text{pol}}$ 的反射光, 也是平行于入射面偏振化的, 但只是部分偏振.

另一方面, 从图 4 可以很快看出, 对于每一个 α 都有 $D_s > D_p$. 折射光总是垂直于入射面部分偏振的. 例如, 对于特殊情况 $\alpha = \alpha_{\text{pol}}$, 我们可以根据式 (15) 和式 (7a) 得到

$$D_s = \frac{1}{n}, \quad D_p = 1 - \frac{n^2 - 1}{n^2 + 1} = \frac{2}{n^2 + 1}, \quad \frac{D_s}{D_p} = \frac{n^2 + 1}{2n} > 1 \tag{16}$$

如果我们考虑光通过一块平板的传播情况, 在其折射率是 $1/n$ 的后表面发生二次传播, 那么在这一点上的振幅比与式 (16) 所示的相同[1], 因为

$$\frac{\dfrac{1}{n^2}+1}{\dfrac{2}{n}} = \frac{1+n^2}{2n}$$

这样, 一块玻璃板的总折射振幅比 $D_s : D_p$ 是

$$\left(\frac{13}{12}\right)^2 = 1.17$$

强度比为

$$(1.17)^2 = 1.37$$

因此, 通过一个玻璃板组合, 可以在不降低强度的情况下连续增加偏振度 (如果材料完全透明且表面干净). 这样, 入射自然光的一半强度 (即 s 偏振部分的那一半) 被完全利用了. 因此, 一个理想的玻璃板组合的效率为 50%. 可以肯定的是, 只有当玻璃板的数量增加到无穷大时, 才会接近完全偏振.

　　利用晶体结构来产生偏振很容易理解, 但偏振在各向同性材料中产生让人觉得有些矛盾, 因为这里完全没有结构单元. 这种情况将在下一节阐明.

D. 从电子理论的角度来看 Brewster 定律

　　现在我们暂时离开 Maxwell 理论的唯象观点, 将折射过程解释为第二介质原子对光的散射 (第一介质可视为真空). 从这一物理上更深刻的观点来看, 折射之所以发生, 仅仅是因为作用在第二介质中的电场使原子电子发生振荡, 这些振荡的方向是场的方向. 因此, 我们所关心的是真实的物质振荡, 而不是像以前那样只关心交变场.

　　图 5 表示 "偏振面垂直于入射面" 的情况, 电矢量在入射面内振荡. 当然, 在第二介质中的振荡方向垂直于折射光线的方向, 电子以同样的方向振荡. 它们的行为像 Hertz 振子一样, 在振荡方向上不发光 (众所周知, 无线电发射机的天线也是如此). 只有当第二介质中的电子在反射方向传递辐射能时, 第一介质中才能发生常规反射 (由反射定律确定). 当这个方向平行于电子的振荡, 从而垂直于折射光线时, 上述情况不再存在, 这与 Brewster 定律一致. 在其他反射方向上, 电子产生部分辐射, 这解释了反射光强度随入射角变化的原因.

---

[1] 有关此关系的一般性, 请参见习题 I.2.

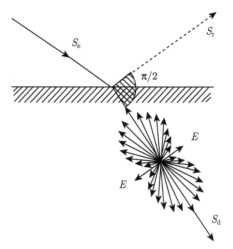

图 5 从电子理论的角度看 Brewster 定律. 在偏振角上, 反射光线 S_r 和折射光线 S_d 是相互
垂直的

我们也立刻看到, 这种考虑并不影响另一种情况: "偏振面平行于入射面". 在这种情况下, 电矢量从而也是电子振荡垂直于入射面, 因此也垂直于反射光线的每个位置. 每一个方向都是电子辐射最大的方向, 因此, 没有理由像 Brewster 定律那样要求存在一个反射方向禁止区域.

我们不主张用这种简单的方法计算反射率; 为了这个目的, 我们的方法仍然太原始. 此外, 必须注意的是, 只能考虑靠近表面的层, 因为在更深处, 单个原子的贡献会被干涉抵消. 然后, 我们的方法无可争辩的证明了 Brewster 定律的无效性.

这些考虑还表明, 即使在各向同性物质的情况下, 偏振也取决于材料的结构特性. 然而, 这种结构并不是从晶体学上规定的, 而是由电磁场本身在无序原子中形成定向偶极结构而产生的.

E. 能量考虑: 反射功率 r 和透射功率 d

显然, 这些现象在每一种情况下都是遵从能量守恒的. 为了弄清这个, 可以考虑通过入射波的任意一个横截面 q 的能流. 反射波中的相应横截面也是 q, 但在折射面上 q 扩展成较大的面积 $\dfrac{q}{\cos\alpha}$, 于是对于透射光, 相应的横截面为

$$q' = q\frac{\cos\beta}{\cos\alpha} \tag{17}$$

把通过这三个横截面能量流的时间平均值写作

$$S_i = q\overline{S_i}, \quad S_r = q\overline{S_r}, \quad S_d = q'\overline{S_d}, \quad \overline{S} = \overline{E \times H} = \sqrt{\frac{\varepsilon}{\mu}}\overline{E^2}$$

分别定义反射率和透射率为

$$r = \frac{S_{\mathrm{r}}}{S_{\mathrm{i}}} = \left|\frac{C}{A}\right|^2, \quad d = \frac{S_{\mathrm{d}}}{S_{\mathrm{i}}} = \sqrt{\frac{\varepsilon_2}{\mu_2}\frac{\mu_1}{\varepsilon_1}}\frac{q'}{q}\left|\frac{B}{A}\right|^2 = m\frac{\cos\beta}{\cos\alpha}\left|\frac{B}{A}\right|^2 \tag{18}$$

m 的意义与 §3 式 (8) 里的相同. 我们将通过习题 I.5 使自己确信, 每种情况都服从能量守恒定律

$$r + d = 1 \tag{19}$$

而且, 对于两个传播方向: 光疏介质 ⇆ 光密介质, r 和 d 都一样.

必须将我们的能量方程 (19) 很好地区别于振幅方程 (7a) 和式 (15)

$$R_p + D_p = 1, \quad R_s + nD_s = 1$$

§5　全　反　射

如果我们将入射波换到光密介质中, 研究其在相同介质中的反射和到光疏介质的折射, 原则上 §3 和 §4 的公式保持不变. 特别是, 在推导 §3 折射定律 (3) 时没有什么需要改变. 但是, 因为要保留前面 $n > 1$ 的意义, 我们将 $1/n$ 代替 n, 因此必须有

$$\frac{\sin\alpha}{\sin\beta} = \frac{1}{n} \tag{1}$$

基于此, 对于小 α 可断定 $\beta > \alpha$, 但当 $n\sin\alpha > 1$ 时 β 将是虚数. 在后一种情况下, Fresnel 公式中的系数 $A : B : C$ 也变成复数.

在以前的文献中, 这种情况被认为是非物理的, 但这与我们的观点完全一致, 因为我们把反射和折射作为一个边界值问题来考虑. 任何导致该问题自洽解方案的处理都是合理的.

A. Fresnel 公式的讨论

我们将立即采取 §4 的图示方法并再次忽略 n 和 m 之间存在的原理上的区别. 图 6 的横坐标再次代表入射角 $0 < \alpha < \pi/2$. 在该横坐标上, 我们标记 $n\sin\alpha = 1$ 的一点, 该点处折射角 β 达到其最大的实数值 $\beta = \pi/2$. 我们称这一点

$$\alpha_{\mathrm{tot}} = 全反射极限角 \tag{2}$$

光线从玻璃射向空气时

$$\sin\alpha_{\mathrm{tot}} \sim \frac{2}{3}, \quad \alpha_{\mathrm{tot}} \sim 42°$$

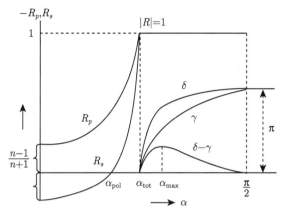

图 6　全反射前后的反射比 R_p 和 R_s

我们暂时先讨论光被反射的时刻, 沿着纵坐标可画出以下量:

$$R = \frac{C}{A}, \quad R_p = \frac{\sin(\beta - \alpha)}{\sin(\beta + \alpha)}, \quad R_s = -\frac{\tan(\beta - \alpha)}{\tan(\beta + \alpha)} \tag{3}$$

因此, 我们选择 R 的符号与 §4 式 (1) 相反. 从而获得如下好处: 尽管情况相反 (图 4 中 $\beta < \alpha$, 在图 6 中 $\beta > \alpha$), 但对于小 α, 曲线 R_p 和 R_s 与图 4 中的类似. 它们都像之前一样沿水平切线方向从同一纵坐标 $\pm\dfrac{n+1}{n-1}$ 出发, 但它们在 $\alpha = \alpha_{tot}$ 处就已经到达纵坐标 1, 而不是在图 4 的 $\alpha = \pi/2$ 处. 事实上, 因为在这一点 $\beta = \pi/2$, 所以

$$R_p = \frac{\sin\left(\dfrac{\pi}{2} - \alpha\right)}{\sin\left(\dfrac{\pi}{2} + \alpha\right)} = 1, \quad R_s = \frac{\tan\left(\dfrac{\pi}{2} - \alpha\right)}{\tan\left(\dfrac{\pi}{2} + \alpha\right)} = 1 \tag{4}$$

在达到这一点之前, 曲线 R_s 在偏振角处穿过横坐标轴. 为此,

$$\alpha_{pol} + \beta = \frac{\pi}{2}, \quad \tan\alpha_{pol} = \frac{1}{n}$$

这对应着 §4 式 (12) 和式 (14).

我们感兴趣的是曲线 R_p 和 R_s 在 α_{tot} 角处纵坐标达到 1 时, 它们的斜率有多大. 为此我们注意到, 与 §4 式 (6) 不同, 现在有

$$\frac{\mathrm{d}\alpha}{\mathrm{d}\beta} = 0, \ \text{因为} \ \sin\beta = 1, \ \cos\beta = 0$$

因此, 为了能够计算出所讨论的角度, 我们需要对表达式 (3) 求对于 β 的偏导. 因此, 在求导后通过设置 $\beta = \pi/2$, 便可首先得到结果

$$\frac{\mathrm{d}R_p}{\mathrm{d}\beta} = 2\frac{\sin\alpha}{\cos\beta}$$

然后回顾 §4 式 (6), 用 $1/n$ 取代 n, 我们得到在临界点邻域内有

$$\frac{\mathrm{d}R_p}{\mathrm{d}\alpha} = 2\frac{\sin\alpha}{\cos\beta}\frac{\mathrm{d}\beta}{\mathrm{d}\alpha} = \frac{2n\sin\alpha}{\cos\beta} = \frac{2}{\cos\beta} \tag{5}$$

$\beta \to \pi/2$ 时的极限值为 ∞; 在所考虑的点处曲线 R_p 有一个垂直的切向. 相应地, 得到

$$\frac{\mathrm{d}R_s}{\mathrm{d}\alpha} = \frac{2}{\sin\alpha\cos\alpha}\frac{\mathrm{d}\beta}{\mathrm{d}\alpha} = \frac{2n}{\sin\alpha\cos\beta} = \frac{2n^2}{\cos\beta} \tag{5a}$$

在临界点附近, R_s 曲线甚至比 R_p 曲线更陡. 在这一点上 R_s 曲线也有一个垂直的切向.

这一情况对实验有特殊的重要性; 它导致 Abbe 和 F. Kohlrausch 分别制造了全反射计和全折射计. 由于反射光的突然增加 (或折射光的突然消失), 发生全反射的极限位置可以非常准确地确定, 从而折射率可以根据公式 $n = \dfrac{1}{\sin\alpha_{\mathrm{tot}}}$ 非常准确地计算得到.

我们通过以下操作来完成图 6: 通过临界点 $R = 1$ 画一条与横坐标平行的线, 将它表示为 $|R| = 1$. 这意味着对于 R_p 和 R_s 两个分量: 反射强度等于入射强度, 因此确实是全反射. 为了证明这一论断, 我们将跟随由折射定律给出的 β 在一个复平面上的路径, 当 α 从 0 到 α_{tot} 时, 它的路径沿着实轴从 0 到 $\pi/2$. 在这一点上 β 分裂成两个数学上同样合理的分支 $\beta = \pi/2 \pm \mathrm{i}\beta'$, 它们的路径都平行于虚轴. 对于这两支, 正如折射定律 $\sin\beta = n\cdot\sin\alpha > 1$ 所要求的, 有

$$\sin\beta = \sin(\pi/2 \pm \mathrm{i}\beta') = \cos(\pm\mathrm{i}\beta') = \cosh\beta' > 1 \tag{6}$$

使用式 (6), 根据式 (3) 可得

$$R_p = \frac{\sin\left(\dfrac{\pi}{2} \pm \mathrm{i}\beta' - \alpha\right)}{\sin\left(\dfrac{\pi}{2} \pm \mathrm{i}\beta' + \alpha\right)} = \frac{\cos(\alpha \mp \mathrm{i}\beta')}{\cos(\alpha \pm \mathrm{i}\beta')} = 1\cdot\mathrm{e}^{\mathrm{i}\gamma} \tag{7}$$

$$R_s = -\frac{\tan\left(\dfrac{\pi}{2} \pm \mathrm{i}\beta' - \alpha\right)}{\tan\left(\dfrac{\pi}{2} \pm \mathrm{i}\beta' + \alpha\right)} = \frac{\cot(\alpha \mp \mathrm{i}\beta')}{\cot(\alpha \pm \mathrm{i}\beta')} = 1\cdot\mathrm{e}^{\mathrm{i}\delta} \tag{7a}$$

由于 R_p 和 R_s 的分子和分母包含相互共轭的量, 这些比值的绝对值等于 1. γ 和 δ 是实相位角, 我们将在 D 节中考虑其实验应用. 作为准备, 我们已经在图 6 右侧画出了它们的曲线. $|R| = 1$ 立即解释了基于全反射原理的棱镜望远镜的重要作用.

B. 进入光疏介质的光

§3 中关于折射波的一般公式给出了不仅是 $\alpha < \alpha_{\text{tot}}$ 而且有 $\alpha > \alpha_{\text{tot}}$ 的光疏介质中的场.

在 p 偏振光的情形中, 我们从 §3 式 (1a) 出发并作以下替换:

$$\beta = \pi/2 \pm \mathrm{i}\beta', \quad \sin\beta = \cosh\beta', \quad \cos\beta = \mp\mathrm{i}\sinh\beta'$$

从而在 $k_2 = k$ (真空) 时获得

$$E_z = Be^{k(x\cosh\beta' \pm \mathrm{i}y\sinh\beta')}$$

我们看到, 只有 i 前面的正负号是物理上容许的 (E_z 必须随着 $y \to -\infty$ 而保持有限大), 所以我们必须设置

$$E_z = Be^{\mathrm{i}ky\sinh\beta'}e^{\mathrm{i}kx\cosh\beta'} \tag{8}$$

这种波的结构与通常的均匀平面波完全不同, 被称为是不均匀的. 虽然该波沿边界面传播时没有衰减, 但在垂直于边界表面的方向上它的强度是降低的. 由于 $k = 2\pi/\lambda$, 所以只有在距边界表面几个波长的范围内波是可感知的.

我们下一步通过 Maxwell 方程 $\mu\dot{\boldsymbol{H}} = -\text{curl}\boldsymbol{E}$ 计算属于式 (8) 的磁激励 $\boldsymbol{H}$. 我们认为式 (8) 的右侧提供了时间因子 $\exp(-\mathrm{i}\omega t)$ 并考虑关系 $\omega/k = c = (\varepsilon_0\mu_0)^{-1/2}$. 因此, 除了 $H_z = 0$ 以外, 我们获得

$$\left.\begin{aligned} H_x &= -\mathrm{i}\sqrt{\frac{\varepsilon_0}{\mu_0}}\sinh\beta' \\ H_y &= -\sqrt{\frac{\varepsilon_0}{\mu_0}}\cosh\beta' \end{aligned}\right\} \cdot Be^{ky\sinh\beta'}e^{\mathrm{i}kx\cosh\beta'} \tag{9}$$

两个 $\boldsymbol{H}$ 分量均具有与式 (8) 相同的非均匀结构.

我们现在转到辐射矢量 $\boldsymbol{S} = \boldsymbol{E} \times \boldsymbol{H}$. 当然, 我们不能将复数表达式 (8) 和 (9) 相乘, 而只能将它们实部的相乘, 从而考虑到时间因子以及式 (8)、式 (9) 的复数性质. 我们写作

$$\left.\begin{aligned} S_x &= -E_z H_y \\ S_y &= E_z H_x \end{aligned}\right\} = \sqrt{\frac{\varepsilon_0}{\mu_0}}\,|B|^2\,e^{+2ky\sinh\beta'}\left\{\begin{aligned} &\cosh\beta'\cos^2\tau \\ &\sinh\beta'\sin\tau\cos\tau \end{aligned}\right. \tag{10}$$

其中, $\tau = \omega t - kx\cosh\beta'$. 我们看到 S 的 x 分量平行于边界面, 始终是正值. 另外, 在垂直于边界面方向上的能流周期性地改变符号. 当实际能流平行于边界面时, 它的时间平均值为零.

这似乎与全反射这个名称以及我们经常重复说的 "这个过程没有能量损失" 相矛盾. 然而, 我们必须考虑这样一个事实, 即我们总是对无限宽的波阵面理想情况进行计算. 实际上, 横向受限波的能量可以很好地从光密介质传递到光疏介质, 或者, 在波的横向边界处[1]从光疏介质回流到光密介质. 这是平行于边界面传输的能量, 或者, 往返于界面两侧传输的能量.

如果人们允许使用军事比喻, 我们可以用以下方式描述这一情况: 一支以紧密队列行军的部队在前进途中遇到了难行的地区, 被改变前进方向. 部队的一翼就派遣了一小股巡逻队, 渗入到难行区以保障安全. 这支巡逻队只需要几个精悍人员即可. 执行完该命令之后巡逻队又回到了部队.

正像缺乏这样的预防措施会违反所有军事警戒规则一样, 全反射波的突然不连续性也会违反所有的电动力学规则.

C. 波动力学的隧道效应

关于光疏介质中存在非均匀波的实验证明出现了一个难题. Quincke 在这个问题上尝试了几十年. 他把两个精确切割的玻璃板并排放置在相距几个波长处, 让光线在第一块板上完全反射. 他相信这样就能够在第二个板中观察到透射光的痕迹. 他认为这可表明, 两板之间的空气间隙是由光场桥接的. Woldemar Voigt 用改进的装置重复了类似的实验.

用 Hertz 波做此实验变得非常简单. 印度加尔各答 Bose 学院[2]演示了下面的设备: 见图 7, 两沥青棱镜 1 和 2, 相隔几厘米相对放置. 波垂直入射到 1 并在 1 的背面 "全反射". 在放置在 2 后的接收器中, 人们仍可以获得清晰的信号, 并且信号的强度随着棱镜面之间的距离减小而增大.

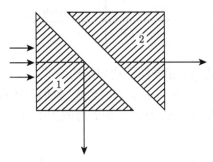

图 7 Hertz 波进入光疏介质的实验证明, 两棱镜之间的距离是波长的几分之一

---

① 最近 F. Goos 和 H. Haenchen 从实验角度指出, 这些边界也必须和全反射波的 "横向位移" 相联系. 理论证明分别见 K. Artmann, Ann. d. Phys. (Lpz) **1**, 333, 1948 和 **2**, 87, 1948, 也可参见 C. v. Fragstein ibid. **4**, 271, 1948.

② 植物学家 Jagadis Bose 爵士在他年轻时, 用短 Hertz 波如 λ = 20cm, 模仿了经典光学实验. 见物理的论文集, 特别是 1897 年第九卷, Longmans, Green and Co., 1927.

在波动力学中, 相当类似的情况在名为 "隧道效应" 的情况下发生 (Condon 和 Gurney, 1928). 根据 L. de Broglie 的说法, 通过对一个粒子 (电子, 离子) 分配一个波, 并使后者服从 Schroedinger 方程, 则可证明, 粒子可以作为一种波通过一个势垒, 而根据经典力学考虑其动能, 粒子是不可能通过的. 该情况以一个特定的概率发生, 这个概率取决于壁的厚度和粒子的原始能量. 在波动力学公式中, 势垒与全反射实验中的空气间隔起着完全相同的作用, 经典力学和量子力学与几何光学和波动光学之间的平行性在此得到了很好的说明. 波动力学的隧道效应被证明是化学结合、金属的 "冷" 电子发射、放射性和铀裂变过程等理论的基础.

D. 椭圆偏振光和圆偏振光的产生

我们从方程 (7) 和 (7a) 开始, 假设入射光是与入射面成 45° 的线偏振光, 这种情况可以通过 Nicol 棱镜得到. 这时入射 p 光和 s 光的振幅因子 A 相等, 根据上述方程, 两者的全反射分量的振幅将是相同的, 但它们的相位 γ 和 δ 不同; 因为由式 (7) 与式 (7a) 相除可得

$$e^{i(\gamma-\delta)} = \frac{\sin(\alpha \mp i\beta')}{\sin(\alpha \pm i\beta')} \tag{11}$$

对于 $\alpha = \alpha_{\text{tot}}$, 因为有 $\beta' = 0$, 上式的右端成为 1, 因此相位差变为零. 对于 $\alpha = \pi/2$, 因为 $\sin(\pi/2 - i\beta') = \sin(\pi/2 + i\beta') = \cosh\beta'$, 相位差也是零. 因此, 在这两个极限之间存在一个最大相位差的点. 这个相位差的大小和相应的入射角 $\alpha_{\max}$ 分别为

$$\tan\frac{\delta-\gamma}{2} = \frac{n^2-1}{2n}, \quad \sin^2\alpha_{\max} = \frac{2}{n^2+1} \tag{12}$$

我们将在习题 I.6 中推导这些表达式. 这里, 我们把结果应用到折射率 $n = 1.51$ 的玻璃, 并发现

$$\tan\frac{\delta-\gamma}{2} = 0.424, \quad \delta-\gamma = 45°36', \quad \sin\alpha_{\max} = 0.781, \quad \alpha_{\max} = 51°20'$$

因为对于所有的入射角都有 $\gamma - \delta \leqslant 45°36'$, 我们不能通过一个单次全反射来获得圆偏振这一特殊情况; 但通过两个这样的反射, 这种情况可以发生. 为此 Fresnel 建立了一个以平行四边形为底面的玻璃棱镜. 如果线性偏振光垂直入射到棱镜的短的那个面, 然后在两个长棱镜面被全反射两次后, 在对面的短棱镜面将射出圆偏振光.

§6 金属反射

在 Maxwell 的理论中, 金属的特性由电导率 σ 表征. 然而, 电的实际传导被认为是由自由电子和固定位置的金属离子的相互作用所、并由许多基本过程的平均

所带来的现象. 只有在平稳或缓慢变化的场中, 这种平均才能导致一个与频率无关
的常数. 人们不能期待唯象的 Maxwell 理论也适用于可见光谱区域. 我们已经在透
明介质的光学中遇到了这样的理论失败 (例如, 在水中满足 Maxwell 关系 $n^2 = \varepsilon_{rel}$
的失败. 见第 14 页). 再有, 在可见光区域, 对金属反射的唯象描述被证明是不够
的, 虽然这种描述在红外光谱范围内与实验很好地一致 (见 B 节). 因此, 金属反射
的 Maxwell 理论只有在极限理论基础上才具有普遍意义.

　　众所周知, 导体的 Maxwell 方程与非导体的 §2 方程 (4) 的差别, 仅仅是在位移
电流 $\varepsilon \dot{E}$ 中加上了欧姆电流 σE. 在周期性情况下, 这意味着 $-\varepsilon i\omega$ 要被 $-\varepsilon i\omega + \sigma$,
从而 ε 为复介电常数

$$\varepsilon' = \varepsilon + i\frac{\sigma}{\omega} \tag{1}$$

替换.

　　在光学中我们接受这一提法, 因为它对于给定的 ω, 它体现了 D 和 E 之间最
普遍的线性关系. 但是, 根据以上讨论, 我们不能期望 ε 和 σ 保留其与 ω 无关的电
动力学意义.

　　§3 式 (4) 的折射率与 ε 一起也变为复数:

$$n' = \sqrt{\frac{\varepsilon'\mu}{\varepsilon_0\mu_0}} = n(1 + i\kappa) \tag{2}$$

通过对式 (2) 求平方并使等式两端的实部和虚部相等, 进而引入实数量 n 和 κ 的
意义如下:

$$\frac{\varepsilon}{\varepsilon_0}\frac{\mu}{\mu_0} = n^2(1 - \kappa^2), \quad \frac{\sigma}{\varepsilon_0\omega}\frac{\mu}{\mu_0} = 2n^2\kappa \tag{2a}$$

这样定义的金属折射率 n 和吸收系数 κ 是金属的光学常数. 将它与通常定义的
"吸收系数" 相联系, 应当注意的是, 电动力学中 $\sigma \to \infty$ 的 "理想" 导体, 不是由
$\kappa \to \infty$, 而是由

$$\kappa \to 1, \quad n \to \infty \tag{2b}$$

来表征的.

　　实际上, 通过将式 (2a) 中两个方程相除可得

$$\frac{\varepsilon}{\sigma} = \frac{1 - \kappa^2}{2\omega\kappa}$$

从而当 $\sigma \to \infty$ 时 $\kappa^2 \to 1$, 通过引用式 (2a), 也可得出, $n \to \infty$,

　　与 n 一起, 阻抗比 m 和波数 k 也变为复数. 对应于 §3 式 (8) 和 §2 式 (2), 我
们令

$$m' = n\frac{\mu_0}{\mu}(1 + i\kappa), \quad k' = kn(1 + i\kappa), \quad k = \frac{\omega}{c} \tag{3}$$

我们首先要研究单色线偏振平面波结构, 它在金属中沿 x 轴传播. 与非导体中一样, 该波不再是均匀的. 但是, 这种波不再像在非导体中那样均匀. 但是它的不均匀性与我们在全反射下遇到的情况完全不同. 如 §2 式 (1) 一样, 我们忽略了时间因子, 得

$$E_y = A\mathrm{e}^{\mathrm{i}k'x} = A\mathrm{e}^{-xkn\kappa}\mathrm{e}^{\mathrm{i}knx}$$

$$H_z = A'\mathrm{e}^{\mathrm{i}k'x} = A'\mathrm{e}^{-xkn\kappa}\mathrm{e}^{\mathrm{i}knx}, \quad A' = m'A = n\frac{\mu_0}{\mu}(1+\mathrm{i}\kappa)A \tag{4}$$

由此得到的相速度是

$$\frac{\mathrm{d}x}{\mathrm{d}t} = \frac{\omega}{kn} = \frac{c}{n}$$

波长为 $\lambda = \dfrac{2\pi}{kn}$.

此外, 我们从式 (4) 中看到, 波在 x 方向传播时是纵向衰减的, 跟全反射中的横向不一样. 每个波长的振幅减少达到 $\exp(-2\pi\kappa)$. 此外, A' 的复数性质表明, 磁成分和电成分之间存在恒定的相位差. 两个波分量的节点和最大值不再像在非导体中那样重合, 而是根据 κ 的大小互相偏移.

A. Fresnel 公式

从形式上讲, 我们可以同 §3 式 (3) 的反射定律和折射定律一样, 从 §3 和 §4 原样采用 Fresnel 公式. 后者再次表明反射角 = 入射角 = 实数. 但因为式 (2), 前者成为

$$\frac{\sin\alpha}{\sin\beta} = n(1+\mathrm{i}\kappa) \tag{5}$$

这表明, 对于所有的 α, 折射角 β 都是复数, 而不是像在全反射中仅当 $\alpha > \alpha_{\mathrm{tot}}$ 时 β 才是复数.

由于金属的强吸收, 进入金属内部的折射波几乎是观察不到的, 所以我们只能从反射光来推断金属的光学性质. 因此, 我们只需讨论 §4 式 (2) 和式 (8) 中 R_p 和 R_s:

$$R_p = \frac{\sin(\alpha-\beta)}{\sin(\alpha+\beta)} = |R_p|\mathrm{e}^{\mathrm{i}\gamma}$$

$$R_s = -\frac{\tan(\alpha-\beta)}{\tan(\alpha+\beta)} = |R_s|\mathrm{e}^{\mathrm{i}\delta} \tag{6}$$

由于 β 的复数值, γ 和 δ 不为零, 彼此也不相同.

我们首先考虑几乎垂直入射情况下的反射. 这时 α 和 $|\beta|$ 都是小值, 而且从式 (5) 得到

$$\frac{\alpha}{\beta} = n(1+\mathrm{i}\kappa)$$

因此, 根据式 (6)

$$R_p = \frac{n - 1 + \mathrm{i}n\kappa}{n + 1 + \mathrm{i}n\kappa} = -R_s$$

故对两个分量我们得到相同的反射率

$$r = |R|^2 = \frac{(n-1)^2 + n^2\kappa^2}{(n+1)^2 + n^2\kappa^2} = 1 - \frac{4n}{(n+1)^2 + n^2\kappa^2} \tag{7}$$

假设我们有一个良导体 (根据式 (2b), $n \to \infty$), 我们得到 $r \sim 1$. 相比于玻璃或水面镜 (见 21 页), 金属反射镜是一个全反射器.

现在转到倾斜入射, 如 §5 式 (11), 假设该入射光的两个分量 p 和 s 有相同的振幅和相位, 这样, 式 (6) 给出的量, 即振幅比 $|R_p/R_s|$ 和相位差 $\gamma - \delta$, 直接决定了反射光的性质. 一般来说, 它是椭圆偏振的. 只有当我们假设 $\gamma - \delta = \pi/2$ 时, 它才是圆偏振的, 该情况对应的特定入射角为 $\alpha = \alpha_h$, 即所谓的 "主入射角". 我们应注意这个角度和借助一个 $\lambda/4$ 波片把圆偏振转换成线偏振. 与后者相关的偏振面的方位角 α_p 称为 "复偏振的方位角", 然后由 α_p 和 α_h 可以计算金属常数 n 和 κ. 后者被视为在可见光谱范围内金属真实属性的唯象替代.

B. Hagen 和 Rubens 的实验

现在我们来看一个实验, 它可以证明来自 Maxwell 理论的式 (7) 对于红外线的有效性.

Hagen 和 Rubens (Ann. d. Phys. (Lpz) 1903) 在实验中使用了所谓的剩余射线, 它们是较大光谱范围的射线经过碱十卤化物 (氟化钙、氯化钙) 晶体反复反射后剩下的部分. 这些晶体在 $\lambda = 10 \sim 25.5\mu\mathrm{m}$ 区域内具有明显的共振性质, 因此, 对于这些波长具有高度选择性的反射率. 然后, 根据式 (2b), $\kappa \sim 1$, 再根据式 (7),

$$1 - r = \frac{4n}{2n^2 + \cdots} = \frac{2}{n} \tag{8}$$

与 $\lambda^{-1/2}$ 成正比.

这一比例 $\lambda^{-1/2}$ 是从式 (2a) 的第二个等式 (n^2 与 ω^{-1} 成正比) 得出的. $1 - r$ 是反射损失, $100(1 - r)$ 是反射损失百分比 (%). Hagen 和 Rubens 观察 r, 并从它计算 $100(1 - r)$ 的值, 如表 1 所示, 最后一行给出上面两个数字的比值. 根据式 (8) 这应该是个常数, 等于

$$\sqrt{\frac{\lambda_2}{\lambda_1}} = \sqrt{\frac{25}{12}} = 1.46$$

这几乎是表 1 最后一行中四个数的算术平均值. 因为 σ 与 $1/T$ 成正比 (绝对温度), Hagen 和 Rubens 也能够根据式 (2a) 来确认观察值与温度的关系, 还能确认这样得到的电导率 σ 与从电磁值得到的 σ 的一致性. 在非常低的温度下, 这些简单的规

律甚至对红外光[①]也不再适用, 因为这时电子与金属离子两次碰撞之间的平均时间就与光的振荡周期相当, 所以本段开始时所提到的平均过程就失效了.

表 1 Hagen 和 Rubens 所得的反射损失百分比 $100(1-r)$ (单位: %)

	Ag	Au	Cu	Pt
$\lambda_1 = 12\mu m$	9.05	13.8	12.1	10.6
$\lambda_1 = 25\mu m$	7.07	8.10	6.67	6.88
比值	1.2	1.7	1.8	1.5

C. 金属、玻璃和颜料的颜色的一些评论

方程 (7) 和 (8) 所包含的波长依赖性本身会导致反射光的某种着色现象. 然而, 金属的真实颜色是由电子或离子的特征振荡引起的, 第 3 章将就此对透明物体进行讨论. 直接观看时黄金外观是黄色. 很薄的一层黄金可以让绿光透过. 除了金属, 只有当物体的光学常数 n 和 κ 与边界空气存在数量级上的差异并且强烈依赖于波长时, 才会出现真正的表面颜色. 干的红墨水 (品红溶液) 在入射光照射下呈黄绿色, 它在白纸上的红色是由于光线穿过墨水而造成的.

所有其他材料实际上都是无选择性地反射; 入射的白光反射后几乎还是白色的. 这就是画家所熟知的 "眩光" 的来源. 炫光也可以在美丽的蓝色硫酸铜晶体或红宝石玻璃上观察到. 但是, 除了眩光外, 还必须小心防止任何通过材料内部的反射光进入眼睛. 否则, 由于纯粹生理上的 "同步对比" 现象, 眩光本身会呈现互补色.

有色玻璃只从透射光中获得颜色. 由于通过玻璃的光路长度累计总会达到数百个波长, 所以即使是非常弱的选择性吸收也足够使玻璃有明显的颜色. 对着玻璃看和透过玻璃看, 它都显示出相同的颜色, 这是因为对着玻璃看到的光实际上是从玻璃另一面穿过玻璃射来的. 如果玻璃背面涂上黑漆, 玻璃的颜色就会变得不可见, 只剩下前表面的无色眩光. 但是, 如果将玻璃放置在白色表面上, 它看起来是彩色的, 因为被白色表面反射并从前表面射出的光已通过玻璃两次.

如果白色织物浸泡在染料溶液中, 完全透明的纤维物质变成有选择性地吸收. 从纤维内部的后端面或后面的纤维表面反射的光, 已多次通过纤维. 如果染色织物浸泡在水内, 或浸泡在酒精和苯的混合溶液中效果更明显, 则染色织物显得暗淡无色: 因为由于折射率的均匀化, 内部纤维表面的反射已停止.

许多无机 "颜料" 都是粉状熔体. 在紧密状态下, 它们是黑暗的; 但当被粉碎并混合了黏合剂后, 在其内部形成反射面, 颜色变得可见.

[①] K, Weiss, Ann. d. Phys. (Lpz) **2**, p. 1., 1948 或 E. Vogt, ibid. 3, p. 82., 1948 (Planck volume).

叶子的绿色由透明的绿色颗粒组成. 为了使叶子出现淡绿色, 其内部必须有足够多的能让光在其上反射的不均匀结构. 如果没有这些不均匀结构, 像松柏、黄杨木的叶子就会呈现墨绿色, 但松柏的叶绿素和其他树木和植物的是一样的.

当颜料混合时, 各种颜料的作用互相相减, 就像各个滤色片前后放置一样. 混合物的每个组分通过吸收消除掉自己的光谱区域. 另外, 若颜料互相并排放在一起, 则它们的颜色混合时是叠加的, 例如, 就像桌面上的扇形分区颜色转盘. 穿过教堂彩色窗户的照明和 Lumière 板上的图画碰在一起时也是单一颜色的相加.

绚丽的颜色是由较大的原子团簇 (即所谓的胶体颗粒) 对光的衍射产生的. 比如, 青金石的深蓝色是由胶态硫颗粒产生的. 根据 Einstein 理论, 天空的蓝色是由空气分子的密度变化引起的, 这在统计学上是可预计的. Rayleigh 勋爵通过对空气分子 (不规律分布的) 本身的衍射, 以这种更为特殊的方式解释了这一现象.

大自然通过干涉色得到最美丽的颜色装饰, 见 §7 和 §8C, 如蝴蝶的翅膀, 热带蜂鸟的羽毛, 蛋白石和珍珠母. 如果能开发一种方便的干涉显色技术, 那么用这来绘画将会多好啊!

§7   薄膜和厚板的颜色

本节中, 我们将一方面讨论 Newton 的古老观测, 观测的结果促使 Newton 假设一种光的空间结构, 基于这种结构几乎使他通向干涉和波动理论; 另一方面我们将描述最现代的实验方案, 用于最精确的光谱分析. 这两者的基础数学问题是平行表面透明平板的问题, 即两个边界面上的反射和折射问题. 到目前为止, 我们实际上只是解决了一个边界面的问题. 通常, 通过处理多次反射和折射, 可以将两个表面的问题化为一个边界面的问题. 与此相反, 我们将把平板的问题直接作为一个边值问题①来处理. 因此, 我们将试图推广前述对应于一般问题的 Fresnel 公式; 由此我们便可避免执行其他方法所必须的对无限多个单过程求和的麻烦. 显而易见, 如将在 E 节所示, 这两种方法必须导致相同的结果. 然而, 我们已经强调过, 在平板的情况下, 上述的单过程不再是一个基本过程, 而且在我们的推广边值问题中根本不出现单过程.

A. 一般情况

虽然在一个边界条件的情况下, 两个振幅比 $A:B:C$ 是足够的, 但我们现在需要四个振幅比:

$$A:B:C:D:E \tag{1}$$

① 当然这个方法以前只是偶尔用一下, 而且是对一些特殊情形, 参见 M. Born, Optik, Berlin, Springer 1933, p. 125.

图 8 清楚地显示了这五个振幅因子 $A, \cdots, E$ 的含义. 入射角 α 也就是反射角; 如果我们让平板底面相邻的材料与顶面相邻的 (空气) 相同, 则透射光 D 的出射角也还是 α. 但我们还是倾向于平板后面的介质是任意的, 并用 γ 表示出射角. 设平板相对于该介质的折射率是 n_1, 而相对于空气的是 n. 平板的厚度是 $2h$; 平板顶部和底部表面处的坐标 $y = \pm h$. z 轴被认为是垂直于纸面向外. 向上反射的波由两个括在一起的箭头表示, 仅代表这幅图的本质. 实际上, 像以前一样, 图中的所有箭头表示的不是光线而是表示无边界平面波.

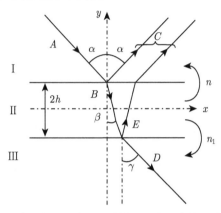

图 8 具有平行平面的中平板的反射与折射问题, 把平板问题作为边值问题来考虑

例如, 我们考虑 p 偏振, 即 $\boldsymbol{E}$ 平行于 z 轴的情况, 如 §3 式 (1) 所示, 我们得到在平板上方有

$$E_z = A\mathrm{e}^{\mathrm{i}k_1(x\sin\alpha - y\cos\alpha)} + C\mathrm{e}^{\mathrm{i}k_1(x\sin\alpha + y\cos\alpha)} \tag{1a}$$

在平板内部, §3 式 (1a) 同样成立, 但要通过将该区域 (用 $+\mathrm{i}y$ 代替 $-\mathrm{i}y$) 的第二个特殊解乘以任意因子 E 添加到公式右侧来完成:

$$E_z = B\mathrm{e}^{\mathrm{i}k_2(x\sin\beta - y\cos\beta)} + E\mathrm{e}^{\mathrm{i}k_2(x\sin\beta + y\cos\beta)} \tag{1b}$$

只有平板下场才由一个单一波组成, 因为在本问题的条件中必须包括这一事实, 即平板不是从下面照射的:

$$E_z = D\mathrm{e}^{\mathrm{i}k_3(x\sin\gamma - y\cos\gamma)} \tag{1c}$$

$y = \pm h$ 处的两个折射定律

$$\frac{\sin\alpha}{\sin\beta} = \frac{k_2}{k_1} = n, \quad \frac{\sin\gamma}{\sin\beta} = \frac{k_2}{k_3} = n_1 \tag{2}$$

是使我们能够消除下列表达式中所有项的含 x 因子的必要条件. 此外, 如果我们把 k_1 写成 k, 则代替之前的 §3 式 (5), 就得到在 $y = +h$ 处有

$$A\mathrm{e}^{-\mathrm{i}kh\cos\alpha} + C\mathrm{e}^{+\mathrm{i}kh\cos\alpha} = B\mathrm{e}^{-\mathrm{i}knh\cos\beta} + E\mathrm{e}^{+\mathrm{i}knh\cos\beta} \tag{3}$$

而在 $y = -h$ 处是

$$Be^{iknh\cos\beta} + Ee^{-iknh\cos\beta} = De^{ik\left(\frac{n}{n_1}\right)h\cos\gamma} \tag{4}$$

接下来, 类似于 §3 式 (5), 我们要写出 I, II, III 中 H_x 的表达式, 同时要求它们在 $y = \pm h$ 处具有连续性. 如果我们假设该平板是非磁性的, 即设置 $m = n$, 则在 $y = +h$ 处将获得式 (5) 而不是 §3 式 (8):

$$Ae^{-ikh\cos\alpha} - Ce^{+ikh\cos\alpha} = n\frac{\cos\beta}{\cos\alpha}(Be^{-ikh\cos\beta} - Ee^{+ikh\cos\beta}) \tag{5}$$

对于 $y = -h$,

$$Be^{iknh\cos\beta} - Ee^{-iknh\cos\beta} = \frac{\cos\gamma}{n_1\cos\beta}De^{ik\left(\frac{n}{n_1}\right)h\cos\gamma} \tag{6}$$

这样就有四个关于 5 个未知数 $A, \cdots, E$ 的线性齐次方程, 可以集中写为

$$a_iA + b_iB + c_iC + d_iD + e_iE = 0, \quad i = 1, 2, 3, 4 \tag{7}$$

由此, 系数 $A : B : \cdots : E$ 的值就可以作为五个对应于系数 $abcde$ 的四行行列式之间的比率来计算. 因此, 我们的平板问题的 Fresnel 公式假设的形式与以前单一边界表面情况相同, 仅有的差别是现在出现了五重比例替代以前的三重比例.

　　然而, 由于这个行列式的计算方案对于一般情况来说过于烦琐, 我们将利用未求解的方程 (3)~(6) 作为出发点, 对一些特殊的例子做更好的计算.

B. 潮湿沥青上的油斑

　　每个人都在路面上看到过薄薄一层油上的美丽的干涉色. 介质 I 是空气, 介质 II 是一层假定被两平行平面限位的油层. 如果油在干沥青上面, 其下边界将不是平面, 而是在光学上粗糙的. 因此, 作为介质 III, 我们必须添加一层水来润湿沥青. 作为黑色材料的沥青有吸收透射波的作用, 从而防止了进一步的反射过程.

　　我们从上方垂直观察油斑, 并且为方便起见, 假设照明也是从上面垂直入射 (其实是漫散射) 的, 这时 $\alpha = \beta = \gamma = 0$. 此外, 为了简化, 我们令

$$\eta = e^{ikh} \tag{8}$$

从式 (4) 和式 (6) 我们通过消除 D 得到

$$B\eta^n + E\eta^{-n} = n_1(B\eta^n - E\eta^{-n})$$

因此 $E = \dfrac{n_1 - 1}{n_1 + 1}B\eta^{2n}$. 然后式 (3) 和式 (5) 变为

$$A\eta^{-1} + C\eta = B\eta^{-n}\left(1 + \frac{n_1 - 1}{n_1 + 1}\eta^{4n}\right)$$

$$A\eta^{-1} - C\eta = nB\eta^{-n}\left(1 - \frac{n_1-1}{n_1+1}\eta^{4n}\right)$$

通过消除 B, 得到 A 和 C 之间的关系, 即

$$\frac{C}{A} = -\eta^{-2}\frac{n-1}{n+1}\frac{1-\nu_1\eta^{4n}}{1-\nu_2\eta^{4n}}, \qquad \begin{cases} \nu_1 = \dfrac{n+1}{n-1}\dfrac{n_1-1}{n_1+1} \\[2mm] \nu_2 = \dfrac{n-1}{n+1}\dfrac{n_1-1}{n_1+1} \end{cases} \tag{9}$$

因为我们只关心反射强度 (或者说它与入射强度的比值), 所以我们可以把式 (9) 简化成

$$\left|\frac{C}{A}\right|^2 = \left(\frac{n-1}{n+1}\right)^2\left|\frac{1-\nu_1\eta^{4n}}{1-\nu_2\eta^{4n}}\right|^2 \tag{10}$$

为了讨论这个公式, 我们计算

$$(1-\nu\eta^{4n})(1-\nu\eta^{-4n}) = 1 - \nu(\eta^{4n}+\eta^{-4n}) + \nu^2 = 1 - 2\nu\cos\varphi + \nu^2 \tag{11}$$

($\nu = \nu_1, \nu_2$ 是实数, η 的绝对值为 1). 根据式 (8), 这里引入的角度 φ 定义为

$$\eta^{4n} = \mathrm{e}^{\mathrm{i}\varphi}, \quad \varphi = 4nkh \tag{12}$$

在 E 节中, 我们将用光程长度来讨论 "相位差" φ 的物理意义.

因为式 (11), 式 (10) 变为

$$\left|\frac{C}{A}\right|^2 = \left(\frac{n-1}{n+1}\right)^2\frac{1+\nu_1^2-2\nu_1\cos\varphi}{1+\nu_2^2-2\nu_2\cos\varphi} \tag{13}$$

强度极值之间的相位差是通过将式 (13) 对 φ 求导获得的, 因此从方程

$$0 = [2\nu_1(1+\nu_2^2-2\nu_2\cos\varphi) - 2\nu_2(1+\nu_1^2-2\nu_1\cos\varphi)]\sin\varphi$$
$$= 2(\nu_1-\nu_2)(1-\nu_1\nu_2)\sin\varphi$$

得到

$$\varphi = z\pi, \quad z = \text{整数} \tag{14}$$

代入式 (13), 可以通过初等计算找到

$$\begin{cases} \varphi = \pi, 3\pi, 5\pi, \ldots; \quad \left|\dfrac{C}{A}\right|^2 = \left(\dfrac{nn_1-1}{nn_1+1}\right)^2, \quad \text{极大值} \\[4mm] \varphi = 2\pi, 4\pi, 6\pi, \ldots; \quad \left|\dfrac{C}{A}\right|^2 = \left(\dfrac{n-n_1}{n+n_1}\right)^2, \quad \text{极小值} \end{cases} \tag{15}$$

其中极大值和极小值对应于 $n_1 < n$ 的情况, 常见于在油在水上的情况. 在相反的情况下, 极大值和极小值互换.

油层很薄. 虽然不是单分子的厚度, 但厚度大约只有光谱紫光端的一个波长 λ_v. 例如, 如果我们假设 $2h = \lambda_v$, 并估计油的折射率为 1.5, 则根据式 (12) 中 φ 的定义我们得到

$$\varphi = 6 \cdot 2\pi \frac{h}{v} = 6\pi$$

这意味着, 根据式 (14) 和式 (15), $z = 6$ 时反射的紫光达极小值. 另一方面, 由于 $\lambda_r \sim 2\lambda_v$, 在光谱的红光端, 人们获得

$$\varphi = 6 \cdot 2\pi \frac{h}{v} = 3\pi$$

因此, 根据式 (14) 和式 (15), $z = 3$ 时人们获得反射红光的极大值. 在光谱的中间部分, 还出现了对应于 $z = 4$ 和 $z = 5$ 的另一个极小值和极大值. 因此, 由油斑反射的光具有混合的颜色, 即在我们的假设下主要呈现蓝绿色调. 如果该层的厚度在局部变化, 颜色也同样变化.

C. 镀膜 (消反射) 透镜

通过透镜系统的光被反射减弱. 尽管中央光线 (垂直入射的光) 由单次反射所产生的衰减不大 (根据第 18 页为 4%), 但对于透镜系统则需考虑反射衰减. 许多光学公司努力消除这种反射, 因为这在摄影器材的设计时尤其不利. 通过对系统中所有与空气相邻的透镜表面施加薄层可以解决这一问题. 这样的薄层最初是由玻璃表面的结构改性 (腐蚀或熔融玻璃组分的溶解) 来产生的. 现在更倾向于蒸发一层折射率低于玻璃的合适材料到玻璃上, 同时注意使镀层尽可能均匀.

如果只考虑一个边界层, 并因为它很薄而忽略曲率, 则我们又面临着三介质的问题:

Ⅰ 空气, 折射率 1
Ⅱ 表面层, 折射率 n
Ⅲ 透镜, 折射率 $n_1 = n/n_g$

这里 n_g 是透镜玻璃相对于空气的折射率. 因为 n_1 应该对应着式 (15) 中 Ⅱ → Ⅲ 的传播, 为了符合 §3 式 (3b), Ⅰ → Ⅲ 的传播由 $n_g = n/n_1$ 表示. 鉴于此, 若我们在式 (15) 的第一个等式中使 $n_1 = n/n_g$, 这时因为

$$\frac{n^2}{n_g} = 1, \quad n = \sqrt{1 \cdot n_g} \tag{16}$$

我们便得到了零反射.

因此, 蒸镀层 II 的折射率 n 应该是介质 I 和 III 的折射率 1 和 n_g (均相对于空气) 的几何平均值. 光学行业试图通过选择蒸镀层的合适材料 (如氟化锂) 和合适的层厚来满足这一要求及式 (15) 的第一个条件, 即 $\varphi = \pi$. 然而, 因为 n, n_g 以及由此得出的 φ 都依赖于波长, 所以, 特别是条件 $\varphi = \pi$, 不能满足所有波长. 人们喜欢光谱的最亮点 (黄绿色 $\lambda = 0.55\mu m$), 于是尽可能完全抑制这个波长光的反射. 那么, 互补色紫光的反射, 当然不会是零, 好在它本来就比较弱. 事实上, 用这种方法制备的镜片有着淡淡的紫色调.

我们这里假设薄层为均匀的, 因此, 对一个给定的波长, n 是常量. 关于非均匀薄层反射的文献, 请见 17 页脚注 ①. 然而, 我们还是要注意到, 反射不仅要避免发生在前表面, 也要在镜头的背面, 以及在透镜系统中所有边界邻接空气的其他表面上避免.

由于在我们的条件 $n = \sqrt{1 \cdot n_g}$ 中介质 I 和 III 具有可互换性, 所以透镜后表面的反射光抑制也可通过相同的抵消过程来完成, 即对透镜背面蒸镀与前表面相同厚度的相同材料. 我们的结果不是仅对中央光线正确 ($\alpha = \beta = \gamma = 0$), 对于相邻方向的光线也是足够正确的. 因为在我们最初的公式 (3) 和 (6) 中只有这些角度的余弦出现, 所以对于相邻光线的反射只出现一个 "余弦误差"(对零反射的二阶偏离).

D. 肥皂泡和 Newton 环

解释薄肥皂泡的颜色就像解释油斑的颜色一样. 唯一不同的是, 在这里介质 III (肥皂泡内部) 与介质 I 是相同的介质, 即空气. 因此, 我们有 $n_1 = n$. 根据式 (15) 它的极小值强度变为零, 因此, 当对某一波长 λ_1 满足极小值条件时, 可以见到特别纯净的互补色 λ_2. 不过总的来说, 反射的颜色是混合色.

我们估计肥皂泡的厚度数量级等于或小于某可见光的波长. 我们是根据下述事实得出这个结论的: 当气泡强烈膨胀时, 在顶部将出现一个黑点, 表明相比于波长这是一个非常小的厚度. 因为当肥皂液流到底部, 肥皂膜的厚度在顶部确实变得微乎其微.

Newton 环的情况十分相似: 一个平凸透镜以其略有弯曲的凸表面放置在一平面玻璃板上, 使两者之间有一个向外增宽的空气隙. 介质 I 和 III 再次具有相同的折射率, 而介质 II 现在是空气. 如果照明是单色的, 人们就能看到许多明暗相间的圆圈. 用白光照射的话, 只有少量彩色环出现. 这并不表现为纯光谱色, 而是混合色. 透射光的颜色是反射光颜色的补色.

E. 方法比较: 求和或边界值处理

让一个单色平行光倾斜照明一块板厚度为 $2h$ 的平行平面玻璃平板, 该玻璃平板的前面和背面都邻接空气. 通常人们以下列方式来说明 (图 9): 在前表面上的一个点 0 处, 除了直接反射的光, 还有在 1 进入平板并在 1′ 反射的光. 进一步, 还有在 2 进入在 2′ 反射, 再在 1 和 1′ 反射的光, 诸如此类的光也都在 0 点离开平板. 一般来说, 在前表面任意一点射出的光都包含了一组被折射两次并反射奇数次的分量. 与此相对应的是, 来自后表面任意一点的光也是由一组分量波组成的, 这些波已经被折射两次并反射了偶数次. 我们必须计算这些光线的相位和振幅的差异.

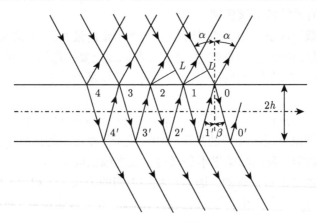

图 9 平行平面多种反射的求和过程

在玻璃中以波长 λ_{g} 为单位度量的光路 11′0 的长度是 ($\lambda =$ 空气中的波长)

$$\frac{4h/\cos\beta}{\lambda_{\text{g}}} = \frac{4nh/\cos\beta}{\lambda}$$

将上述长度乘以 2π 得到光经过路径 11′0 后的相位增加量

$$\varphi_1 = \frac{2\pi}{\lambda}\frac{4nh}{\cos\beta} = \frac{4knh}{\cos\beta} \tag{17}$$

但是, 除此之外, 此光在相位上与从 0 入射的光相比要超前一个量

$$\varphi_2 = 2\pi\frac{0L}{\lambda} = k\cdot 0L \tag{18}$$

其中, L 是从 1 到 0L 所作垂直线与光线的交点, 见图 9:

$$0L = \sin\alpha\cdot 01 = \sin\alpha\cdot 2\tan\beta\cdot 2h$$

于是相对于在 0 点入射的光线的总相位差为

$$\varphi = \varphi_1 - \varphi_2 = \frac{4nkh}{\cos\beta}\left(1 - \frac{\sin\alpha\sin\beta}{n}\right) = \frac{4nkh}{\cos\beta}(1-\sin^2\beta) = 4nkh\cos\beta \tag{18a}$$

对于垂直入射 ($\beta = 0$), 可证明这个 φ 与式 (12) 引入的辅助角 φ 相同, 并解释了后者的物理意义. 对于光路 22'11'0, 对应的相位差显然为 2φ, 对于再下一个光路则为 3φ, 以此类推.

另一方面, 为了确定振幅差, 我们使用式 (4.18) 的能量系数 r 和 d, 正如当时已强调的, 对于平板的前表面和后表面它们是相同的. 用这些术语表达时, 对于 $1, 3, 5, \cdots$ 次反射的情形, 加上任一情形中的两次穿越前表面, 振幅前面应该相乘的因子将为

$$\sqrt{r}d, \quad \sqrt{r}rd, \quad \sqrt{r}r^2d, \quad \cdots \tag{19}$$

从式 (18a) 和式 (19) 可得, 最前面的 p 条射线的总和为

$$\sqrt{r}e^{i\varphi} \cdot d + \sqrt{r}re^{2i\varphi} \cdot d + \cdots + \sqrt{r}r^{p-1}e^{pi\varphi} \cdot d \tag{20}$$

这个结果还应加上对应于在 0 处直接反射光的贡献, 也就是加上正确的相位因子[1], $C/A = -\sqrt{r}$, 最后得到

$$\frac{C}{A} = -\sqrt{r}\left\{1 - de^{i\varphi}[1 + re^{i\varphi} + \cdots + r^{p-1}e^{(p-1)i\varphi}]\right\} = -\sqrt{r}\left\{1 - de^{i\varphi}\frac{1 - r^pe^{ip\varphi}}{1 - re^{i\varphi}}\right\} \tag{21}$$

对于 $p = \infty$, 因为 $r < 1$ 和 $r + d = 1$, 上式简化成

$$\frac{C}{A} = -\sqrt{r}\left\{1 - \frac{de^{i\varphi}}{1 - re^{i\varphi}}\right\} = -\sqrt{r}\frac{1 - e^{i\varphi}}{1 - re^{i\varphi}} \tag{22}$$

在 0' 穿过平板的光的振幅因子, 我们称之为 D/A, 也可十分类似地确定. 因为两次穿过边界表面 (前表面一次, 后表面一次) 和 0, 2, 4, $\cdots$ 次的反射 (图 9), 代替式 (19) 和式 (20), 可得

$$d, \quad rd, \quad r^2d, \quad \cdots \tag{19a}$$

$$e^{\frac{i\varphi_1}{2}}[d + re^{i\varphi}d + r^2e^{2i\varphi}d + \cdots + r^{p-1}e^{(p-1)i\varphi}d] \tag{20a}$$

而分别代替式 (21) 和式 (22) 所得到的是

$$\frac{D}{A} = e^{\frac{i\varphi_1}{2}}d[1 + re^{i\varphi} + \cdots + r^{p-1}e^{i(p-1)\varphi}] = e^{\frac{i\varphi_1}{2}}d\frac{1 - r^pe^{i\varphi}}{1 - re^{i\varphi}} \tag{21a}$$

对于 $p = \infty$,

$$\frac{D}{A} = \frac{e^{\frac{i\varphi_1}{2}}d}{1 - re^{i\varphi}} \tag{22a}$$

我们注意到, 如果我们抑制由于直接反射产生的式 (21) 右侧的第一项, 表达式 (21) 和 (21a) 成为本质上是相同. 这是因为, 这时我们有

$$\frac{C}{A} = \sqrt{r}e^{i(\varphi - \frac{\varphi_1}{2})}\frac{D}{A}, \quad \text{从而} \left|\frac{C}{A}\right|^2 = r\left|\frac{D}{A}\right|^2 \tag{23}$$

[1] 对于光密介质中反射, C/A 的符号选择与光疏介质中相反; 例如, 见 §5 公式 (3) 后的解释.

因此, 除了一个因子 r 之外, 反射强度等于穿过平板传输的强度.

式 (21) 和式 (22) 中符号 r 和 d 的使用已经表明, 上述结果对于两种偏振情况 (平行和垂直于入射面) 都是有效的. 在这两种情况下, r 和 d 的表达式只是略有不同.

特别是, 我们考虑垂直入射的特殊情况, 这时这种差异消失. 如果我们通过设定 $n_1 = n$ (平板的下表面也是空气) 来使我们的公式 (9) 具体化, 则比较式 (22) 与式 (9) 是可能的. 这时我们必须在式 (9) 中设定

$$v_1 = 1, \quad v_2 = \frac{(n+1)^2}{(n-1)^2} = r \tag{24}$$

此外, 上表面: 在式 (9) 中, 就像我们在 35 页中的一般假设 (1a), 在选择坐标系时 C 和 A 对应于平板的中心即 $y = 0$, 而不是在平板的上表面 $y = h$. 因此, 如果我们想把式 (9) 与式 (22) 所给出的振幅比 C/A 作比较, 那么在平板的顶部 A 必须乘以因子 $\exp(\mathrm{i}kh)$, C 必须乘以因子 $\exp(-\mathrm{i}kh)$ (都考虑垂直入射情形), 因为后者的坐标指的是上表面. 这意味着必须抑制式 (9) 中的因子 $\eta^{-2} = \exp(-2\mathrm{i}k_1 h)$. 于是利用式 (24), 式 (9) 变为

$$\frac{C}{A} = -\sqrt{r}\,\frac{1 - \mathrm{e}^{\mathrm{i}\varphi}}{1 - r\mathrm{e}^{\mathrm{i}\varphi}} \tag{25}$$

现在这确实与式 (22) 一致.

因此, 我们的两种方法都导致相同的结果, 不仅对在这里用作比较的垂直入射特殊情况, 而且对相当一般的情况也是如此. 这两种方法都有各自的优点和缺点. 边界值方法省去了我们在图 9 中有点费力的相位考虑. 求和方法似乎本身更容易可视化并且不仅限于 $p = \infty$. 后者也可用于处理平板长度有限和入射光束宽度有限的情况. 这种问题很难用局限于 xy 平面的边值问题的形式假设来解决. 这就是求和方法在处理第 6 章中的分辨率问题时更为可取的原因. 另一个原因是这种方法与通常的光栅理论比较吻合. 正如我们将看到的, 对于我们马上将讨论的两种类型的高分辨率干涉仪, 这两种方法实际上是等效的.

F. Lummer-Gehrke 板 (1902)

我们在 §5 讨论全反射时, 波是在光密介质中入射的, 并出射到空气中. 对于 $\alpha \sim \alpha_{\mathrm{tot}}$ 的入射角, 我们得到的出射角 β 几乎等于 $\pi/2$, 反射率几乎为 1. Lummer 最初的想法是让光以掠入射方式入射到平板上表面, 从而使折射光部分以接近 α_{tot} 的角度来回反射. 这样便可利用几乎等于 1 的高反射率 r. Gehrke 通过在平板上部放置一个角度为 α_{tot} 的棱镜 (图 10) 使过程得以简化. 垂直入射在棱镜表面上的光线射向平板下表面, 从而实现以所希望的角度交替地射向上下表面; 光线以掠

射角射出平板. 以这种方式, 入射光束的第一次反射, 正如在方程 (23) 中实际上所假定的那样, 得到了抑制.

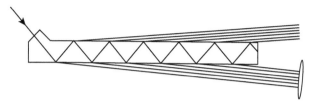

图 10   光线在 Lummer 板中的干涉

对于 Lummer 板, 数字 p 不是非常大, 这是因为制作如 1cm 厚度的非常均匀的平行平面平板, 其长度不能超过 20cm 太多. 然而, 我们可以毫不犹豫地走向极限情况 $p \to \infty$, 从而可以以公式 (22a) 为出发点. 这里我们把它写作

$$\left|\frac{D}{A}\right| = \frac{1-r}{|1-re^{i\varphi}|} \tag{26}$$

这样做的合理性在于极限 $\alpha \to \alpha_{\text{tot}}$ 不可能任意接近. 即使没有其他原因, 这至少是因为我们从来不会得到一个精确平行的入射平面波, 而总是要处理具有一定的角分布的波束. 因此, r 永远不会精确等于 1, 而是具有一定程度的近似. 因此, 对于 $p = 20$, r^p 已经变得微乎其微, 不论我们设置 p 等于在 Lummer 板出现的最大值或等于 ∞, 这已经不再重要. 因此, 显而易见的是, 尽管 p 值有限, 求和方法和边值方法的结果之间可以没有任何区别.

从式 (26) 我们立即发现

$$\begin{cases} \left|\dfrac{D}{A}\right| = 1, & \text{对于}\varphi = 2\pi z, z = \text{整数} \\[2mm] \left|\dfrac{D}{A}\right| \sim 0, & \text{对于与}2\pi z\text{ 有明显不同的所有 }\varphi \end{cases} \tag{27}$$

后者表达的正确性是因为式 (26) 的分子 $1 - r \sim 0$, 前者是因为式 (26) 的分子和分母对于 $\varphi = 2\pi z$ 完全相等.

为了看到 "明显不同" 的意思, 我们将式 (26) 的分母重写成

$$\sqrt{(1-re^{i\varphi})(1-re^{-i\varphi})} = \sqrt{1+r^2-2r\cos\varphi} \tag{27a}$$

我们设 $\varphi = 2\pi z - \Delta\varphi$, 因此 $\cos\varphi = \cos\Delta\varphi = 1 - \dfrac{(\Delta\varphi)^2}{2}$. 特别地, 我们寻求对应于 $\varphi = 2\pi z$ 处最大强度 1 的所谓 "半宽度" 的那些 $\Delta\varphi$ 值, 也就是说, 这些值满足条件

$$\left|\frac{D}{A}\right|^2 = \frac{1}{2} = \frac{(1-r)^2}{(1-r)^2 + r(\Delta\varphi)^2} \tag{28}$$

直接进行计算得到

$$(1-r)^2 + r\,(\Delta\varphi)^2 = 2\,(1-r)^2, \quad \Delta\varphi = \frac{1-r}{\sqrt{r}} \sim \pm(1-r)$$

半宽度是 $|\Delta\varphi|$ 的 2 倍, 因此

$$2\,|\Delta\varphi| \sim 2\,(1-r) \tag{28a}$$

正如预期的那样, 随着 r 接近其极限值 1, 这个宽度变窄. 这个半宽度的低值将对 Lummer 板分辨率起决定性作用. 我们将在第 6 章更详细地讨论这个问题.

G. Perot 和 Fabry 干涉仪 (约 1900 年)

与 Lummer 板不同的是, Lummer 通过非常接近于全反射极限角得到了高反射率 r, 而 Perot 和 Fabry 则利用了一半镀银玻璃板的表面, 并使用几乎垂直于该表面的入射角. 下述事实增加了他们方法的重要性: 玻璃板可以被一个位于两镀银半透明玻璃表面之间的 "空气板" 替换. 这两个表面可以借助铟钢制件隔开, 这样就形成了一个用于波长准确测量的标准具 (etalon). 该标准完全不受温度、折射率或玻璃不规则性的影响.

这里使用边值方法是有利的, 但必须改变我们从前的边界条件. 假设 p 偏振, 即 $\boldsymbol{E}$ 平行于 z 轴, 我们考虑 §2 Maxwell 方程组 (4) 第二式的 z 分量. 我们用银层中的特定传导电流 σE_z 替换方程中的位移电流 $\boldsymbol{D}$. 我们将这个方程在一个矩形上积分, 该矩形位于 x,y 平面内, x 方向的长度为 $1,y$ 方向上的宽度就是银层的非常小的厚度. 于是被积方程的左边等于银层中单位长度上的总电流. 根据 Stokes 定理, 右边产生了 $\boldsymbol{H}$ 的环绕矩形的围道积分, 它等于穿过银层时 H_x 的不连续性. 代替以前 H_x 的连续性, 我们现在有一个与 E_z 成正比的 H_x 不连续量, 可写为

$$H_x \text{ 不连续性} = -g\sqrt{\frac{\varepsilon_0}{\mu_0}}E_z \tag{29}$$

g 是一个比例因子, 取决于银层的电导率和厚度, 又因为因子 $(\varepsilon_0/\mu_0)^{1/2}$, 所以它是无量纲的. 由于电子的惯性, 在可见光谱内, g 实际上不是一个实数而是一个复数.

E_z 的连续性和由此产生的边界条件 (3) 和 (4) 以及折射率定律 (2) 在镀银后保持不变; 只不过, 因为 $n_1 = n$ 和 $\gamma = \alpha$ (在上部平板和下部平板的情况相同) 变得更简单了一些. 另外, 根据式 (29), 边界条件 (5) 和 (6) 必须按如下形式修改:

$$\left(Ae^{-ikh\cos\alpha} - Ce^{+ikh\cos\alpha}\right)\cos\alpha - \left(Be^{-inkh\cos\beta} - Ee^{+inkh\cos\beta}\right)n\cos\beta$$
$$= g\left(Ae^{-ikh\cos\alpha} + Ce^{+ikh\cos\alpha}\right) = g\left(Be^{-inkh\cos\beta} + Ee^{inkh\cos\beta}\right) \tag{30}$$

$$\left(Be^{+inkh\cos\beta} - Ee^{-inkh\cos\beta}\right) n\cos\beta - De^{+ikh\cos\alpha}\cos\alpha$$
$$= g\left(Be^{+inkh\cos\beta} + Ee^{-inkh\cos\beta}\right) = gDe^{+ikh\cos\alpha} \tag{31}$$

这两种形式中, 各方程的右侧分别对应于式 (3) 和式 (4) 左侧或右侧得到的式 (29) 中 E_x 值的表达方式. 因此体现在式 (30) 和式 (31) 中的四个方程代表了关于当前问题的边界条件完整系统.

对于大多数实际应用, 只对由比值 D/A 代表的透射光感兴趣. 通过有些费力的初等计算, 我们从式 (30) 和式 (31) 得到

$$\frac{D}{A} = \frac{e^{-2ikh\cos\alpha}}{(1+g/\cos\alpha)\cos\dfrac{\varphi}{2} - \dfrac{i}{2}\left[\dfrac{(1+g/\cos\alpha)^2}{n\cos\beta/\cos\alpha} + \dfrac{n\cos\beta}{\cos\alpha}\right]\sin\dfrac{\varphi}{2}} \tag{32}$$

φ 代表光线在平板中来回通过时产生的相位差, 与式 (18a) 相同, 由下式定义

$$\varphi = 4nkh\cos\beta \quad (\text{在空气平板的情况下, 其中的 } n = 1) \tag{32a}$$

式 (32) 的绝对值对 φ 的依赖关系如图 11 所示, 其中独立变量 φ 的变化可以认为是代表了波数 k 变化或者入射角 α 的变化, 该入射角又通过折射定律与角度 β 相关联. 从 α 和 β 直接出现在式 (32) 中的意义上来说, 它们自己可被视为常数. 但式 (32a) 中的 $\cos\beta$ 因为要乘以非常大的系数 kh, 所以甚至 β 非常小的变化也会引起 φ 明显变化. 因此, 尽管 β 实际上几乎不变, 图 11 中仍可将 φ 当作一个独立变量.

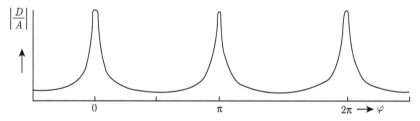

图 11　振幅比 $|D/A|$ 和相位差 φ 的关系, 对于 Lummer 板 $|D/A|_{\max} = 1$, 对于
Perot-Fabry 标准具 $|D/A|_{\max} \leqslant 1$

让我们采用空气标准具 $(n = 1)$、几乎垂直入射 $(\alpha = \beta = 0)$、并且 g 几乎是实数这一特殊情况来检验该图. 这时方程 (32) 简化为

$$\left|\frac{D}{A}\right|^{-2} = (1+g)^2\cos^2\frac{\varphi}{2} + \frac{1}{4}\left[(1+g)^2 + 1\right]^2\sin^2\frac{\varphi}{2} \tag{33}$$

从此通过对 φ 求导得到极值条件为

$$\sin\frac{\varphi}{2}\cos\frac{\varphi}{2} = 0$$

$\sin\varphi/2 = 0$ 对应:

$$\left|\frac{D}{A}\right|_{\max} = \frac{1}{1+g}, \quad \varphi = 2z\pi, \tag{33a}$$

$\cos\varphi/2 = 0$ 对应:

$$\left|\frac{D}{A}\right|_{\min} = \frac{2}{(1+g)^2 + 1}, \quad \varphi = (2z+1)\pi \tag{33b}$$

在这两种情况下 z 都是非常大的整数.

在式 (33a) 和 (33b) 中我们假设 g 的值很大. 根据定义, 这个假设对应于一层厚厚的银 (强传导电流). 因此, 即使在极大值情况下入射光也依然被大大地削弱了. 另外, 极小值弱于最大值, 是极大值的 $\frac{1}{1+g}$. 极大值是等间隔的, 极小值也是, 极小值位于极大值的中间. 极大值是尖锐的; 极小值是非常平坦的. 这是式 (33) 的一个结果, 因为只有当最大值条件, 即 $\sin\varphi/2 = 0$, 得到精确满足时才能达到式 (33a) 所示的最大值 $(1+g)^{-1}$ 的量级; 对于所有其他的 φ, 式 (33) 右边第二项因含有 g 的四次方而占了主导地位; 于是 $|D/A|$ 的大小约为 $\left[(1+g)^2\sin\varphi/2\right]^{-1}$ 并达到式 (33b) 所示的最小值. 这样, 就检验了 g 足够大情况下的图 11.

我们也将计算强度极大值的 "半宽度". 因为根据式 (33a), 强度极大值等于 $(1+g)^{-2}$, 所以我们必须令式 (33) 的左侧值为 $2(1+g)^2$. 在右侧, 我们让 $\frac{\varphi}{2} = z\pi - \Delta\varphi$, $\sin^2\frac{\varphi}{2} = (\Delta\varphi)^2$, $\cos^2\frac{\varphi}{2} = 1 - (\Delta\varphi)^2$, 并除以 $(1+g)^2$, 得到

$$2 = 1 + \frac{1}{4}(1+g)^2(\Delta\varphi)^2, \quad \Delta\varphi \sim \pm\frac{2}{1+g}$$

因此半宽度为

$$2|\Delta\varphi| = \frac{4}{1+g} \tag{34}$$

在习题 I.7, 我们将从电磁特征振荡的角度来解释这些关于干涉极大值的位置和半宽度的结果.

在第 6 章, 我们将看到 Perot-Fabry 标准具仅仅因为有一个大的 g 而获得极佳的分辨率. 只有大的 g 值, 即重镀银, 该极大值的半宽度才会足够小, 因此这种干涉仪的主要目的, 即精细结构的分辨, 才能达到. 因此, 人们必须接受由重镀银所产生的强度的巨大损失. Lummer 板, 因为 $r \sim 1$, 从强度的角度看是比较好的. 但它不能达到 Perot-Fabry 标准具的分辨率, 而且在实验上不如后者方便.

需要强调, 一般公式 (32) 也包括了 Lummer 板的情况. 后者可以用相反的极限情况 $g = 0$ (没有镀银) 来描述. 于是, 对于 $\varphi = 2\pi z$, 式 (32) 立即给出

$$\left|\frac{D}{A}\right|_{\max} = 1 \tag{35}$$

同式 (27) 的第一方程一致. 另外, 对于所有其他的 φ 值,

$$\left|\frac{D}{A}\right| = \left[\cos^2\frac{\varphi}{2} + \frac{1}{4}\left(\frac{\cos\alpha}{n\cos\beta} + \frac{n\cos\beta}{\cos\alpha}\right)^2 \sin^2\frac{\varphi}{2}\right]^{-1/2}$$

现在根据 Lummer 的要求, 过渡到掠入射也即 $\cos\alpha$ 接近 0 的情形, 这时 $\sin^2\varphi/2$ 的系数趋于无穷大, 人们获得与式 (27) 第二个方程一致的

$$\left|\frac{D}{A}\right| \to 0 \tag{35a}$$

式 (35) 和式 (35a) 证实了我们先前的说法, 即 Lummer 板也可以用边界值法处理.

§8 光 驻 波

"光矢量" 相对于偏振面的位置问题没有从光的弹性理论得到回答. Fresnel 认为光矢量垂直于偏振面, 而 F. Neumann 认为它与偏振面平行. 但在弹性理论的基础上光矢量这一术语不能明确定义. 电磁学上我们有两个光矢量 E 和 H (在晶体中甚至有四个: E, D 和 H, B). 我们在 §4 已看到, 在反射产生的偏振光中, 电矢量 E 垂直于入射面, 磁矢量平行于入射面. 由于在这种情况下, 通常入射面与偏振面相同, 同时 E 是垂直于偏振面, H 是平行于偏振面的, 因此, 人们到底倾向于赞同 Fresnel 还是 Neumann, 取决于将 E 还是 H 称为光矢量. 但即使这样, 也只是得到了 "光矢量" 这个词在名义上的定义; 不过电磁证据的力量可以给予这个词以物理意义.

当光作用于照相底片, 一个电子被从一个银的溴化物或氯化物分子上移除, 从而为底片显影过程中一个银原子的变黑做好了准备. 只有电场强度 E 能够起到这个移除电子的作用. 而且, 因为这与眼睛视网膜上发生的过程非常相似 (这两种现象都是毫无疑问的 "光电效应"), 我们有很好的理由将场矢量 E 命名为 "光矢量", 而非磁矢量 H.

O. Wiener 的出色的实验 (Ann. d. Physik, 1890) 已经把这些一般考虑的置于坚实的经验基础之上. 这是通过对摄影过程的深入研究完成的.

A. 在金属表面垂直入射的单色线偏振光

抛光银镜用作反射器. 这个表面的法向像以前一样是 y 轴. 让入射方向是负 y 方向, 反射方向是 y 轴正向.

由于光的横波性质, 有 $E_y = 0$. 这里不需要区分 E_x 和 E_z, 因为对于垂直入射, 两个方向是等价的. 我们可以将这两个分量中的一个或两个写为:

$$E_i = Ae^{-iky-iwt}, \quad E_r = e^{+iky-iwt} \tag{1}$$

作为良导体 ($\sigma \to \infty$), 银镜不允许在它的表面处存在切向电场, 任何这样的场由于导电而消失.

因此, 我们有

$$E_{\text{tan}} = E_{\text{i}} + E_{\text{r}} = 0, \quad \text{对于 } y = 0 \tag{2}$$

由式 (1) 得到

$$C = -A \quad \text{(反射时发生相位变化)} \tag{3}$$

而且, 写出实部, 并让 A 是实数, 则 $y \geqslant 0$ 时我们有

$$E = \text{Re}(E_{\text{i}} + E_{\text{r}}) = 2A \sin ky \cos \omega t \tag{4}$$

这是驻波的典型表达式. 波节位于

$$ky = n\pi, \quad y = n\frac{\lambda}{2}$$

波腹位于

$$ky = \left(n + \frac{1}{2}\right)\pi, \quad y = \frac{\lambda}{4} + n\frac{\lambda}{2}$$

我们期望在波腹处发生最大的摄影致黑, 在波节处没有致黑. 于是从金属表面到第一个黑斑的距离应该等于相邻黑斑间距的一半.

为了证明上述说法, Wiener 使用了一种古老的测量河流水位的方法. 一个底面铺了一层摄影底片的玻璃板, 以非常小的角度 δ 放置在银镜上, 如图 12 所示, 这样, 垂直于镜面的距离度量在底片上被放大了 $1/\delta$ 倍. 用这种方法, $\lambda/4$ 和 $\lambda/2$ 的距离得以用宏观可测尺度描绘.

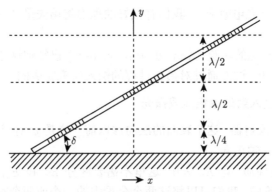

图 12 Wiener 对光驻波进行的实验. 感光板放置的角度为 δ, 在电矢量的波腹处变黑 (用虚线表示)

结果完全证实了预期的黑斑周期性间隔, 也证实了第一个极大值发生在距离金属表面为黑斑周期间隔的 1/2 处. 因此, 电矢量 E 确实具有摄影激活能力, 应该被视为光矢量[①]. 磁矢量不是光矢量. 它与电矢量的波腹交替出现, 其第一个波腹出现在镜面上. 事实上, 使用 H, D 和 E 之间的 Maxwell 关系, 可以直接从式 (4) 获得 H:

$$H = 2A\sqrt{\frac{\varepsilon_0}{\mu_0}} \cos ky \sin \omega t \tag{5}$$

B. 斜入射的光线

以下由 Wiener 进行的实验也给人很大启发. 摄影底片放在与之前相同的位置, 但入射到银镜的光线与法线成 45° 角. 当光在入射面内偏振 (E 垂直于该平面), 则底片出现黑色条纹, 定性地说它们的位置与垂直入射情况的相同. 然而, 如果偏振面垂直于入射面, 且入射角精确地为 45°, 则没有条纹出现, 而是黑色均匀分布在平板上.

在习题 I.8 中, 这个实验的结果将要对任意的入射角 α 来计算.

C. Lippmann 的彩色摄影

Lippmann 以 Wiener 实验的形式布置了一层细颗粒摄影底片, 其做法是, 将底片平放在水银表面上并从表面上方用一个光谱予以垂直照明. 在这样制作的驻波的波腹处, 以光化学方法形成了一个 Wiener 型银层体系. 这些层之间的距离是 $\lambda/2$, 其中 λ 是照明所考虑的特定点处的光谱区的波长.

如果把用这种方法制备的底片做显影处理, 然后用白光垂直照射, 则底片上的每一个点都会发出与制备过程中对该点进行曝光的波长相同的波长 λ. 只有这个波长 (或它的整数分之一) 能够匹配由 Wiener 平面系统所形成的屏. 所有其他的 λ 都被干涉效应破坏. 因此, 如果垂直地对着底片看, 将会看到具有鲜明干涉色的整个光谱. 如果对底片呼气, 它会膨胀, 结果光谱会向红色方向移动, 因为较长的波长匹配于膨胀了的屏. 当倾斜观察时, 光谱向紫色方向移动. 这是由于如下关系

$$2d \cos \alpha = \lambda_\alpha \tag{6}$$

这里 λ_α 是在反射角 α 方向看到的波长; d 是屏各平面之间的间距. 方程 (6) 代表了这样的条件: 以 α 角入射的平面波将被银层体系中所有的平面以相同的相位 (或 2π 整数倍的相位差) 反射. 我们将会在第 5 章 §32 以 Bragg 公式的名义再次遇到这个关系式, 在那里, 它在一定程度上会有更一般的形式和不一样的符号. 目前只需指出两点:

[①] 事实上, 根据论文 (H. Jaeger, Ann. d. Phys. (Lpz) **34**, 280, 1939), 这个证明可以直接由光电过程得到, 而不用基于相应的关于光电作用的摄影.

(1) 对于 $d = \lambda/2$ 和 $\alpha = 0$ (垂直入射和观察), $\lambda_\alpha = \lambda$, 即颜色不变;

(2) 对于 $d = \lambda/2$ 和 $\alpha \neq 0$ (倾斜入射和观察), $\lambda_\alpha = \lambda \cos \alpha < \lambda$, 即颜色向紫色移动.

众所周知, 现代的彩色摄影问题实际解决方案是基于完全不同的原理. 然而, 作为最早提出的 "自然色彩摄影", Lippmann 方法具有重大的历史意义.

第 2 章　运动介质和运动光源光学——天文学专题

真空中的光速是光学中最基本的常数, 根据相对论这个常数掌控着时间和空间的尺度. 因此, 在讨论后面章节中物质的光学性质之前, 我们将首先讨论光的速度. 物质的光学性质虽然表面上看上去非常初级, 但实质上却十分复杂. 我们将会发现光速 c 的确定不是通过地面, 而是通过天文测量的讨论获得的.

§9　光速的测量

1610 年, 物理学家 Galileo 发现了围绕木星运行的卫星群. Galileo 称这个卫星群为 Mediceic 星群, 以此来纪念这项工作的赞助人佛罗伦萨的 Cosimo 公爵. 这个星群包括靠近木星的四颗非常明亮的卫星. 它们的轨道运行周期只有几天, 因此, 这和木星绕太阳运转的周期 (12 年) 相比, 非常短暂. 到目前为止 (1942 年), 在木星的周围共发现了 12 颗卫星.

这些卫星的周期可以通过它们的星食 (卫星进入木星太阳照射背面的时间) 准确地计算出来. 1676 年丹麦的天文学家 Olaf Roemer 在这些卫星的周期测量记录中发现了明显的变化: 当地球移离木星时, 这些卫星的周期变长; 而当地球移近木星时, 这些卫星的周期缩短. Roemer 从这个现象总结出光线穿过地球轨道的直径要花费一定的时间. 他利用当时已知的地球轨道半径, 计算出了现在看来也相当准确的光速 c.

我们可以通过和 Doppler 效应相比较, 进而很好地解释这个计算结果. 在 §11 中, 我们会对 Doppler 现象作更加详细的说明. 在这里我们通过下面的表述足以表征它了:

$$\frac{\Delta\lambda}{\lambda} = \frac{\Delta\tau}{\tau} = \pm\frac{v}{c} \tag{1}$$

其中, λ 是波长; τ 是振荡的周期; v 是观测者和光源的相对速度; $\pm$ 号分别代表光源和观察者之间的距离增大 (+) 或减小 (−). 假设被观测光传播的方向和 v 的方向平行, 也就是同向或反向. 由于 Doppler 效应是一个纯粹的运动学现象 (光和声音一样都会发生这一现象), 我们可以将其应用到具有周期性星食现象的木星的卫星上. 木星本身反射的太阳光在这里不做考虑, 因为其没什么作用.

在我们的示例中, 如图 13(a) 所示, τ 就是在运动的地球上所测量出的木星卫星的轨道周期. 我们把其中的一个卫星用字母 M 表示, 它的真实轨道周期为 τ_0.

$ABCD$ 为地球轨道的四个点. 在 B 点时, 地球移离木星的卫星, 此时木星的卫星轨道周期相应地变长 $\Delta\tau = v\tau_0/c$. 在 D 点时地球移向卫星, τ 相应缩短 $v\tau_0/c$. 在 A 点和 C 点, 地球的速度方向与来自木星的光的方向垂直, 此时 $\Delta\tau = 0$. 因此, 我们可以测得准确的周期 τ_0. 而在 B 点和 D 点, 我们可以得到周期 τ 的极值, 根据方程 (1), 可以表示为

$$\tau_{\max} = \tau_0 + \frac{v}{c}\tau_0, \quad \tau_{\min} = \tau_0 - \frac{v}{c}\tau_0 \tag{2}$$

因此可以得到

$$\tau_B - \tau_D = \tau_{\max} - \tau_{\min} = 2\frac{v}{c}\tau_0 \tag{3}$$

如果把上式中的 v 用 $2\pi R/T$ 代替, 则可以得到

$$\tau_B - \tau_D = 4\pi\frac{\tau_0}{T}\frac{R}{c} \tag{4}$$

其中, T 是一年的时间间隔; R 是地球轨道的半径. 因此, 为了计算光速 c, R 必须是已知的值.

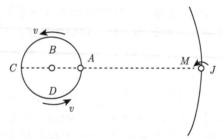

图 13(a)　根据 Olaf Roemer 的方法确定光速, J 代表木星, M 代表木星的卫星, $ABCD$ 代表地球的轨道

这个结果可以用图 13(b) 表示, 这种表示方法已经被广泛用于科普讲座中. 当地球从 A 点向 C 点移动时, 它逐渐远离来自木星的日食信号, 接收到这些信号的间隔随之增加. 而当地球由 C 向 A 移动时, 地球向星食信号逐渐靠近, 所得到的情况刚好相反. 任一情况的总时间差都等于光线穿过地球轨道直径的时间, 记为

$$\sum\Delta\tau = \frac{2R}{c} \tag{5}$$

这个总的时间差非常接近正弦曲线在 AC 线以上 (或 CA' 线以下) 的面积[①], 面积的增大 (或减小) 单独在下方图中以分步阶梯形式绘制, 所用的数据可以直接从正

---

① 这个面积等于下面的积分

$$\int_0^{T/2} \sin 2\pi\frac{t}{T}\,\mathrm{d}t = \frac{T}{\pi} \tag{5a}$$

与正弦曲线在 C 点的纵坐标的乘积, 根据方程 (2), 该纵坐标值为

$$\Delta\tau_{\max} = \frac{v}{c}\tau_0 = \frac{2\pi R}{cT}\tau_0 \tag{5b}$$

(a) 和 (b) 乘积除以 τ_0, 实际上就是方程 (5) 的右边部分.

弦函数表中读取.

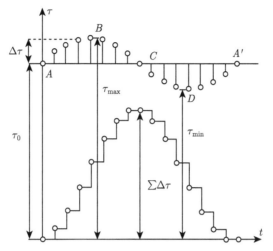

图 13(b) 由于地球的运动, 光信号周期的变化图

差不多在 200 年后, 人们才首次在地面上成功测量光速 c. Fizeau 用一个旋转的齿轮测量光速 (让一束光先通过齿轮间的缝隙, 经过远处的反射镜反射后返回, 如果齿轮旋转得足够快, 返回光将被下一个齿轮挡住). Foucault 用一个旋转反射镜测量光速 (后来 Michelson 将此装置用于更精确的实验中).

关于光的传播最重要的事实是光完全不受光源运动的影响, 光速不会 "记住" 光源的速度. 根据方程 (1), 只有振荡的波长和周期具有这种 "记忆". 这个事实似乎可以用静止光以太作为光传播的载体这种观点来理解. 现在大家已经知道, 根据 §12 和 §14 描述的实验内容和相对论的观点, 这种说法根本站不住脚.

在下面的讨论中, 我们假设读者具备一定的狭义相对论知识. 关于这方面的知识, 大家可以参阅 "Sommerfeld 理论物理学" 第三卷的 §27, 没有相对论基础的读者只好忽略随后章节中一些定量关系的证明.

§10 光行差和视差

这里恒星的视觉差指的是所谓的 "年视差", 即由地球轨道上的不同点到恒星的视线所形成的圆锥体的立体角. 以星体为顶点的圆锥在天球上的投影就是所谓的视差轨道, 它可用来描述恒星在一年之中的行进路径. 这个轨道一般是一个小椭圆, 如果恒星位于黄道的极点, 则是一个圆 (如图 14(a) 所假设的), 如果恒星位于黄道上, 则是一条直线. 关于这个轨道存在的证明, 科学家们寻找了很长的时间, 因为它最终证实了 Copernican 体系的正确, 所以非常重要. Bradley 在寻找这个证明的过程中于 1728 年发现了光行差现象.

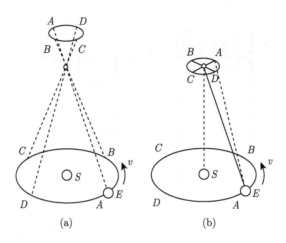

图 14　以北极星为例画出的恒星表观轨道: (a) 恒星距离太阳有限距离时的视差轨道; (b) 光
　　　行差导致的轨道. 地球轨道上 $ABCD$ 点所对应的星体表观位置

　　这个现象也导致恒星的轨迹在天球上用一个小的椭圆来表示, 而且这个椭圆也
在极点处退化成一个圆而在黄道上则退化成一条直线. 但是角度偏差的方向和大小
跟由视差所引起的截然不同. 如图 14(a) 和 (b) 所示, 这两个方向互相垂直. 由于光
行差所造成的偏差大小和到恒星的距离没有关系, 甚至它比离太阳最近的恒星的视
差所造成的偏差都大得多. 100 年后 (1838 年), Bessel 首次确认了一颗固定恒星的
真实视差.

　　Lenard 认为光行差和运动的相对性是相互矛盾的, 这个想法是一个令人费解
的误解. 尤其是早在 1905 年, Einstein 就从相对论原理直接导出了光行差. 光行差
并不能揭示地球在空间中的 "绝对运动", 而是恰恰相反, 说明地球在其轨道年周期
内的相对运动, 也就是说, 从一个季度到下一个季度运动的方向不同. 建立天文台
的原因之一就是确定和衡量这些运动的差异. 如果地球运动方向不存在差异, 也就
是说, 如果地球沿着直线运动, 那么就不会观测到光行差.

　　再看一下图 14(b), 把所有恒星位于黄道极点这个限制条件去掉, 我们考虑一
个包含恒星和地球运动速度方向的平面. 这个平面如图 15(a) 所示, 令地球的速度
沿着 x 轴的方向, 并且入射光与 x 轴正向的夹角为 α. 相对于图 15(a) 的平面坐标
系 x, y, z 是一个以太阳为中心的静止的系统, 因为固定的恒星和太阳都相对这个坐
标系静止. 然而, 如果我们以和地球相同的速度 v 运动, 那么必须引入一个以地球
为中心的坐标系 x', y', t' (图 15(b)). 事实上时间坐标和空间坐标是变换的这一事
实是相对论的一个特征, 是光速 c 的不变性所需的. 这两个坐标系之间的变换就

是 Lorentz 变换

$$x' = \frac{x - vt}{\sqrt{1 - \beta^2}}, \quad y' = y, \quad t' = \frac{t - \beta x/c}{\sqrt{1 - \beta^2}}, \quad \beta = \frac{v}{c} \tag{1}$$

对它们微分得到

$$\mathrm{d}x' = \frac{\mathrm{d}x - v\mathrm{d}t}{\sqrt{1 - \beta^2}}, \quad \mathrm{d}y' = \mathrm{d}y, \quad \mathrm{d}t' = \frac{\mathrm{d}t - \beta\mathrm{d}x/c}{\sqrt{1 - \beta^2}} \tag{2}$$

因此相对于地心的速度分量:

$$u'_x = \frac{\mathrm{d}x'}{\mathrm{d}t'}, \quad u'_y = \frac{\mathrm{d}y'}{\mathrm{d}t'}$$

用日心速度分量:

$$u_x = \frac{\mathrm{d}x}{\mathrm{d}t}, \quad u_y = \frac{\mathrm{d}y}{\mathrm{d}t}$$

表示为

$$u'_x = \frac{u_x - v}{1 - \beta u_x/c}, \quad u'_y = \frac{u_y\sqrt{1 - \beta^2}}{1 - \beta u_x/c} \tag{3}$$

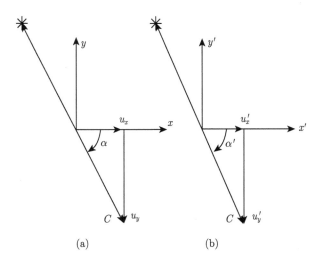

图 15　计算光行差示意图: (a) 日心坐标系; (b) 地心坐标系. x 为地球运动方向

现在, 我们并不考虑在两个坐标系中的实物粒子的速度, 而是考虑在各自坐标系统中观测者所观察到的恒星发出的光的速度 u 和 u'. 这是合乎情理的. 日心速度 $u = c$ 的分量为 (图 15(a)):

$$u_x = c\cos\alpha, \quad u_y = -c\sin\alpha \tag{3a}$$

相应的 u' 分量表示为 (图 15(b))

$$u'_x = u' \cos \alpha', \quad u'_y = -u' \sin \alpha' \tag{3b}$$

其中, u' 的大小待定. 让式 (3) 的两个方程相除并利用式 (3a), 我们得到

$$\frac{u'_y}{u'_x} = \frac{-c \sin \alpha \sqrt{1-\beta^2}}{c \cos \alpha - v} \tag{3c}$$

再根据方程 (3b), 上式可写为

$$\tan \alpha' = \frac{\sin \alpha \sqrt{1-\beta^2}}{\cos \alpha - v} \tag{4}$$

由此可见, 在地心系统中的入射角 α' 和日心系统中的 α 不同. 把式 (3) 平方可以看出, 光传播的地心速度 u' 和日心速度 u 相等. 代入式 (3a), 我们可以得到

$$\begin{aligned} u'^2 &= \frac{c^2 \cos^2 \alpha - 2cv \cos \alpha + v^2 + c^2 \sin^2 \alpha (1 - v^2/c^2)}{(1 - \beta \cos \alpha)^2} \\ &= \frac{c^2 - 2cv \cos \alpha + v^2 \cos^2 \alpha}{(1 - \beta \cos \alpha)^2} = c^2 \end{aligned}$$

我们可以不用计算而仅仅凭借 Einstein 关于速度相加定理就可以写出上面的结果. 根据这个定理, 可以得到下面看似矛盾的简单表达式 (见第三卷 §27 F):

$$c + v = c$$

　　考虑到角度 α' 和 α 的关系, 我们通过忽略 β^2 阶的项写出方程 (4) 的一阶近似, 可以得到

$$\tan \alpha' = \frac{\sin \alpha}{\cos \alpha} \left(1 + \frac{\beta}{\cos \alpha} \right) = \tan \alpha + \frac{\beta \sin \alpha}{\cos^2 \alpha} \tag{5}$$

令 $\alpha' = \alpha + \Delta\alpha$, 式 (5) 变为

$$\tan(\alpha + \Delta\alpha) - \tan \alpha = \frac{\beta \sin \alpha}{\cos^2 \alpha}$$

把方程的左边按照小量 $\Delta\alpha$ 展开, 方程两边分母 $\cos^2 \alpha$ 相互抵消, 得到

$$\Delta\alpha = \beta \sin \alpha \tag{6}$$

β 被称为 "光行差常数", 如果 $\Delta\alpha$ 的单位取为弧度的话, 它的数值大约是 10^{-4}, 因此化为角度的表达式可写为

$$\beta = 10^{-4} \frac{180°}{\pi} = 20.5''$$

如果恒星位于黄道的极点上, 那么沿着地球的轨道方向都有 $\alpha = 90°$. 在这种情况下, 光行差轨道是一个环绕黄道极点的以 $\Delta\alpha = \beta$ 为半径的圆. 当恒星位于与 xy 平面重合的黄道平面内时, 如图 15(a) 所示, α 在 $\pm90°$ 到 $0°$ 之间变化. 在这种情况下, 光行差也在黄道面内并在 $\pm\beta$ 间振荡且两次穿过 0 点. 对于一般恒星来说, 其光行差轨道是一个椭圆, 这个椭圆的长轴是 β, 短轴为 $\beta\sin\delta$, 其中 δ 是这个恒星的天球纬度 (与极距互补).

以上公式, 尤其是方程 (2), 清晰地表明光行差是时间 t' 与时间 t 的相对论偏差的直接结果. 从经典运动学的角度很难协调光行差与光速 c 不变性原理这两个事实. 现在我们认识到, 这是光速不依赖于参考系这一事实的必然结果. 在下面的篇幅中, 光行差将与一些更普遍的观点联系起来.

§11　Doppler 效应

Doppler 效应的基本原理是众所周知的. 如果一个静止的光源发出周期为 τ 的波, 那么一个时间间隔 t 内静止的观测者所观测到的振动数目为 $N = t/\tau$. 但是, 如果观测者向着波运动, 其速度为 v, 那么在时间 t 内经过距离 vt, 他将会额外遇到 vt/λ 个振动. 因此, 运动的观测者在时间 t 所遇到的振动的总数为

$$N' = \frac{t}{\tau} + \frac{vt}{\lambda} = \frac{t}{\tau}\left(1 + v\frac{\tau}{\lambda}\right) = \frac{t}{\tau}\left(1 + \frac{v}{c}\right) \tag{1}$$

另一方面, 如果光源以速度 v 向着静止的观测者运动, 那么两个相邻的波峰或波谷之间的距离便不再是 λ, 因为光源在一个周期 τ 内经过的距离为 $v\tau$, 因此这个距离变为

$$\lambda' = \lambda - v\tau = \lambda\left(1 - \frac{v}{c}\right) \tag{1a}$$

相应的时间间隔为

$$\tau' = \tau\left(1 - \frac{v}{c}\right) \tag{1b}$$

因此, 在时间 t 内, 静止的观测者将遇到的振动数目为

$$N'' = \frac{t}{\tau'} = \frac{t}{\tau}\frac{1}{1 - v/c} = \frac{t}{\tau}\left(1 + \frac{v}{c} + \frac{v^2}{c^2} + \cdots\right) \tag{2}$$

N' 和 N'' 由于 $\beta = v/c$ 内存在二阶和高阶项而不同. 它们只是一阶项相同.

相反的观点认为: 无论运动是光源的还是观察者的, 大自然不知道什么是绝对运动, 大自然将两种情况 (1) 和 (2) 合并成相同的规律, 从而变得更简单更美丽. 这是如何完成的? 我们将从以下方面进行考虑得到答案.

在特定考虑范围内客观成立的每个物理关系, 经过各种变换后, 各个量的相互转变必须是不改变的. 如果这个关系可以表示为一个解析函数, 那么这个函数的幅

角必须是一个无量纲的标量. 考虑到这一点, 我们用指数函数来表示平面波. 除了因子 i, 其幅角表示波的相位. 另外, 这个幅角可以写成不同的形式来表示不同的通用级, 如下:

$$kx - \omega t, \quad \boldsymbol{k} \cdot \boldsymbol{r} - \omega t, \quad \vec{K} \cdot \vec{R} \tag{3}$$

在最后的这个表示中, $\vec{R}$ 是一个关于时空的四维矢量:

$$\vec{R} = x_1, x_2, x_3, x_4, \quad x_4 = \mathrm{i}ct \tag{4}$$

$\vec{K}$ 是一个具有长度倒数量纲的四维矢量波数:

$$\vec{K} = k_1, k_2, k_3, k_4 \tag{5}$$

其中 $k_4 = \dfrac{\mathrm{i}\omega}{c} = \dfrac{2\pi\mathrm{i}}{\tau c} = \dfrac{2\pi\mathrm{i}}{\lambda}$, $\vec{K}$ 的空间分量由下式给出:

$$k_1, k_2, k_3 = \frac{2\pi}{\lambda} (\cos\alpha_1, \cos\alpha_2, \cos\alpha_3) \tag{5a}$$

$\alpha_1, \alpha_2, \alpha_3$ 是矢量 $\vec{K}$ 与 x_1, x_2, x_3 轴的夹角, 并且满足:

$$\cos^2\alpha_1 + \cos^2\alpha_2 + \cos^2\alpha_3 = 1$$

从这一点可以得出矢量 $\vec{K}$ 的绝对值为零:

$$|k|^2 = k_1^2 + k_2^2 + k_3^2 + k_4^2 = \frac{4\pi^2}{\lambda^2} (\cos^2\alpha_1 + \cos^2\alpha_2 + \cos^2\alpha_3 - 1) = 0$$

　　现在, 我们从一个带撇的坐标系中观测一列波, 该坐标系相对于不带撇的坐标系以速度 $v = \beta c$ 沿 x 轴方向移动. 这时必须对 $\vec{K}$ 作 Lorentz 变换 (§10 式 (1), 其中对于 $\vec{K}'$ 时间 t 必须用 $x_4/\mathrm{i}c$ 代替, 或者在这里必须用 $k_4/\mathrm{i}c$ 代替. 因此, 我们得到了变换后的四维矢量 $\vec{K}'$ 的分量形式:

$$k_1' = \frac{k_1 + \mathrm{i}\beta k_4}{\sqrt{1 - \beta^2}}, \quad k_2' = k_2, \quad k_4' = \frac{k_4 - \mathrm{i}\beta k_1}{\sqrt{1 - \beta^2}} \tag{6}$$

这些表达式看上去有些特别, 这在于我们假设了 $\cos\alpha_3 = 0$, 也即假定波在 x_1, x_2 平面内传播, 因此略去了等式 $k_3' = 0$.) 由于 $\cos\alpha_3 = 0$, 则 $\cos^2\alpha_2 = 1 - \cos^2\alpha_1 = \sin^2\alpha_1$. 如果 α_1' 和 α_2' 为 x_1', x_2' 平面内相对应的角, 则可得到 $\cos^2\alpha_2' = 1 - \cos^2\alpha_1' = \sin^2\alpha_1'$. 从现在起, 为了表述方便, 我们用 α 和 α' 来代替 α_1 和 α_1'.

　　把方程 (5) 代入方程 (6) 并利用定义式 (5a), 我们可以得到

$$\frac{\cos\alpha'}{\lambda'} = \frac{\cos\alpha - \beta}{\lambda\sqrt{1 - \beta^2}}, \quad \frac{\sin\alpha'}{\lambda'} = \frac{\sin\alpha}{\lambda}, \quad \frac{1}{\lambda'} = \frac{1 - \beta\cos\alpha}{\lambda\sqrt{1 - \beta^2}} \tag{7}$$

由前两式的比值可以得出

$$\tan\alpha' = \frac{\sin\alpha\sqrt{1-\beta^2}}{\cos\alpha - \beta} \tag{7a}$$

这个式子和 §10 光行差方程 (4) 相同, 而方程 (7) 的第三式则代表了 Doppler 原理准确的相对论公式.

我们也可以通过一种更基本的方式得到这些方程, 即用表达式 (3) 的第二个式子来表示平面波的相位. 可以要求:

$$\boldsymbol{k}' \cdot \boldsymbol{r}' - \omega't' = \boldsymbol{k} \cdot \boldsymbol{r} - \omega t$$

其中, x_1', x_2', t' 是 x_1, x_2, t 根据 Lorentz 变换得到的, 然后令方程两边 x_1, x_2, t 项的系数相等. 我们还是更青睐于前面的方法 (使用波数矢量的协方差代替相位的不变性), 因为它更清楚地表达出了 Doppler 方程的相对论四维起源.

对于光源相对于观测者或者观测者相对于光源的速度的一般方向, 我们令 $v\cos\alpha = v_n = $ 速度在波前法线方向上的投影. 根据方程 (7), 我们可以得到

$$\frac{\lambda}{\lambda'} = \frac{1 - v_n/c}{\sqrt{1-\beta^2}} \tag{8}$$

令 $\Delta\lambda = \lambda' - \lambda$, 可得

$$\frac{\Delta\lambda}{\lambda} = \frac{\sqrt{1-\beta^2} - 1 + v_n/c}{1 - v_n/c} \tag{9}$$

在一阶近似中, 就得到了众所周知的 Doppler 效应的基本表达式:

$$\frac{\Delta\lambda}{\lambda} = \frac{v_n}{c} \tag{10}$$

对式 (9) 更详尽的讨论表明, 这个方程不仅包括一阶近似 $v_n = \pm v$ 时的纵向 Doppler 效应, 还包括二阶的横向 Doppler 效应, 如果 $v_n = 0$, 我们可以得到

$$\frac{\Delta\lambda}{\lambda} = \sqrt{1-\beta^2} - 1 = -\frac{\beta^2}{2} + \cdots$$

通过谱线的红移已经准确地测量出横向 Doppler 效应. (见第三卷 §27D)

§12 Fresnel 拖曳系数和 Fizeau 实验

对于光在运动透明介质中的传播速度, 经典的以太理论提出的最显然的假设就是, 该速度等于介质的速度 v 加上光速 c/n (其中 n 为介质的折射率). 然而, Fresnel

通过巧妙的推理发现合成的速度应为

$$u = \frac{c}{n} + v\left(1 - \frac{1}{n^2}\right) \tag{1}$$

其中因子 $\left(1 - \dfrac{1}{n^2}\right)$ 被称为 Fresnel 拖曳系数. 这个公式通过水流中的 Fizeau 实验被完全证实.

从光源 L 发出的光分成两束通过如图 16 所示的两个管道. 在其中一个管道中光速增加, 另一个光速减小, 引起的光程差可以通过在 A 点放置的干涉仪测量出来.

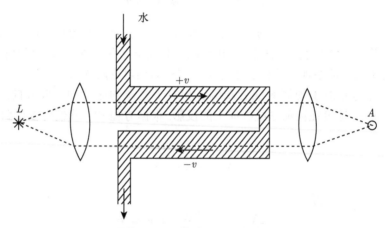

图 16　测定 Fresnel 拖曳系数的 Fizeau 实验

von Laue[1]第一个注意到, 不做关于光在运动介质中传播性质的任何特殊假设, 仅通过第三卷 §27 式 (15) 中给出的速度叠加原理

$$u = \frac{v_1 + v_2}{1 + v_1 v_2/c^2} \tag{2}$$

就可以从纯粹的唯象学解释公式 (1). 在方程 (2) 中, 假定 v_1 是光在折射率为 n 的水中的相速度, 大小等于 c/n, v_2 是水相对于固定在实验室中某一参考系的速度, 即在图 16 的上面管道中的水速为 $+v$, 下面管道中的水速为 $-v$, 那么根据叠加定理, 合成速度 u 可表示为

$$u = \frac{\dfrac{c}{n} \pm v}{1 \pm \dfrac{v}{nc}} \tag{3}$$

如果 $v \ll c/n$, 在一阶近似下它的形式可以表示为

$$u = \frac{c}{n}\left(1 \pm \frac{vn}{c}\right)\left(1 \mp \frac{v}{nc}\right) = \frac{c}{n}\left(1 \pm \frac{vn}{c} \mp \frac{v}{nc}\right)$$

① Ann. d. Phys. **23**, p. 989, 1907.

事实上, 它和方程 (1) 一致:

$$u = \frac{c}{n} \pm v\left(1 - \frac{1}{n^2}\right) \tag{4}$$

Lorentz[1]指出, 这个公式可以通过结合 Doppler 效应做进一步改进, 我们可以得到

$$u = \frac{c}{n} \pm v\left(1 - \frac{1}{n^2} - \frac{\lambda}{n}\frac{\mathrm{d}n}{\mathrm{d}\lambda}\right) \tag{5}$$

这个方程可以通过以下的方式得到: n 不是一个常数而是波长的函数. 现在考虑一个由光源 L 发出的特定波长谱线 λ. 与水运动的参考系一样, 这个特定的谱线变为 $\lambda' = \lambda + \Delta\lambda$, 因此可以得到

$$n(\lambda') = n(\lambda + \Delta\lambda) = n + \frac{\mathrm{d}n}{\mathrm{d}\lambda}\Delta\lambda \tag{5a}$$

在上面的管道中水向远离光源的方向移动, 在下面的管道中水朝着光源的方向流动. $\Delta\lambda$ 可以通过将方程 (11.10) 中的光速 c 替换成在水中的传播速度 c/n 得到, 因此 $\frac{\Delta\lambda}{\lambda} = \pm\frac{v}{c/n}$; 从式 (5a) 可以得到: $n(\lambda') = n \pm \lambda\frac{\mathrm{d}n}{\mathrm{d}\lambda}\frac{v}{c}n$, 进一步可以得到

$$\frac{c}{n(\lambda')} = \frac{c/n}{1 \pm \lambda\frac{\mathrm{d}n}{\mathrm{d}\lambda}\frac{v}{c}} = \frac{c}{n}\left(1 \mp \lambda\frac{\mathrm{d}n}{\mathrm{d}\lambda}\frac{v}{c}\right)$$

方程 (3) 中的分子因此可以变为

$$\frac{c}{n}\left(1 \mp \lambda\frac{\mathrm{d}n}{\mathrm{d}\lambda}\frac{v}{c} \pm n\frac{v}{c}\right) \tag{6}$$

分母的修正值仅等于 v/c 的二阶项, 可以忽略. 如前所述, 分母的倒数可以写为

$$1 \mp \frac{v}{nc} \tag{6a}$$

式 (6) 和式 (6a) 相乘可以得到

$$u = \frac{c}{n}\left(1 \mp \lambda\frac{\mathrm{d}n}{\mathrm{d}\lambda}\frac{v}{c} \pm n\frac{v}{c} \mp \frac{v}{nc}\right) \tag{7}$$

这和式 (5) 一致. Zeeman[2]利用所掌握的光谱学从实验上验证了这个更精确的公式.

下面将要导出关于光在 (有重量的和各向同性的) 运动物体中的拖曳效应的一般结论: 不论物体是静止的还是匀速运动的, 在不论是随物体一起运动还是相对于

---

[1] Versuch einer Theorie der elektrischen und optischen Erscheinungen von bewegten Koerpem, Leiden 1895, p. 101.

[2] Amsterd. Akademie Versl. 1914, p. 245 and 1915, p. 18.

物体静止的观测者来看, 观测到光在各个方向的传播速度都是 c/n (方程 (1) 的第一项). 对于相对于实验室静止的观测者, 如果物体相对于观测者的运动速度为 v, 则应该在运动方向上加入一阶效应 (这个效应在方程 (1) 或方程 (5) 的第二项中给出, 它与第一项相比要小一个 v/c 的量级). 与横向 Doppler 效应中的情形相似, 在垂直于运动方向上会有二阶效应. 尽管没有包含在 Fresnel 公式 (1) 中, 但是这个二阶效应很容易通过速度的叠加原理计算得到.

当 $n = 1$ 时, 一阶效应消失. 对于折射率为 1 的介质, 无论它移动得多么快 (如所谓的 "以太风"), 对光的传播都没有任何影响. 这一事实曾经一度被用来证明以太是静止的, 有重量的物质在以太中穿梭. 根据这个理论, 只有与物质相关联的、出现在折射率 n 表达式中的电荷才会影响光的传播. 现在我们知道, 对于光的发射机制, 不需要做特别的假设. 可以肯定的是, 电子理论的概念对于拖曳项的可视化是有用的, 但是对于它的推导则无任何必要.

§13　移动反射镜的反射

本节中我们讨论的问题是为 §15 的实验做准备, 本节的学习也有助于我们和第五卷中讨论的辐射热动力学 (Wien 位移定律) 相联系. 在这里我们将其分为两种情况: (a) 反射镜沿着正切于其平面表面的方向移动; (b) 反射镜沿着垂直其表面的方向移动. 对于这两种情况, 我们假设反射镜是完全反射且做匀速运动的.

(a) 如图 17(a) 所示, 我们将采用和反射镜一起运动的 "带撇" 坐标系[①]中的 §11 式 (5) 所定义的波数四维矢量来描述它. 在这个坐标系中, 波数矢量用 $\boldsymbol{k}'$ 来表示, 它的分量为

$$\text{入射面内的 } k_1' \text{ 和 } k_2', \quad k_3' = 0, \quad k_4' = \mathrm{i}\omega'/c \tag{1}$$

我们将描述反射光线的相应量分别写作 $\overline{\boldsymbol{k}}'$ 和 $\overline{k_1'}$ 等. 因为反射镜相对于带撇坐标系是静止的, 因此普通的反射定律成立, 可以写为

$$\overline{k_1'} = k_1', \quad \overline{k_2'} = -k_2', \quad \overline{k_3'} = 0, \quad \overline{k_4'} = k_4' \tag{1a}$$

若反射镜相对于实验室以速度 $v = \beta c$ 沿 x 轴方向运动, 则从实验室坐标系看来, 入射光线和反射光线的四维矢量应分别用 $\boldsymbol{k}$ 和 $\overline{\boldsymbol{k}}$ 以及它们的分量 $k_1 \cdots k_4$ 和 $\overline{k_1} \cdots \overline{k_4}$ 来描述. 通过把 β 与 $-\beta$ 互换使 §11 变换方程 (6) 倒转, 对于入射波, 可以得到

$$k_1 = \frac{k_1' - \mathrm{i}\beta k_4'}{\sqrt{1 - \beta^2}}, \quad k_2 = k_2', \quad k_4 = \frac{k_4' + \mathrm{i}\beta k_1'}{\sqrt{1 - \beta^2}} \tag{2}$$

---

① 根据惯例, 带撇坐标系一般与 "运动" 的物体相联系, 不带撇坐标系一般与 "静止" 的实验室相联系, 这个惯例的设定较为随意, 同 "运动" 和 "静止" 这两个词一样完全具有任意性. 因为我们将把带撇坐标系中的入射角称为 α', 所以必须改变反射角原来的表示符号 (第 1 章). 因此我们用加在上面的横线来区分后者和入射角.

对于反射波, 考虑式 (1a) 有

$$\overline{k_1} = \frac{k_1' - i\beta k_4'}{\sqrt{1-\beta^2}}, \quad \overline{k_2} = -k_2', \quad \overline{k_4} = \frac{k_4' + i\beta k_1'}{\sqrt{1-\beta^2}} \tag{2a}$$

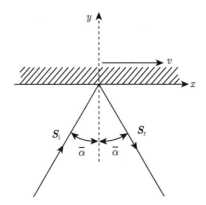

图 17(a) 运动反射镜的反射. 运动方向与镜面平行

如果我们分别用 α 和 $\bar{\alpha}$ 表示在实验室中测得的入射角和反射角, 则由定义可得

$$\tan \alpha = \frac{k_1}{k_2}, \quad \tan \bar{\alpha} = -\frac{\overline{k_1}}{\overline{k_2}} \tag{3}$$

根据方程 (2) 和 (2a) 可得

$$\bar{\alpha} = \alpha \tag{4}$$

从式 (1) 中给出的 ω' 与 k_4' 的关系及 ω 与 k_4 和 $\bar{\omega}$ 与 $\overline{k_4}$ 的相应关系可得

$$\bar{\omega} = \omega \tag{5}$$

因此, 对于一个正切于其表面运动的反射镜, 对于静止反射镜成立的反射定律仍成立, 并且从实验室坐标系看, 光的频率经反射后也保持不变. 但是, α 不同于带撇坐标系中的入射角 α', 两者相差一个一阶小量 (我们称之为光行差角), 并且由于 Doppler 效应, ω 与 ω' 也有些不同.

(b) 现在我们让反射镜沿着垂直于其表面的方向运动, 比如, 迎着入射光的方向运动. 如图 17(b) 所示, x 轴的方向仍是速度 v 的方向, y 轴在反射镜的平面内. 在随反射镜一起运动的带撇坐标系中, 可以发现, 因为角标 1 和 2 的互换, 方程 (1a) 可改写为

$$\overline{k_1'} = -k_1', \quad \overline{k_2'} = k_2', \quad \overline{k_3'} = 0, \quad \overline{k_4'} = k_4' = i\omega'/c \tag{6}$$

根据 Lorentz 变换, 由式 (6), 可以得到式 (2) 和式 (2a) 的变换式

$$k_1 = \frac{k_1' - i\beta k_4'}{\sqrt{1-\beta^2}}, \quad k_2 = k_2', \quad k_4 = \frac{k_4' + i\beta k_1'}{\sqrt{1-\beta^2}} \tag{7}$$

$$\overline{k_1} = \frac{-k_1' - \mathrm{i}\beta k_4'}{\sqrt{1-\beta^2}}, \quad \overline{k_2} = k_2', \quad \overline{k_4} = \frac{k_4' - \mathrm{i}\beta k_1'}{\sqrt{1-\beta^2}} \tag{7a}$$

对比式 (3), 入射角和反射角现在可以定义为

$$\tan\alpha = \frac{k_2}{-k_1} = \frac{k_2'\sqrt{1-\beta^2}}{-k_1' + \mathrm{i}\beta k_4'}, \quad \tan\bar\alpha = \frac{\overline{k_2}}{\overline{k_1}} = \frac{k_2'\sqrt{1-\beta^2}}{-k_1' - \mathrm{i}\beta k_4'} \tag{8}$$

因此, 正如实验室观察那样, 反射角不等于入射角. 频率 $\bar\omega$ 和 ω 的情况也是如此.

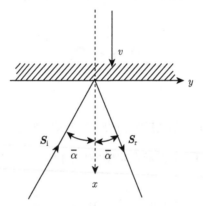

图 17(b)　移动镜子的反射. 移动方向垂直于镜面

　　在图 17(b) 所示的情形中, $\bar\omega > \omega$; 如果速度 v 沿着相反的方向, 那么会得到 $\bar\omega < \omega$, 如用一个有限距离的静止点光源来暂时取代平面波并且考虑光源由移动反射镜所成的像, 那么这一点是非常好理解的. 由于光源的像以速度 $2v$ 向观察者运动, 因此反射波的波长会由于 Doppler 效应而变短, 相应的频率会增加. 如果反射镜沿着相反的方向运动, 整个情况则刚好相反, 相应地, 图 17(b) 所示的情况中, $\bar\alpha < \alpha$; 如果反射镜运动的方向相反 (或者更准确地讲, 当反射镜和观测者的相对运动相反的时候), 则 $\bar\alpha > \alpha$.

　　从 §16 的微粒学说的角度考虑, 我们可以做一个力学上的类比: 一个斜落在球拍上的网球, 其反射角度比它入射的角度要小. 这是因为球拍向前的运动增加了球速的垂直分量.

§14　Michelson 实验

　　在运动介质光学的实验中最著名的就是 Michelson 实验. 具体日期见第 1 章的历史表. 之后在 Jena 进行的重复实验证实了这个实验的反面结果也是成立的. 下面内容将说明为了争取实验的高精确度而采取的措施: 这个仪器是完全自动操作

的; 为了消除任何可能的温度影响, 这个仪器被安置在 Zeiss 工厂的地下室里并且不允许实验人员进入. Joos 理所当然地认为这些预防措施要比 Michelson 的另一个追随者 D. C. Miller 的测量更加重要. Miller 是将仪器安装在一座高山上的木棚里, 以便为 "以太风" 提供通过仪器的最佳通道. Joos 的实验仪器现在被存放于慕尼黑的 "Deutshes 博物馆".

图 18(a) 给出了 Michelson 的实验装置示意图. 就像 Perot-Fabry 以及 Michelson 其他的实验一样, 最重要的部分就是半反射片 H. 此片可以让来自灯 L 的光线沿着两条不同的路径在 L 和 B (观测望远镜) 间传播, 这两条路径为

$$LHS_1HB \text{ 和 } LHS_2HB$$

因为沿着这两个路径, 光都是穿过 H 一次, 被 H 反射一次, 所以沿着这两个路径光的衰减是相同的, 都等于 rd. 因此, 没有必要得到精确的半透过性 ($d = r$). 同样地, 两个反射镜 S_1 和 S_2 是否完全垂直也是不重要的, 而不论在什么情况下, 这个条件在实验上都是难以实现的. 因此, 在这里我们所关心的不是由两面平行的空气层所引起的干涉, 而更关注由稍带楔角的空气劈尖间隙可能引起的条纹图案类型. 尽管我们希望距离的量值 $l_1 = HS_1$ 和 $l_2 = S_2H$ 相等, 但这非常难, 从来没有真正达到过, 而且是否相等并不是非常的关键 (见 67 页脚注). 然而我们所实施的所有的计算都假设了 $l_1 = l_2 = l$. 在 Michelson 和 Morley 的实验中, 利用多次反射使两个光程都增加到了 11 m. 整个仪器漂浮在水银上①. 首先, 仪器的取向是固定的, 这就使得 LHS 的方向与地球相对太阳的运动方向平行. 然后将整个装置旋转 $90°$, 干涉条纹任何可能的移动都可以观察到. 根据相对论, 这样的条纹移动不会发生. 这是因为地球可以被看成一个没有加速度的参考系, 并且在实验期间地球运动方向的变化可以忽略 (这与光行差实验情况不同).

然而, 从非相对论的观点来看, 当我们假设参考系相对于太阳静止时, 上述实验结果是不对的. 因为在这种情况下, 我们必须认为相对于这个参考系, 光速 c 始终不变. 于是相对于运动的仪器, 光传播速度需要通过计算得到. 在此前提下, 以下述方式在图 18(b) 中画出实验的第一部分中 H 和 S_1 的位置 (LS_1 与速度 v 平行).

图 18(b) 中, H 是半透片被来自 L 的单色光某一相位 (如最大相位) 穿过时刻的位置. S_1 是反射镜在该时刻的位置. S_1' 是反射镜在反射上述相位时的位置. 这个反射发生在 t_1 时间之后. H' 是那个时刻半透片的位置. H'' 是 t_2 时刻, 即上述相位返回半透片时刻 H 的位置. 如果我们利用图中所示的路径长度 $S_1S_1' = vt_1$, $H'H'' = vt_2$, 并令 $HS_1 = H'S_1' = l$, 则根据一般的非相对论运动学可得

---

① 在 Joos 的装置中, 整个设备被弹簧吊着. 两个臂 l_1 和 l_2 由石英玻璃组成. 光程达到了 21 m, 光源选择的是水银的线状谱线 (Hg-line), 波长为 5461 A.U., 见 (Ann. d. Phys. (Lpz) **7**, p. 385, 1930).

$$\begin{cases} l + vt_1 = ct_1, & t_1 = \dfrac{l}{c-v} \\[2mm] l - vt_2 = ct_2, & t_2 = \dfrac{l}{c+v} \end{cases} \tag{1}$$

因此, 光在整个过程中的传播时间为

$$t_1 + t_2 = \frac{l}{c-v} + \frac{l}{c+v} = \frac{2lc}{c^2-v^2} = \frac{2l/c}{1-\beta^2} \tag{2}$$

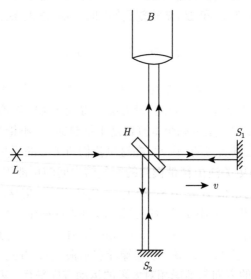

图 18(a)　用于证实光的传播速度不依赖于地球运动的 Michelson 实验
L 是单色光源, H 是半透片, S_1 和 S_2 是反射镜, B 是用于观测的望远镜

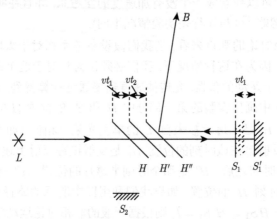

图 18(b)　Michelson 实验中的光路图, 光线和地球运动的方向平行

实际上, 由于反射定律的变化, 当移动的反射镜 H 移动到位置 H'' 时, 光与向

前移动的望远镜 B 相遇①.

我们利用图 18(c) 来计算另一条光路. 这里 H 是半透片像上一光路一样反射同一光相位时刻的位置. S_2 是第二个反射镜在经过时间 t' 后, 上述相位到达反射镜且发生反射时的位置, H' 是此时 H 移动到的位置. H'' 是光线再一次穿过半透片时的 H 位置. 在这种情况下, 由于反射发生在平行于自身表面运动的反射镜 S_2 上, 一般的反射定律成立, 则

$$HH' = H'H'' = vt', \quad HS_2 = S_2H'' = \sqrt{l^2 + v^2t'^2} \tag{3}$$

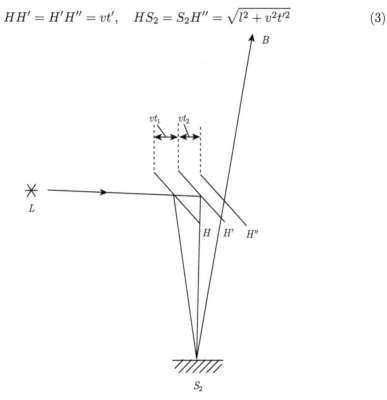

图 18(c)　Michelson 实验中的光路图. 光线垂直于地球运动方向

另一方面, 在相对于太阳静止的参考系中, 必有

$$HS_2 = S_2H'' = ct' \tag{3a}$$

由式 (3) 和式 (3a) 可得 $c^2t'^2 = l^2 + v^2t'^2$, 并且

$$2t' = \frac{2l/c}{\sqrt{1 - \beta^2}} \tag{4}$$

---

① 在这种情况下, 移动镜的光反射既不垂直于反射镜表面 (图 13(a)), 也不平行于其表面 (图 13(b)). 反射镜 H 相对于其运动方向倾斜 $45°$ 角. 然而很明显, 如果参考系在向着太阳的方向移动, 在这种情况下地球上观测到的这个事件 (反射光能到达 B) 在相对论中也必须保持一致.

时间间隔与式 (2) 得到的结果不同, 差别仅仅在于 β 的二阶项 (β = 光行差常数 $= 10^{-4}$, 见 §10), 即

$$\Delta t = t_1 + t_2 - 2t' = \frac{l}{c}\beta^2 \tag{5}$$

或者, 用光程长度表示:

$$c\Delta t = l\beta^2 \tag{5a}$$

然而, 这种差异意味着我们所考虑的相位在采用 S_1 路径比采用 S_2 路径到达观察者 B 时要有明显的滞后.

如果现在我们把实验装置旋转 90°, 那么 S_2 将取代 S_1, 反之亦然. 因此, 只要式 (5) 和式 (5a) 改变符号, 时间间隔 $t_1 + t_2$ 和 $2t'$ 就可以互换①, 到达 B 的时间差因此而加倍. 由此在 B 点所观察到的偏移量是式 (5a) 给出的偏移量的 2 倍. 将它表示成整个条纹宽度的倍数, 即

$$\Delta Z = 2\frac{c\Delta t}{\lambda} = 2\frac{l}{\lambda}\beta^2 \tag{5b}$$

由上述的取值, $l = 21\mathrm{m}$, $\lambda = 5461 \times 10^{-10}$ m, 可以得出

$$\Delta Z = 0.4 \tag{6}$$

与此相反, Joos 总结了 Jena 实验的结果, 如下: "我们可以确切地说, 基于这里的实验结果, 任何可能真实存在的以太风最多只能引起在这个实验中千分之一个条纹的移动".

为了调和实验与理论不符的矛盾, Lorentz 和 Fitzgerald 各自独立地发现, 必需引入如下的大胆假设: 任何移动体在其运动方向上都会有一个收缩因子 $\sqrt{1 - \beta^2}$. 由第三卷 §27C 可知, "Lorentz 收缩" 是相对论原理的普遍结果. 它不仅对于本节所提到的特定实验是正确的, 对于所有的相对运动和所有在平行于这个运动方向上的空间测量也都是正确的. 因此, Lorentz 收缩不是一个 "特殊的假设". 如果我们在式 (1) 中直接使用相对论校正的运动学并用 $l\sqrt{1 - \beta^2}$ 替代 l, 则没必要提及这个收缩. 在式 (3) 中, l 是仪器的臂长度, 它与运动方向垂直, 因此没有必要做变换.

---

① 臂 l_l 和臂 l_2 以相同的方式进行交换, 即使它们的长度不同 ($l_1 = l, l_2 = l + \delta l$). 然而在这种情况下, $2\delta l(1 + \beta^2/2)$ 被添加到式 (5a) 中, 与 β^2 无关的部分在式 (5a) 中被抵消, 可以得到

$$\Delta Z = \frac{2l}{\lambda}\beta^2\left(1 - \frac{\delta l}{l}\right) \tag{5c}$$

只要 $\delta l \ll l$, 上式和式 (5b) 非常一致.

§15　Harress[①]、Sagnac[②] 和 Michelson-Gale[③] 的实验

当然, Michelson 实验的不足之处在于没有考虑光在旋转介质中的传播问题. 要讨论这个问题, 需要用到的不是狭义相对论, 而是含有对应于机械离心力的附加项的广义相对论. 然而, 鉴于以下的实验中只出现 $v \ll c$ 的速度, 而且只有 v/c 的一阶效应是重要的, 因此, 可以完全不用相对论而直接根据经典力学的方法计算.

Sagnac 实验最容易描述. 如图 19 所示, 半透片 H 和 3 个反射镜被固定放置在一个内接于圆盘的正方形的四个顶点上. 半透片 H 被安放在径向的位置, 反射镜 S 被安放在圆盘的切线方向上. 单色光源 L 和感光底片 Ph 同样被固定在圆盘上. 光源 L 发出的光线被半透片 H 分为两束, 汇聚到界面, 然后在 Ph 处发生干涉. 如果旋转圆盘, 和旋转方向同向的光线将走过一个较长的光程, 和旋转方向反向的光线走过的光程较短. 这样就形成了干涉条纹, 旋转方向不同, 对应干涉条纹的位置也不同. 如果测量出干涉条纹位置的移动量 ΔZ, 会发现它符合下面的理论公式:

$$\Delta Z = 4\beta \frac{F}{r\lambda} \tag{1}$$

F 是被光线路径包围的面积, 例如, 在 Sagnac 实验中, 它是一个正方形; r 是圆盘的半径; v 是圆盘圆周的线速度, 并且 $\beta = v/c$.

为了证明方程 (1), 我们注意到, 由于切向运动反射镜处的反射定律, 正方形 (由于圆盘的旋转, 它不再是一个封闭的图形) 的四个边长对应着相等的圆心角; 也即, 当 $\omega = 0$ 时, 对应的角度用 φ_0 来表示, φ_+ 表示 ω 与光线同方向, φ_- 表示 ω 的方向与光线传播的方向相反:

$$\varphi_0 = \frac{\pi}{2}, \quad \varphi_\pm = \frac{\pi}{2} \pm \frac{1}{4}\omega\tau_\pm$$

其中, $\tau_\pm$ 代表相应的光线从 L 到 Ph 所需要的时间. 光线传播的路径中, 由于 $LH = HPh$, 因此可以略去这两段的长度, 这样光程等于 $c\tau_\pm$. 它也等于正方形边长的 4 倍, 其中边长会随着旋转被拉长或缩短. 因此,

$$c\tau_\pm = 4 \cdot 2r \sin \frac{1}{2}\varphi_\pm = 8r \sin\left(\frac{\pi}{4} \pm \frac{\omega}{8}\tau_\pm\right)$$

---

① Diss. Jena, 1912.

② Comptes Rendus, 1913.

③ Astrophys. Journ., 1925.

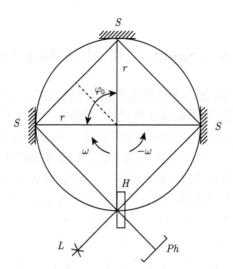

图 19　Sagnac 实验: 干涉装置由光源 L、半透片 H、三个反射镜 S 和感光底片 Ph 组成.
整个装置以角速度 $\pm\omega$ 绕垂直纸面的一个中心轴旋转

由此可以得出时间差为

$$\Delta\tau = \tau_+ - \tau_- = \frac{8r}{c}\left[\sin\left(\frac{\pi}{4} + \frac{\omega}{8}\tau_+\right) - \sin\left(\frac{\pi}{4} - \frac{\omega}{8}\tau_-\right)\right]$$
$$= \frac{16r}{c}\cos\left(\frac{\pi}{4} + \frac{\omega}{16}\Delta\tau\right)\sin\frac{\omega}{16}\left(\tau_+ + \tau_-\right) \tag{2}$$

忽略掉等式右边的小量, 可以推出

$$\cos\left(\frac{\pi}{4} + \frac{\omega}{16}\Delta\tau\right) \sim \cos\frac{\pi}{4}$$

$$\sin\frac{\omega}{16}\left(\tau_+ + \tau_-\right) \sim \sin\frac{\omega}{8}\tau_0 \sim \frac{\omega}{8}\tau_0$$

其中, τ_0 是当圆盘固定不动时, 光线传播所需要的时间:

$$\tau_0 = \frac{8r}{c}\sin\frac{\pi}{4}$$

因此式 (2) 变为

$$\Delta\tau = \frac{8\omega r^2}{c^2} \tag{3}$$

因为 $\omega = v/r$, $F = \left(r\sqrt{2}\right)^2$, 因此式 (3) 可以改写为

$$\Delta\tau = 4\beta\frac{F}{rc} \tag{3a}$$

如果能够根据时间差 $\Delta\tau$ 计算出所对应的条纹移动量 ΔZ, 那么上式与方程 (1) 相同.

如果我们开始就使用 Doppler 效应, 以上的计算过程将会缩短. Doppler 效应在半反射片 H 处产生, 它的作用是作为移动的光源向前或向后发射出不同波长的光线 (但是切线方向上移动的反射镜并没有产生附加的 Doppler 效应). 条纹移动量 ΔZ 的产生是沿着和背离旋转方向传播的光线之间波长的差别所引起的.

在 Harress 实验中, 一些玻璃棱镜被放置在圆盘的圆周上. 方程 (1) 照常可以使用, 只不过 F 是光线穿过各个棱镜所围成的多边形的面积. 这两个实验的结果都证实了方程 (1) 的正确性.

在 Michelson-Gale 实验中, 地球充当了旋转圆盘的角色. 用沿着垂直于观察点方向的地球角速度分量代替圆盘角速度 ω. 在 Wilson 方程进行的初步试验表明, 如果把具有足够长度的光程放置在自由空气中, 那么即使在最好的大气条件下得到的干涉条纹也非常不稳定, 这种情况下进行测量根本不可能. 因此, 非常有必要 "求助于一个大约 1 英里[①]长、直径为 1 英尺[②]的可以抽真空的管道". F 为边长分别为 340 m 和 610 m 的矩形面积. 反射镜 S 和半透片 H 固定在该矩形的四角处. 为了得到条纹移动的零点位置, 我们提供了只包围很小面积的路径来做对比. 经过 269 次观测, 得到平均移动量 $\Delta Z = 0.230 \pm 0.005$ 个条纹, 与方程 (1) 一致.

这个实验与 Foucault 钟摆实验非常相似. 地球的平动无论是用力学或是光学手段都无法观测到, 而地球的转动则既可以通过 Foucault 的力学方法又可以通过 Michelson-Gale 的光学方法测得.

§16　光的量子理论

17 世纪末期是 Huygens 的波动学说和 Newton 的微粒说进入竞争的时期. 尽管光的微粒说在 18 世纪占据优势, 但是在 19 世纪初期, Thomas Young 的干涉实验给光的波动学说带来了胜利. 到了 20 世纪初, Einstein 的工作又使光的微粒说得以重生: Ueber einen die Erzeugung und Verwandlung des Lichtes betreffenden heuristischen Gesichtspunkt (关于光的产生和转化的一个试探性观点) (Ann. d. Phys. (Lpz) **17**, 1905).

这篇论文比同一年发表的关于相对论的文章要重要得多. 相对论代表了经典物理的最高成就, 而这篇文章则颠覆了人们对经典物理的认知.

1887 年, Hertz 发现了光电效应, 很快 Hallwachs 便对它进行了静电测量. Lenard 和 J. J. Tompson 从电子理论的角度给出了这种效应的解释, 他们认为: 被光从金属板击出的电子数目取决于入射光的强度, 但是这些电子的动能大小仅仅由入射光的频率决定. Einstein 根据 Planck 量子论发现的作用量子 h 和能量量子 $h\nu$ 对上

[①] 1 英里 $= 1609.344$m.

[②] 1 英尺 $= 0.3048$m.

述结论做了如下的解释: 光电子的速度谱中的速度上限 v 由下列能量方程决定

$$h\nu = \frac{m}{2}v^2 + A \tag{1}$$

其中, A 是把一个电子移出金属所需要的最小能量. 只有当 $h\nu > A$ 时, 光电效应才能够发生. 紫外光总是能产生光电效应, 而红光只有当金属为碱金属时 (由于碱金属的 A 比较小) 才能产生光电效应. 1916 年 Millikan 精确确定了光电子速度谱的上限, 并利用其推导出了 Planck 常数 h.

由此, 一个新的基本粒子 ——"光子" 被引入到物理学中, 其能量为

$$E = h\nu \tag{1a}$$

由于光子总是以光速 c 运动, 我们必须把其静止质量 μ_0 归结为 0; 否则, 其运动质量 $\mu = \mu_0/\sqrt{1-\beta^2}$ 将变成无限大. 从质量和能量的一般关系式

$$E = (\mu - \mu_0)\,c^2$$

可以得到质量 $\mu = h\nu/c^2$, 动量为

$$p = \mu c = \frac{h\nu}{c} \tag{2}$$

在 Einstein 早期的论文中, 他呼吁人们注意荧光的 Stokes 规则: 相对于激发光, 荧光的频率总是向红光偏移. 这一规则同样适用于磷光带 (延迟荧光) 和 X 射线光谱中的特征辐射频率. 例如, 为了激发出一个原子的 K 辐射, 激励辐射必须比 K 系谱线中最硬的谱线还要硬.

连续的 X 射线光谱是由光电效应的一种逆效应产生的, 而在一般的光电效应中, 初级光子产生次级电子, 举例来说, 一个初级电子 (能量为 E 的阴极射线) 撞击目标电极, 激发出带有连续 X 射线光谱的次级光子. 该过程服从 Stokes 规则:

$$h\nu < E, \quad h\nu_{\max} = E \tag{3}$$

因此, 连续的 X 射线光谱有一个短波极限 $\lambda_{\min} = c/\nu_{\max}$, 它也可和方程 (3) 结合以确定 Planck 常数 h. 与此相反, 如第三卷中 §19 方程 (22) 或 §30 方程 (11) 所示, 对由减速电子发出的辐射的经典计算总会产生一个直到 $\nu = \infty$ 的连续光谱.

我们所要考虑的问题是: 如果单个阴极射线电子所提供的能量能够累积到 X 射线的能量 $h\nu$, 那么 "积累期" 将是必须的并且会变得非常长, 大约需要几个小时! 但是实际上, 次级的 X 射线和初级的阴极射线是同时发射的, 就像有光照射到阴极上就会立刻发生光电效应一样. 作为拯救经典辐射理论的最后一次尝试, Debye 和作者在 1913 年使用一个关于作用积分的特殊假设来以经典方式解释光效应[①].

[①] Ann. d. Phys. 41 (Lpz), 1913, 又见: First Solvay Congress, "Theorie du rayonnement et des quanta", p. 344. 当然, 这样的尝试肯定是失败的, 因为所需的积累时间非常长.

当然, 从那时起人们通过计数管的放大作用已经能够直接记录弱 X 射线或紫外光的不连续量子特性, 甚至有可能使与单独放电相关联的咔嗒声听得见. 尽管 Compton 效应使 X 射线的微粒性表现得特别明显, 但是在这里我们将不予讨论. 我们的讨论仅仅局限在本章中已经用波动理论解释过的效应上. 在移动反射镜的例子中, 我们已经在 §13 末用网球的例子来解释光是微粒的可能性. 虽然我们以前对于光行差和拖曳两种效应的推导最终是基于速度相加定理, 但这两种现象也可以基于微粒学说很容易地得到解释. 但是, 波面扩展或收缩引起的 Doppler 效应如何, 似乎需要一个明确的波动理论来解释. Schroedinger[1]表明这个效应也可以通过光子的观点来得到很好的解释.

我们假设一个辐射原子 O 向外发射的不是一个球面波, 而是向任意方向随机地发出能量为 $h\nu$、动量为 $h\nu/c$ 的光子. 这样, 有时光子也会沿着观察者 P 所在的方向上运动. 在这种情况下, 原子会沿着 PO 方向反冲. 我们假设观测者固定不动, 发出光子的原子处于运动状态, 当然也可作相反的假设, 但处理方式是相同的. 反冲动量 $h\nu/c$ 和原子初动量 Mv_1 相结合可以得到 Mv_2. 我们将 OP 和 v_1 之间的夹角设为 α, OP 和 v_2 之间的夹角为 $\alpha + \mathrm{d}\alpha$. 我们建立如图 20 所示的动量三角形 OAB, 其中 $OA = Mv_1$, $OB = Mv_2$, $AB = h\nu/c$. 现在将 OB 向 OA 做投影, 垂足为 C, 发现对于这个极小的直角三角形 ABC, 以下关系成立:

$$M\Delta v = \frac{h\nu}{c}\cos\alpha \tag{4}$$

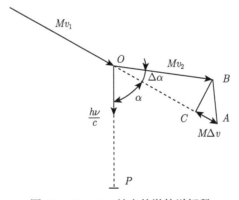

图 20 Doppler 效应的微粒说解释

该式为动量守恒定律. 能量守恒定律为

$$\frac{M}{2}v_1^2 + E_1 = \frac{M}{2}v_2^2 + E_2 + h(\nu + \Delta\nu) \tag{5}$$

[1] Physikal. Z S. **23**, 301, 1922.

其中, $h(\nu + \Delta\nu)$ 是运动的原子释放出的能量. 从量子理论上来看, 一个静止或匀速运动 $(v_1 = v_2)$ 并且经受了能量结构变化 $E_1 \to E_2$ 的原子所发出光子的能量为

$$E_1 - E_2 = h\nu \tag{5a}$$

把上式代入式 (5) 可得

$$h\Delta\nu = \frac{M}{2}\left(v_1^2 - v_2^2\right) = M\Delta v \frac{v_1 + v_2}{2} \tag{6}$$

忽略 $(\Delta v)^2$, 令 $(v_1 + v_2)/2 = v$, 并结合方程 (4) 可得

$$h\Delta\nu = h\nu \frac{v}{c}\cos\alpha \tag{7}$$

特别地, 方程两边消掉 h 就得到了和 §11 式 (10) 相同的 Doppler 公式:

$$\frac{\Delta\nu}{\nu} = \frac{v}{c}\cos\alpha \tag{8}$$

读者可以相信, 与 §11 式 (10) 有关的正负号的意义也与图 20 一致.

这个推导中假定了反冲动量为 $h\nu/c$ 而不是 $h(\nu + \Delta\nu)/c$, 这似乎不大自洽. 然而, 如果我们使用了后一个值, 得到的结果与这里结果不再相同, 但差别仅是一个二阶项, 即与 $(v/c)^2$ 成正比的项. 然而, 如果我们要考虑二阶项, 那么一开始就应该用相对论方法进行计算. 特别是, 原子的动能应设置成与现在不同的形式. 正如 Schroedinger 所指出的, 那样的话我们会得到相对论下的严格的 Doppler 公式的表达式, 也即 §11 公式 (9).

从认知论的观点来看, 我们面临着一种极度不寻常的情况. 本章中描述的现象, 尤其是 Doppler 效应, 既可以从波动理论, 也可以从微粒理论两个不同的角度来理解. 对于光压也是这样, 在第三卷 §31 中, 用 Poynting 能流以波动理论可以正确解释光压. 按照微粒理论, 光压可以用 “光子冰雹” 作出十分生动的描述. 但是, 光的波动理论完全不能解释光电效应和 X 射线能谱的最重要结果. 另外, 以目前的发展水平, 光子理论还无法精确地解释光的偏振和干涉现象. 因此, 我们被迫采用一种光的二象性概念: 既不是 Huygens 也不是 Newton, 而是 Huygens 和 Newton 的结合. Newton 的理论解释了比较粗糙但最基本的能量问题, 而 Huygens 理论则可以用于解释更精细的干涉问题. 光有双重性: 表现出粒子性还是波动性取决于我们所讨论的具体问题. 问哪一方面是它的真正本性这样的问题本身就是错误的. 据目前所知, 它们具有同等地位, 只有将这两方面结合起来才能完整理解光的本质.

因此, 与其说光的波粒二象性不如更恰当地说是光的波动和微粒的互补性. 这个由 Bohr 提出的观点更为恰当, 因为现今我们已经知道, 电子和所有的物质实体除了具有微粒性之外, 也在对等的基础上具有波动力学特性. 和光波一样, 还存在

着物质波. 之前我们把阴极射线归于有粒子特性, 把 X 射线归于有波动特性, 这很显然是一种过时的说法. 这两者之间的区别不在于它们的波动性, 而在于它们的速度和电荷不同, 由此造成它们与物质实体的原子之间的相互作用不同.

很明显, 这种互补性推翻了学术的本体论, 超出了学术本身, 那么真理是什么? 我们提出 Pilate 问题, 不是放在怀疑的、反科学的角度上, 而是坚信, 基于这个新情况, 进一步工作必将有助于我们对这个物质和精神世界有更深入的理解. 实际上, 修改后的量子理论和它所依据的 Heisenberg 不确定原理表明, 波动学说和微粒学说两者之间可以没有逻辑上的矛盾.

在接下来的章节中, 我们几乎不会再讨论这些基本的问题. 我们将自己限制在波动理论的发展上. 然而, 我们必须永远记住, 尽管波动理论构成了光学中最重要的实际部分, 但它并没有揭示光学的全部内容.

第 3 章　色 散 理 论

到目前为止, 我们仅仅讨论了光的本性. 现在我们将进一步探究光在折射介质中的一些特性. 在介绍 §3 方程 (4a) 时, 我们已经提过用电磁来解释折射率是不完全合适的, 因为这种解释甚至无法说明白光在通过棱镜时为什么会发生分解. 要弄清这种现象, 需要更多地了解物质的光学特性.

物质的电学构成是众所周知的: 每个原子都包含一个带正电的原子核和一个由或多或少的核外运动电子组成的壳层. 然而, 我们没有必要用通常意义上的观念来研究电子理论. 在我们的计算中, 是利用一个在整个物体内均匀分布的电子流体[①]而不是各个单独的电子. 这种处理方法类似于流体力学中的用连续的密度取代各个单独的分子. 同样的, 电子可以被认为是 "弥散"[②]到均匀分布的一个连续体中.

我们用相同的方法处理正离子电荷. 正离子电荷的存在起到中和电子流体中巨大静电排斥力的作用, 反过来, 电子会中和离子之间的静电排斥. 这种经常在色散中应用的观点, 在光谱学领域中也是完全合理的, 因为在该领域一个波长尺寸的立方体内包含着大量的原子. 但是, 在 X 射线领域, 这种观点却不适用.

在流体动力学中, 我们用一个体积元来定义位移和速度. 在电子流体中位移的定义可以用 §17 方程 (2) 来解释. 对于离子, 相应的定义将在 §18 的开头部分见到.

§17　电子的紫外共振

现在我们来研究一种透明的各向同性的不导电材料. 光场由两个光矢量 E 和 H 来描述. 除此之外, 对于磁性材料目前设置为 $B = \mu_0 H$. 然而, 在电场变化十分缓慢的区域, 我们一般不设置 $D = \varepsilon E$, 而是设置成更一般的形式:

$$D = \varepsilon_0 E + P \tag{1}$$

P 是极化矢量, 曾在 "Sommerfeld 理论物理学" 第三卷 §11 做过介绍. 极化意味着

[①] 用一个现在比较流行的词, 也可以称为电子 "等离子体".

[②] 这个比较晦涩的词语曾在 1912 年我的讲演中用过, 恐怕现在已经普及了. 那时, 作为对 P. Ewald 论文《用晶体的晶格结构来解释它们中的双折射和色散问题》的意见, 我对他说电子不是从晶体弥散出来的而是假定被晶体的各个构成单元所束缚. 该论文与 M. von Laue 想用 X 射线来研究晶体晶格结构的创新思想之间有着紧密的因果联系. 又见第 5 章 §32 C.

在电场 E 的作用下, 电子从原来的位置发生了移动. 我们称之为位移矢量, 用 s 表示, 并设

$$P = -Nes \tag{2}$$

其中, $-e$ 是电子电荷; N 是单位体积内的色散电子的数量; P 和 s 的定义显然是预先假定了电子是独立的个体而不是连续体. 因此, 方程 (2) 描述的是电子 "弥散" 之前的情况.

我们注意到这样的假设在维度量纲上是正确的. P 的量纲和 D、$\varepsilon_0 E$ 的一样, 是 QM^{-2}(见 §2 末尾部分的表格). 事实上, 因为 N 的量纲是 M^{-3}, 所以 Ns 的量纲是 M^{-2}. 由此我们可以进一步看到方程 (2) 中符号选择的正确性. 图 21 示出了电场 E 对电子电荷 $-e$ 的作用. 这个电荷通过朝着与正电荷位移相反的方向移动, 与原本重合的离子电荷 $+e$ 分开. 我们假设带有离子质量 M 的离子电荷 $+e$ 是静止不动的. 这样就生成了如方程 (2) 所示的一个电偶极矩 $(+e, -e)$, 其偶极矩臂为 $|s|$ 并且方向平行于电场 E 的方向.

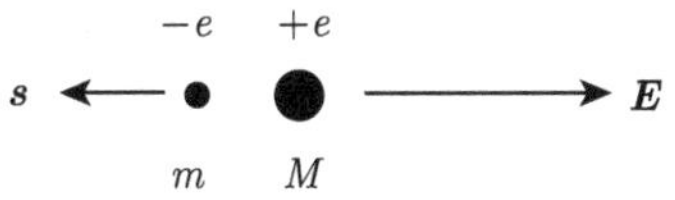

图 21   在电场 E 的作用下, 电子电荷 (质量 m) 和离子电荷 (质量 M) 发生分离

图 21 中, 我们假设电子被 "准弹性地" 束缚在它们的固定位置上, 所以当它们受到电场 E 作用发生位移时, 总是试图回到原来的位置. 因此 s 满足下面的微分方程:

$$m\ddot{s} + fs = -eE \tag{3}$$

其中恢复力 $-fs$ 被移动到方程的左边并改变符号. 方程右边是作用在 $-e$ 上的电场力. 可以把方程 (3) 改写为

$$\ddot{s} + \omega_0^2 s = -\frac{e}{m}E, \quad \text{其中 } \omega_0^2 = \frac{f}{m} \tag{3a}$$

ω_0 是电子的特征角频率 (因此也是电子流体的特征角频率), 本节的标题已经表明了该频率处于远紫外区域. 尤其是针对 H_2, N_2, O_2 等气体情况. 根据极化方程 (3a) 可以写为

$$\left(\frac{\partial^2}{\partial t^2} + \omega_0^2\right) P = \frac{Ne^2}{m}E \tag{4}$$

因此, 光矢量的个数并不是 2 个, 而是 3 个, 即 E、H 和 P, 它们由 3 个不同的矢量微分方程相联系: 除了方程 (4), 还有 2 个 Maxwell 方程为

$$\mu_0 \dot{\boldsymbol{H}} = -\mathrm{curl}E, \quad \varepsilon_0 \dot{\boldsymbol{E}} + \dot{\boldsymbol{P}} = \mathrm{curl}\boldsymbol{H} \tag{5}$$

在第二个方程中, $\dot{\boldsymbol{D}}$ 已经根据方程 (1) 用 $\boldsymbol{E}$ 和 $\boldsymbol{P}$ 表示出来. 从方程 (5) 的两个方程中消去 $\boldsymbol{H}$, 考虑到 $\mathrm{div}\boldsymbol{E} = 0$(无电荷介质), 我们可以得到

$$\varepsilon_0\mu_0 \ddot{\boldsymbol{E}} + \mu_0 \ddot{\boldsymbol{P}} = -\mathrm{curl}\,\mathrm{curl}E = \Delta\boldsymbol{E} \tag{6}$$

见第三卷 §6 方程 (2). 现在我们只要从方程 (4) 和 (6) 中消去 $\boldsymbol{P}$, 就可以得到一个关于 $\boldsymbol{E}$ 的纯微分方程. 出于这个目的, 我们分别用算符 $\partial^2/\partial t^2 + \omega_0^2$ 和 $\mu_0\partial^2/\partial t^2$ 处理方程 (6) 和方程 (4), 那么我们就可以得到下面的四阶微分方程:

$$\left(\frac{\partial^2}{\partial t^2} + \omega_0^2\right)\left(\frac{1}{c^2}\ddot{\boldsymbol{E}} - \Delta\boldsymbol{E}\right) + \frac{\mu_0 Ne^2}{m}\ddot{\boldsymbol{E}} = 0 \tag{7}$$

我们将此公式直接应用于频率为 ω 和波数为 k 的线性偏振平面波上:

$$E_y = A\mathrm{e}^{\mathrm{i}(kx-\omega t)}, \quad E_x = E_z = 0 \tag{8}$$

代入方程 (7) 就得到了关于 ω 和 k 的代数方程:

$$(-\omega^2 + \omega_0^2)\left(-\frac{\omega^2}{c^2} + k^2\right) = \frac{\mu_0 Ne^2}{m}\omega^2$$

求解 k^2, 可得

$$k^2 = \frac{\omega^2}{c^2}\left(1 + \frac{\mu_0 Nc^2e^2/m}{\omega_0^2 - \omega^2}\right) \tag{9}$$

现在, $u = \omega/k$ 是色散介质中平面波 (8) 的相速度. 根据 §3 定义 (4) 这个介质相对于真空的折射率可以表示为

$$n = \frac{c}{u} = \frac{ck}{\omega} \tag{9a}$$

令 $\mu_0 c^2$ 等于 $1/\varepsilon_0$, 我们可以把式 (9) 写为

$$n^2 = 1 + \frac{Ne^2/m\varepsilon_0}{\omega_0^2 - \omega^2} \tag{10}$$

这样, 折射率就变成了频率有关. 这就是色散的含义. 由于

$$\omega_{\mathrm{red}} < \omega < \omega_{\mathrm{violet}} < \omega_0$$

分母 $\omega_0^2 - \omega^2$ 在整个可见光区域均为正值, 并且在红端的值比紫端大, 所以蓝光比红光折射更厉害. 这就是正常色散.

假设 ω_0 非常大, 我们把方程 (10) 按 ω/ω_0 的幂次展开, 并且只保留前两项:

$$n^2 = 1 + \frac{Ne^2}{m\varepsilon_0\omega_0^2}\left(1 + \frac{\omega^2}{\omega_0^2}\right) \tag{11}$$

令 $\omega = \dfrac{2\pi c}{\lambda}$, 其中 λ 为真空中波长, 我们得到一个对应于旧的 Cauchy 弹性理论 (约 1830 年) 的公式, 简写为

$$n^2 = 1 + A\left(1 + \frac{B}{\lambda^2}\right), \quad A = \frac{Ne^2}{m\varepsilon_0\omega_0^2} \quad, \quad B = \frac{4\pi^2c^2}{\omega_0^2} \tag{12}$$

A 和 B 分别叫做折射系数和色散系数. 我们注意到比值 B/A 不含有特征频率 ω_0, 因此这个比值是一个普适常数

$$\frac{B}{A} = \frac{4\pi^2c^2\varepsilon_0}{Ne^2/m} \tag{12a}$$

它的量纲为 M^2, 可以直接由式 (12) 得到确认.

现在我们根据氢气 (H_2) 色散的精确测量结果[①]

$$n^2 = 1 + 2.721 \times 10^{-4} + \frac{2.11}{\lambda^2}10^{-18} \tag{13}$$

来比较式 (12) 和式 (12a), 可以得到

$$B = \frac{2.11}{2.721} \times 10^{-14}M^2, \quad \frac{B}{A} = \frac{2.11}{(2.721)^2} \times 10^{-10} = 0.29 \times 10^{-10}M^2$$

我们用这个比值取代式 (12a) 的左边. 根据 §2 末给出的表格, 我们把 $4\pi c^2\varepsilon_0 = 10^7 M \cdot S^{-1} \cdot \Omega^{-1}$ 代入右边, 可得

$$\frac{Ne^2}{m} = \frac{\pi}{0.29} \times 10^{17} = 1.1 \times 10^{18}M^{-1} \cdot S^{-1} \cdot \Omega^{-1} \tag{14}$$

N 是由 H_2 在 0℃和 760 mm 汞柱的大气压下的密度得来的, H_2 的等于 $9.00 \times 10^{-2}K \cdot M^{-3}$. 因此, 其单位体积的质量为 $9.00 \times 10^{-2}K$. 单位体积的质量也等于 $2N_0m_H$, 其中 m_H 是氢原子的质量, N_0 是单位体积内的分子数. 因此

$$N_0 = \frac{9.00 \times 10^{-2}}{2m_H}$$

[①] J. Koch, Nova Acta Upsal. 2, 1909. 这个测量是在 0℃ 和 760 mm 汞柱的大气压下. 为了和我们的单位相统一, 我们对式 (13) 做了变动, 这样就使得 λ 的单位转换为 m.

而且, 由于每个 H_2 分子有两个电子, 可知:

$$N = 2N_0, \quad N_e = 9.00 \times 10^{-2} \frac{e}{m_H}$$

这里 $\dfrac{e}{m_H}$ 是 Faraday 的电化学当量 (在电解过程中, 1g 原子的电量), 它是一个非常精确的已知量, 即 9649 abs.e.m.u.(绝对电磁单位), 用 QK 单位表示, 9649×10⁴ = $9.65 \times 10^7 Q \cdot K^{-1}$. 因此, 方程 (14) 变为

$$Ne \cdot \frac{e}{m} = 9.00 \times 10^{-2} \times 9.65 \times 10^7 \times \frac{e}{m} = 1.1 \times 10^{18}$$

可以推出

$$\frac{e}{m} \sim 1.4 \times 10^{11} Q \cdot K^{-1} \tag{15}$$

这和电子荷质比 $e/m = 1.76 \times 10^{11} Q \cdot K^{-1}$ 具有相同的数量级. 共振频率 ω_0 可以很容易地由式 (12) 和式 (13) 得出, 并且证实了我们对于在远紫外区的基本假设. 显然, 与原子物理所给出的分子结构和光辐射的详细结果相比, 我们的理论仍然很粗糙.

我们没有理由为一个一度备受争议的规则而辩护 (Drude, Natanson), 根据这个规则, 理想气体的 "色散电子" 数目与其特殊相应分子的价电子数目 (即 O_2 为 2×2, N_2 为 2×3) 相同. 从我们现在所提出的原子模型来看, 这个规则不如 H_2 的 2×1 数量容易理解, 因为对于 O 和 N, 其价电子并不像 H 原子一样呈现电子的数量, 而是组成整个 8 电子完整壳层所缺少的电子数量. 然而, 从经验上看, 这个规则具有很好的近似度, 而且从原子物理的角度也非常好理解, 因为在很多方面 (如 Pauli 原理), 得失电子所扮演的角色是一样的.

现在我们仍只能简单地谈及著名的 Lorenz-Lorentz 公式, 该公式是色散公式的精确表达, 给出了气体折射率和压强之间的依赖关系. 这个公式起源于对极化强度 P 的更准确计算, 极化强度不仅如在式 (2) 和式 (3) 中假设的那样依赖于外部电场强度 E, 还受邻近分子的电偶极矩的影响. 我们曾第三卷的 §11 部分更详尽地探究了这种依赖关系, 并在那里导出了 §11 关于介电常数的 Clausius-Mosotti 公式 (8), 现在我们需用 n^2 取代其中的 ε_{rel} 并用式 $\dfrac{Ne^2/m\varepsilon_0}{\omega_0^2 - \omega^2}$ 替换那里所定义的分子常数 $N\alpha$, 因此我们可以得到

$$\frac{n^2 - 1}{n^2 + 2} = \frac{1}{3} \frac{Ne^2/m\varepsilon_0}{\omega_0^2 - \omega^2} \tag{16}$$

当 n^2 只和 1 略有不同时, 对于理想气体尤其是这样, 可以看出, 式 (16) 就回到了上述式 (10).

§18　除紫外线电子共振振荡外的离子红外共振振荡

如果可见光和 Hertz 波的折射率有很大的不同, 那么应该想到除了紫外共振外其他的共振也会影响折射率. 而且, 如果涉及的材料是透明的, 那么就没有可见光谱共振, 这些额外的共振必须是红外共振振荡 (也可能是旋转共振). 将其成因归结为更多的惯性离子而不是移动的电子应是合理的. 我们也认为这些红外共振会被"涂抹" (smeared out), 因此我们不使用单独的离子, 而使用一种连续的离子流体.

极化强度 $\boldsymbol{P}$ 由 $\boldsymbol{P}_1$ (电子) 与 $\boldsymbol{P}_2$ (离子) 的和组成,

$$\boldsymbol{P} = \boldsymbol{P}_1 + \boldsymbol{P}_2 \tag{1}$$

同 §17 式 (2) 中对 $\boldsymbol{P}_1$ 的定义类似, $\boldsymbol{P}_2$ 的定义也与 "涂抹" 之前的状态有关, 即由正负离子分开所形成的偶极矩.

电子共振频率, 在 §17 中我们称之为 ω_0, 在本章节中我们称之为 ω_1. 单位体积内的电子数目仍然记为 N. 根据式 (17.4) 的模型, 由交变电场 $\boldsymbol{E}$ 产生的电子振荡的微分方程为

$$\left(\frac{\partial^2}{\partial t^2} + \omega_1^2 \right) \boldsymbol{P}_1 = \frac{Ne^2}{m} \boldsymbol{E} \tag{2}$$

其中, 位移已经被电子极矩 P 所代替.

离子共振的频率我们记为 ω_2, 由正负电荷组分的相对振荡组成. 现在我们只研究每个分子中只存在一对这样组分的情况, 那么可以用这些组分的相对位移取代绝对位移, 用 "约化质量" M 代替各自的质量 M_1 和 M_2. 如同练习 III.1 中所示, 约化质量表示为

$$\frac{1}{M} = \frac{1}{M_1} + \frac{1}{M_2} \tag{3}$$

对于受迫离子振荡, 微分方程 (2) 中的质量 m 应被质量 M 取代. 用 p 代表由电解作用确定的离子的化学价, 如对于 Na^+Cl^-, $p = 1$, 对于 $Ca^{++}F_2^-$, $p = 2$, 等等. 由于光学材料是电中性的, 单位体积内离子的数目等于电子的数目 N 除以 p, 而每个离子的电荷量是电子的电荷 e 乘以 p. 用这种方式取代 Ne^2/m, 可得

$$\frac{N}{p} \frac{(pe)^2}{M} = \frac{Npe^2}{M}$$

因此, 我们可以得到关于 $\boldsymbol{P}_2$ 的微分方程, 如下:

$$\left(\frac{\partial^2}{\partial t^2} + \omega_2^2 \right) \boldsymbol{P}_2 = \frac{Npe^2}{M} \boldsymbol{E} \tag{4}$$

关于 $\boldsymbol{P}$ 和 $\boldsymbol{E}$ 的 Maxwell 关系仍然和 §17 式 (6) 相同, 但是, 根据方程 (1), 这里的 $\boldsymbol{P}$ 需要改变成 $\boldsymbol{P}_1 + \boldsymbol{P}_2$:

$$\varepsilon_0\mu_0\ddot{\boldsymbol{E}} + \mu_0\left(\ddot{\boldsymbol{P}}_1 + \ddot{\boldsymbol{P}}_2\right) = \Delta\boldsymbol{E} \tag{5}$$

联立式 (2)、式 (4) 和式 (5), 消去 $\boldsymbol{P}_1$ 和 $\boldsymbol{P}_2$, 我们可以得到一个关于 $\boldsymbol{E}$ 的有点复杂的六阶微分方程以代替 §17 式 (7). 我们不需要写出这个方程, 但是可以马上处理 §17 式 (8) 这种类型的频率为 ω 的线性偏振波的纯谐振状态, 即我们假设电子和离子一样在这个频率为 ω 的空间场内都达到了它们的稳定状态. 因此, 根据式 (2) 和式 (4), $\ddot{\boldsymbol{P}}_1$ 正比于 $\dfrac{-\omega^2}{\omega_1^2 - \omega^2}$, $\ddot{\boldsymbol{P}}_2$ 正比于 $\dfrac{-\omega^2}{\omega_2^2 - \omega^2}$, 并且由式 (5) 可知 k^2 变成了关于 ω^2 的代数函数:

$$k^2 - \frac{\omega^2}{c^2} = \mu_0\omega^2\left(\frac{Ne^2/m}{\omega_1^2 - \omega^2} + \frac{pNe^2/M}{\omega_2^2 - \omega^2}\right)$$

根据 §17 式 (9a) 中给出的折射率的定义, 上式左边等于 $(n^2 - 1)\,\omega^2/c^2$, 因此我们立即得到 §17 式 (10) 的推广形式:

$$n^2 = 1 + \frac{Ne^2/m\varepsilon_0}{\omega_1^2 - \omega^2} + \frac{pNe^2/M\varepsilon_0}{\omega_2^2 - \omega^2} \tag{6}$$

显然, 当存在更大数量的共振振荡时, 不论它们处于紫外、红外还是可见光区域, 都可以得到一个结构相同的公式. 于是上式右边的求和式必须包含一个关于每个共振振荡的项.

为了使方程 (6) 更简洁以便与实验进行比较, 我们把 ω 用真空中的波长 λ 来表示, 相应的 ω_1 和 ω_2 分别用 λ_1 和 λ_2 来表示:

$$\omega = \frac{2\pi c}{\lambda}, \quad \omega_1 = \frac{2\pi c}{\lambda_1}, \quad \omega_2 = \frac{2\pi c}{\lambda_2}$$

利用缩写式

$$C_1 = \frac{Ne^2}{4\pi^2 c^2\varepsilon_0 m}, \quad C_2 = \frac{pNe^2}{4\pi^2 c^2\varepsilon_0 M} \tag{7}$$

可以得到

$$n^2 - 1 = C_1\frac{\lambda^2\lambda_1^2}{\lambda^2 - \lambda_1^2} + C_2\frac{\lambda^2\lambda_2^2}{\lambda^2 - \lambda_2^2} \tag{7a}$$

或者消去分子中的 λ^2 可得

$$n^2 = 1 + \lambda_1^2 C_1 + \lambda_2^2 C_2 + C_1\frac{\lambda_1^4}{\lambda^2 - \lambda_1^2} + C_2\frac{\lambda_2^4}{\lambda^2 - \lambda_2^2} \tag{8}$$

下面考虑极限情况 $\lambda \to \infty$, 那么方程右边的后两项可以消去, 这样得到

$$n_{\infty}^2 = 1 + \lambda_1^2 C_1 + \lambda_2^2 C_2 \tag{9}$$

只有在实际的共振项消失的极限情况下, Maxwell 关系式 §3 式 (4a) 才能完全实现. 因此, Maxwell 关系在可见光谱中的失效可以用红外共振振荡的存在来理解 (因为 $\lambda_1^2 \ll \lambda_2^2$, 因此在式 (9) 中包含 λ_2^2 的项显然起决定作用). 因此 Maxwell 关系应当被正确写成

$$n_{\infty} = \sqrt{\varepsilon}, \text{而不是} \, n = \sqrt{\varepsilon} \tag{9a}$$

(ε 为相对真空的介电常数).

现在我们把目光转到光谱的可见光部分. 在这个范围内, 对于一些卤化物立方晶体已有精确的测量结果 (我们可以参见第 4 章, 立方晶体是光学各向同性的, 然而十分奇怪的是, 它们在弹性力学、热力学等方面的行为却是各向异性的). 在这些卤化物晶体中, 我们选择荧石 CaF_2 作为研究对象 (因为荧光现象发生在这种物质中而得名). 根据 Paschen[1]的测量, 对于荧石满足:

$$n^2 = 6.09 + \frac{6.12 \times 10^{-15}}{\lambda^2 - 8.88 \times 10^{-15}} + \frac{5.10 \times 10^{-9}}{\lambda^2 - 1.26 \times 10^{-9}} \tag{10}$$

和式 (8) 做对比, 我们可以得到

$$\frac{C_2}{C_1} = \frac{\lambda_1^4}{\lambda_2^4} \cdot \frac{5.10 \times 10^{-9}}{6.12 \times 10^{-15}} = \left(\frac{8.88 \times 10^{-15}}{1.26 \times 10^{-9}} \right)^2 \cdot \frac{5.10 \times 10^{-9}}{6.12 \times 10^{-15}} = 4.15 \times 10^{-5}$$

另外, 由式 (7) 可得

$$\frac{C_2}{C_1} = p \frac{m}{M}$$

因为 $p = 2$ (Ca^{++} 把两个电子给了两个 F 离子), 我们可以得到

$$\frac{M}{m} = \frac{2 \times 10^5}{4.15} \tag{11}$$

为了计算约化质量 M, 式 (3) 中我们设置 $M_1 = 40 m_H$ (40 是 Ca 的原子量, m_H 是氢原子的质量), $M_2 = 2 \times 19 m_H$ (19 是 F 的原子量, 因此 2×19 是 F_2 的分子量), 因此我们得到

$$\frac{1}{M} = \left(\frac{1}{40} + \frac{1}{38} \right) \frac{1}{m_H}, \text{因此} \, M = 19.5 m_H$$

再结合式 (11), 我们得到

$$\frac{m_H}{m} = 2450 \tag{12}$$

---

[1] Ann. d. Phys. (Lpz.) **54**, p. 672, 1895.

这个值和由 §17 给出的 e/m 和 e/m_{H} 的比值具有相同的数量级. 我们最初的假设: 紫外共振振荡为电子振荡, 红外共振振荡为离子振荡, 因此得以确认.

n_{∞}^2 与方程 (9) 所需的色散常数 C_1, C_2, λ_1, λ_2 之间的关系也得到非常好的满足: 根据式 (9) 可得

$$n_{\infty}^2 = 6.09, \quad \lambda_1^2 C_1 = \frac{6.12}{8.88} = 0.7, \quad \lambda_2^2 C_2 = \frac{5.10}{1.26} = 4.06$$

因此

$$1 + \lambda_1^2 C_1 + \lambda_2^2 C_2 = 5.76$$

用电学方法确定的介电常数的值为

$$\varepsilon = 6.7 \sim 6.9$$

Drude 在 1900 年前后得到这个结果和许多类似的结论时, 还附带给作者发了一通议论: "我们生活在一个伟大的时代; 我们正开始看到物质的电子构成." 如果他还活着, 来见证接下来几十年的发展, 他会看到自己最大胆的设想被超越了.

从实用的观点来看, 玻璃色散曲线的形状对于设计消色差透镜和其他光学仪器显然是非常重要的. 在习题 III.3 中, 我们将处理消色差棱镜, 同样也处理直视棱镜. 习题 III.2 是为这些问题准备的.

§19   反 常 色 散

现在我们将研究共振频率 $\omega = \omega_0$ 附近处的色散. 我们假设共振频率位于可见光谱区域, 因为只有在这个区域才能做到足够准确的测量来验证这个理论. 因此, 我们的物体不再像先前假设的那样是透明的, 而正如我们将要看到的, 它是有色的并且颜色取决于 ω_0 的值.

因为对于 $\omega = \omega_0$, 受迫振动方程 §17 式 (3a) 将导致无限大振幅的振荡化, 所以我们必须增加一个阻尼项. 这种处理方法同样也适用于力学和电动力学中所有其他的共振问题. 我们把这一项写成 $g\omega_0 \dot{s}$ 的形式, 因为这样做可以方便地使阻尼项正比于速度 $\dot{s}$, 还因为包含了因子 ω_0 使阻尼常数 g 成为一个无量纲的量. 为了使共振更加尖锐, g 必须 $\ll 1$. 因此, §17 方程 (4) 变成

$$\left(\frac{\partial^2}{\partial t^2} + g\omega_0 \frac{\partial}{\partial t} + \omega_0^2 \right) \boldsymbol{P} = \frac{Ne^2}{m} \boldsymbol{E} \tag{1}$$

由于 ω_0 位于可见光谱范围内, 因此振荡粒子是离子, m 是约化质量, 并和 §18 式 (4) 一样, 也包含了离子的价电子数 p.

对于一个频率为 ω 的场 E 和离子的稳定简谐振动, 由式 (1) 可得

$$P = \frac{Ne^2}{m} \frac{E}{\omega_0^2 - \omega^2 - \mathrm{i}g\omega_0\omega}$$

与 §17 式 (10) 和 §18 式 (6) 相对应, 所得到的折射率为

$$n^2 = n_m^2 + \frac{Ne^2/m\varepsilon_0}{\omega_0^2 - \omega^2 - \mathrm{i}g\omega_0\omega} \tag{2}$$

n_m 是 $\omega = \omega_0$ 附近所有其他共振的平均贡献, 这些共振增加了可见光范围内的色散 (一直分开写的纯位移电流的贡献 1 也包含在 n_m 内). 和金属反射的情形一样, 现在折射率 n 变成了复数. 和 §6 方程 (2) 一样, 我们用 $n(1+\mathrm{i}\kappa)$ 代替 n; 通过分离式 (2) 的实部和虚部, 我们得到

$$n^2\left(1 - \kappa^2\right) = n_m^2 + \frac{Ne^2}{m\varepsilon_0} \frac{\omega_0^2 - \omega^2}{(\omega_0^2 - \omega^2)^2 + g^2\omega_0^2\omega^2} \tag{3}$$

$$2n^2\kappa^2 = \frac{Ne^2}{m\varepsilon_0} \frac{g\omega_0\omega}{(\omega_0^2 - \omega^2)^2 + g^2\omega_0^2\omega^2} \tag{4}$$

我们引入简写:

$$a^2 = \frac{Ne^2}{m\varepsilon_0\omega_0^2} \quad \text{(无量纲数)} \tag{5}$$

使用如下变量:

$$x = \frac{\omega^2 - \omega_0^2}{\omega_0^2}, \quad y = \frac{n^2\left(1 - \kappa^2\right)}{a^2}, \quad z = \frac{2n^2\kappa^2}{a^2} \tag{6}$$

由此方程 (3) 和 (4) 变为

$$y = \frac{n_m^2}{a^2} - \frac{x}{x^2 + g^2\left(1 + x\right)}, \quad z = \frac{g\sqrt{1+x}}{x^2 + g^2\left(1 + x\right)} \tag{7}$$

y 的极值可以由下面的方法得到:

$$\frac{\mathrm{d}y}{\mathrm{d}x} = -\frac{1}{x^2 + g^2\left(1 + x\right)}\left[1 - \frac{2x^2 + g^2 x}{x^2 + g^2\left(1 + x\right)}\right] = 0, \text{ 因此 } x^2 = g^2$$

$$x = +g, \quad y = y_{\min} = \frac{n_m^2}{a^2} - \frac{1}{2g + g^2}$$

$$x = -g, \quad y = y_{\max} = \frac{n_m^2}{a^2} + \frac{1}{2g - g^2}$$

现在我们用表格和图像使公式的内容可视化. 为了清晰起见, 我们把 g 看成一个小量. 这样的话, 当两者一起出现时, g^2 与 g 相比可以忽略, 其中, g 与 1 相比可以忽略. 表 2 中第一行 x 用于光谱测量, 最后一行给出了对应的 ω 的值.

表 2　用于光谱分析的数值关系表

x	-1	$-g$	0	$+g$	∞
$y - n_m^2/a^2$	$+1$	$1/2g$	0	$-1/2g$	0
z	0	$1/2g$	$1/g$	$+1/2g$	0
ω	0	$\omega_0\sqrt{1-g}$	ω_0	$\omega_0\sqrt{1+g}$	∞

与表格一致, 图 22 表明, y 曲线的极值出现在 $x = \pm g$ 处, 且曲线在 $x = 0$ 处与 $y = n_m^2/a^2$ 相交; 而且这个窄钟形 z 曲线在 $x \sim 0$ 处达到极大值 (更准确地讲是在 $x = -g^2/4 + \cdots$ 处), 它的半值宽度为 $2g$. 图 22 所画的 y 与 z 曲线的标度并不具备可比性. z 曲线的标度在图的右侧指明.

$$x = \frac{\omega^2 - \omega_0^2}{\omega_0^2}, \quad y = \frac{n^2\left(1 - \kappa^2\right)}{a^2}, \quad z = \frac{2n^2\kappa}{a^2}$$

y 曲线 (其标度在左边) 基本表明了折射率的变化过程. z 曲线 (其标度在右边) 表示吸收系数.

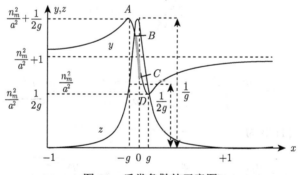

图 22　反常色散的示意图

除了表征 y 和 z, 图 22 也为 n^2 和 κ 的变化行为作了定性的说明. 只有在 $\kappa = 0$ 附近区域, 曲线相对于由方程 (3) 和 (4) 所给出的 n 和 κ 的准确表达式才有点失真.

在图 22 中, 折射率在 A 和 D 之间的曲线部分是我们最感兴趣的. 虽然在 A 之前和 D 之后, 曲线随着 ω 的增加而增大 (正常色散), 而在 A 和 D 之间却随 x 的增加而下降. 这就是所谓的反常色散, 即短波的折射比长波的折射小. Dane Christiansen 约在 1870 年首次在品红中发现这种现象. 几乎在同一时间, Kundt 也独立地在各种染料中发现了这种现象.

下降曲线 AD 的 BC 段用阴影线标注, 表示此范围内的光谱被吸收掉了. 因此, 反常色散只有在 AB 和 CD 这两个比较短的部分才能观察到. 对于品红, 吸收带位于黄绿频段, 因此, 未被吸收的光具有互补的深红色.

以上关于染料的评述更适用于气体所有光谱线的附近. 凭借这个事实, Kundt 创造的 "正交棱镜法" 已发展成为一种重要的光谱方法.

为了熟悉 y 曲线的特征形状, 我们用一个连续函数代替双曲线 $y = -1/x$ (见图 23), 这样就避免了双曲线在 $x = 0$ 处的奇点, 该连续函数为

$$y = -\frac{x}{x^2 + b^2}$$

上式在 $b \to 0$ 时, 趋近于矩形双曲线 $y = -1/x$. 后一函数对应于无阻尼共振分母情形下的折射率, 而上述连续函数则对应于方程 (7) 中阻尼共振分母的折射率.

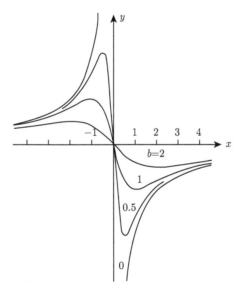

图 23　用于增加阻尼的 y 曲线族 (由参数 b 表示). $b = 0$ 时为直角双曲线

图 22 还进一步表明, 从短波共振到长波共振, y 曲线 (n^2/a^2) 增加了 1. 我们也可以通过对比表 2 中第二列和最后一列来验证这一点. 每一个共振频率都对 n^2/a^2 的增大有贡献. n^2 每经历一次共振, 就增加 a^2. 这使我们能够理解为什么具有复杂分子的固体 (如玻璃) 在光学范围内的折射率不同于 Hertz 波范围内的折射率.

水是特别引人注目的例子 (在可见光谱中折射率 $n = 4/3$, 在静电学极限 $\lambda = \infty$ 下, $n_\infty = \sqrt{\varepsilon} = \sqrt{80}$), 其性质与固体不同, 这是由水分子的极化特性所决定的; 见 "Sommerfeld 理论物理学" 第三卷《电动力学》, 第 2 章 "Maxwell 方程描述的现象的本质" 的有关脚法. 由于水分子具有三角结构, 它具有一个永久的电偶极矩, 这

个偶极矩只有在长波的情况下才会随外电场发生共振. 分子的某种刚性特征阻止了它们随短波发生共振. 两个行为区域之间的转换发生在 $\lambda = 1.7$ cm 附近; 在 n^2 的光学值和静电介电常数之间跃度的主要部分也在此发生.

§20 偏振面的磁旋转

对光的电磁理论发展的一个重要贡献是 Faraday 在 1845 年 (见历史表) 中发现了光学和磁学之间的联系, 而之前它们是两个完全独立的领域. 虽然这种联系并不适用于自由空间过程, 而只限于有重量的物体并与这种物体内色散电子的运动有关, 但是 Faraday 的发现对光的电磁本质是一个有力的启示.

在 §17 方程 (3) 中, 施加在电子的场作用力只能由 $-eE$ 描述. 另外, 我们从第三卷可以知道施加在运动电荷上 (仍然用 $-e$ 表示) 的场作用力一般可以根据 Lorentz 力表达式给出:

$$\boldsymbol{F} = -e(\boldsymbol{E} + \boldsymbol{v} \times \boldsymbol{B}) \tag{1}$$

设 $\boldsymbol{B} = \mu \boldsymbol{H}$, 根据 §2 式 (5), 下面关系式 $|\boldsymbol{H}| = \sqrt{\dfrac{\varepsilon}{\mu}} \, |\boldsymbol{E}|$ 对光场成立, 我们可以发现, 式 (1) 中的 $\boldsymbol{B}$ 项与 $\boldsymbol{E}$ 项不同, 相差一个因子

$$\sqrt{\varepsilon\mu}\, v = \frac{v}{u} = n\frac{v}{c} = n\beta$$

因此, 磁场力只是 β 的一阶修正量, 相比于电场力 $-e\boldsymbol{E}$ 来说可以忽略.

但是, 现在我们假设材料放在外磁场 $\boldsymbol{B}$ 中, 它比光的磁场 $\boldsymbol{B}$ 要强得多. 在这种情况下, 必须给运动方程 §17 式 (3) 提供一个尽可能人的修正项, 丁是它可以写为

$$m\ddot{\boldsymbol{s}} + f\boldsymbol{s} = -e(\boldsymbol{E} + \dot{\boldsymbol{s}} \times \boldsymbol{B}) \tag{2}$$

我们选 $\boldsymbol{B}$ 的方向为 z 轴正方向, 并且假设光波沿着这一方向传播. 在这个假设下, $\boldsymbol{E}$ 和 $\boldsymbol{s}$ 是 xy 平面内[①]的矢量. 分别写出方程 (2) 的两个分量并除以 m, 令 $\omega_0^2 = f/m$, 我们可以得到两个联立方程

$$\ddot{s}_x + \frac{e}{m}B\dot{s}_y + \omega_0^2 s_x = -\frac{e}{m}E_x, \, 1$$

$$\ddot{s}_y - \frac{e}{m}B\dot{s}_x + \omega_0^2 s_y = -\frac{e}{m}E_y, \, \pm i \tag{3}$$

分别乘上右端列出的因子, 再将两式相加可得

---

① 如同我们用来代表单色波状态的所有量一样, 在任何地方, $\boldsymbol{E}$ 和 $\boldsymbol{S}$ 都需要乘上相同的时间因子 $\exp(-\mathrm{i}\omega t)$. 然而通常情况下, 我们会省略这个因子. 只有在为了提高计算的清晰度时, 才会偶尔保留它, 我们将从方程 (5) 开始加上这个因子. 向实部的过渡又会被推迟到方程 (14).

$$\ddot{S} \mp \frac{e}{m}\mathrm{i}B\dot{S} + \omega_0^2 S = -\frac{e}{m}E \tag{4}$$

其中用到了下面的简写:

$$S = s_x \pm \mathrm{i}s_y, \quad E = E_x \pm \mathrm{i}E_y \tag{4a}$$

然而, 必须要强调的是, 利用方程 (3) 得到方程 (4) 的方法并非偶然. 如果按下面的方式解释, 则与初始方程 (2) 相比, 方程 (4) 没有其他不同, 即: 二维矢量可以看成是形式为 $a+\mathrm{i}b$ 的复数, 因此方程 (2) 中的 s 和 E 与方程 (4a) 所定义的复数量 S 和 E 是等效的. 因为与 i 相乘意味着绕 z 轴从 x 到 y 做右手旋转, 而且因为矢量积也是由右手螺旋定则来定义的, 因此, 式 (2) 中 $\dot{s} \times B$ 只是复数 $\mp \mathrm{i}BS$, 它在式 (4) 的等号左边是以与 $-e/m$ 乘积的形式出现.

这个观点大体上是正确的. 它提示我们应把复数量 E 自身, 而不是分量 E_x 和 E_y, 当成基本的场变量来处理. 从物理上来讲, 它表示从线偏振到圆偏振的转变. 如果最初有一束线偏振波 (假设没有磁场或光进入场中) $E : E_x = A\cos\omega t$, $E_y = 0$, 然后我们把这个波分解成两个左旋和右旋偏振波的, 记为 E_+ 和 E_-, 和方程 (4a) 一致, 可设

$$E_x = \frac{1}{2}(E_+ + E_-), \quad E_y = \frac{1}{2\mathrm{i}}(E_+ - E_-) \tag{4b}$$

然后, 我们把 $E_\pm$ 作为场的最简元素用于所有计算中, 并得到波的传播速度和折射率的表示式 (对这两个分量, 表达式可能有少许不同). 当光通过磁场后, 我们把 $E_\pm$ 再合并成线性振动 E, 与最初的振动方向 E_x 相比, 振动方向在 xy 平面内会转动一个角度 χ. 由此产生的关于 χ 的定律相当复杂, 只是我们对 E 的假设比较简单才让这个定律变得清楚.

我们假设波是单色的, 即在时间 t 上具有简单的周期性, 则

$$E_\pm = A\mathrm{e}^{\mathrm{i}(k_\pm z - \omega t)} \tag{5}$$

其中 A 为实数. 这样就满足了我们在 $z = 0$(线性偏振光进入磁场的入口处) 位置的初始条件:

$$E_x = A\cos\omega t, \quad E_y = 0 \tag{5a}$$

同时, 考虑到磁场中 $E_\pm$ 的圆偏振本性, 可得

$$|E_\pm| = A\left|\mathrm{e}^{\mathrm{i}(k_\pm z - \omega t)}\right| = A \tag{5b}$$

因此, 就像我们下面将证明的那样, 只有在 $k_\pm$ 为实数的前提下, 上述表达式描述的才是两个圆偏振.

利用式 (5) 和关于 S 的相应表达式, 由式 (4) 得到, 在稳定态下即电子流体的纯周期态为

$$S_{\pm} = \frac{-e/m}{-\omega^2 \mp \dfrac{e}{m}B\omega + \omega_0^2} E_{\pm} \tag{6}$$

应该指出, 这里的分母是实数而不是在反常色散的情况下 (§19 方程 (2)) 的复数. 这是因为磁场对电子不起作用. 我们可以忽略 $\omega = \omega_0$ 时的吸收, 因为这个效应并不是由磁场 B 引起的.

与 s 成正比的矢量 $\boldsymbol{P}$ 的行为就像 s 一样, 如果设

$$P_{\pm} = P_x \pm \mathrm{i}P_y$$

那么根据 §17 式 (2), 可得

$$P_{\pm} = \frac{Ne^2/m}{-\omega^2 \mp \dfrac{e}{m}B\omega + \omega_0^2} E_{\pm} \tag{6a}$$

因此, 对于周期态, 用微分方程 (17.6) 取代式 (17.9), 可得

$$k_{\pm}^2 = \frac{\omega^2}{c^2}\left(1 + \frac{\mu_0 c^2 Ne^2/m}{\omega_0^2 \mp \dfrac{e}{m}B\omega - \omega^2}\right) \tag{7}$$

因此, 对应于两个波数 $k_{\pm}$ 有两个不同的折射率, 即

$$n_{\pm} = \frac{ck_{\pm}}{\omega} \tag{7a}$$

它们的值 (与 §17 式 (10) 作对比) 为

$$n_{\pm}^2 = 1 + \frac{Ne^2/m\varepsilon_0}{\omega_0^2 \mp \dfrac{e}{m}B\omega - \omega^2} \tag{8}$$

这是色散计算结果最简单的形式, 也即使用 $E_{\pm}$ 得到的形式. 可以看出, n_+ 和 n_- 互不相同, n_+ 比 n_- 稍大一些.

但是, 这个差别非常小, 因为正如讨论式 (2) 时所提到的, 分母的中间项仅仅是一个修正项. 忽略修正项的平方, 从式 (8) 可得

$$n_+^2 - n_-^2 = \frac{Ne^2}{m\varepsilon_0}\cdot 2\frac{e}{m}\frac{B\omega}{(\omega_0^2 - \omega^2)^2} \tag{9}$$

或者, 我们引入平均折射率的值 $n = (n_+ + n_-)/2$,

$$n_+ - n_- = \frac{Ne^3}{nm^2\varepsilon_0}\frac{B\omega}{(\omega_0^2 - \omega^2)^2} \tag{9a}$$

现在我们来看一下度量这个效应的方法. 首先我们证明一下本节的标题 "偏振面的磁旋转". 设磁场中的光路从 $z = 0$ 到 $z = l$. 先确定在 $z = l$ 处的 $E_\pm$ 值. 为此把 $k_\pm$ 分别分解成对称和反对称的两项, 这两项分别对应于 k_+ 和 k_- 的互换, 可得

$$k_\pm = \frac{1}{2}(k_+ + k_-) \pm \frac{1}{2}(k_+ - k_-) \tag{10}$$

我们也引入缩写形式:

$$\varphi = \frac{l}{2}(k_+ + k_-) - \omega t, \quad \chi = \frac{l}{2}(k_+ - k_-) \tag{11}$$

正如我们所看到的, φ 是相位差, χ 是旋转角度, 可得

$$E_\pm = A\exp\mathrm{i}\left\{\frac{l}{2}(k_+ + k_-) \pm \frac{l}{2}(k_+ - k_-) - \omega t\right\} \tag{12}$$

应用式 (11)

$$E_+ = Ae^{\mathrm{i}\varphi}e^{\mathrm{i}\chi}, \quad E_- = Ae^{\mathrm{i}\varphi}e^{-\mathrm{i}\chi} \tag{13}$$

根据式 (4b)

$$E_x = Ae^{\mathrm{i}\varphi}\cos\chi, \quad E_y = Ae^{\mathrm{i}\varphi}\sin\chi \tag{14}$$

因为 E_x 和 E_y 是同相位的振荡, 它们组成一个线性振荡, 该振荡相对于入射波, 其振动方向式 (5a) 在正方向上 (环绕磁场 B 的右手螺旋方向) 旋转了一个角度 χ. 同时, 相位 φ 相对于 $z = 0$ 式 (5b) 处的原始值发生数量上的变化, 变化量为

$$\frac{k_+ + k_-}{2}l$$

角度 χ 可以准确度量. 设其表示为

$$\chi = VlH \tag{15}$$

其中 V 称为 Verdet 常数. 根据式 (11) 与 $k_\pm$ 和 $n_\pm$ 之间的关系式 (7a), 该常数为

$$V = \frac{\omega}{2c}\frac{n_+ - n_-}{H}$$

结合式 (9a) 可得

$$V = \frac{Ne^3}{2nm^2}\frac{\mu}{\varepsilon_0}\frac{\omega^2}{(\omega_0^2 - \omega^2)^2} \tag{16}$$

乍一看, 铁磁材料中偏振平面的强旋转似乎是由式 (16) 中的因子 μ 引起的. 然而, 并不是这个情况. 因为 μ 在式 (16) 中只起到形式上的作用. 它的出现仅仅是因为式 (15) 中对 χ 的通常定义 (假设它正比于 H 而不是实际上应该更好的 B). 事实上, 由于没有考虑自旋①, 所以我们的理论没有包含铁磁性的情况.

很明显, 式 (16) 是与频率有关的. 因此, 和折射一样, 偏振面的磁旋转也和色散有关. 可以把 V 按照 ω^2/ω_0^2 的幂次展开, 这种展开在 §17 中对折射率 n 用过, 从展开式前两项的系数中消去 ω_0 便可以得到 e, m, N 之间的统一关系式. 然而, 对式 (16) 中色散因子的测量可达到的精确度不足以证明该过程的正确性. 更好的方法是使用 n 和 V 的展开式的第一项, 得到的关系式对气体 H_2, O_2, N_2 来说符合得比较好②.

比磁致旋光更重要更有意义的是偏振面的自然旋光, 这在具有螺旋结构的晶体 (如石英、氯酸钠等) 和在具有非对称结合的碳原子的液体 (糖溶液) 中可以观测到. 偏振面的旋转在整个制糖业中是不可缺少的部分. 我们将在第 4 章中研究这个现象.

在这里我们强调一下磁致旋光和自然旋光的一个基本差异: 如果使一束光在光路 l 的末端被反射回来, 则自然旋光被抵消而磁致旋光加倍. 磁致旋光效应加倍是因为在返回路径中不仅式 (11) 中的 k_+ 和 k_- 相互交换, 而且在式 (12) 和式 (13) 中 i 和 $-i$ 也必须相互交换. 在反射后, Gauss 面上正向旋转的矢量方向与磁场方向相反. 正因为如此, Faraday 才能通过反复的反射使他的微小转动效应倍增.

§21　正常 Zeeman 效应与反常 Zeeman 效应的一些特征

以上考虑为我们提供了一种研究 Zeeman 效应的简单方法, 虽然它仅仅适用于电子自旋不起主要作用的正常 Zeeman 效应, 不过实际上, 即使对于单个电子的氢原子, Zeeman 效应也是反常的.

严格地说, 正常 Zeeman 效应只发生在单一谱线态上, 即当贡献电子的自旋之和为零时, 发生正常 Zeeman 效应. 最简单的例子是仲氦 (两个电子的自旋相反). 另外, 氢谱线以及碱金属谱线都是双线. 然而, 即使在弱磁场下, 氢原子的 Zeeman 效应也很接近正常 Zeeman 效应. 对于和氢一样具有相同反常 Zeeman 效应的碱金属情况, 只有在更强磁场的作用下, 上述接近于正常 Zeeman 效应的情况才会出现, 这时称为 Paschen-Back 效应. 下面, 我们将对每种情况给出所需的场强大小. H.

---

① H. R. Hulme 研究了铁磁介质中电子自旋对偏振面旋转的影响程度. Proc. Roy. Soc. London **135**, 237, 1935.

② 根据 Siertsema 的观察. 见 A. Sommerfeld, Ann. d. Phys. (Lpz.) **57**, 513, 1917.

A. Lorentz 在经典的基础上研究了正常 Zeeman 效应的理论. 电子的自旋以及反常 Zeeman 效应只能用量子力学来理解.

Zeeman 效应对吸收问题的处理, 即对入射光场与磁场相互作用的处理, 完全停留在色散理论的基本概念的框架内. Woldemar Voigt 利用这个方法成功地解释了 Na 的 D 双线. 他称之为反转的 Zeeman 效应方法. 实验上, 人们通常关心辐射的 Zeeman 效应, 即直接 Zeeman 效应, 因为其理论在数学上比较简单, 所以我们优先在这里讨论它.

我们首先从电子的运动方程 §20 式 (2) 出发, 不过必须设置 $\boldsymbol{E} = 0$, 因为我们只关心发出辐射的磁场行为. 那么方程可以写作

$$\ddot{\boldsymbol{s}} + \omega_0^2 \boldsymbol{s} = -\frac{e}{m}\dot{\boldsymbol{s}} \times \boldsymbol{B} \tag{1}$$

ω_0 是没有磁场时原子发出的光的频率. $\omega_0^2 \boldsymbol{s}$ 项是延迟的 "准弹性力", 见图 21 和 §17 方程 (3).

正如 §20, 让 z 轴沿磁场 $\boldsymbol{B}$ 的方向, 在这个方向上 $\dot{\boldsymbol{s}} \times \boldsymbol{B} = 0$, 因此

$$\ddot{s}_z + \omega_0^2 s_z = 0 \tag{2}$$

因此, 电子在 z 方向的振动初始频率为 ω_0, 它不受磁场的影响.

如前一样, 我们在 xy 平面上使用复数表示法, 如 §20 式 (4a), 我们令

$$S = s_x \pm \mathrm{i}s_y \tag{3}$$

由此可以得到

$$\ddot{S} \mp \mathrm{i}\frac{e}{m}B\dot{S} + \omega_0^2 S = 0 \tag{4}$$

它对应于 §20 式 (4). 假设

$$S = a\mathrm{e}^{\mathrm{i}\omega t} \tag{5}$$

并对式 (4) 积分, 其中系数 a 起因于产生振荡的初始激发, 因此是未知量. 方程 (5) 表示一个圆振荡. 把式 (5) 代入式 (4) 可得

$$-\omega^2 \pm \frac{e}{m}B\omega + \omega_0^2 = 0 \tag{6}$$

中间项与其他两项相比非常小. 因此, 假设 $\Delta\omega$ 很小, 我们令

$$\omega = \omega_0 + \Delta\omega, \quad \omega^2 = \omega_0^2 + 2\omega_0\Delta\omega, \quad B\omega = B\omega_0$$

并且由式 (6) 可得

$$-2\omega_0\Delta\omega \pm \frac{e}{m}B\omega_0 = 0$$

因此

$$\Delta\omega = \pm\frac{1}{2}\frac{e}{m}B \tag{7}$$

我们将通过以下的基本思路来证明式 (7): 圆形振荡必须保持离心惯性力和向心准弹性力与磁场力之和的平衡. 图 24(a) 代表振荡 $S_+ = s_x + \mathrm{i}s_y$. 若半径 $r = a$, 速度 $v = a\omega(\omega$ 为角频率, 也是角速度), 则向心力为

$$m\frac{v^2}{a} = ma\omega^2 = ma\left(\omega_0 + \frac{1}{2}\frac{e}{m}B\right)^2 = ma\omega_0^2 + a\omega_0 eB \tag{8}$$

表达式最后等式的第一项被准弹性力所平衡, 第二项被磁场力 $-ev\times B$ 所平衡. 如图所示, $v\times B$ 指向离心方向, 因此 $-ev\times B$ 和准弹性力一样是沿向心方向的.

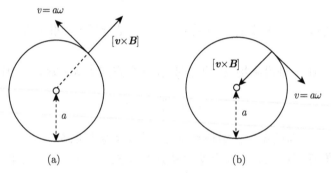

$v = a\omega$

$[v\times B]$

a

(a)

$[v\times B]$

$v = a\omega$

a

(b)

图 24   (a) 左旋时, 作为离心力的 Lorentz 力 $v\times B$ 的方向; (b) 右旋时, 作为向心力的方向. 矢量 B 垂直纸面向外

图 24(b) 表明, 对于振荡 $S_- = s_x - \mathrm{i}s_y$ 的情形, 我们可以进行相同的描述, 根据方程 (5), 通过反转 i 的符号, 可得

$$s_x - \mathrm{i}s_y = ae^{-\mathrm{i}\omega t}$$

因此, 现在我们处理一个具有相同半径 a, 但运动方向相反, 且其 $\Delta\omega$ 由式 (7) 中的下方符号给出的圆形路径. 现在向心力为

$$m\frac{v^2}{a} = ma\omega^2 = ma\left(\omega_0 - \frac{1}{2}\frac{e}{m}B\right)^2 = ma\omega_0^2 - a\omega_0 eB \tag{8a}$$

这里 $v\times B$ 指向向心方向, 因此 $-ev\times B$ 指向离心方向. 磁场力和准电场向心力方向相反, 准电场向心力和减小的惯心力一起保持着平衡.

现在理论上预期的光谱看起来应该如何?

(1) 纵向观测, 即在 z 方向进行观测. 线性振荡 (2) 的频率 ω_0 不受磁场的影响, 且在 z 方向不向外发出辐射; 这就像收音机的天线在它自己的振动频率方向上

不发出辐射一样. 另外, 如方程 (17) 所示, 频率受磁场影响的两个圆形振荡将辐射
出两个圆偏振的电磁波, 一个左旋, 另一个右旋. 我们以观测者迎着 $\boldsymbol{B}$ 的观测方向
(即在图 24 中向外的方向) 来定义偏振的方向. 于是, 我们得到图 25(a), 它展示了
观测者沿磁场 $\boldsymbol{B}$ 方向观测到的光谱图: 在原始光谱线的位置没有观测到光. 在其
原始位置左侧和右侧, 则可以看到相等强度的磁位移谱线.

对于电子初始振荡和本节已假设的发射辐射之间的定量关系将在第三卷 §19
中详细讲解.

我们注意到在图 25(a) 和 (b) 中, 角频率 ω 已经被光谱学中常用的频率 $\nu = \omega/2\pi$ 所代替, 因此我们把式 (7) 中的 $\Delta\omega$ 替换成

$$\Delta\nu = \frac{\mu_0}{4\pi}\frac{e}{m}H \tag{9}$$

其中, 按照一般的用法, 用 $H = B/\mu_0$ 替换了 B.

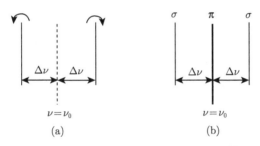

图 25 正常 Zeeman 效应: (a) 纵向观测; (b) 横向观测

(2) 横向观测, 即在垂直于磁场的方向上观察, 例如沿 y 方向观察, 圆形振荡的
分量 s_y 在这个方向不发出辐射, 可以忽略; 分量 s_x 在这个方向上发射出最强的辐
射, 如同天线或 Hertz 偶极子的辐射在其横向达到最大一样. 属于 s_x 的频率 ν_0 将
出现在光谱中. 两个圆分量的频率 $\nu_0 \pm \Delta\nu$ 也会出现, 但是因为只有 s_x 对它们有贡
献, 所以它们的强度只有一半[①]. 因为 s_x 的振荡方向垂直于磁场, s_x 所发出的电场
$\boldsymbol{E}$ 的方向也垂直于 $\boldsymbol{H}$. 另外, s_z 发出的电场 $\boldsymbol{E}$ 的方向平行于 $\boldsymbol{H}$. 在图 25(b) 中相
应的谱线通常用符号表示: π(平行); σ(垂直). 强度比 2:1 用谱线的粗细来表示. 这
样得到的图像称为 "正常 Lorentz 三线分裂". 事实上, Lorentz 在 Zeeman 于 1896
年发现谱线的磁分裂后, 立即阐明了我们在此概述的这一理论.

可以肯定的是, Zeeman 最初的观测远没有得出我们在这里描述的精确的光谱
图. 他没有选择光的单谱线而是用了 Na 的 D 双线 (未分辨开的). 他只观测到一个
笼统的增宽了的光谱图, 而没有得到分离的谱线组分. 但是, 这足以证明这是一个

---

① 对于具有统计性质的激发, 线振荡 s_x 的强度等于圆振荡 $s_x \pm \mathrm{i}s_y$ 中的任一个强度, 在式 (5) 中标
记为 a^2. 因为平均来说 $s_x^2 = s_y^2$, 于是有文中所述的 $s_x^2 = a^2/2$.

新的根本性的效应; 顺便说一下, 对于这个效应, Faraday 也进行过徒劳的搜索. 而且, Zeeman 的观测结果足以说明与该效应的 Lorentz 理论有定性的相似之处. 这是因为, 如果进行相对于磁场的横向观测, 光斑的边缘是垂直于 H 的 E 矢量振动方向的线偏振光. 另外, 对于纵向观测, 边缘是旋转方向如图 25(a) 所示的圆偏振光. 后一个现象对当时正在建立的电子理论非常重要, 因为它表明振荡的粒子带有负电荷. 事实上, 如果这些粒子带正电, 则在上面所有的公式和附图中 $\Delta\nu$ 的符号以及圆形振荡的方向都要相反.

下述情况在当时并不为人所知, 但对于理论和实验之间的比较却非常重要, 即在反常 Zeeman 效应中, σ 组分靠近图的两边, 而 π 组分则比较靠近图的中心, 如图 25(b) 所示. 在这些效应中, 短波成分是环绕磁场线的右旋圆偏振光, 而长波部分是左旋圆偏振光, 如图 25(a) 所示.

通过考虑两 D 谱线的完整横向分解, 我们可以确认这个现象, 后来 Zeeman 和其他工作者也从实验上测量了这个结果. 这两条谱线分别是: D2 线, $\lambda = 5896$Å, 如图 26(a) 所示; D1 线, $\lambda = 5890$Å, 它的强度是 D2 线的一半, 如图 26(b) 所示. 在这两幅图中, 每一个组分离 $\nu = \nu_0$ 的距离是正常 $\Delta\nu$ 的 1/3 倍. 在这两种情况下, 中心的位置均未被占据, 以虚线表示. 在图 26(a) 中 $\pm\Delta\nu$ 的位置被强的 σ 组分占据; 而在图 26(b) 中则没有被占据. 在图 26(a) 中 π 组分离中心位置最近, 距离中心位置 $\dfrac{\Delta\nu}{3}$; 而在图 26(b) 中它们距离中心 $\dfrac{2\Delta\nu}{3}$. 图 25(b) 为正常的 Lorentz 三线, 而图 26(a) 是六线, 图 26(b) 是四线.

Runge 法则认为: 对于反常 Zeeman 效应, 各组分谱线偏离原始中心线的距离如果用波数计算, 应是 Lorentz 单位 $\Delta\nu$ 的有理数倍. 这些有理数倍的分母称为 Runge 分母. 对于钠及其他碱金属的主谱系列来说, Runge 分母的值是 3. Landé所给出的一般公式能计算每一系列特征包括分母在内的完整分裂图谱. Preston 法则认为具有相同系列特征的谱线, 具有相同的 Zeeman 分裂.

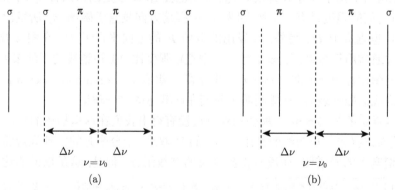

图 26　横向观测时 Na D 双线的分裂: (a) D1 : $\lambda = 5890$Å; (b) D2 : $\lambda = 5896$Å

然而, 这些规则都必须加上一个前提 "假设磁场并不太强". 如何理解这个 "并不太强"? Paschen 和 Back 找到了这个问题的答案:

$$\Delta\nu \ll \Delta\nu_0 \tag{10}$$

其中 $\Delta\nu$ 是式 (9) 给出的正常 Zeeman 效应造成的磁分裂, $\Delta\nu_0$ 是在双线, 如 D 双线的情况下, 最初两条原始谱线的间距. 在 "多重线" 态的情况下, $\Delta\nu_0$ 是两条独立谱线间的最小间距. 如果随着磁场 H 的增加, $\Delta\nu$ 的大小接近于 $\Delta\nu_0$, 它便不再随 H 成比例增加. 当 $\Delta\nu$ 比 $\Delta\nu_0$ 大得多时, 也就是说, 与强磁场相比多重线收缩成单谱线态; Zeeman 效应变得越来越正常. 这种退化现象称为 Paschen-Back 效应. 这种效应的一个结果是, 对于具有极小裂距 $\Delta\nu_0$ 的氢双线, 即使在磁场非常弱的情况下仍然表现出正常的 Zeeman 效应. 因此, 这些氢谱线和氦谱线 (不仅包括仲氦的光谱单线, 也包括正氦的闭合三线结构谱线) 在很长一段时间都被认为是正常 Zeeman 效应的典型例子.

对于氢原子的情况, 我们将计算当 $\Delta\nu = \Delta\nu_0$ 时磁场强度 H 的临界数值. 对于氢双线来说, $\Delta\nu_0$ 的大小由 $R\alpha^2/2^4$ 给出, 其中 R 是 Rydberg 频率, 单位是 S^{-1}, $\alpha \sim 1/137$, 是精细结构常数. 由此公式得到 $\Delta\nu_0 = 1.08 \times 10^{10}\mathrm{S}^{-1}$, 与光谱实验结果一致. 因此根据式 (9) 令

$$\frac{\mu_0}{4\pi}\frac{e}{m}H = 1.08 \times 10^{10}\mathrm{S}^{-1} \tag{11}$$

左侧参数的值为 (见 §2 末的表格):

$$\frac{\mu_0}{4\pi} = 10^{-7}\mathrm{M}^{-1}\cdot\mathrm{S}\cdot\Omega, \quad \frac{e}{m} = 1.76 \times 10^{11}\mathrm{Q}\cdot\mathrm{K}^{-1} \tag{11a}$$

它们乘积的量纲为

$$\mathrm{M}^{-1}\cdot\mathrm{S}\cdot\Omega\cdot\mathrm{Q}\cdot\mathrm{K}^{-1} = \mathrm{M}^{-1}\cdot\mathrm{S}\cdot\frac{\mathrm{V}}{\mathrm{A}}\mathrm{Q}\cdot\mathrm{K}^{-1} = \mathrm{M}^{-1}\cdot\mathrm{S}\cdot\mathrm{K}^{-1}\frac{\mathrm{J}}{\mathrm{A}} = \frac{\mathrm{M}\cdot\mathrm{S}^{-1}}{\mathrm{A}} \tag{11b}$$

因此方程 (11) 规定:

$$1.76 \times 10^4 H\frac{\mathrm{M}\cdot\mathrm{S}^{-1}}{\mathrm{A}} = 1.08 \times 10^{10}\mathrm{S}^{-1}, \quad H = 5.8 \times 10^5\frac{\mathrm{A}}{\mathrm{M}}$$

因为 (见第三卷 §8 公式 (5a))

$$1\frac{\mathrm{A}}{\mathrm{M}} = 4\pi \times 10^{-3} \text{ Oe} \tag{11c}$$

所以

$$H = 4\pi \times 5.8 \times 10^2 = 7200 \text{ Oe} \tag{12}$$

这和 Foersterling 和 Hansen[1]用 Lummer 板做的十分精确的实验值符合得很

---

[1] Z. f. Phys. **18**, p. 26, 1923. 他们的观测结果和 Paschen-Back 效应理论的精确对比可以在文章 Sommerfeld and Unsoeld, ibid. **86**, p. 268, 1926 中看到.

好. 他们从 4000 Oe 开始观察到 Paschen-Back 效应, 发现当磁场增加到 10000 Oe 时, 氢双线的 π 成分融合成一体. 对于 D 双线的情况, 它的 $\Delta\nu_0$ 是氢双线的 50 倍. 取代式 (12), 临界场变为

$$H = 50 \times 7200 = 360000 \text{ Oe} \tag{12a}$$

这个临界场强今天都不容易获得.

在结束对反常 Zeeman 效应这个极其有趣的主题的简短描述之前, 我们希望重现 Zeeman 获得的光度计曲线, 他慷慨地将该曲线提供给了《原子结构和光谱线》(*Atombau und Spektrallinien*, Sommerfeld 著, 第五版, 第一卷, 第 523 页). 这个结果有助于展示在这个领域中的技术进展. 如图 27 所示, 现在考虑 Cr 元素七线谱系中 $\lambda = 4254$ Å 的谱线. 和 Landé 的理论一致, 谱线分裂包括七条 π 线成分 ($\Delta\nu > \Delta\nu_{\text{norm}}$) 和 14 条 σ 线成分 ($\Delta\nu \geqslant \Delta\nu_{\text{norm}}$). Runge 分母为 4. 所有 21 个成分在光度曲线上都能很好地分辨出来, 该曲线相当于对原始摄影图像自动放大了 36 倍.

再回到正常 Zeeman 效应和它的分裂 $\Delta\nu_{\text{norm}}$, 我们用方程 (11a), (11b), (11c) 给出的数值和量纲来计算方程 (9), 可以得到

$$\Delta\nu_{\text{norm}} = 1.76 \times 10^4 H_{\text{Amp/M}} = 1.76 \times 10^4 \frac{10^3}{4\pi} H_{\text{Oersted}} \tag{13}$$

其中, $\Delta\nu$ 具有量纲 s^{-1}, 与 ν 作为频率的定义时量纲一致. 然而, 我们想用 cm^{-1} 来表示这个结果, 正如光谱学中的习惯一样 (用波长的倒数来取代振动周期的倒数). 为得到这个结果, 我们需将式 (13) 除以 3×10^{10} cm/s, 可得

$$\Delta\nu_{\text{norm}} = 4.67 \times 10^{-5} H \tag{13a}$$

因为 Ga 和 Oe 这两个单位都可定义为绝对 CGS 单位制的基本单位, 在式 (13a) 中 H 意味着 H_{Oersted} 或 H_{abs}.

这部分的讨论仍然属于经典力学和电动力学范畴. 但这些结论在量子理论中仍然有效, 这是因为可以这样说, 作为量子理论特征的 Planck 常数 h, 偶然地脱离了受磁场影响的谱线的量子条件. 对于反常 Zeeman 效应也可以做出相似的论述. 即使在量子理论确立之前, 电子自旋和由电子自旋及轨道角动量构建成的 "矢量模型" 的引入, 使得在确定的量子理论提出之前, 建立起反常 Zeeman 效应的理论成为可能. Runge 法则、Paschen-Back 效应等都可以用这种方式来理解. 不过, 自旋和反常 Zeeman 效应的完整理论必须等到相对论的 Dirac 理论提出之后才得以解释. 我们想简单指出式 (7) 中 $\Delta\omega$ 作为 Larmor 频率的有趣解释. 根据这个观点, 式 (7) 中所定义的附加频率, 可以认为是一个附加转动的角速度, 这个附加转动是辐射发射原子在一个无限缓慢 (绝热) 改变的磁场中运动所经历的, 见练习 III.4.

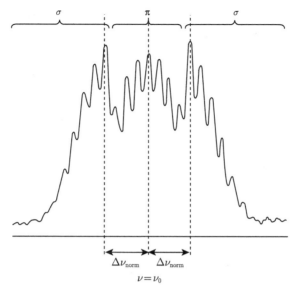

图 27 $\lambda = 4254$ Å的 Cr 线的反常 Zeeman 效应的光度计曲线

§22 相速度 信号速度 群速度

我们在讨论色散时, 只考虑了电子和离子稳定的、纯的正弦态. 显而易见, 如果没有这些被诱导的振荡, 就没有色散和折射, 从而不等于 1 的折射率就不存在. 因此相速度 $u = c/n$ 只是指光和物质的纯周期状态, 也就是说, 这种周期状态建立在无限长的时间之前, 并且将持续到永远.

A. 有界波列的 Fourier 表示

这一事实使我们立即克服了在 1910 年左右广泛讨论的对相对论理论的一个责难[1]. 在反常色散区域, 有可能出现 $n < 1$, 因此 $u > c$. 我们只需要在图 22 中假设介质没有红外共振振荡就可以观测到这种情况. 于是图中 n_m 的值为 1, 与 n 曲线重合 (除了紧邻吸收频率处) 的 y 曲线, 位于 D 右边的 $n = n_m = 1$ 线的下方. 因此 u 的速度比光速还大, 这个结果在相对论中不可能出现.

然而, 我们在第三卷 §27F 中强调, 这种禁止只限于可以充当信号并能激发材料的过程. 一个无始无终的单色波不会有这种效果. 在无线电报中用的 Morse 信号是断续的电波列. 目前为止, 我们的考虑决不意味着这种 Morse 信号的前端以相速

---

[1] Gesellschaft der Naturforscher 1907, Physikalische Zeitschrift **8**, p. 841, 以及 Weber Festschrift 1912 (publ: by Teubner). 更进一步的讨论在 Ann. d. Phys. (Lpz.) **44**, 1914: A. Sommerfeld, p, 177, L. Brillouin, p. 203.

度 u 传播. 为了将以前的结果运用到这样的信号上, 我们必须把这个断续信号分解成为无始或无终的纯周期波之和. 我们将利用 Fourier 积分来实现这一过程.

第六卷习题 I.4 中计算了部分波的频谱, 在那里用图 33(c) 表示. 它可以被描述成一个 "多段光谱", 其在 $\omega = 2\pi/\tau$ 处有一个明显的最大值, 半宽度随着信号包含的波列长度的增加而减小. 这一结果与周期为 τ 的相同正弦振荡的有限序列组成的信号有关. 在第六卷中指出, 这种在两侧有界的波列, 可以被当成两个只在一侧端点上有界的波列之差来处理.

然而, 对于一个仅一侧有界的信号, 如

$$f(t) = \begin{cases} 0, & t < 0 \\ \sin 2\pi t/\tau, & t > 0 \end{cases} \tag{1}$$

当 $t \to \infty$ 时, $f(t)$ 并不为零, 从而其 Fourier 积分明显发散, 因此不能采用通常所用的 Fourier 积分形式. 因此, 在第六卷中, Fourier 积分被复平面中的一个收敛的围道积分所取代.

在这里我们把这个过程重复一遍[①]. 原始的积分路线是图 28(a) 上方的曲线:

$$f(t) = -\frac{1}{\tau} \int e^{-i\omega t} \frac{d\omega}{\omega^2 - (2\pi/\tau)^2} \tag{2}$$

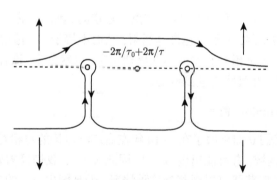

图 28(a)   单侧有界的波列示意图, 积分路径在 ω 复平面内

可以看出, 对于负值 t, $-i\omega t$ 在 ω 复平面的上半部分有负的实部, 这个实部在距实轴的距离增加时会趋于 $-\infty$, 这样 $e^{-i\omega t}$ 会变得很小. 因为没有什么可以阻止我们把积分路径扩展到上半平面的无穷远处 (用向上的箭头 ↑ 表示), 式 (1) 的第一行 $f(t)$ 将为零. 然而, 对于 $t > 0$, 当积分路径通过下半平面接近无穷远时, $e^{-i\omega t}$ 为零. 如果积分路径被推到下半平面的无穷远处 (用向下的箭头 ↓ 表示), 则它仍然保

---

① 形式有点变化, 因为我们用 $\exp(-i\omega t)$ 来代替 $\exp(i\omega t)$, 所以本节的相应附图相对于第六卷图 24(b) 来说, ω 复平面的上下半平面会互相交换.

持在极点 $\omega = \pm 2\pi/\tau$ 左上处. 这两个极点附近的积分是两个极点处留数和的 $-2\pi i$ 倍 (在复平面中积分沿着负方向进行). 由于从极点到无穷远的来回路径对积分的贡献相互抵消, 按照式 (1) 第二行的要求, 由式 (2) 可得

$$f(t) = \frac{2\pi i}{\tau} \frac{\mathrm{e}^{-2\pi i t/\tau} - \mathrm{e}^{2\pi i t/\tau}}{4\pi/\tau} = \sin 2\pi t/\tau \tag{2a}$$

B. 波前在色散介质中的传播

我们现在考虑式 (2) 中的一个单独成分的振荡, 其时间因子为 $\mathrm{e}^{-\mathrm{i}\omega t}$, 补充完整即形成一个沿 x 轴正方向传播的波 $\mathrm{e}^{\mathrm{i}(kx-\omega t)}$. 色散介质从 $x=0$ 延伸到 $x=\infty$, 当 $t=0$ 时, 让波列的波前刚好落到色散介质的平面边界 $x=0$ 处. 可以说, 在有界波列中每个分量波列都不知道它们的起源, 但它的行为与我们在 §17 中处理过的色散介质中的平面波完全一样. 因此, 我们可以用 §17 中所得到的 k 值:

$$k = \frac{\omega n}{c}, \quad n^2 = 1 + \frac{a^2 \omega_0^2}{\omega_0^2 - \omega^2}, \quad a^2 = \frac{N e^2}{m \varepsilon_0 \omega_0^2} \tag{3}$$

缩写形式 a^2 与 §19 方程 (5) 中的相同.

以相同的方式处理组合波 (2) 中所有波的组分, 并以复积分进行叠加, 我们可以得到色散介质中的一个可能状态, 它在 $x=0$ 处具有式 (2) 的形式, 从而使我们的问题的完全解记作:

$$f(x,t) = -\frac{1}{\tau} \int \mathrm{e}^{\mathrm{i}(kx-\omega t)} \frac{\mathrm{d}\omega}{\omega^2 - (2\pi/\tau)^2} \tag{4}$$

现在只剩下要讨论 $x > 0$ 时这个表达式的值.

为此, 我们必须清楚 ω 平面内的奇异性. 除了极点 $\omega = \pm 2\pi/\tau$ 外还有 k 的奇异性, 由式 (3) 可知 k 的奇点为

$$k = \frac{\omega}{c} \sqrt{\frac{\omega_0^2 (1+a^2) - \omega^2}{\omega_0^2 - \omega^2}} = \frac{\omega}{c} \sqrt{\frac{\omega - \omega_1}{\omega - \omega_0}} \sqrt{\frac{\omega + \omega_1}{\omega + \omega_0}}, \quad \omega_1 = \omega_0 \sqrt{1+a^2} \tag{5}$$

因此, k 有两对分支点. 如果 a 值很小, $(\omega_1 \sim \omega_0, n \sim 1)$, 最好把 ω_0 和 ω_1 看成一对, 把 $-\omega_0$ 和 $-\omega_1$ 看成另一对来处理. 每一对分支点都是由一个积分路径不能交叉的分支切割路径连接起来的. 因为在式 (3) 中忽略了阻尼, 所以式 (5) 中 ω_1 和 ω_0 是实数, 我们认为在图 28(b) 中的分支切割是沿着实轴进行. 在任何情况下, 上半平面都是没有奇点的. 根据方程 (3), k 在上半平面无穷远处渐近于 ω/c, 因此我们可以用

$$\exp\left\{\mathrm{i}\omega\left(\frac{x}{c} - t\right)\right\} \text{ 取代 } \exp\{\mathrm{i}(kx - \omega t)\} \tag{6}$$

从这一点可以得出, 对于 $t < x/c$, 指数函数的幅角在 ω 复平面的上半部分有一个负的实数部分. 因此, 我们可以把式 (4) 的积分移到上半平面, 因此可得

$$f(x,t) = 0, \quad \text{当 } t < \frac{x}{c} \text{ 时} \tag{7}$$

波前只有在经过一段时间 $t \geqslant x/c$ 后才能穿透到介质中深度为 x 的位置. 它当然不会以比光速还大的速度传播. 如果有任何光在时刻 $t = x/c$ 都是可被观测到的 (见 C 部分), 那么它在真空中必定是以光速 c 传播的.

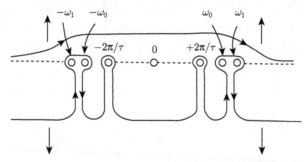

图 28(b)　波列在色散介质中的传播. 在积分路径向下变形时必须考虑到极点和支点

　　下述观点也清楚地表明了这一点: 色散电子最初是静止的 (它们的热扰动与光波的规律无关, 显然可以忽略不计). 但是, 根据我们的理论, 折射和色散完全是由电子或离子的感生周期性振荡所引发的. 因此, 这种介质是光学真空的. 此时传播速度为 c, 如果仍然想关注其折射率, 那么这种情况下的折射率为 1.

　　到目前为止, 我们假定波列垂直射向 $x - 0$ 的界面. 如果让它倾斜地进入, 那么起初它既不折射也不反射. 只有当电子产生受迫振荡时, 折射定律才有效. 因此, 放置在色散介质后面的感光底片上, 与常规折射相对应的光斑和入射光束的直线投影之间的间隙应该由极其微弱的光线桥接.

　　到目前为止, 我们假设介质是各向同性的. 如果介质是晶体, 如方解石, 则在波列入射的瞬时不应出现双折射现象. 这些晶体也必须被初始入射波列以未偏斜的直线形式横向穿越.

　　然而很明显, 上述矛盾取决于波列的单色程度、传播方向的直线度和规则性, 所要求的程度在实际中不可能达到.

C. 前驱波

　　根据上述讨论, 我们将使用地震学上的名字来命名初始波前刚到深度 x 处所观察到的事件, 根据上述讨论, 我们引入时间间隔:

$$\text{t} = t - \frac{x}{c}$$

其值为正值, 并且假定它非常小. 如图 29 所示, 我们把图 28(b) 中最初的积分路径变形为上半平面的一个半径为 R 的非常大的半圆加上实轴上的两个部分. 因为分母为 $\omega^2 - (2\pi/\tau)^2$, 当 $1/\omega^2$ 在实轴上时, 被积函数趋于零. 如图 29 中虚线所示, 我们可以在下半平面增加一个路径, 如果这个下方路径半圆部分的半径增加到无穷大, 则被积函数由于 $t > 0$ 而将按指数形式趋于零. 因此, 我们可以把最初的积分路径用一个完整圆来代替. 用我们的 t 来取代式 (4) 的 t, 将是

$$f(x,t) = -\frac{1}{\tau}\oint \exp i\left\{\left(k - \frac{\omega}{c}\right)x - \omega t\right\}\frac{d\omega}{\omega^2 - (2\pi/\tau)^2} \tag{8}$$

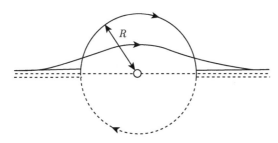

图 29   图 28(b) 中积分路径转变成上半平面的一个非常大的半圆 (为计算前驱波)

现在, 根据方程 (3), 对于较大的 $|\omega|$,

$$k - \frac{\omega}{c} = (n-1)\frac{\omega}{c} = \left(\sqrt{1 - \frac{a^2\omega_0^2}{\omega^2}} - 1\right)\frac{\omega}{c} = -\frac{a^2\omega_0^2}{2c\omega} \tag{8a}$$

利用缩写:

$$\xi = \frac{a^2\omega_0^2}{2c}x, \tag{9}$$

因此, 和 ω 相比, $2\pi/\tau$ 的大小可忽略, 由式 (8) 可得

$$\begin{aligned}
f(x,t) = f_1(\xi,t) &= \frac{-1}{\tau}\oint \exp i\left\{-\frac{\xi}{\omega} - \omega t\right\}\frac{d\omega}{\omega^2} \\
&= \frac{-1}{\tau}\oint \exp -i\left\{\sqrt{\xi t}\left(\frac{1}{\omega}\sqrt{\frac{\xi}{t}} + \omega\sqrt{\frac{t}{\xi}}\right)\right\}\frac{d\omega}{\omega^2}
\end{aligned} \tag{10}$$

这个积分可以通过做如下替换来转化成一种已知的形式

$$\omega\sqrt{\frac{t}{\xi}} = e^{i\omega}, \quad \frac{d\omega}{\omega} = idw, \quad \frac{d\omega}{\omega^2} = i\sqrt{\frac{t}{\xi}}e^{-i\omega}dw \tag{11}$$

因此方程 (10) 变为

$$f_1(\xi,t) = \frac{-i}{\tau}\sqrt{\frac{t}{\xi}}\oint \exp\left(-2i\sqrt{\xi t}\cos\omega\right)e^{-i\omega}d\omega \tag{12}$$

令半径 R 等于 $\sqrt{\dfrac{\xi}{t}}$ (因为 $t \ll 1$, 所以这实际上是一个非常大的半径), 由式 (11), ω 就成了我们所画圆的中心角, 它的值可以沿着积分路径从 $0 \sim 2\pi$ 取值. 现在我们把式 (12) 与我们熟悉的一阶贝塞尔函数的积分表达式相对比 (例如, 见第六卷, §19 方程 (8)):

$$J_1(\varrho) = \frac{1}{2\pi} \oint_0^{2\pi} \exp\left(i\varrho\cos\omega\right) e^{i\left(\omega - \frac{\pi}{2}\right)} dw \tag{12a}$$

因为对于实数 ϱ, J_1 为实数, 所以可以变换 i 的正负号. 那么式 (12) 可以简写为

$$f_1(\xi, t) = \frac{2\pi}{\tau} \sqrt{\frac{t}{\xi}} J_1\left(2\sqrt{\xi t}\right) \tag{13}$$

根据 ϱ 取值很小时 $J_1(\varrho)$ 的行为 (其中 J_1 可以等于 $\varrho/2$) 发现, 当信号刚到达深度 x 时其状态立即变成下面的情况: 相对于 1, 也就是相对于入射振荡的振幅, 初始振幅非常小, 最初的振荡周期相对于入射波周期 τ 是极小的. 随着 t 的增加, 振幅和周期都在增加, 振幅增加是因为因子 $\sqrt{t}$, 周期增加是因为 $J_1(\varrho) = 0$ 的各个根的位置, 它们在空间上的间隔大约是 π. 前驱波第 m 个半周期的时间间隔为

$$\Delta t_m \sim \frac{m\pi^2}{2\xi}$$

根据式 (9), 这个值不依赖于入射波的振荡周期 τ, 它仅仅取决于入射深度 x 和介质的色散率. 对于不是太小的 x 值, 最早的前驱波可能处于 X 射线的区域. 图 30 用粗略的比例图定性地展示了这种现象.

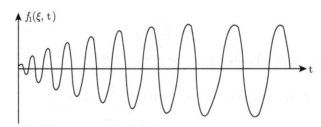

图 30   前驱波刚到达时产生的激励的示意图

D. 最终稳定态下的信号

与 C 形成对比, 现在假设 t 非常大, 以至于电子已经达到了振荡为 τ 的最终状态. 电子到达这个最终状态的过程显然可以通过围绕图 28(b) 中下半部分的两对分支点的积分来表示. 这些分支点的位置取决于电子结合力的性质以及电子的共振频率. 但是, 现在我们必须把先前所略去的阻尼项考虑进来, 否则有可能使得共振振荡消失. 如果这样做, 图 28(b) 中位于实轴上的支点都将或多或少地向下移动进

入下半平面. 这意味着对于一个非常大的 t 值, 在式 (8) 中出现的因子 $\exp\left(-\mathrm{i}\omega t\right)$ 将会变得很小. 因此, 围绕分支点的路径积分的贡献为零. 于是所剩下的只是围绕在图 28(b) 的实轴上两个极点 $\pm 2\pi/\tau$ 的回路积分, 这可以直接用留数的方法进行估算.

根据方程 (3), 在两个极点处

$$k = \pm\frac{2\pi}{\tau}\frac{n}{c} = \pm\frac{2\pi}{\tau}\frac{1}{u}$$

其中 n 和 u 分别是振荡周期为 τ 的波的折射率和相速度. 由式 (4) 可得

$$f\left(x,t\right) = \frac{2\pi\mathrm{i}}{\tau}\left\{\exp\left[\frac{2\pi\mathrm{i}}{\tau}\left(\frac{x}{u}-t\right)\right] - \exp\left[\frac{-2\pi\mathrm{i}}{\tau}\left(\frac{x}{u}-t\right)\right]\right\}\frac{1}{4\pi/\tau} = \sin\left\{\frac{2\pi}{\tau}\left(t-\frac{x}{u}\right)\right\}$$
(14)

这正是入射波 (2a) 以相速度 u 向 x 增大方向移动时所产生的波形.

在图 31 中, 我们绘制了水平向右的时间 t 和垂直向下的除以 c 的介质中深度 x. 图中直线 $t = x/c$ 与水平方向成 45°, 并且标出了前驱波到达每一个深度 x 所对应的时间. 因为 $u < c$, 所以线 $t = x/u$ 与水平方向成的角比较小, 它表明了振幅和相位是如何被传输到深度 x 的位置: 表面上开始于时刻 $t = 0$ 的波列传到深度为 x 处的位置重现了自己, 仅仅是相位发生了 x/u 的变化. 任何其他的结果都会对干涉现象的理论造成灾难性的影响, 因为这种现象取决于相位通过色散介质的精确传输.

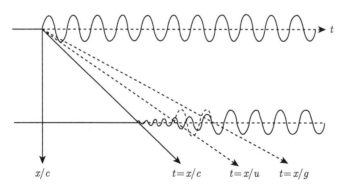

图 31　色散介质中, 波传播到深度为 x 的示意图. 前驱波转变为稳定态

可以肯定的是, 只有假定经过一个足够长的时间 $t = t - x/c$, 方程 (14) 才具有效性. 这个条件在 $t = x/u$ 时, 并不一定满足. 因此, 我们把从 $t = x/u$ 开始的波列用虚线表示, 只有经过更长的时间 $t = x/g$ 后才绘制为实线. $t = x/g$ 点的轨迹在图中被表示为虚线 (就如同 $t = x/u$ 点的轨迹一样), 如果 $g < u$, 这条直线与 $t = x/u$ 相比, 与水平方向的夹角更小.

E. 群速度和能量传输

群速度的概念对于第二卷中 §26 的流体力学来说是非常熟悉的概念. 该速度不涉及相位的传播而只涉及能量 (或振幅) 的传播. 我们用 g 来表示群速度[1], 并将其定义形式与相速度的进行对比:

$$g = \frac{d\omega}{dk}, \quad u = \frac{\omega}{k} \tag{15}$$

因为 $\omega = uk$, $d\omega = udk + kdu$, 可以得到

$$g = u + k\frac{du}{dk}$$

如果考虑到 $k = 2\pi/\lambda$, $dk/k = -d\lambda/\lambda$, 我们还可得到

$$g = u - \lambda\frac{du}{d\lambda} \tag{16}$$

对于正常色散 $\dfrac{dn}{d\lambda} < 0$, 所以由 $u = \dfrac{c}{n}$ 可得 $\dfrac{du}{d\lambda} > 0$.

因此, 可得到在第二卷中已经强调过的结论:

$$g < u \tag{16a}$$

这个事实解释了图 31 中线 $t = x/g$ 具有较小斜率的原因. 对于反常色散的情况, 这条线比 $t = x/u$ 要陡峭得多.

同流体力学一样, 我们希望入射波在 $t = x/g$ 时达到最大振幅 1, 而不是在 $t = x/u$. 这一点在本书 99 页所引用的 L. Brillouin 的论文中得到了验证. 之前所忽略的图 28(b) 中围绕分支点的曲线积分在这里是必要的, 对此 Brillouin 用鞍点的方法进行了精确的讨论 (第六卷 §19E 和 §21D). 这些积分的求解并不太简单, 这里忽略不提. 这个结果表明, 前驱波后面跟着一个过渡态, 它对应着电子振荡的逐渐建成, 直到达到与入射振幅和频率相对应的振荡点. 因此, 振幅为 1 的稳定态并不是在时刻 $t = x/u$ 达到, 而是在其后的 $t = x/g$ 时刻达到 (对于正常色散). 在这个最终态中电子的自由振荡消失, 而只剩下周期为 τ 的受迫振荡. 在图 31 中用虚线示出的波列, 将被这个过渡态所取代[2]. 在 $t = x/g$ 后的实线波列刚好正确地代表了最终的振幅和相位. 公式 $t = x/g$ 也给出了光的能量在色散介质中传播距离 x 所需的时间.

这些结果也可以由静态相位的稳方相法[3]直接得到. 如果

$$\frac{d\varphi}{d\omega} = \frac{dk}{d\omega}x - t = 0 \tag{17}$$

---

① 在第二卷中, 我们用 V, U 来表示本节中的 u, g.

② 根据 Brillouin(见前引文献) 中的图 20, 从 $t = x/u$ 到 $t = x/g$ 的过渡态绝不像我们在图 31 标注勾画的那么简单.

③ 见第二卷的 §27, 在那里我们也用了这个方法作为数学上精确的鞍点计算方法的一个替代.

则在式 (4) 积分中, 指数函数的相位 $\varphi(\omega) = kx - \omega t$ 相对于沿实 ω 轴的位移是 "稳定" 的. 虽然因为指数函数正负号的改变, 关于对 ω 的积分一般会使相邻的振动互相抵消, 但这种情况不适用于式 (17) 给出的 "稳定" ω 的情况. 在这个 ω 附近, 积分的贡献在于提供相同的符号并叠加. 因此, 能量的传播本质上主要是由式 (17) 给出的 ω 决定的. 根据式 (15) 对 g 的定义, 式 (17) 确实可得

$$t = \frac{x}{g}$$

最后, 我们以 Rayleigh 勋爵的评论来总结光速 c 的测量. Fizeau 的齿轮, Foucault 的镜子使用的是我们在此所考虑的截断波列. 因此, 它是群速度而不是相速度, 决定了光线穿过所要求的空气中距离时所必须的时间间隔. 因此, 这些实验实际上是测量 g, 而不是 u 或 c. 仅仅是因为空气的色散和折射非常小, $g \sim u$ 并且 c 都可以通过 u 运用一个小的修正计算得到.

§23 色散的波动力学理论

到目前为止, 我们还没有运用原子模型. 现在我们将说明, 如果用很好地定义了的波动力学结合能来替换掉我们先前提出的粗糙假设 "准弹性结合能", 那么如何能够根据 Schroedinger[①]方程更深刻地理解色散理论. 当然, 在这里我们不能以任何完整的程度来展开波动力学的形式体系, 而是将自己限定在用先前讨论对比的波动力学来描述这个进展. 这个工作将在 A 小节进行. 在 B 小节, 我们仅仅讨论 A 中的色散公式是如何得到.

我们将用特别简单的 Na 光谱作为例子 (定性地说, 得到结果也适用于其他碱金属). 因此, 我们考虑 Na 原子和一种惰性气体的混合气体 (惰性气体不在我们进一步考虑的范围内). 如果用最初的被棱镜分解的热火焰的连续光谱照明这个气体, 那么在通过气体的光线中, Na 原子的主要光谱系序列将作为吸收光谱出现. 这些谱线中的第一条是黄色的 D 线[②]. 该光谱在近紫外波段有一系列的限制, 其中较高频的谱线会收敛. 利用非常精确、分辨力极高的设备, 光谱学家已经发现和测量了主线系中多于 50 条的谱线.

我们把这一系列谱线系的角频率表示为

$$\omega_1 \,(\text{D 线}), \ \omega_2, \ \omega_3, \ \cdots, \ \omega_\infty$$

波动力学中, 与这些频率相联系的原子能级为

$$W_0, \ W_1, \ W_2, \ \cdots, \ W_\infty$$

---

① 在他的第四篇通信文章中, Ann. d. Phys. (Lpz.) **81**, 1927.

② 在这里我们可以忽略 D 线的双线特性.

令 W_0 为基态原子的能量, 令 $W_1, W_2, \cdots$ 为激发态的能量, 此时 Na 原子的价电子从最初的轨道[①]跃迁到能量较高的离原子核较远的轨道上. $W_\infty = W_J$ 是把一个电子从原子中分离, 并剩下 Na^+ 所需的电离能. 在这个谱系极限的上方, 存在一个 ω 值或者能级 W 的连续谱, 在此我们没有必要深究. ω_j 和 W_j 的关系是:

$$\omega_j = \frac{W_j - W_0}{\hbar} \tag{1}$$

其中 $\hbar$ 是 Planck 常量除以 2π, 见图 32(a).

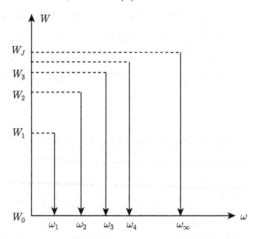

图 32(a)　辐射频率 $\omega_1, \omega_2, \cdots$ 和能级 $W_1, W_2, \cdots$ 以及基态能级 W_0 之间的对应关系

A. 旧的色散公式和波动力学公式的对比

如果我们考虑的不只是一个单独的共振频率 ω_0, 而是一系列这样的频率 $\omega_1, \cdots, \omega_j, \cdots$, 色散公式 (17.10) 将会变为

$$n^2 - 1 = \frac{e^2}{m\varepsilon_0} \sum_j \frac{N_j}{\omega_j^2 - \omega^2} \tag{2}$$

N_j 是单位体积内共振频率为 ω_j 的电子的数目, N_j 本身是未知的, 但它们总体必须满足:

$$\sum_j N_j = N \tag{2a}$$

其中, N 是 Na 原子的数目, 也是单位体积内价电子的总数 (对于单价态的钠而言).

将其代入式 (2), 从波动力学中得到

$$n^2 - 1 = \frac{e^2}{m\varepsilon_0} \sum_j \frac{N f_j}{\omega_j^2 - \omega^2} \tag{3}$$

[①] "本征函数" 的缩写.

f_j 为 "跃迁概率", 或者 "振子强度", 它是可以通过波动力学的方法由原子模型计算出来的确定数. f_j 必须满足 "总和法则", 这个法则与式 (2a) 中所要求的类似, 写为

$$\sum f_j = 1 \tag{3a}$$

由于方程 (3) 中的 f_j 可以被计算出来, 方程 (2) 和方程 (3) 的区别不在于分辨出方程 (3) 的确定度有多大. 它们的不同最根本的是 ω_j 的意义. 在方程 (2) 中, ω_j 来自 §17, 是具有不同结合能的不同电子的共振频率. 而在方程 (3) 中, ω_j 是同一个价电子从激发态 W_j 跃迁到基态 W_0 的跃迁频率. 在方程 (2) 中, 共振频率 ω_j 一起出现且相互独立. 在方程 (3) 中跃迁是一个接一个发生的, 取决于之前的激发, 以至于它们之间是相互排斥的. 因此, 尽管它们具有相似的形式, 但方程 (2) 和 (3) 的物理意义完全不同. 用能量差解释 ω_j 和 Ritz 组合原则等价, 自 Bohr 以来, Ritz 组合原则就是谱线理论的基础. 图 32(a) 展示了方程 (3) 所基于的思想. 能级 W_j 垂直向上画出, 范围从基态 W_0 延伸到电离能 W_J. 跃迁频率 ω_j 和极限频率 ω_∞ 水平向右画出.

波动力学的方法可被进一步拓展. 我们可以研究任意能量激发态 W_k 的色散公式, 而不用从基态出发. 这时我们必须要画出从 W_k 的上方向下指向 W_k 的箭头. 从 W_k 下方向上指向 W_k 的箭头也可能要在图中画出, 它们可以代表对负色散项的贡献. 如图 32(b) 所示, 我们选择了 $k = 2$, 在这种情况下, 跃迁频率必须写成双下标的形式 ω_{jk}. 同样, 为了保持一致, 图 32(a) 中的 ω_j 应当标记为 ω_{j0}.

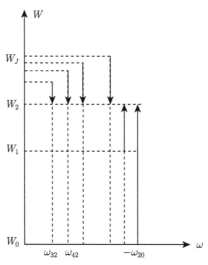

图 32(b) 激发态原子造成的光色散. 除了正色散项, 对应于来自下方能级的负色散项也在图中标出

B. 公式 (3) 的推导纲要[①]

价电子波函数 ψ 的 Schroedinger 方程可以写为

$$\Delta\psi + \frac{2m}{\hbar^2}(W - V)\psi = 0 \tag{4}$$

其中 V 是力场的电势, 它不仅需要考虑原子核的吸引力, 还需要考虑原子其余电子的平均排斥力. 方程 (4) 仅对于离散值 $W = W_0, W_1, \cdots, W_k, \cdots$ 有连续的归一化的解. 这些解即为原子的 "本征函数". 这些函数中的第 k 个解包含时间因子, 可以写为

$$u_k = \psi_k \exp\left(-\frac{\mathrm{i}W_k t}{\hbar}\right) \tag{5}$$

假设原子受到沿 x 轴传播, 偏振方向为 y 方向, 角频率为 ω 的入射光波的扰动. 这个波的时空关系可以表示为

$$\mathrm{e}^{\mathrm{i}\omega\left(t-\frac{x}{c}\right)} + \mathrm{e}^{-\mathrm{i}\omega\left(t-\frac{x}{c}\right)}$$

这个价电子的受扰动态 u 满足与时间有关的 Schroedinger 方程

$$\Delta u + \frac{2\mathrm{i}m}{\hbar}\frac{\partial u}{\partial t} - \frac{2m}{\hbar^2}Vu = a\left\{\mathrm{e}^{\mathrm{i}\omega\left(t-\frac{x}{c}\right)} + \mathrm{e}^{-\mathrm{i}\omega\left(t-\frac{x}{c}\right)}\right\}\frac{\partial u}{\partial y} \tag{6}$$

a 是常数因子, 与入射波的振幅成正比. 读者应该确信, 在没有扰动的情况下 ($a = 0$, $u = u_k$), 方程 (6) 变成方程 (4). 右边的因子 $\dfrac{\partial u}{\partial y}$ 对应于普通的与时间有关的 Schroedinger 方程的项 ($\boldsymbol{A}\cdot\mathrm{grad}u$), 取这个形式是因为根据我们的假设, "矢量势" $\boldsymbol{A}$ 有光矢量 E 的方向, 也就是 y 方向.

由于微扰, 方程 (5) 的形式变为

$$u = u_k + a\left\{w_+ \exp\left(-\frac{\mathrm{i}}{\hbar}W_k t - \mathrm{i}\omega t\right) + w_- \exp\left(-\frac{\mathrm{i}}{\hbar}W_k t + \mathrm{i}\omega t\right)\right\} \tag{7}$$

其中扰动因子 $\omega_\pm$ 必须满足由式 (6) 导出的与时间无关的微分方程:

$$\Delta w_\pm + \frac{2m}{\hbar^2}(W_k \pm \hbar\omega - V)w_\pm = \frac{\partial\psi_k}{\partial y}\mathrm{e}^{\pm\frac{\mathrm{i}\omega x}{c}} \tag{7a}$$

[①] 进一步细节可以参见关于 "波动力学" 的任何课本, 例如 Atombau and Spektrallinien, Vol. II, p. 360.

这个方程可以通过一般的微扰动理论方法来积分. 可以认为式 (7a) 右侧为关于位置 x、y、z 的已知函数, 这个函数可以被展开成基于 ψ_j 的完备本征函数系的一个序列, 也就是可以写为如下形式[①]:

$$\sum_j A_j \psi_j \tag{8}$$

用同样的方法, 我们把式 (7a) 左侧写为

$$w_\pm = \sum_j B_j^\pm \psi_j \tag{8a}$$

并且可以得到

$$\sum_j B_j^\pm \left\{ \Delta\psi_j + \frac{2m}{\hbar^2}(W_k \pm \hbar\omega - V)\psi_j \right\} = \sum_j A_j \psi_j \tag{9}$$

如果将式 (4) 给出的结果代入 $\Delta\psi_j$, 那么左侧中与位置有关的量 V 会消失, 于是式 (9) 简化为

$$\frac{2m}{\hbar^2}\sum_j B_j^\pm (W_k - W_j \pm \hbar\omega)\psi_j = \sum_j A_j \psi_j \tag{9a}$$

通过对比系数可得

$$B_j^\pm = \frac{\hbar^2}{2m}\frac{A_j}{W_k - W_j \pm \hbar\omega}$$

应用方程 (1), 并且回顾图 32(b) 中所做的说明, 可以得到

$$B_j^\pm = -\frac{\hbar}{2m}\frac{A_j}{\omega_{jk} \mp \omega} \tag{10}$$

因此跃迁频率 ω_{jk} 的值 (在式 (1) 中被定义为是相对于基态的) 可以自动地从微扰计算中得到, 并且取代色散公式 (2) 中的振荡频率 ω. 有了这样的结果, 我们就达到了波动力学考虑的基本目的. 下面的说明只是用来解释这一结果是如何导出类似于经典色散公式 (2) 的方程 (3).

　　根据方程 (7), 描述微扰态的函数 u 连同 $\omega_\pm$ 也可以表示成一个基于 ψ_j 的序列. 我们不需要用 Fourier 方法计算这个序列的系数 A_j, 也不要求体系的本征函数 ψ_j 已知. 从 u 可以得到密度分布 $\varrho = uu^*$ 和这个分布在入射波的偏振方向 y 上的电极矩分量. 根据原子所有可能方向上 p_y 值的平均值 $\bar{P}$, 可以得到其值为 $n^2 - 1$. 这样, 我们就可以用 f 的确定表达式得到方程 (3) 的精确形式, 其中 f 取本征函数的空间积分形式.

---

　　① 事实上, 对应式 (7a) 右侧的 ± 号, 式 (8) 中的系数 A_j 应当被记为 $A_j\pm$. 但是, 由于入射光的波长 $\lambda = 2\pi c/\omega$ 比原子的尺度大得多, 对于所有需考虑的 x 值, 指数 $\pm \mathrm{i}\omega x/c$ 都非常小, 因此对于 A_j 来说 ± 号可以被忽略.

第 4 章 晶 体 光 学

本章之前, 我们讨论的光学介质均为各向同性. 但完整范围的光学细节却只能由各向异性介质来揭示. 偏振光照射晶片所产生的干涉图样是自然界中最漂亮最华丽的色彩现象之一. 这个现象比晶体的外形更清晰地展示了晶体内部结构的规律性. 此外, 方解石、云母以及石英是一些最重要光学仪器的基本部件.

然而, 我们一般不讨论各向异性介质的原子结构, 而是与各向同性介质一样, 从唯象的角度出发讨论其性质. 关于方向依赖性和对称性的最简单假设已足以满足完整描述此类现象的需要. 这种方法所要求的条件, 即 "光波长大于原子间距", 对于可见光谱区显然可以满足.

§24 Fresnel 椭球 折射率椭球 主介电轴

若介质中电感应强度 D 与电场强度 E 之间的关系并非各向同性情况中的简单比例关系 $D = \varepsilon E$ 而是由如下 "线性矢量函数" 确定, 那么该介质即为电各向异性,

$$
\begin{cases}
D_1 = \varepsilon_{11} E_1 + \varepsilon_{12} E_2 + \varepsilon_{13} E_3 \\
D_2 = \varepsilon_{21} E_1 + \varepsilon_{22} E_2 + \varepsilon_{23} E_3 \\
D_3 = \varepsilon_{31} E_1 + \varepsilon_{32} E_2 + \varepsilon_{33} E_3
\end{cases}
\tag{1}
$$

方程 (1) 中的 1、2、3 代表在晶体中通过某种特定方法确定的三个相互垂直的坐标方向. 此时介电常数不再是标量而是一个二阶对称张量. 根据在建立一个场时单位体积所做的功 $(E \cdot dD)$ 必须为全微分这一要求, 可得到对称条件

$$
\varepsilon_{ik} = \varepsilon_{ki}
\tag{1a}
$$

见第三卷 §5 方程 (6d) 和脚注 2. 只有当满足此对称条件时, 才可存在一个与之前发生的事件无关的、作为状态变量的 "单位体积电场能量" (即 "电能密度"), 其表达式为

$$
W_e = \frac{1}{2} (E \cdot D) = \frac{1}{2} \sum_i \sum_k \varepsilon_{ik} E_i E_k
\tag{2}
$$

由于方程 (1), 通常 E 和 D 并非相互平行, 而是有着不同的方向.

我们此前曾多次遇到过线性矢量函数问题. 例如, 刚性物体的角速度与角动量之间的关系, 见第一卷 (力学) §24 式 (9). 通过此关系可得出 Poinsot 作图法: 要找

到角速度为 ω 的旋转所对应的角动量 M, 可在矢量 ω 末端处放置一个与惯性椭球 (f=常数) 相切的平面, 同时矢量 ω 位于椭球中. 然后, 从椭球中心画出此切面的垂线. 此垂线即代表所求角动量的方向和大小. 以上方法可用公式表示为[①]

$$M_1 = \frac{\partial f}{\partial x_1}, \quad M_2 = \frac{\partial f}{\partial x_2}, \quad M_3 = \frac{\partial f}{\partial x_3}, \quad f = \frac{1}{2}\sum_i\sum_k I_{ik'}x_i x_k \quad (3)$$

其中 x_1, x_2, x_3 为在我们的 1, 2, 3 坐标系中度量的 ω 末端的三个直角坐标. 也可将其表述为: "M 是 ω 方向惯性椭球极平面的垂线".

我们在第一卷中已经指出, 此作图方法对于任意由对称张量导出的线性矢量函数均适用. 事实上, 若将方程 (3) 中的张量 $(I_{ik'})$ 替换为 (ε_{ik}), 矢量 ω 替换为 E, 那么我们可通过关于 M 的方程 (3) 得出关于 D 的方程 (1). 那么在作图中用到的特征 "张量曲面":

$$\sum\sum \varepsilon_{ik}x_i x_k = 常数, \quad 常数 = 2W_e \quad (4)$$

被称为 Fresnel 椭球. 此曲面为一个椭球而非一个与惯性椭球情况类似的一般二次曲面, 因为方程 (4) 的左侧代表了一个能量, 因此其左侧必须为正定二次型.

椭球三个主轴的极平面与这三个主轴垂直. 因此, 当且仅当 D 和 E 平行于这三个轴时它们才相互平行. 我们将这三个轴称为 "主介电轴"(与之不同的 "光轴" 将在后面进行介绍). 如果将这些轴选定为坐标轴, 方程 (1) 可写为

$$D_1 = \varepsilon_1 E_1, \quad D_2 = \varepsilon_2 E_2, \quad D_3 = \varepsilon_3 E_3 \quad (5)$$

这里的 ε_i 称为 "主介电常数". 正如在力学中惯性 I_{ik} 的乘积在主转动惯量坐标系中将变为零一样, 此处的 ε_{ik} 乘积也将为零, 从而 Fresnel 椭球具有如下形式:

$$\varepsilon_1 x_1^2 + \varepsilon_2 x_2^2 + \varepsilon_3 x_3^2 = 常数, \quad 常数 = 2W_e \quad (6)$$

利用关于非磁性材料的 Maxwell 关系 $n = \sqrt{\varepsilon/\varepsilon_0}$, 方程 (6) 可写为

$$n_1^2 x_1^2 + n_2^2 x_2^2 + n_3^2 x_3^2 = 常数, \quad 常数 = \frac{2W_e}{\varepsilon_0} \quad (6a)$$

此处引入的 n_i 被称为 "主折射率". 方程 (6a) 显示 Fresnel 椭球的三个主轴长度分别等于三个主折射率的倒数. 为了后面的应用, 我们定义三个 "主光速", 即

$$u_i = \frac{c}{n_i} = \frac{1}{\sqrt{\varepsilon_i \mu_0}} \quad (6b)$$

[①] $I_{ik'}$ 与第一卷中惯性 I_{ik} 的关系为: $I_{ii'} = I_{ii}$, $I_{ik'} = -I_{ik}$. 这种符号变换可为对比方程 (1) 和 (2) 中的 ε_{ik} 带来方便.

现在我们从相反的角度研究此问题, 即假设 D 已给定, 并将 E 表示为 D 的线性矢量函数. 通过解方程 (1) 可得到此函数, 我们将它写为

$$\begin{cases} E_1 = \eta_{11}D_1 + \eta_{12}D_2 + \eta_{13}D_3 \\ E_2 = \eta_{21}D_1 + \eta_{22}D_2 + \eta_{23}D_3 \\ E_3 = \eta_{31}D_1 + \eta_{32}D_2 + \eta_{33}D_3 \end{cases} \tag{7}$$

η 为此前 ε 的余子式除以 ε 的行列式:

$$\eta = \frac{|\varepsilon_{ik}|_{mn}}{|\varepsilon_{ik}|} \tag{7a}$$

η 张量的对称性可由式 (1a) 所示的 ε 张量的对称性得出 (这里的符号显然与第三卷 §11 C 处的电极化率无关).

通过式 (7), 方程 (2) 可改写为

$$W_{\mathrm{e}} = \frac{1}{2}(D \cdot E) = \frac{1}{2}\sum_m \sum_n \eta_{mn}D_m D_n \tag{8}$$

相应的张量曲面变为

$$\sum \sum \eta_{mn} x_m x_n = 常数 \tag{9}$$

这个方程与方程 (4) 不同, 但由于它与电场能量有关, 所以它也代表一个椭球. 将它变换到主轴坐标系, 此方程将具有如下形式:

$$\eta_1 x_1^2 + \eta_2 x_2^2 + \eta_3 x_3^2 = 常数 \tag{9a}$$

η 张量 (9a) 的主轴与 ε 张量 (6) 的主轴具有相同的方向, 这是由于它们都由 D 与 E 平行这个条件确定.

此外, 很容易证明

$$\eta_i = \frac{1}{\varepsilon_i} \tag{10}$$

这是由于将主轴上的 ε_i 值代入式 (7a), 可得

$$\eta_1 = \begin{vmatrix} \varepsilon_2 & 0 \\ 0 & \varepsilon_3 \end{vmatrix} \div \begin{vmatrix} \varepsilon_1 & 0 & 0 \\ 0 & \varepsilon_2 & 0 \\ 0 & 0 & \varepsilon_3 \end{vmatrix} = \frac{1}{\varepsilon_1}$$

其他依此类推.

如果我们现在将 ε_i 用式 (6a) 中主折射率表示, 那么通过方程 (9a) 和 (10) 可得

$$\frac{x_1^2}{n_1^2} + \frac{x_2^2}{n_2^2} + \frac{x_3^2}{n_3^2} = 常数, \quad 常数 = 2W_{\mathrm{e}}\varepsilon_0 \tag{11}$$

因此, 当前椭球的主轴长度与主折射率相等, 而不像 Fresnel 椭球中等于主折射率的倒数. 因而, 方程 (11) 被称为折射率椭球 (也被称为 Fletcher 椭球或 "倒易椭球").

晶体中主介电轴的位置会随温度有一些变化, 并且对于不同频率的光也有一些变化. 因此, 人们也将此称为 "主轴色散". 只有控制所有物理现象的晶格对称性 (如果它们存在的话) 才能完全确定主轴. §28 将对此展开进一步讨论.

所有以上讨论都是关于电各向异性物体的, 但实际上也存在一些磁性晶体. 我们在第三卷 §12 的开头部分提到过一些最重要的铁磁晶体. 然而, 由于磁化过程无法跟得上快速的光学振荡, 从而消失于远红外区, 所以光学领域对于这些铁磁晶体并不感兴趣. 由于这个原因, 此后我们可以令 $\mu = \mu_0$, 即只讨论磁各向同性介质. 相应地, 我们在 §3C 中作为重点讨论的 μ 与 μ_0 的区别仅仅针对厘米波领域, 而在光学领域中这并不重要.

§25　平面波及其偏振的结构

正如我们所知 (第三卷 §4), 适用于各向同性介质的 Maxwell 方程组对于晶体同样有效. 由于可令 $\mu = \mu_0$, 所以方程组包含三个量 E、D 和 H, 其中 D 和 E 的关系由 §24 方程 (1) 给出. 因此, 如果我们假设晶体不导电, 那么有

$$\mu_0 \frac{\partial H}{\partial t} = -\mathbf{curl}E, \quad \frac{\partial D}{\partial t} = \mathbf{curl}H \tag{1}$$

通过 div curl = 0 可得, div$H$ 和 div$D$ 对于时间为常数. 这些常数将被设定为 0; 第一个常数为 0 的原因在于磁力线没有源, 第二个常数为 0 的原因在于可以假设晶体中没有电荷, 而电荷密度通常由 div$D$ 定义. 因此

$$\mathrm{div}H = 0, \quad \mathrm{div}D = 0 \tag{2}$$

条件

$$\mathrm{div}D = \frac{\partial D_1}{\partial x_1} + \frac{\partial D_2}{\partial x_2} + \frac{\partial D_3}{\partial x_3} = 0 \tag{2a}$$

不仅在介电主轴坐标系中成立, 而且在所有笛卡尔坐标系中均成立. 如果要借助 §24 方程 (1) 将 D 替换为 E, 那么将会得出一个很难求解的公式. 只有在主轴坐标系中, 此替换才能具有相对简单的形式

$$\varepsilon_1 \frac{\partial E_1}{\partial x_1} + \varepsilon_2 \frac{\partial E_2}{\partial x_2} + \varepsilon_3 \frac{\partial E_3}{\partial x_3} = 0 \tag{2b}$$

我们作此替换主要是为了说明

$$\mathrm{div}E = \frac{\partial E_1}{\partial x_1} + \frac{\partial E_2}{\partial x_2} + \frac{\partial E_3}{\partial x_3} \tag{2c}$$

不会随 div D 一起变为 0; 无论是在主轴坐标系中还是在普通的笛卡尔坐标系中, 上述结论均成立.

若讨论仅限于平面波情况, 可对 D 和 E 的形式做以下一致性假设:

$$D = A \exp \mathrm{i}\{k \cdot r - \omega t\}, \quad E = B \exp \mathrm{i}\{k \cdot r - \omega t\} \tag{3}$$

此假设对于任何笛卡尔坐标系均有效. 通过这种方法, 我们就可以描述以下事实, 即这两个矢量的空间和时间依赖性相同, 不同之处仅在于其振幅和方向. 与 §2 中的各向同性情况一样, 此假设所描述的是一种理想状态, 即光为单色光 (单一频率 ω) 且光线方向完全平行 (单一波矢 k) 的状态. 在 §2 中, 我们已经讨论了如何利用单色仪和准直仪让自然光近似处于这种状态.

D 波为横波, 即矢量 D 垂直于波矢 k, 此结论由方程 (2a) 得出. 这是由于, 根据方程 (3) 可得

$$\mathrm{div} D = \mathrm{i}(A_1 k_1 + A_2 k_2 + A_3 k_3) \exp \mathrm{i}\{k \cdot r - \omega t\} = \mathrm{i} k \cdot D = 0 \tag{4}$$

因此, D 在 k 方向上的分量为零. 由方程 (2b) 和 (2c) 之后所得的推论可知, 上述结论对于电场矢量 E 并不成立.

下面我们来讨论平面波的 ω、k 和相速度 u 之间的关系. 在各向同性情况下, 它们之间的关系由下式给出:

$$u = \frac{\omega}{k} = \frac{1}{\sqrt{\varepsilon \mu}} \tag{5}$$

此式的左侧等式对于晶体依然适用. 为证明此结论, 我们仅需对相位 $\varphi = k \cdot r - \omega t$ 作 t 的微分, 并通过令 $\mathrm{d}\varphi/\mathrm{d}t$ 等于零来跟踪某一相位值的传播:

$$\frac{\mathrm{d}\varphi}{\mathrm{d}t} = k \cdot \dot{r} - \omega - 0 \tag{5a}$$

其中 $\dot{r}$ 正是与波矢 k 具有相同方向的矢量 u, 这样就有 $k \cdot \dot{r} = |k| u = ku$, 以及

$$\omega = ku, \quad u = \frac{\omega}{k} \tag{5b}$$

适用于各向同性介质的方程 (5) 中的右侧等式由波动方程得出, 当波动方程的 E 替代为 D, 并且 $\mu = \mu_0$ 时, 可得

$$\varepsilon \mu_0 \frac{\partial^2 D}{\partial t^2} = \Delta D \tag{6}$$

现在我们来讨论在各向异性介质情况下这个方程会如何改变. 为了达到这个目的, 我们通过在方程 (1) 的第一个式子中加上 curl 算符, 在第二个式子中加上 $\mu_0 \partial / \partial t$ 算符来消去 H. 这样我们得到

$$\mu_0 \frac{\partial^2 D}{\partial t^2} = -\mathrm{curl\,curl} E \tag{6a}$$

或者使用著名的 (实际上仅是符号上的) 矢量关系可得 (见第三卷 §6 方程 (2))

$$\mu_0 \frac{\partial^2 \boldsymbol{D}}{\partial t^2} = \Delta \boldsymbol{E} - \mathbf{grad} \, \mathrm{div} \boldsymbol{E} \tag{6b}$$

这个波动方程要比方程 (6) 复杂得多. 正如在讨论方程 (2c) 时所指出的, 右侧的最后一项并不为零; $\Delta \boldsymbol{E}$ 也不能写作 $\boldsymbol{D}$ 导数之和的矢量形式. 因此, 我们后面不再讨论方程 (6b), 而是回过头来讨论方程 (6a). 对表达式 (3) 作微分可得

$$\frac{\partial^2 \boldsymbol{D}}{\partial t^2} = -\omega^2 \boldsymbol{D}, \quad \mathbf{curl} \boldsymbol{E} = \mathrm{i} \, [\boldsymbol{k} \times \boldsymbol{E}], \quad \mathbf{curl} \, \mathbf{curl} \boldsymbol{E} = - \, [\boldsymbol{k} \times [\boldsymbol{k} \times \boldsymbol{E}]]$$

那么通过方程 (6a) 得出

$$-\mu_0 \omega^2 \boldsymbol{D} = [\boldsymbol{k} \times [\boldsymbol{k} \times \boldsymbol{E}]] = \boldsymbol{k} \, (\boldsymbol{k} \cdot \boldsymbol{E}) - k^2 \boldsymbol{E} \tag{7}$$

用式 (5b) 将 ω 表示为 u 的形式并除以 k^2, 上式变为

$$-\mu_0 u^2 \boldsymbol{D} = \frac{\boldsymbol{k}}{k^2} \, (\boldsymbol{k} \cdot \boldsymbol{E}) - \boldsymbol{E} \tag{8}$$

现在我们将此矢量方程分解成沿三个主轴方向的分量方程. 在主轴系中, 我们通过方程 (3) 以及 $\boldsymbol{D}$ 和 $\boldsymbol{E}$ 的关系式 (24.5) 可得

$$B_j = \frac{A_j}{\varepsilon_j}, \quad j = 1, 2, 3$$

应用 §24 式 (6b) 定义的主光速 u_j 并消去共同的指数因子, 方程 (8) 可改写为

$$\left(u^2 - u_j^2\right) A_j = k_j K \tag{9}$$

其中

$$K = -\frac{1}{k^2} \sum_i u_i^2 k_i A_i \tag{9a}$$

公式 (9) 为 A 的线性齐次方程组, 只有当其行列式为零时它才有非零解. 相比于建立其行列式, 下述方法更简单: 我们将方程 (9) 乘以 $\dfrac{k_j}{u^2 - u_j^2}$ 并对 j 求和. 这样就得到了

$$\sum_j k_j A_j = K \sum \frac{k_j^2}{u^2 - u_j^2} \tag{9b}$$

此方程的左侧为零, 这是由于按照方程 (4) 有

$$\boldsymbol{k} \cdot \boldsymbol{A} = \sum_j k_j A_j = 0$$

方程 (9b) 右侧的因子 K 通常并不为零 (对于具有特殊 A_j 和 k_j 值的主介电轴会出现例外情况). 因此, 通过式 (9b) 我们可得出

$$\frac{k_1^2}{u^2 - u_1^2} + \frac{k_2^2}{u^2 - u_2^2} + \frac{k_3^2}{u^2 - u_3^2} = 0 \tag{10}$$

通过将上式与各分母之积相乘, 可看出此式是一个关于 u^2 的二次方程. 因此, 对于每一个 k 方向都对应两个 u^2 值, 通常这两个值不相同. 当然, 每一个 u^2 值又对应两个 u 值 $\pm u$, 意味着相同的 $|u|$ 值又对应两个方向的波矢 $\pm k$.

我们将属于任意 k 的两个根用 u'^2 和 u''^2 表示. 相应的介电位移称为 D' 和 D'', 其振幅系数称为 A'_j 和 A''_j. 我们现在来证明 D' 和 D'' 相互垂直, 即

$$D' \cdot D'' = 0 \tag{11}$$

这来自于以下两方程:

$$A'_j = K' \frac{k_j}{u'^2 - u_j^2}, \quad A''_j = K'' \frac{k_j}{u''^2 - u_j^2}$$

它们可由方程 (9) 得出. 将二者相乘并求和可得

$$\begin{aligned}
\sum_j A'_j A''_j &= K'K'' \sum_j \frac{k_j^2}{\left(u'^2 - u_j^2\right)\left(u''^2 - u_j^2\right)} \\
&= \frac{K'K''}{u''^2 - u'^2} \left\{ \sum_j \frac{k_j^2}{u'^2 - u_j^2} - \sum_j \frac{k_j^2}{u''^2 - u_j^2} \right\}
\end{aligned} \tag{11a}$$

由于方程 (10), 最后两个对 j 的求和为零, 所以 $\sum\limits_j A'_j A''_j$ 和 $D' \cdot D''$ 也为零.

这些关于 u' 和 u'' 的计算以及由此得到的关于 D' 和 D'' 的结果, 可以通过图 33 所示的几何作图予以说明并进一步确定. 我们从 §24 折射率椭球 (11) 开始. 如果用主光速 u_i 来替换 n_i, 则这个折射率椭球的方程可写为

$$u_1^2 x_1^2 + u_2^2 x_2^2 + u_3^2 x_3^2 = C, \quad C = 2W_e \varepsilon_0 c^2 = \frac{2W_e}{\mu_0} \tag{12}$$

我们通过椭球的中心设置一个垂直于 k 的平面, 其方程为

$$k_1 x_1 + k_2 x_2 + k_3 x_3 = 0 \tag{13}$$

这样我们就得到了一个由该平面和椭球相交而形成的椭圆. 我们可以证明, 该椭圆的主轴长度等于 u' 和 u'' 值的倒数 (除了一个公因子外), 同时它们的方向与 D' 和 D'' 的方向重合.

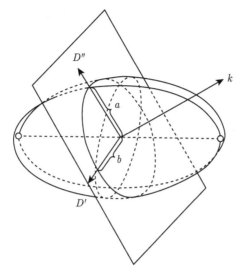

图 33　折射率椭球以及通过作图法确定的属于波矢 k 的 D 矢量

我们通过计算 $x_1^2 + x_2^2 + x_3^2$ 的极值来找到这些主轴, 极值需满足附加条件 (12) 和 (13). 应用 Lagrange 乘子 λ_1 和 λ_2 可得

$$\delta\left\{x_1^2 + x_2^2 + x_3^2 + \lambda_1\left(u_1^2 x_1^2 + u_2^2 x_2^2 + u_3^2 x_3^2\right)\right.$$
$$\left.+\lambda_2\left(k_1 x_1 + k_2 x_2 + k_3 x_3\right)\right\} = 0 \tag{14}$$

引入 λ_1 和 λ_2 后, 各顶点坐标 x_j 的变分 δx_j 可认为是相互独立的. 因此, 由方程 (14) 得出的各 δx_j 系数必须分别为零. 这样我们就得到了关于 x_j 的三个条件:

$$2x_j\left(1 + \lambda_1 u_j^2\right) + \lambda_2 k_j = 0 \tag{14a}$$

为确定 λ_1, 我们将方程 (14a) 乘以 x_j 并对 j 求和[①]. 利用式 (12) 和式 (13) 的条件, 可得

$$\sum x_j^2 + \lambda_1 C = 0$$

其中 $\sum x_j^2$ 表示 a^2 或 b^2(a 和 b 分别为椭圆的长轴和短轴). 如果我们随意地引入缩写 C/u^2 来统一代表这两种可能情况, 那么有

$$\lambda_1 = -\frac{1}{u^2} \tag{15}$$

这样方程 (14a) 可写作

$$\frac{2x_j}{u^2}\left(u^2 - u_j^2\right) = -\lambda_2 k_j \quad \text{或} \quad \frac{k_j}{u^2 - u_j^2} = -\frac{2x_j}{\lambda_2 u^2} \tag{15a}$$

---

① 我们并不需要 λ_2 的值. 但我们同样可以通过将方程 (14a) 乘以 k_j 并对 j 求和来确定其值.

如果我们将最后一个方程乘以 k_j 并对 j 求和, 那么由于方程 (13), 其右侧将为零, 于是我们得到了与式 (10) 相同的方程

$$\sum \frac{k_j^2}{u^2 - u_j^2} = 0 \tag{16}$$

此处 u 的含义与式 (10) 中一致, 并且正如之前所说, 两传播速度 u' 和 u'' 等于两主轴 a 和 b 的倒数 (除式 (12) 定义的因子 C 之外).

为确定两主轴的方向, 我们通过式 (15a) 获得如下比例关系:

$$x_1 : x_2 : x_3 = \frac{k_1}{u^2 - u_1^2} : \frac{k_2}{u^2 - u_2^2} : \frac{k_3}{u^2 - u_3^2} \tag{17}$$

根据方程 (9), D 矢量系数之比 $A_1 : A_2 : A_3$ 也符合上式关系. 因此两个 D 矢量的振荡方向与交迹椭圆的主轴方向相同.

现在 H 矢量的振荡方向也被同时确定. 由方程 (1) 的第一个式子可知, H 是横向振荡的, 即垂直于波矢 k 振荡. 此外, 通过方程 (1) 的第二个式子可以很容易地证明 H 垂直于 D. 因此, 总是有

$$\boldsymbol{H} \cdot \boldsymbol{k} = 0, \quad \boldsymbol{H} \cdot \boldsymbol{D} = 0 \tag{18}$$

这特别意味着, 由于我们知道 D 的位置, 如果 D 的振荡方向为 a, 那么 H 的振荡方向则为 b, 反之亦然.

我们将上面的内容示于以下公式中, 第二行为振荡方向, 而第三行为矢量 D 和 H 共同具有的传播速度:

$$
\begin{array}{cccc}
\boldsymbol{D}' & \boldsymbol{H}' & \boldsymbol{D}'' & \boldsymbol{H}'' \\
a & b & b & a \\
\underbrace{}_{u' = \sqrt{C}/a} & & \underbrace{}_{u'' = \sqrt{C}/b} &
\end{array}
\tag{19}
$$

我们必须结合式 (19) 来讨论主光速 u_1, u_2, u_3 的物理含义, 在 §24 式 (6b) 中这三个物理量只是在形式上被引入的. 例如, 我们来考虑一个位于第一主轴方向上的波矢 k. 与之对应的有两组矢量 D 和 H, 根据式 (19), 它们各自的速度 u' 和 u'' 为垂直于 k 的平面与椭球相交所形成椭圆的两主轴长度的倒数. 因此, u' 和 u'' 分别等于 u_2 和 u_3.

因此, 主光速 u_2 和 u_3 为沿折射率椭球第一主轴方向传播的两个波的速度. 对于沿另两个主轴传播的波, 只要做适当的下标循环代换, 相应的结论依然成立.

本节最重要的结论是, 所有在晶体中传播的单色平面波均为完全线偏振波, 其偏振方向由晶体结构决定.

这个结果与各向同性介质中光的行为相比有何不同? 当然, 为了作有效的对比, 比较对象应该是单色平行光, 即各向同性介质中被完美准直的光的性质, 而不是完全非偏振的自然光的性质. 在 §2 中我们看到, 这种光一定是椭圆偏振光. 因此, 各向同性和各向异性介质的区别并不在于光是否为偏振光, 而是在于光的偏振类型. 在各向异性介质中, 其晶体结构在任何方向上都允许存在两个具有不同线偏振和不同速度的光波传播. 在各向同性介质中, 这种完全确定的偏振状态会被模糊成一种其主轴方向和大小均不确定的椭圆振荡模式[1]. 这很容易理解, 由于在各向同性介质中, 所有的波都具有相同的速度, 所有的方向也都相互等价, 因此椭圆偏振可看作两个具有不同相位且相互垂直的平面振荡的叠加. 与晶体中的波不同, 在各向同性介质中任意两个这样的振荡都以相同速度传播, 因此它们是无法区分的. 另外, 在各向异性介质中, 正因为各种这样的两个振荡能够区分, 所以晶体 (如方解石、云母等, 见 §29) 在作为偏振器件的主要元件方面显示了它们的重要性.

到目前为止, 我们根据 D 的极化状态表征了光波的偏振态, 而此前我们通常把电场强度看成是实际的光矢量. 但由于 D 和 E 之间具有唯一的线性关系, 见 §24, 所以一旦 D 为线偏振, 那么 E 也为线偏振. 下一节我们将讨论晶体结构对 E 的振荡方向产生的作用.

§26 对偶关系[2] 光线面和法线面 光轴

我们可以很容易地将 §25 中的计算从折射率椭球出发转换为从 Fresnel 椭球出发. 这样就会得出关于场矢量 E 和光线传播的信息:

$$S = E \times H$$

在图 34 中, $s = s_1, s_2, s_3$ 为 S 方向的单位矢量, F 为图平面与 Fresnel 椭球的交迹. 图平面垂直于 H, 因此 H 的投影位于椭圆 F 的中心 O. E 位于图平面内, 所以根据上述方程可知, S 也位于图平面内; 但由于 §25 式 (18) 中的条件, D 和 k 也位于图平面内. 垂直于 k 的直径 WW 代表波平面的交迹, 或者说代表 §25 中交迹椭圆所在平面的交迹. 直径 SS 为穿过 O 点并垂直于 S 的平面的交迹. 相切于 S 点的切

---

[1] 如果用波动力学的表述方式, 我们可以这样说: 晶体中的两个线偏振振荡将在各向同性介质中简并为椭偏振荡.

[2] 为完整地讨论对偶关系, 我们推荐参考 T. Liebisch 所著的名著 *Physikalische Kristallographie*, Leipzig 1891. 本处涉及的对偶性与投影几何学中点和面坐标空间之间的对偶性相同. 如果我们认为 E 的分量为点坐标, 那么 D 的分量为面坐标. 从这种观点来看, Fresnel 椭球和折射率椭球代表相同的曲面, 其中一个位于点坐标, 另一个位于面坐标. 习题 IV.1 和 IV.2 中的初等几何方法使用的就是 Liebisch 书中的方法.

线 (Fresnel 椭球切面的交迹) 与 D 垂直, 因此根据 §24 中的极性作图法可知它平行于 k.

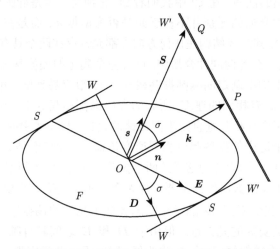

图 34 Fresnel 椭球与图平面 (垂直于 H) 的交迹. 获取波速和光线速度的作图法

在图 34 的右上部, 垂直于 k 的波平面 $W'W'$(等相面) 用双线表示. 如果波沿 k 方向以速度 u 传播了距离 OP, 那么光线 S 为了保持与波相同的相位, 需要以更快的速度 v 传播更长的距离 OQ. 通过直角三角形 OPQ 可得

$$\cos\sigma = \frac{u}{v} \tag{1}$$

如图 34 所示, D 和 E 方向也以同样的角度 σ 相交. 因此, 也有

$$\cos\sigma = \frac{\boldsymbol{E}\cdot\boldsymbol{D}}{|\boldsymbol{E}||\boldsymbol{D}|} \tag{1a}$$

我们已经将 D, E 和 k 的共面关系用 §25 方程 (8) 表示. 类似于光线的单位矢量 s, 我们引入单位 "波法线" 矢量

$$\boldsymbol{n} = \frac{\boldsymbol{k}}{k} \tag{2}$$

可将 §25 方程 (8) 改写为

$$\mu_0 u^2 \boldsymbol{D} = \boldsymbol{E} - (\boldsymbol{n}\cdot\boldsymbol{E})\,\boldsymbol{n} \tag{3}$$

我们想导出这个方程的对偶方程, 即用于表示 E, D 和 s 共面的方程. 首先我们用两个待定系数 p 和 q 写出

$$p\boldsymbol{E} = \boldsymbol{D} - q\boldsymbol{s} \tag{4}$$

由于 $s \cdot E = 0$ 且 $s \cdot s = 1$, 所以可得出 $q = s \cdot D$, 因此

$$pE = D - (s \cdot D)\, s \tag{4a}$$

现在求方程 (3) 与 s 以及方程 (4a) 与 n 的标量积. 由于 $s \cdot E = 0$ 以及 $n \cdot D = 0$, 所以得出

$$\mu_0 u^2 (s \cdot D) = -(n \cdot E)(s \cdot n)$$

$$p(n \cdot E) = -(s \cdot D)(s \cdot n)$$

如果将这两个方程的右侧和左侧分别相乘, 并且我们知道 $s \cdot D$ 和 $n \cdot E$ 并不为零, 那么有

$$\mu_0 u^2 p = (s \cdot n)^2 \tag{5}$$

根据图 34 和方程 (1) 有

$$s \cdot n = \cos \sigma = \frac{u}{v}$$

因此, 根据方程 (5) 可得

$$p = \frac{1}{\mu_0 v^2} \tag{6}$$

从而方程 (4a) 变为

$$\frac{1}{\mu_0 v^2} E = D - (s \cdot D)\, s \tag{7}$$

此方程与方程 (3) 具有完全相同的形式; 它为方程 (3) 的 "对偶".

现在让我们来回忆具有系数 A_j 和 B_j 的平面波表达式 §25 式 (3). 通过在主介电轴系中写出此方程并令 $B_j = A_j/\varepsilon_j$, 我们便可在 §25 式 (9) 中导出一个关于系数 A_j 的线性方程组. 现在我们也可以通过令 $A_j = \varepsilon_j B_j$, 由方程 (7) 对系数 B_j 做类似计算. 首先, 我们由方程 (7) 可得

$$\frac{1}{\mu_0 v^2} B_j = \varepsilon_j B_j - s_j \sum_i s_i \varepsilon_i B_i \tag{8}$$

然后将其乘以 μ_0 并重新整理, 可得

$$\left(\varepsilon_j \mu_0 - \frac{1}{v^2} \right) B_j = \mu_0 s_j \sum_i s_i \varepsilon_i B_i$$

应用主光速 $u_j = (\varepsilon_j \mu_0)^{-1/2}$, 可得

$$\left(\frac{1}{u_j^2} - \frac{1}{v^2} \right) B_j = s_j K' \tag{9}$$

$$K' = \sum_i s_i \frac{B_i}{u_i^2} \tag{9a}$$

这两个方程与 §25 的方程 (9) 和 (9a) 完全一致. 由此推导的方程也与 §25 中随后出现的方程完全一致:

$$\sum_j s_j B_j = K' \sum_j \frac{s_j^2}{\dfrac{1}{u_j^2} - \dfrac{1}{v^2}} \tag{9b}$$

由于 s 垂直于 E, 所以方程左侧为零. 因为 $K' \neq 0$, 那么正如 §25 方程 (10) 中的一样, 可得

$$\frac{s_1^2}{\dfrac{1}{v^2} - \dfrac{1}{u_1^2}} + \frac{s_2^2}{\dfrac{1}{v^2} - \dfrac{1}{u_2^2}} + \frac{s_3^2}{\dfrac{1}{v^2} - \dfrac{1}{u_3^2}} = 0 \tag{10}$$

与 §25 方程 (10) 为 u^2 的二次方程一样, 方程 (10) 也为 v^2 的二次方程. 因此, 每一个光线方向 s 都对应两个值 v' 和 v''(如果我们不考虑 $\pm$ 号). 通过与图 33 类似的 Fresnel 椭球作图, 我们可以看出相应的电场矢量 E' 和 E'' 相互垂直.

现在我们来概括一下从 D, n, u 到 E, s, v 的变换, 由此可导出有用的 "变换法则":

$$D, E, n, \frac{u_i}{c}, \frac{u}{c} \rightleftharpoons \varepsilon_0 E, \frac{D}{\varepsilon_0}, s, \frac{c}{v_i}, \frac{c}{v} \tag{11}$$

不难验证, 只要是涉及方程 (3) 和 (7) 的一般形式和它们的系数, 利用此变换法则所做的互相变换都是正确的. 对于表达式 (10) 和 §25 方程 (10) 也是如此. 此法则在这里的表达形式与通常的不同, 使用时需注意变换双方的量应具有相同的量纲.

A. 光线面的讨论

现在我们来构建一幅关于所有可能空间方向 s 的光线速度 v', v'' 分布的完整图像. 为此我们要将这些速度画成以直角坐标系 ξ_1, ξ_2, ξ_3 原点为起点的、沿 s 方向的径向矢量. 这样我们就得到了一个 ξ_1, ξ_2, ξ_3 空间中的双层曲面, 其中一层对应于 v', 另一层对应于 v''. 曲面上点的坐标为

$$\xi_i = s_i v \tag{12}$$

由此可将方程 (10) 写为

$$\sum_i \frac{\xi_i^2 u_i^2}{u_i^2 - v^2} = 0 \tag{13}$$

由于 $v^2 = \sum \xi_i^2$, 所以此方程看似为 ξ_i 的六次方程; 但当乘以各分母的积后, 我们发现它降阶为如下的四次方程:

$$\xi_1^2 u_1^2 \left(u_2^2 - v^2 \right) \left(u_3^2 - v^2 \right) + \xi_2^2 u_2^2 \left(u_3^2 - v^2 \right) \left(u_1^2 - v^2 \right)$$

$$+\xi_3^2 u_3^2 \left(u_1^2 - v^2\right)\left(u_2^2 - v^2\right) = 0 \tag{13a}$$

或者根据 v 的幂次整理为

$$v^4 \left(u_1^2\xi_1^2 + u_2^2\xi_2^2 + u_3^2\xi_3^2\right) - v^2 \left\{\xi_1^2 u_1^2 \left(u_2^2 + u_3^2\right) + \xi_2^2 u_2^2 \left(u_3^2 + u_1^2\right)\right.$$
$$\left.+ \xi_3^2 u_3^2 \left(u_1^2 + u_2^2\right)\right\} + u_1^2 u_2^2 u_3^2 \left(\xi_1^2 + \xi_2^2 + \xi_3^2\right) = 0 \tag{13b}$$

由于最后一项包含因式 $v^2 = \sum \xi_i^2$, 所以可消去 v^2, 那么方程实际上只代表一个四次曲面.

我们将此曲面称为光线面. 以前人们也通常称其为 "Fresnel 波面". 我们这里的命名表明曲面源自于光线速度 v. 光线面可被做成石膏模型, 曲面的模型可被拆开进而显示两层之间的连接方式. 图 35 展示了外层曲面的上半部分以及内层曲面的下半部分. 未画出的另两半部分为已画出部分的镜像. 我们只需要更详细地研究光线面的主截面, 即它与平面 $\xi_1 = 0$, $\xi_2 = 0$, $\xi_3 = 0$ 的交迹. 为此我们假设有

$$u_1 > u_2 > u_3 \tag{14}$$

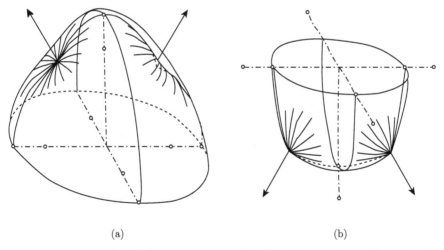

(a)   (b)

图 35 光线面: (a) 外层曲面的上半部分; (b) 内层曲面的下半部分. 箭头方向代表两光轴方向

对于 $\xi_1 = 0$, 通过将方程 (13) 乘以另外两项的分母并消去 $(\xi_2^2 + \xi_3^2)$ 可得

$$\frac{\xi_2^2}{u_3^2} + \frac{\xi_3^2}{u_2^2} = 1 \tag{15}$$

这是一个主轴为 u_3 和 u_2 的椭圆. 然而, 若令 ξ_1 和分母 $u_1^2 - v^2$ 都为零, 可得出方程 (13) 的另一个解. 这样引入的不确定表达式 $0/0$ 实际上使得我们可以满足方程

(13). 因此, 对于 $\xi_1 = 0$ 的第二个解变为

$$\xi_2^2 + \xi_3^2 = u_1^2 \tag{15a}$$

这是一个半径为 u_1 的圆. 由于有式 (14) 中的关系, 所以椭圆式 (15) 包含于这个圆内, 见图 36(a).

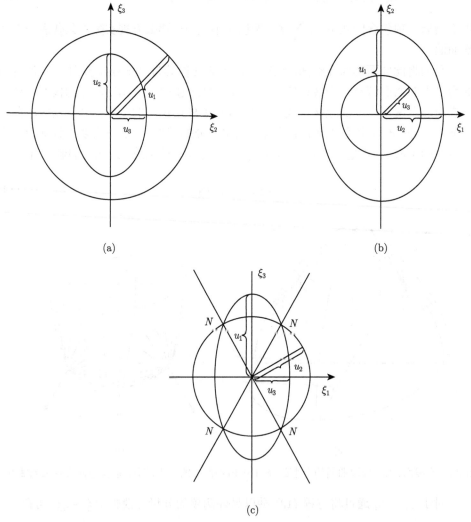

(a)

(b)

(c)

图 36   (a) 光线面与平面 $\xi_1 = 0$ 的交迹; (b) 光线面与平面 $\xi_3 = 0$ 的交迹; (c) 光线面与
平面 $\xi_2 = 0$ 的交迹

这两个解 (15) 和 (15a) 显然也可通过光线面的完整表达式 (13a) 得出. 这是由于, 如果令 $\xi_1 = 0$, 那么其余的每一项中都会包含因式 $(u_1^2 - v^2)$, 如果将这个因式

移除, 就会得到一个与方程 (15) 相同的表达式.

下面我们考虑主截面 $\xi_3 = 0$, 此面垂直于 Fresnel 椭球最短的轴. 此截面同样包含一个圆和一个椭圆, 但是现在圆包含于椭圆之内. 这是由于通过方程 (13) 可得二者方程分别为

$$\xi_1^2 + \xi_2^2 = u_3^2, \quad \frac{\xi_1^2}{u_2^2} + \frac{\xi_2^2}{u_1^2} = 1 \quad \text{(见图 36 (b))} \tag{16}$$

主截面 $\xi_2 = 0$ 时更加有趣. 这种情况下有

$$\xi_1^2 + \xi_3^2 = u_2^2, \quad \frac{\xi_1^2}{u_3^2} + \frac{\xi_3^2}{u_1^2} = 1 \quad \text{(见图 36 (c))} \tag{17}$$

此时, 圆的半径 u_2 小于椭圆的长轴 u_1, 但是大于其短轴 u_3. 因此, 圆与椭圆相交. 在各交点处, 光线面的两分支会相互贯穿. 那么连接径向相对两交点的两个轴具有怎样的重要性呢?

B. 光轴

在这两个轴的方向上, 类似于各向同性介质, 光线速度 v' 和 v'' 是相同的. 因此, 它们被称为各向同性轴或光轴. 后一个名字表明, 这两个轴在晶体光学中比 Fresnel 椭球或折射率椭球的主轴 (即 "主介电轴") 还重要.

正如我们所见, 光线速度 v' 和 v'' 可由 Fresnel 椭球椭圆截面的主轴确定, 在 $v' = v''$ 的特殊情况下, 椭圆截面退化为一个圆. 因此可知, 光轴垂直于与椭球交迹为圆形的平面. 人们用硬纸板制作了著名的三轴椭球模型, 该模型包含两组平行圆盘, 它们以保持一定可移动性的方式互相嵌在一起. 这种模型可生动并完整地展示三轴椭球的表面. 圆盘的垂线与椭球表面的交点被称为脐点 (德语中称 "Nabelpunkte", 因此在图 36(c) 中用符号 NN 表示). 图 36(d) 展示了 Fresnel 椭球上的两对脐点的位置, 每一对的连线即为光轴; 图中还展示了连线与主轴 1 和 3 的关系. 如果我们像以前一样将 Fresnel 椭球的主轴长度称为 u_1, u_2, u_3, 并且将两光轴的夹角表示为 $2\delta_s$, 那么

$$\tan\delta_s = \frac{u_1}{u_3}\sqrt{\frac{u_2^2 - u_3^2}{u_1^2 - u_2^2}} \tag{18}$$

此表达式与旧求解式 (17) 中两方程所得的圆与椭圆的交点而导出的 ξ_3/ξ_1 值相符.

如果我们用 E 矢量的方向来定义光线的偏振方向 (在 §25 中我们相应地用 D 矢量的方向来定义波的偏振方向), 那么我们可以这样说: 对于任何方向, 光线的偏振均为线偏振. 沿任意一个方向传播的两束光线的偏振面相互垂直, 仅光轴方向会出现例外. 这是由于光轴相对应的截面形状为圆形, 所以不会存在一种优于其他方向的偏振方向. 这也是光轴被称为 "各向同性轴" 的原因.

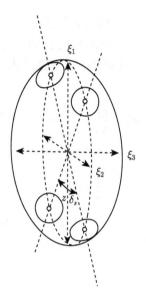

图 36(d)　构建垂直于 Fresnel 椭球圆形截面于其圆心的光轴

C. 法线面

通过在每一个波数方向 $\boldsymbol{k}$ 上画出光波在该方向上传播的两个相速度 u' 和 u'', 我们就得到了法线面. 如果我们再次用直角坐标 ξ_1, ξ_2, ξ_3 来描述此轨迹, 那么由于 §25 方程 (10), 我们必须将方程 (12) 改写为

$$\xi_i = \frac{k_i}{k} u, \quad \sum \xi_i^2 = u^2 \tag{19}$$

并将方程 (13) 改写为

$$\sum \frac{\xi_i^2}{u^2 - u_i^2} = 0 \tag{19a}$$

将此方程乘以各分母的积, 我们将得到替代 (13b) 的方程

$$u^6 - u^2 \left[\xi_1^2 \left(u_2^2 + u_3^2 \right) + \xi_2^2 \left(u_3^2 + u_1^2 \right) + \xi_3^2 \left(u_1^2 + u_2^2 \right) \right]$$
$$+ \xi_1^2 u_2^2 u_3^2 + \xi_2^2 u_3^2 u_1^2 + \xi_3^2 u_1^2 u_2^2 = 0 \tag{19b}$$

由于方程最后三项并不包含因子 u^2, 所以此方程代表一个六次曲面. 由式 (19a) 可知, 主截面 $\xi_1 = 0$ 包含一个圆

$$\xi_2^2 + \xi_3^2 = u_1^2$$

以及一个 "卵形"

$$\left(\xi_2^2 + \xi_3^2 \right)^2 - u_3^2 \xi_2^2 - u_2^2 \xi_3^2 = 0$$

后者是一个四次曲线 (它的中心点 $\xi_2 = \xi_3 = 0$ 也是曲线的一个孤立点). 另两个主截面也包含类似的曲线. 这三个交迹也可用图 36(a)~(c) 表示, 只是原来的椭圆需替换为形状稍有不同的卵形.

与图 36(c) 类似, 在主截面 $\xi_2 = 0$ 内也存在两对交点. 它们对应于折射率椭球的脐点, 它们的连线定义了 "光学法线轴". 我们将这两轴的夹角称为 $2\delta_n$, 它比方程 (18) 中定义的角 $2\delta_s$ 略大. δ_n 的大小由下式决定:

$$\tan \delta_n = \sqrt{\frac{u_2^2 - u_3^2}{u_1^2 - u_2^2}} \tag{20}$$

鉴于这两个轴与折射率椭球圆形截面的关系, 它们应是 D 矢量的 "各向同性轴". 当且仅当此矢量沿着这两轴传播时, 其偏振态并不一定为线偏振.

法线面与光线面之间存在一个简单的几何关系: 即法线面是光线面的垂足面. 例如, 由 1~3 平面内的交线可得图 36(e). 由此图也可知道, 作为法线面交迹的卵形 (虚线) 与作为光线面交迹的椭圆 (实线) 相比仅略有不同. 图 34 已经显示, 光线面是波平面 (等相面) 的包络面.

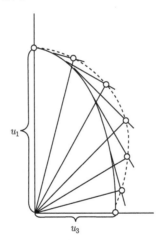

图 36(e)　作为光线面垂足面的法线面, 以及作为法线面包络面的光线面

§27　双折射问题

如果我们将一片方解石放置在一张书写了文字的纸上, 那么通过方解石观看文字时会出现重影, 两个像互相平移了一点距离. 为了简单起见, 我们来考虑一张负片, 即在黑色背景下书写的白色文字, 那么我们可以这样说: 文字所发出的光波经过两条路径到达人眼, 这两条路径在方解石中具有不同的方向, 折射后二者在空气

中也具有不同的方向. 人眼将所见的方向错误地按直线反推到方解石底部, 因此得出了文字重影的错觉.

各向同性介质中基于 Huygens 原理的折射波作图法, 已为人们所熟知 (图 37(a)). 在 S_i 方向上传播的平面波入射于两种介质的交界面. 当波阵面 W_i 到达界面上的 O 点时, 该波阵面在此之前的各个位置 O' 都已向第二个介质以相应的速度辐射出波 (在图 37(a) 中用半球表示). 由 O 点开始画出这一系列半球的包络面可以得到一条直线, 这条直线就是折射波的波阵面 W_d. W_d 的垂线 S_d 为折射光的传播方向.

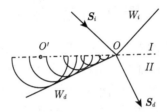

图 37(a)　各向同性情况下, 根据 Huygens 原理的折射波作图

A. 根据 Huygens 原理得出的双折射

Huygens 本人将此作图法巧妙地扩展至 (单光轴) 方解石晶体的情况[①]. 他假设晶体中光的传播面并非是一个球面而是一种球面和旋转对称扁椭球面的组合 (参见图 39(b)). 因此, 他得到了两个包络面, 从而得到了两个波阵面, 其中一个为一系列球面, 另一个为一系列椭球面. 这里我们来讨论更一般的 (双光轴) 情况, 为此要将原来的球面 + 椭球面组合替换为我们此前提到的双层光线面 §26 式 (13), 见图 37(b). 由两个层的包络由可再一次得出折射光的两个波阵面 W_d' 和 W_d'', 由光线面中心点 O' 与包络面接触点的连线可得出两光线方向 S_d' 和 S_d''. 由 O' 引出的两包络面垂线 (在图中以 O 为起点画出这两条垂线) 代表传播矢量, 即 "波法线" k_d' 和 k_d''.

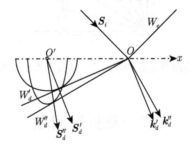

图 37(b)　各向异性情况下, 根据 Huygens 原理的双折射波作图

[①] Huygens 著作的完整书名为: Traité de la lumière, où sont expliquées les causes de ce qui lui arrive dans la réflexion et dans la réfraction et particulièrement dans l'étrange rèfraction du cristal d'Islande. Leiden 1690.

此作图法可以很好地展示双折射的成因, 因此它在各种文献中被广泛使用; 然而它并没有对以下几方面问题做完整的描述.

(1) 该作图法事先假设从一个点光源发出的发散光线束与一组相互独立的平面波有相同的表现. 这组平面波正是我们在 §26 中讨论过的, 其传播速度通过光线面用纯几何的方式表示. Larné[①]首先发现这代表一个很不简单的数学问题. 他提出, 通过计算三个方向的位移分量来以精确的数学方式表达由一个振荡中心发出的复合波 (类似于各向同性介质中的球面波). 事实上, 他确实得到了 (在排除了纵波的情况下) 光线面的形式. Volterra 对这些结论做出了评论与扩展[②].

(2) 图 38(a) 并没有给出关于 D 波或 E 波偏振特性的信息. 就这一点来说, 我们这里的描述还需通过 §25 和 §26 所得的结果予以完善.

(3) 作图法没有回答不同波之间的振幅比例问题.

B. 作为边界值问题的折射定律

前面的讨论显示, 只有按照第 1 章的方法考虑边界条件才能获得双折射的完整定量理论. 基于同样的道理, 我们这里依然认为无限延伸的平面波是光学微分方程组的唯一已知严格解, 而不是实验中有限的光线. 我们这里的讨论不会再附加诸如 Huygens 原理或包络面作图法等的假设. 然而, 首先让我们重新考虑 §3 中由边界条件推出的一般折射和反射定律的起源. 现在我们不会指定超出了确实存在且不明显包含时间这个事实的边界条件. 这就要求我们重新解释关于反射角和折射角的最早几何作图法, 即 Snell 作图法 (1637 年之前).

对于任意频率为 ω 的波, 波矢都具有一个确定的长度, 即在自由空间中为 $|k_0| = k_0 = \omega/c$, 在折射率为 n 的物体中 (图中假设 $n > 1$) 为 $|k| = \omega/u = nk_0$. 这一事实可以通过画出两个半径分别为 k_0 和 nk_0 的同心球以几何方法表示出来; 从任何一个球面画出指向球心的矢量即为相应介质中一个可能的平面波波矢量. 图中我们将物体及其表面的位置标示于两个球的外部. 在图 38(a) 中, 我们假设一束波入射到物体表面上, 其波矢为 k_1, 长度为 k_0. 在图 38(b) 中, 画出了此入射波的一系列等相面. 等相面沿箭头方向以速度 c 传播; 等相面交迹会在物体表面形成波形图, 它将沿表面由左向右以速度 $c/\sin\alpha$ 传播, 这对应于一个与表面相切且长度为 $|k_1|\sin\alpha$ 的波矢.

于是我们可以这样说, 作为入射波与物体表面交迹的表面波可用一个波矢来描述, 该波矢是 k_1 的切向分量. 对于自由空间或介质中的其他任何波, 此结论也成立: 表面处产生的场为一个表面波, 其波矢为空间波矢沿表面方向的分量.

---

① 他的 leçons sur la théorie mathématique de l'élasticité, Paris 1852. Lamé 所求解的微分方程与电磁光学中磁场分量的微分方程一致.

② Acta Mathematica, Vol. **16**, p. 153, 1892.

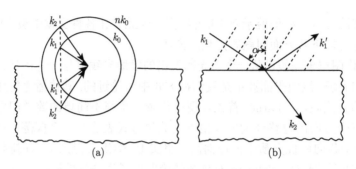

图 38　平面波组合的边界条件: (a) Snell 作图法; 物体的表面标示于在自由空间中传播的圆 (k_0) 和在物体中传播的圆 (nk_0) 的外部. (b) 入射波的等相面用虚线表示; 对于反射波和折射波也可用同样的作图法得到类似的沿表面排列的交迹图样

现在, 只有当各个波在表面上具有相同传播模式的表面交迹时, 它们之间才能在该表面上出现不依赖于时间的关系. 否则, 在某些选定的点或时间处满足边界条件的波振幅在这些点或时间之间将不再具有同步性.

由此, 回到图 38(a) 可知, 只有另外三个切向分量与 k_1 的切向分量相同的波矢才可与 k_1 结合. 通过画出经过 k_1 尾端的表面垂线, 可很容易地得到这三个矢量. 在这三个矢量中, k_1' 是反射波 (在自由空间中) 的波矢, k_2 是折射波的波矢, k_2' 是 k_2 的镜像, 它是介质内部第二个满足边界条件的波. 这最后一个波可在具有两平行表面的平板中出现: 它是折射波的内部反射波, 对于获得 Lummer-Gehrke 板的干涉图样至关重要; 同时当人们直接由边界条件计算相应光场, 而非使用 §7 F 中多次反射和折射叠加的方法时, 这个波也同样重要. 如果我们的讨论中假设只有一个表面和一个入射波 (这也是推导 Fresnel 公式的前提假设), 那么必须舍弃波矢为 k_2' 的波. 通过作图法容易看出, 由 k_1、k_1' 和 k_2 的方向可得出几何反射定律和折射定律, 事实上图 38(a) 即为 Snell 作图法.

现在我们将此作图法推广至双折射晶体的情况. 我们在 §25 方程 (10) 之后的讨论中指出, 对于每一个 k 方向都存在两个 u 值, 即 u' 和 u''. 由于 $|k| = \omega/u$, 因此在每一个方向上 (除光轴外) 必然存在两个具有不同长度的矢量 k. 根据图 33, 这两个矢量对应于两个线偏振波, 二者的 D 矢量确定且方向相互正交. 在 Snell 作图法中, 这意味着必须将外侧的球替换为一个双层面. 实际上, 此面对应于 §26 A 部分和图 35(a) 和 (b) 中的两个光线面, 利用 §26 式 (11) 的变换法则可由光线面得到此面. 然而, 当不讨论更多细节时, 我们可以看到, 通过 Snell 作图法可得到两个按不同折射角 β' 和 β'' 传播的折射波, 它们的偏振方向相互垂直. 每一个折射波的方向都满足折射定律

$$\frac{\sin\alpha}{\sin\beta'} = \frac{c}{u'}; \quad \frac{\sin\alpha}{\sin\beta''} = \frac{c}{u''}$$

然而, 需要指出, 由于 u' 和 u'' 会随着角度的变化而变化, 此定律只能间接地给出角度 β' 和 β''.

C. 反射光和折射光的振幅

我们将计算限定为如下情况, 入射光位于包含折射率椭球 (§24 方程 (11)) 长轴和短轴的平面内, 即与 §26B 中类似, 入射光也位于两光轴所在平面内. 那么由对称性可知, $\boldsymbol{E}$ 和 $\boldsymbol{D}$ 都位于入射面内, 并且 $\boldsymbol{H}$ 与入射面垂直, 或者对于其他偏振态的情况, $\boldsymbol{E}$ 和 $\boldsymbol{D}$ 都垂直于入射面 (因此它们相互平行), 而 $\boldsymbol{H}$ 位于该平面内. 在后一种情况下边界条件比较简单, 我们将在这种情况下进行推导.

a) 偏振面平行于入射面

在介质 I 中 (空气, $y > 0$), 与 §3 方程 (1) 类似 (参考图 3(a)), 我们假设

$$\boldsymbol{E} = E_z = A\mathrm{e}^{\mathrm{i}k_0(x\sin\alpha - y\cos\alpha)} + C\mathrm{e}^{\mathrm{i}k_0(x\sin\alpha' - y\cos\alpha')} \tag{1}$$

并且在晶体中假设

$$\boldsymbol{E} = E_z = B\mathrm{e}^{\mathrm{i}(\boldsymbol{k}\cdot\boldsymbol{r})}, \quad B_x = B_y = 0, \quad B_z \equiv B \tag{2}$$

若加入 (之前未写出的) 时间因子 $\exp(-\mathrm{i}\omega t)$, 那么这些项可分别代表入射波、反射波和折射波. 由 Snell 作图法可得

$$\alpha' = \alpha, \quad k\sin\beta = k_0\sin\alpha \tag{3}$$

在表面 $y = 0$ 处, $\boldsymbol{E}$ 切向分量的连续性可用方程表示为

$$A + C = B \tag{4}$$

由于我们忽略了磁导率的差别, 第二个边界条件可表述为: $\boldsymbol{H}$ 连续. 现在, 在边界处 ($y = 0$), 第一种介质中

$$\begin{cases} H_x = -\dfrac{1}{\mathrm{i}\omega}\dfrac{\partial E_z}{\partial y} = -\dfrac{k_0}{\omega}\left(-A\cos\alpha + C\cos\alpha'\right)\mathrm{e}^{\mathrm{i}k_0 x\sin\alpha} \\[2mm] H_y = +\dfrac{1}{\mathrm{i}\omega}\dfrac{\partial E_z}{\partial x} = \dfrac{k_0}{\omega}\left(A\sin\alpha + C\sin\alpha'\right)\mathrm{e}^{\mathrm{i}k_0 x\sin\alpha} \end{cases} \tag{5}$$

第二种介质中

$$\begin{cases} H_x = -\dfrac{1}{\mathrm{i}\omega}\dfrac{\partial E_z}{\partial y} = -\dfrac{k}{\omega}\left(-B\cos\beta\right)\mathrm{e}^{\mathrm{i}kx\sin\beta} \\[2mm] H_y = +\dfrac{1}{\mathrm{i}\omega}\dfrac{\partial E_z}{\partial x} = \dfrac{k}{\omega}\left(B\sin\beta\right)\mathrm{e}^{\mathrm{i}kx\sin\beta} \end{cases} \tag{6}$$

那么由 §27 式 (3) 可得边界条件为

$$
\begin{cases}
A - C = \dfrac{\tan \alpha}{\tan \beta} B \\[3mm]
A + C = \dfrac{\sin \alpha}{\sin \beta} B \dfrac{\sin \beta}{\sin \alpha} = B
\end{cases}
\tag{7}
$$

此边界条件的第二条与 E 的条件相同. 若以入射振幅为单位, 可将折射波和反射波表示为

$$
\begin{cases}
B/A = \dfrac{2}{1 + \dfrac{\tan \alpha}{\tan \beta}} = \dfrac{2 \sin \beta \cos \alpha}{\sin (\beta + \alpha)} \\[5mm]
C/A = \dfrac{\tan \beta - \tan \alpha}{\tan \beta + \tan \alpha} = \dfrac{\sin (\beta - \alpha)}{\sin (\beta + \alpha)}
\end{cases}
\tag{8}
$$

显然, 这个结果与 §3 A 所得的各向同性物体情况下具有相同偏振态的反射波和折射波的结果 §3 式 (12) 一致.

b) 偏振面垂直于入射面

在这种情况下, 我们不能够预期会得到与各向同性物体相同的结果 §3 式 (16). 虽然在各向同性物体中场矢量 E 和 D(电场力和介电位移) 具有相同的方向, 如图 3(b) 中的振幅矢量 B 所示, 然而二者在各向异性物体中具有不同的方向. 边界条件为: E 的切向分量和 D 的法向分量具有连续性, 同时磁矢量 H 也具有连续性. 现在将 E 和 D 分解为其切向和法向分量, 意味着要将它们根据图 3(b) 中的坐标轴系统分解 (x 平行于表面, y 垂直于表面), 但如果将这两个矢量按介电张量或折射率椭球的主轴进行分解, 那么可以得出二者各向异性关系的简单表达式 (参看 §24). 此二重分解会使这种偏振情况下振幅比的推导过程以及表达式变得更复杂.

§28 晶体的光学对称性

到目前为止, 我们只考虑了介电张量 ε_{ik} 的一般形式. 此张量由 6 个参数定义 (因为 $\varepsilon_{ik} = \varepsilon_{ki}$). 我们不但可以从张量本身的角度得知其参数的数量, 而且也可以通过其几何解释, 即 Fresnel 椭球, 获得参数的数量. 椭球由其 3 个主轴及其空间位置确定, 而主轴的空间位置又由 3 个角度参数确定. 不具有对称性的晶体称为三斜晶体. 这种晶体由一般的 (ε_{ik}) 张量来描述.

如果晶体具有对称性, 那么独立参数的数量将会减少. 根据具体情况, 所谓对称方向是指旋转对称时的对称轴方向或镜面对称时的镜面法线方向. 如果晶体只有一个对称方向, 那么它必然与 Fresnel 椭球的 3 个对称方向之一重合. 如果晶体有两个相互正交的对称方向, 那么就一定存在一个与二者正交的第三个对称方向,

Fresnel 椭球的对称方向一定与晶体的对称方向重合. 此外, 若晶体出现了高于二次的对称轴[1], 则意味着 Fresnel 椭球的两个与该轴垂直的主轴长度必定相等, 因此这个椭球将为旋转椭球. 再有, 如果晶体像立方晶系中一样存在 4 个三次对称轴 (沿立方体的四条体对角线), 那么 Fresnel 椭球将退化为一个球体, 而表示椭球的张量 ε_{ik} 将只剩下一个常数.

　　下面让我们来更详细地讨论一些情况. 如果晶体只有一个对称方向, 那么我们将其称为单斜晶体. Fresnel 椭球的一个主轴由此方向确定, 因此还剩下 4 个参数. 可由 ε_{ik} 得到这些参数. 例如, 假设晶体中存在一个垂直于对称方向 (二次) 的镜面, 使得 $+x_2$ 和 $-x_2$ 为相互对称的等价方向. 为方便起见, 如果我们用 x_i, y_i 作为变量替代原来的 E_i, D_i, 则一般的张量关系式

$$\begin{cases} y_1 = \varepsilon_{11}x_1 + \varepsilon_{12}x_2 + \varepsilon_{13}x_3 \\ y_2 = \varepsilon_{21}x_1 + \varepsilon_{22}x_2 + \varepsilon_{23}x_3 \\ y_3 = \varepsilon_{31}x_1 + \varepsilon_{32}x_2 + \varepsilon_{33}x_3 \end{cases} \tag{1}$$

在同时用 $-x_2$ 替代 x_2 并用 $-y_2$ 替代 y_2 时需保持不变. 因此, 我们也还有 (对第二个式子两侧都取相反符号),

$$\begin{cases} y_1 = \varepsilon_{11}x_1 - \varepsilon_{12}x_2 + \varepsilon_{13}x_3 \\ y_2 = -\varepsilon_{21}x_1 + \varepsilon_{22}x_2 - \varepsilon_{23}x_3 \\ y_3 = \varepsilon_{31}x_1 - \varepsilon_{32}x_2 + \varepsilon_{33}x_3 \end{cases} \tag{1a}$$

只有当 $\varepsilon_{12} = \varepsilon_{21} = 0$ 且 $\varepsilon_{23} = \varepsilon_{32} = 0$ 时, 方程 (1) 和 (1a) 才一致. 因此, 这种晶体的张量表示只剩下四个参数

$$\begin{pmatrix} \varepsilon_{11} & 0 & \varepsilon_{13} \\ 0 & \varepsilon_{22} & 0 \\ \varepsilon_{13} & 0 & \varepsilon_{33} \end{pmatrix} \tag{2}$$

　　下面我们来考虑一个具有两个对称方向的晶体. 这时晶体中将自动地存在第三个对称方向, 但我们假设这三个对称方向并不具有其他的相互关系. 这对应于以下情况:

　　(i) 在正交晶系中, 对称方向或是二次旋转对称轴或是镜面的垂线;

　　(ii) 在三方晶系中, 其中一个对称方向为三次旋转对称轴;

　　(iii) 在六方晶系中, 其中一个对称方向为六次旋转对称轴.

　　由于现在椭球的三个角参数已固定, 所以自由参数减少为 3 个. 例如, 假设方向 3 为二次旋转对称轴, 方向 2 与之前一样对应于一个镜面. 围绕着方向 3 的旋

_____

[1] n 次旋转对称轴的特性为, 围绕此轴将晶体旋转 $2\pi/n$ 后可获得其最近的重合位置.

转意味着, 若同时做替代 $(x_1, x_2) \to (-x_1, -x_2)$ 和 $(y_1, y_2) \to (-y_1, -y_2)$ 将不会使晶体发生改变. 若将此结果应用于简化的张量表示式 (2) 中, 那么对镜面加上二次旋转轴必将使 ε_{13} 消失. 因此, 张量表示中将只剩下主对角线上的项.

如果我们假设方向 3 为一个四次旋转对称轴 (同时镜面垂直于方向 2), 那么一个 90° 的旋转将不会造成变化; 这个旋转可由以下替换给出:

$$(x_1, x_2) \to (-x_2, x_1), \quad (y_1, y_2) \to (-y_2, y_1)$$

由于再旋转 90° 就会得到一个 180° 的旋转, 这相当于一个二次对称轴, 所以我们可对之前得到的简化张量表示做由这个替换造成的进一步简化. 通过这种方式, 我们们可得如下关系:

$$y_1 = \varepsilon_{11} x_1 \quad -y_2 = -\varepsilon_{11} x_2$$
$$y_2 = \varepsilon_{22} x_2 \quad y_1 = \varepsilon_{22} x_1$$
$$y_3 = \varepsilon_{33} x_3 \quad y_3 = \varepsilon_{33} x_3$$

由此可得 $\varepsilon_{11} = \varepsilon_{22}$, 而这将使得未确定的常数只剩下两个.

具有三个对称方向且其中两个方向对称等效的晶体称为四方晶体. 如果三个对称方向都等效, 则称其为立方晶体. 如果对称方向之一包含一个三次或六次旋转对称轴, 那么 Fresnel 椭球具有完全的旋转对称性.

对于七大晶系的光学特性, 我们可做如下概括:

立方晶体为光学各向同性, 即它们在光学特性上与无定形物体、玻璃或液体并无区别.

四方晶体、六方晶体以及三方晶体有一个旋转椭球. 这意味着它们为光学单轴晶体并具有两个主折射率.

正交晶体、单斜晶体以及三斜晶体有三个主折射率, 为光学双轴晶体. 在正交晶体中, 其折射主轴的方向固定 (对于所有波长和温度), 但其光轴的角度可能会有一定变化, 这是由于光轴角度与主折射率的值有关. 在单斜晶系中只有一个主折射率方向固定, 而三斜晶系中主折射率方向都不固定.

晶体的光学特性只分为三类 (双轴、单轴和各向同性) 的原因在于, 方程 (1) 将两个矢量 (电场强度和电位移) 相互关联起来. 在弹性理论中, 两张量 (应力和应变) 相互关联, 这将导致产生比晶体光学特性多得多的分类. 电致伸缩和压电现象将一个矢量 (电场强度) 与一个张量 (形变) 相关联, 这又将给出一种不同的分类.

在光学中, 我们只关心 Fresnel 椭球或折射率椭球, 即只关心十分有限类型的曲面, 这就可以理解为什么在讨论上述关联时无须讨论更详细的对称性问题. 总共 32 个晶类非均匀地分布在七大晶系中. 这些晶类完整地描述了穿过同一点的各个空间方向之间所有可能的几何对称关系. 根据现代晶体结构概念, 晶体为内部原子排列具有三维周期性的物体; 为了完整地列举出与这种周期性相匹配的对称性类型, Barlow、Schoenflies 和 Fedorow 提出了 230 种不同的空间群. 晶体光学无法做如此细致的研究, 只有通过 X 射线分析才能达到此目的 (见 §32).

对于单轴情况, 我们在双轴情况下所用到的作图法将会被大大简化. 令 $\varepsilon_1 = \varepsilon_2 \neq \varepsilon_3$, 我们引入以下符号:

$$
\begin{cases}
u_1 = u_2 = u_{\mathrm{o}}, & \text{寻常波速度} \\
u_3 = u_{\mathrm{e}}, & \text{异常波速度}
\end{cases}
\tag{3}
$$

相应有寻常光线速度 v_{o} 和异常光线速度 v_{e}. 那么图 33 中交迹椭圆的主轴 a 和 b 之一将会位于折射率椭球的赤道面上; 另一个将位于穿过光轴的子午面上. 寻常波和异常波的偏振面分别为此子午面及其垂面, 后者经过传播方向但不经过光轴. 通过 Fresnel 椭球确定光线传播方向的作图同样如此.

现在光线面的形状特别简单. 对于这个曲面, 不但可以将 §26 方程 (13b) 中的因子 v^2 去掉, 而且由于 $u_1 = u_2 = u_{\mathrm{o}}$, $u_{\mathrm{o}}^2 - v^2$ 也可以被消去. 那么方程变为

$$
\left\{ \xi_1^2 + \xi_2^2 + \xi_3^2 - u_{\mathrm{o}}^2 \right\} \left\{ \left(\xi_1^2 + \xi_2^2 \right) u_{\mathrm{o}}^2 + \xi_3^2 u_{\mathrm{e}}^2 - u_{\mathrm{o}}^2 u_{\mathrm{e}}^2 \right\} = 0
$$

此式可分解为一个半径为 u_{o} 的球和一个旋转椭球

$$
\frac{\xi_1^2 + \xi_2^2}{u_{\mathrm{e}}^2} + \frac{\xi_3^2}{u_{\mathrm{o}}^2} = 1
\tag{4}
$$

这两个曲面在点 $\xi_3 = \pm u_{\mathrm{o}}$ 处相切. 这样就验证了 Huygens 所预测的方解石辐射面的形式.

根据球与椭球相切的方式, 我们可以区分正单轴晶体和负单轴晶体, 见图 39(a) 和 (b).

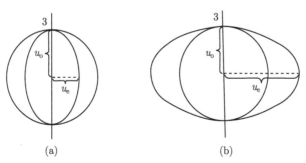

图 39 单轴晶体的光线面: (a) $u_{\mathrm{o}} > u_{\mathrm{e}}$ 正单轴晶体, 如石英; (b) $u_{\mathrm{o}} < u_{\mathrm{e}}$ 负单轴晶体,
如方解石

波面 (法线面) 看起来不那么简单. 它可分解为一个半径为 u 的球面和一个被称为 "卵形面" 的旋转对称四次曲面, 即

$$\left(\xi_1^2 + \xi_2^2 + \xi_3^2\right)\left(\xi_1^2 + \xi_2^2 + \xi_3^2 - u_{\mathrm{e}}^2\right) = \xi_3^2\left(u_{\mathrm{o}}^2 - u_{\mathrm{e}}^2\right) \tag{5}$$

在各向同性的极限情况下 $u_{\mathrm{o}} = u_{\mathrm{e}}$, 式 (4) 变为一个半径为 u_{o} 的球, 因此光线面由这个球构成, 并且要计两次. 同时式 (5) 退化为一个半径为 0 的球 (孤立的双重点) 以及一个半径为 u_{o} 的球.

§29   旋光晶体和液体

借助晶体的结构理论, 有可能从关系 §24 式 (1) 开始来证实本章的纯唯象讨论. 这是因为在对作为基本成分的晶格结构进行求和时, 晶体中的不同方向将会给出不同的介电结果. 同样, 第 3 章中的色散理论可以推广至结晶态. 然而, 对 "旋光性" 的解释, 即某些晶类的旋光能力, 似乎要用到一些结构理论, 至少要用到本书 41 页提到的 Max Born 所著教材的第 75 章和第 84 章. 然而, 我们将在 A 和 B 两部分中展示, 即使对这种现象, 也可以用简单得多的唯象学来描述. 为了说明此处的结果, 我们只会偶尔需要考虑结构方面.

虽然液体和光学各向同性晶体的旋光性在立体化学领域有着极其重要的理论意义, 在工业中也有着非常重要的实际意义, 但我们仅在 C 部分对此作粗略的介绍. 有关旋光性更详尽的介绍, 需要进一步深入探讨分子的结构, 但这已超出了本书的范畴. 更加详细的内容, 推荐读者参阅 Max Born 所著教材的第 84 章和第 99 章, 以及该处所引用的 Max Born, C. W. Oseen, W. Kuhn 的文章.

A. 螺旋形晶体结构的回转矢量

将 §24 线性矢量函数 (1) 写作以下缩写形式:

$$D_j = \varepsilon_{jh} E_h \tag{1}$$

式中, ε_{jh} 形成了一个实对称张量. 我们现在舍弃 ε 的实数条件, 并用 $\varepsilon_{jh} + \mathrm{i}\gamma_{jh}$ 代替 ε_{jh}. 假设附加项的 γ 值很小, 不会像金属光学中的复介电常数那样有欧姆损耗特性, 而是具有保守性, 也即, 依据麦克斯韦方程组计算时, γ_{jh} 对电场能量密度 $W_{\mathrm{e}} = 1/2\,(\boldsymbol{D} \cdot \boldsymbol{E})$ 没有影响. 当 γ_{jh} 形成反对称张量时, 后一条件就可以得到满足. 这一点与力学中的保守回转项相似 (详见第一卷 §30). 为了更详尽地解释, 我们将式 (1) 写成如下形式:

$$D_j = \varepsilon_{jh} E_h + \mathrm{i}\gamma_{jh} E_h \tag{2}$$

从而得到

$$\boldsymbol{D} \cdot \boldsymbol{E} = \sum_j \sum_h \varepsilon_{jh} E_j E_h + \mathrm{i} \sum_j \sum_h \gamma_{jh} E_j E_h$$

为了使 E 分量取任何值时, γ 项都没有贡献, 并不要求所有的 γ 都等于零, 而是只要 γ 能满足以下条件:

$$\gamma_{ii} = 0, \quad \gamma_{jh} + \gamma_{hj} = 0$$

以上两式正是 γ 张量反对称性的精确条件. 现在我们就可以理解为什么 γ 张量必须是纯虚数[①]. 因为, 如果 γ 张量有实部的话, 将会加到 ε 张量中去, 破坏其对称性. 但从能量的角度考虑, ε 张量又必须具有对称性.

非对称张量 γ_{jh} 总可以由矢量 γ 代替, 其中 γ 的分量满足:

$$\gamma_1 = \gamma_{23} = -\gamma_{32}, \quad \gamma_2 = \gamma_{31} = -\gamma_{13}, \quad \gamma_3 = \gamma_{12} = -\gamma_{21}$$

就可得到

$$\sum_h \gamma_{1h} E_h = \gamma_3 E_2 - \gamma_2 E_3 = -[\boldsymbol{\gamma} \times \boldsymbol{E}]_1, \text{其他依次类推}$$

那么式 (2) 可以写成

$$D_j = \sum_h \varepsilon_{jh} E_h - \mathrm{i}[\boldsymbol{\gamma} \times \boldsymbol{E}]_j \tag{3}$$

我们称 γ 为回转矢量. 它是一个轴矢量而非极矢量, 就如第一卷 §22 的角速度 ω, 引文如下:

"轴矢量可由一个带有旋转方向和旋转幅度的轴来表示." "其分量的正负号不随坐标系的反演 (x, y, z 与 $-x, -y, -z$ 互换) 而变化." "轴矢量和极矢量的矢量乘积为极矢量." "反演使得右手坐标系变成左手坐标系." 但是, 因此复平面的旋转方向 $+\mathrm{i}$ 也将变为 $-\mathrm{i}$.

我们现在考虑一个中心对称的晶体. 对于这样一个晶体, 式 (3) 在反演中保持不变. 反演之后, 极矢量 D 和 E 以及 $\gamma \times E$ 的分量都会改变正负号. 但是由于 i 也发生变号, 所以式 (3) 的最后一项符号保持不变. 因此反演之后, 式 (3) 可以表示为

$$-D_j = -\sum_h \varepsilon_{jh} E_h - \mathrm{i}[\boldsymbol{\gamma} \times \boldsymbol{E}]_j \tag{3a}$$

仅当 $\gamma \times E = 0$ 时, 上式才等同于式 (3). 因此, 一个中心对称晶体的不变条件要求 $\gamma = 0$. 只有非中心对称的晶体才具有回转矢量. 在七大晶系中均有这类非中心对称晶体的例子. 最常见的例子是石英 (二氧化硅, SiO_2).

[①] 从物理上讲因子 i 产生的原因在于, 任意给定点处的 D 值不但依赖于此点的 E 值, 而且也依赖于此点附近 E 的行为; 也就是说, D 也依赖于 E 处的导数. 由于 E 具有波动特性, 所以这些导数含有因子 i. 从原子学角度看, 这是由邻近离子的影响而得, 研究点处的场与离子处的场不同. 为了使邻近离子的作用不相互抵消, 晶格必须具有一定程度的不对称性, 将在这里确定.

主介电轴 1,2,3 坐标系中的方程 (3) 可以写成

$$\begin{cases} D_1 = \varepsilon_1 E_1 + \mathrm{i}\gamma_3 E_2 - \mathrm{i}\gamma_2 E_3 \\ D_2 = \varepsilon_2 E_2 - \mathrm{i}\gamma_3 E_1 + \mathrm{i}\gamma_1 E_3 \\ D_3 = \varepsilon_3 E_3 + \mathrm{i}\gamma_2 E_1 - \mathrm{i}\gamma_1 E_2 \end{cases} \tag{4}$$

由此可见, 一般来说在三斜偏心晶体中, γ 的方向绝不是由主介电轴决定的. 然而在石英晶体中, 由于其旋转介电对称性, 回转矢量也必须服从对称性, 并且必须平行于主轴. 因此, $\gamma_1 = \gamma_2 = 0$, $\gamma_3 = \gamma$, 式 (4) 变为

$$\begin{cases} D_1 = \varepsilon_1 E_1 + \mathrm{i}\gamma E_2 \\ D_2 = \varepsilon_2 E_2 - \mathrm{i}\gamma E_1 \\ D_3 = \varepsilon_3 E_3 \end{cases} \tag{4a}$$

B. 石英中偏振面的旋转

除了用式 (4a) 代替 $D_j = \varepsilon_j E_j$ 外, 我们将严格按照 §26 进行计算. 结果, §26 方程 (8) 中需要为不同方向 $j = 1, 2, 3$ 加上一些不同的校正项. 对于 $j = 1$, 可得

$$\frac{1}{\mu_0 v^2} B_1 = \varepsilon_1 B_1 + \mathrm{i}\gamma B_2 - s_1 \left\{ \sum_j s_j \varepsilon_j B_j + \mathrm{i}\gamma \left(s_1 B_2 - s_2 B_1 \right) \right\} \tag{5}$$

引入简写形式

$$K = \sum s_j \varepsilon_j B_j + \mathrm{i}\gamma(s_1 B_2 - s_2 B_1) \tag{5a}$$

并将式 (5) 乘以 μ_0, 再引入寻常和异常主光速 $u_\mathrm{o} = (\varepsilon_1 \mu_0)^{-1/2} = (\varepsilon_2 \mu_0)^{-1/2}, u_\mathrm{e} = (\varepsilon_3 \mu_0)^{-1/2}$, §26 式 (9) 将变为

$$\left(\frac{1}{u_\mathrm{o}^2} - \frac{1}{v^2} \right) B_1 + \mathrm{i}\mu_0 \gamma B_2 = \mu_0 s_1 K \tag{6}$$

同理, 我们得到 $j = 2$ 和 3 时的表达式:

$$\left(\frac{1}{u_\mathrm{o}^2} - \frac{1}{v^2} \right) B_2 - \mathrm{i}\mu_0 \gamma B_1 = \mu_0 s_2 K \tag{7}$$

$$\left(\frac{1}{u_\mathrm{e}^2} - \frac{1}{v^2} \right) B_3 = \mu_0 s_3 K \tag{8}$$

将式 (6)~ 式 (8) 分别与因子 $\dfrac{s_1}{\dfrac{1}{u_\mathrm{o}^2} - \dfrac{1}{v^2}}$、$\dfrac{s_2}{\dfrac{1}{u_\mathrm{o}^2} - \dfrac{1}{v^2}}$ 以及 $\dfrac{s_3}{\dfrac{1}{u_\mathrm{e}^2} - \dfrac{1}{v^2}}$ 相乘, 然后相加, 得到式 (9):

$$\sum s_j B_j + \mathrm{i}\mu_0\gamma\frac{s_1 B_2 - s_2 B_1}{\dfrac{1}{u_\mathrm{o}^2} - \dfrac{1}{v^2}} = \mu_0 K\left\{\frac{s_1^2 + s_2^2}{\dfrac{1}{u_\mathrm{o}^2} - \dfrac{1}{v^2}} + \frac{s_3^2}{\dfrac{1}{u_\mathrm{e}^2} - \dfrac{1}{v^2}}\right\} \tag{9}$$

由于 $s \perp E$, 方程左边的第一项消失. 由于因子 γ 的存在, 我们能够通过 §26 式 (9) 来近似 B_1 和 B_2, 所以第二项将比第一项更高一阶地消失. 因为在这个等式中, B_1 和 B_2 分别与 s_1、s_2 成正比, 那么 $s_1 B_2 - s_2 B_1$ 至少为 γ 的一阶项. 因此, 式 (9) 右边至少按 γ^2 的量级趋于零. 由于 $K \neq 0$, 为了使式子两边精确度一致, 有

$$\frac{s_1^2 + s_2^2}{\dfrac{1}{u_\mathrm{o}^2} - \dfrac{1}{v^2}} + \frac{s_3^2}{\dfrac{1}{u_\mathrm{e}^2} - \dfrac{1}{v^2}} = 0 \tag{9a}$$

这就是此前专门用于单轴晶体情况的 §26 公式 (10). 因此, 除了 γ 的二阶差异外, 旋光性晶体的光线面与无旋光性晶体的一致.

但是, 这个一致性仅仅是 "一般性地" 成立, 也即只有当式 (9) 左边第二项的分母不像 γ 那么小时, 以上结论才成立; 但是, 对于接近光轴方向的光线, 会有 $v^2 \sim u_\mathrm{o}^2$. 因为有横波性条件, 所以此光线的 s_1 和 s_2 为一阶小量, B_3 也如此. 因此, 根据式 (5), K 也为一阶小量. 这就意味着方程 (6) 和 (7) 右侧是 s_1 和 s_2 的二阶量, 不过由于方程 (8) 自动为一阶小量, 所以式 (6) 和 (7) 的右侧可以被忽略. 从而这两式变为

$$\begin{aligned}\left(\frac{1}{u_\mathrm{o}^2} - \frac{1}{v^2}\right) B_1 + \mathrm{i}\mu_0\gamma B_2 &= 0 & \bigg| \quad 1 \\ \left(\frac{1}{u_\mathrm{o}^2} - \frac{1}{v^2}\right) B_2 - \mathrm{i}\mu_0\gamma B_1 &= 0 & \bigg| \quad \pm\mathrm{i}\end{aligned} \tag{10}$$

两式分别与右端所示的因数相乘并相加, 产生必须同时满足的两个等式:

$$\begin{cases}\left(\dfrac{1}{u_\mathrm{o}^2} - \dfrac{1}{v^2} + \mu_0\gamma\right)(B_1 + \mathrm{i}B_2) = 0 \\ \left(\dfrac{1}{u_\mathrm{o}^2} - \dfrac{1}{v^2} - \mu_0\gamma\right)(B_1 - \mathrm{i}B_2) = 0\end{cases} \tag{11}$$

如果我们通过选择 v^2 使第一个因式为零来满足第一个等式, 那么也必须通过使第二个等式的第二个因式为零进而使其成立, 反之亦然. 因此, 和光线面两个分支对应的 v^2 有两个解. 同前面一样, 我们将这两个解分别记为 v' 和 v'', 与之对应的 B 值也将通过加一撇和两撇来区别. 两个解可表示为

$$\frac{1}{u_\mathrm{o}^2} - \frac{1}{v'^2} + \mu_0\gamma = 0, \quad B_1' - \mathrm{i}B_2' = 0 \tag{11a}$$

$$\frac{1}{u_\mathrm{o}^2} - \frac{1}{v''^2} - \mu_0\gamma = 0, \quad B_1'' + \mathrm{i}B_2'' = 0 \tag{11b}$$

此两表达式代表以各自速度传播的两个反方向旋转的圆偏振波

$$\left.\begin{array}{c} v' \\ v'' \end{array}\right\} = u_{\mathrm{o}}\left(1 \mp \frac{g}{2}\right), \quad g = \mu_0 \gamma u_{\mathrm{o}}^2 \tag{12}$$

这两个偏振波的旋转方向由两个非零的复数量 $B_1' + iB_2'$ 和 $B_1'' - iB_2''$ 决定.

我们可通过图 40 说明这种情况. 然而, 与图 39(a) 不同, 图 40 表示的是圆偏振波而非线偏振波. 光线面的两个分支在光轴穿过之处分开很小的距离

$$v'' - v' = u_{\mathrm{o}} g \tag{13}$$

而不像之前那样为相切关系. 对于图 39(a) 中的光线两支也是分开的其他光线方向, 此处要附加的分开距离是二阶修正项, 可以忽略. 在这些方向上, 尤其是垂直于光轴的方向, 会发生线偏振波的双折射.

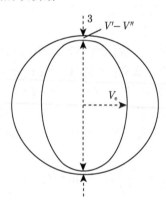

图 40 旋光性单轴晶体的光线面 (与图 39(a) 不同, 这里涉及的是圆偏振波)

在 §20 我们通过偏振面的旋转解释了 v' 和 v'' 的不同. 我们现在考虑一个线偏振波垂直入射到石英片上, 石英片表面的切割方向与光轴垂直. 我们将线偏振分解为两个大小相等并且旋转方向相反的圆偏振. 当它们穿过厚度为 l 的石英片时, 其中一个波的相位滞后于另一个波. 当它们从晶体穿出时, 我们又重新将两个波合成为一个线偏振波, 其偏振面和入射波的不同. 偏振面旋转了一定角度 χ, 这个角度 χ 与厚度 l 以及差值 $k_+ - k_-$ 成正比. 因此, χ 也与 $v'' - v'$ 成正比, 而沿光轴方向的 $v'' - v'$ 与两波速间的差值 $u'' - u'$ 完全相同. 我们在 §20 末尾讨论过偏振面的磁旋转和 “自然” 旋转之间的差别在于: 如果我们反转光线方向, 由石英结构决定的回转矢量不变号. 然而在 §20, 当传播方向发生反转时, 磁场强度的正负号会发生改变.

石英的外部形状表明其缺少中心对称这一 “必要条件”. 根据左右对映梯形面向左还是向右截断六棱柱, 可将石英分为左旋石英和右旋石英. 硫化汞 (HgS) 的旋光能力比石英的旋光能力要强若干倍. 研究发现, 在诸如蔗糖、Rochelle 盐这类双

轴晶体的轴向也存在旋光性. 对于立方晶体, 每个方向都是主轴和光轴, 如果晶体有旋光性, 如 $NaClO_3$, 那么其每个方向都有旋光性. 旋光性并不是源自于晶格, 即不是因为晶体内部的周期性, 而是源自于晶体的结构, 即每个周期性重复单元中结构元素即原子排布的对称性. 对于分子晶体, 如蔗糖, 当晶体溶解在液体中时, 分子所具有的这部分旋光能力仍旧保持; 对于原子晶体, 如 $NaClO_3$, 旋光能力完全来源于晶体结构, 当它溶解时, 分子会离解为离子, 故不具有旋光性.

C. 旋光液体

在此小节中, 我们不再讨论具有刚性结构的晶体, 而是分析液体分子, 液体分子的空间位置和排列方向符合统计学分布. 如果我们将这些分子所有可能的排列方向进行平均, 那么假设 (3) 中提到的回转矢量 γ 将会退化成 "回转常数" γ. 于是旋光所需的非对称性程度要比晶体的大. 分子不仅不能有对称中心, 而且也绝不能有任何对称面. 这些条件在包含非对称碳原子的分子中得以满足, 也就是说, 碳原子的四个价电子与四个不同的原子或原子团相连. 碳原子四个取代基的排列存在两种互为对映的方式, 就像物和其镜像或者左手螺旋和右手螺旋一样. 在图 41(a) 中, $R_1R_2R_3 \rightarrow R_4$ 序列形成右手螺旋, 在图 41(b) 中, 这个序列形成左手螺旋. 这两种结构在三维空间里不能通过任何移动而重合, 这种分子的例子有两类糖, 即葡萄糖 (右旋) 和果糖 (左旋). 这两种糖的溶液和混合物的旋光能力可被精确地测定. 左旋分子和右旋分子的平衡混合物被称为 "外消旋" 状态. 我们已在 §20 结尾提到过旋光检测对制糖业的重要性.

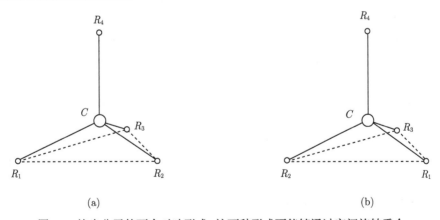

(a)　　　　　　　　　　　　　　　　(b)

图 41　旋光分子的两个对映形式, 这两种形式不能够通过空间旋转重合

Lindman[1]设计了一种宏观模型来说明产生旋光性的分子过程. 模型如下: 一个包含几百个小段螺旋线圈的纸板盒, 这些螺旋线圈的直径大约为 2 cm, 大概各有

---

[1] K. F. Lindman, Ann. d. Phys. **63**, p. 621, 1920 以及 **69**, p. 270, 1922.

两圈, 旋转方向全都相同. 各螺旋线圈分别用薄纸包着, 晃动纸板盒以保证这些螺旋线圈分布在任意位置. 波长约为 10 cm 的线偏振电磁偶极辐射波照在纸板盒上. 辐射波可分解为左旋圆偏振波和右旋圆偏振波, 其中一个波在传播过程中被金属螺旋线圈加速, 另外一个波在传播过程中被减缓. 在纸板盒后面, 两个圆偏振波再次结合成一个线偏振波, 不过其偏振方向相对入射波的偏振方向有一定旋转. 偏振面的旋转可以通过旋转一个线形天线来探测, 这个线形天线被调谐到原始辐射波的频率上, 并且与一个接收器相连. 偏振面的旋转可以通过插入第二个盒子来消除, 这第二个盒子与第一个盒子相同, 也包含相同数量的螺旋线圈, 但线圈的缠绕方向与第一个盒子的相反. 这两个盒子就组成了一个外消旋混合物.

　　这个引人关注的模型实验可以用来替代旋光性的分子理论, 这里不再对此理论进行介绍.

§30　Nicol 棱镜　四分之一波片　电气石钳　二向色性

A. Nicol 棱镜

　　看到方解石 $CaCO_3$ 的结构模型, 人们会有这样的印象: 如果平面三角形原子团 CO_3(与球形 Cl^- 离子相反) 没有给空间排布施加特定的横向条件, 则可以假设 Ca^{++} 和 CO_3^{--} 成分按立方型排布 (和岩盐中的 Na^+ 和 Cl^- 一样). 这些条件使得表征岩盐特性的立方结构变为菱方结构. 这两种结构之间的转化可以想象成是立方模型的横向拉伸或纵向压缩. 在这个过程中, 立方结构对角线所形成的三次对称轴之一变为菱方晶体的三次主轴, 同时也为其光轴. 这种晶格的基本晶胞是一个具有 3+3 菱形表面的菱形六面体. 这一点可以很容易地证明: 因为晶体可以沿晶胞表面分开. Bartholinus 发现了 "冰洲石" 的双折射现象, Huygens 对此现象进行了研究.

　　Nicol 棱镜 (实际上是平行六面体而非棱镜), 由长度为宽度 3 倍的解理菱面体构成, 如图 42 所示.

　　对菱面体 AB, CD 端面进行切割, 使得 $AB(CD)$ 与长边呈 68°, 见图 42(a) (虚线 $A'B$ 和 CD' 所表示的自然面与长边的夹角为 70°52′). 最后, 沿与端面 AB, CD 垂直平面将形成的平行六面体切割成两部分 I 和 II, 再把这两部分用加拿大树胶粘贴到一起, 加拿大树胶的折射率是 1.55. 方解石的两个主折射率为

$$n_o = 1.66, \quad n_e = 1.49 \tag{1}$$

对寻常光而言, 加拿大树胶是光疏介质; 对于异常光而言, 加拿大树胶是光密介质. 只有当入射角小于全反射的临界角时, 寻常光才能进入加拿大树胶. 根据 §5, 该临界角可以由式 (2) 给出:

$$\sin \alpha_{\text{tot}} = \frac{1.55}{1.66}, \quad \alpha_{\text{tot}} = 69°10' \tag{2}$$

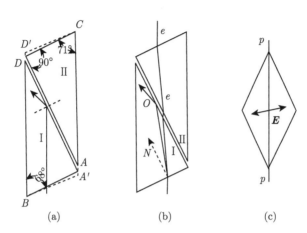

图 42 (a) 平行于 Nicol 棱镜纵边的截面, 该棱镜的几何描述; (b) Nicol 棱镜中光路. 截面与图 42(a) 中相同. e 代表穿过棱镜的异常光, o 代表被全反射的寻常光; (c) Nicol 棱镜的端面视图. 偏振面的位置用 pp 表示. 偏振方向用 $\boldsymbol{E}$ 表示

如果平行于纵向边缘的光照射到晶体 I 的一个端面上, 寻常光在端面上发生折射, 这样光线就以大约 77° 的入射角照在树胶上. 因此, 光线在树胶层发生全反射, 并不进入晶体的第二部分 II. 光线向侧面 BD 偏折. 在一个容易计算的邻近入射光线方向范围内, 也同会发生上述情况. BD 面会被涂黑, 以使其能吸收这些寻常光.

对于异常光, 加拿大树胶是光密介质, 光线无法发生全反射 (图 42(b)). 此外, 当光线进入方解石时, 因为 $n_e < n_o$, 异常光向法线 N 方向的偏折不如寻常光大. 穿过加拿大树胶后, 光线沿着与晶体 I 中传播方向平行的方向在晶体 II 中传播. 光线沿着与入射光平行的方向从 Nicol 棱镜中出射. 在图中, 这个出射方向与棱镜纵向边缘平行. 出射光的偏振面就是方解石中异常光的偏振面, 如 §28 中所述, 它与光轴平行. 如图 42(c) 所示, 该偏振面由棱镜端面的长对角线来表示.

因此, 由 Nicol 棱镜可得到偏振方向已知的线偏振波. 由于垂直此方向振荡的光被全反射所抑制, 出射光为完全偏振光.

当两个可以绕着纵轴旋转的 Nicol 棱镜在光路中前后放置时, 第一个棱镜称为起偏器, 第二个棱镜称为检偏器. 如果检偏器的取向垂直于起偏器, 并且两者之间没有双折射或者旋光材料, 检偏器将无光线射出. 旋转检偏器, 从检偏器中射出的光会越来越多. 当检偏器取向旋转到与起偏器平行时, 从检偏器中射出的光将达到最大值. 在 §31 我们将讨论, 如果在起偏器和检偏器之间放置一块双折射晶片, 在光平行入射时得到的强度和彩色图案, 同时也会讨论由会聚光产生的更有趣图案.

B. 四分之一波片和 Babinet 补偿器

云母 (碱铝硅酸盐) 是一种具有平行于基准面的显著解理面的单斜晶体. 在光学领域, 被称为白云母的透明钾云母 ($KH_2Al_3(SiO_4)_3$) 引起了人们的极大关注.

如图 43 所示, 二次晶体对称轴与我们所提到的主介电轴 2 一致; 基准面与主轴面 12 重合. 垂直于主轴 2 的平面是晶体对称面. 这个平面包含主介电轴 3、两个光轴以及晶轴 $3'$[①](图 43 中用点划线表示). 另外两个晶轴 $1'$ 和 $2'$ 分别与 1 和 2 相同. 云母结构模型[②]展示了晶体的层状结构以及与基准面平行的显著解理面.

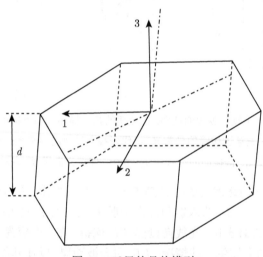

图 43 云母的晶体模型

利用解理特性的优势, 我们可以制备出非常薄的云母片. 由 Nicol 棱镜得到的偏振光沿方向 3 垂直入射到云母片上. 通过调整 Nicol 棱镜的取向, 使得偏振面与云母表面的交迹将轴 1 和轴 2 之间的角度平分 (图 43 中由点划线标注). 为方便起见, 这些轴的方向可以标注在夹持云母片的框架上. 在晶体中, 光线被分解为两个振幅和传播方向均相同的线偏振波, 这两个波分别沿方向 2 和 1 振荡 (两个波均不发生折射, 详见 §27 B). 这两个波以主光速 u_1 和 u_2 传播. 光谱中黄色部分 (D 线) 相应的折射率为

$$n_1 = 1.5941, \quad n_2 = 1.5997 \tag{3}$$

由于其中一个波传播得比另一个快, 在 x 深度, 两者相位差可达

---

① 晶轴 $1'$ 与 $3'$ 之间的夹角 $\beta = 95°5'$, 因此它与 $\pi/2$ 稍有差别. 由此可知, 因为图 43 中的基准面通常为六边形, 故可认为所用的云母属于正交或六方晶系.

② 此模型最早由 Lawrence Bragg 在慕尼黑访问期间所设计, 并由理论物理研究所 (the Institute of Theoretical Physics) 的高级技工 Karl Selmayr 构建.

$$(k_2 - k_1)x = k(n_2 - n_1)x = \frac{2\pi}{\lambda}(n_2 - n_1)x \tag{4}$$

k 和 λ 分别指空气中的波数和波长. 在云母片的后表面, $x = d$, 两个波将不发生折射而直接出射. 因此, 两个波的传播方向仍然相同, 偏振方向相互垂直. 虽然一开始两者的相位相同, 但此时相位不再相同. 两个波的合成将形成椭圆偏振光.

如果令 $x = d$ 处的相位差 (4) 等于 $\pi/2$, 即令

$$\frac{\pi}{2} = \frac{2\pi}{\lambda}(n_2 - n_1)d, \quad d = \frac{\lambda/4}{n_2 - n_1} \tag{5}$$

这样我们就得到圆偏振光. 从式 (3) 和式 (5) 中, 我们得到, 对于 $\lambda = 5.9 \times 10^{-4}$ mm,

$$d = \frac{5.9 \times 10^{-4}}{4 \times 0.0056} \text{mm} \approx 0.026 \text{mm} \tag{5a}$$

"四分之一波片" 的称谓有时会引起误导 (尤其对于被检测晶片来说): 其厚度不是 $\lambda/4$, 而是 $\lambda/4$ 乘以一个因子, 此因子为 1 除以一个小量 $(n_2 - n_1)$, 这样就成了一个较大值. 当然, 我们可以用 $\pi/2$ 的奇数倍替换式 (5) 中的 $\pi/2$. 这时 d 将是式 (5a) 中厚度的 3 倍、5 倍, 等等. 然而, 由于较强的色散, 这些厚的波片在光学性能方面要比真正的四分之一波片差.

其他的双折射晶体也是如此, 而使用云母只是因为其明显的解理特性. 相位差公式 (4) 可用于任何厚度. 如果将石英晶体切成楔形并且让光通过光楔的不同厚度部分, 我们通过晶体可观察到所有的相位差. 由于这里我们只关心双折射, 而不关心偏振面的转动, 光就必须以垂直于光轴的方向通过石英光楔. 图 44 中前表面下部的水平剖面线表示光轴位置, 因此光轴垂直于光楔通过 O 点的棱边.

现在我们来切第二块石英楔, 其外形和第一块相同, 但光轴和光楔棱边 $O'O'$ 平行. 将两个光楔放在一起, 使它们形成一个表面平行的平板. 在上石英光楔中光轴位置如图 44 的点所示. 我们考虑晶体中距上石英光楔表面为 x_2 并距下石英光楔表面为 x_1 的一个点, 通过式 (4) 可得, 在该点通过两个光楔的光线分别发生了相位差

$$\frac{2\pi}{\lambda}(n_e - n_o)x_1 \text{ 以及 } -\frac{2\pi}{\lambda}(n_e - n_o)x_2$$

由于石英是单轴晶体, 这里用 n_e 和 n_o 代替双轴云母中的 n_1 和 n_2. 负号来自于两个光楔位置的反转. 总的相位差为

$$\Delta = \frac{2\pi}{\lambda}(n_e - n_o)(x_1 - x_2) \tag{6}$$

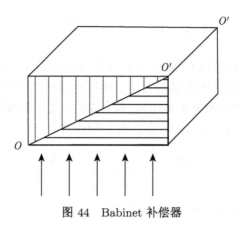

图 44 Babinet 补偿器

当将这个石英光楔组合放置在正交的 Nicol 棱镜之间时即被称为 Babinet 补偿器
(图中起偏器在补偿器下面, 检偏器在补偿器上面, 两个 Nicol 棱镜的偏振面必须位
于与光楔棱边成 45° 的位置). 如果用单色光照射补偿器, 当 $x_2 = x_1$ 时, 由于 $\Delta=0$,
会出现一个暗条纹. 那么在补偿器的中心会出现完全消光, 仿佛在正交 Nicol 棱镜
之间并没有放置双折射介质. 这种消光现象同样存在于 $\Delta = \pm2\pi, \pm4\pi, \cdots$ 的点,
因此就可以获得一系列等距的暗条纹. 如果借助螺旋测微器使一个光楔相对另一
个光楔移动, 则这一系列条纹也将相应移动. 如果将任何一个双折射晶片放置于光
楔片和其中一个 Nicol 棱镜之间, 并且新的光轴与 Nicol 棱镜偏振平面成 45° 角, 都
会得到相同的效应. 若令两光楔相对移动, 则可让条纹返回到它们的原始位置 (因
此称为补偿器). 移动的距离可以由螺旋测微器读出, 于是后插入晶片的双折射率
($n_e - n_o$ 或者 $n_1 - n_2$) 可以通过式 (6) 获得.

如果用白光照射补偿器, 则补偿器仍然会在 $x_2 = x_1$ 处产生中心暗条纹. 此暗
条纹线的左右两边将会出现薄板的牛顿颜色条纹.

我们这里将不对这个补偿器的其他衍生器件进行更详细讨论.

C. 电气石和偏振滤波片

电气石是含多种化学组分的硼硅酸盐. 其晶体结构属于无对称中心且带有 “极
性主轴” 的六方晶系. 电气石具有热电效应[1]就是因为其具有极性主轴. 由合适材
料制成并且沿着平行于主轴方向切割的晶片外观呈透明绿色, 而沿着垂直于主轴
方向切割的晶片几乎呈黑色, 电气石的这种特性称为二向色性, 是多向色性的特殊
形式.

因此, 电气石的吸收率与方向有关, 当然这种依赖关系必须符合晶体结构的对
称性. 这适用于所有的吸收晶体. 在电气石中, 寻常光几乎被完全吸收, 而异常光的

① 见第三卷 §11E. 电气石的永久性电偶极矩通常被其表面电荷所抵消, 但如果温度改变会变得很
明显.

吸收很弱. 从沿平行于主光轴切割的晶片出射的光几乎全部由异常光构成. 因此, 出射光基本是完全线偏振光. 我们所熟知的仪器——电气石钳, 利用的就是这个原理.

现代商用的 "偏振滤波片" 由经受强拉力的浸渍塑料材料制成. 因此, 吸收颜料呈各向异性排列, 这使得任何光穿过这种材料后都变为完全偏振光. 二向色性强的染料 (亚甲基蓝), 会在玻璃上结晶成如 "霜花" 状的薄层, 可以得到同样的效果. 在 §6, 我们通过对介电常数添加电导项 $i\sigma/\omega$ 来描述各向同性金属中的吸收. 以这样的方式, 我们获得了 §6 式 (1) 中的复介电常数. 对于晶体, 这将导致由介电张量和电导率张量构成的复张量:

$$\varepsilon'_{jh} = \varepsilon_{jh} + i\frac{\sigma_{jh}}{\omega} \tag{7}$$

式 (7) 虚部的本质与 §29 式 (2) 中的明显不同. §29 的张量 γ_{jh} 是非耗散的, 因此必须是反对称的. 而式 (7) 中的虚部张量和金属反射情况一样是耗散的, 因此可被认为是对称的. 其主光轴不必和 ε_{jh} 张量的一致. 然而, §29 中我们使用的对称法则在此处仍然有效: 如果一个张量的主轴完全由晶体结构决定, 则其他张量的主轴也必须完全确定, 这时二者的主轴系统必然相同. 由于电气石具有六角结构, 可以对其应用此法则, 于是 §24 及以后各节的计算无须修改即可在形式上推广至吸收晶体的情况. 这将导致复主介电常数的产生, 进而 §24 式 (6b) 中的主光速也变成复数. 给定方向波数矢量所对应的波速由 §25 二次方程 (10) 确定. 由于现在方程的根 u'、u'' 为复数, 所以对应于电矢量 D'、D'' 的分量也为复数. 这就意味着 D'、D'' 所描述的是椭圆偏振振荡, 而非线偏振振荡. 这样看起来, 各向异性吸收的定量理论本质上不需要新的数学推导, 至少对于具有足够对称性的晶体是如此. 由于吸收与双折射类似, 通常取决于波长, 于是我们获得了解释晶体多向色性的一般方法.

§31　晶片造成的平行偏振光和会聚偏振光的干涉现象

将岩石学中常用的薄晶片放置于两个通常是正交的 Nicol 棱镜之间, 除非我们明确指出光是白光, 否则均假定光为单色光. 当观测平行光产生的现象时, 光线应垂直入射于晶片上. "会聚光" 指的是在晶片前方和后方放置的会聚透镜 (见下文) 使我们能够同时观测到以偏离晶片法线不大的任意方向通过晶片的所有平行光线束.

晶片有两个 "主振荡方向". 这两个方向是由晶片表面 (它也是一个波面) 与 Fresnel 椭球 (或折射率椭球) 相交所形成椭圆的两个主轴方向. 晶片放置在 Nicol 棱镜的对角位置; 这意味着两个主振荡方向被起偏器 (同时也被垂直放置的检偏器) 的偏振面平分. 在这个位置上, 沿着主方向的入射光两分量的振幅相等, 相位也相同, 因为它们都源于偏振片中的线偏振荡. 由于我们假设晶体是透明的 (非二向色性), 所以晶片出射光的分量也具有相等的振幅, 但它们的相位不同. 因此, 当两分量合成时, 由此产生的出射光强不同于入射光强. 当晶体因旋转而偏离对角方向时, 合成后的光强值在最大亮度和完全黑暗之间变化. 我们可以忽略光进入晶体和从晶体出射时的微小光强变化.

A. 平行光

　　两个主振荡 H_1, H_2 (图 45) 的波速 u', u'' 决定了折射率 $n_1 = c/u'$, $n_2 = c/u''$, 进而可以确定当光通过厚度为 d 的晶片时两个分量波的相位差.

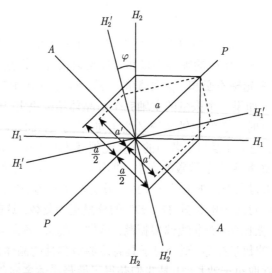

图 45　在正入射平行光情况下, 晶片主振荡方向 H_1, H_2 和 H_1', H_2' 的不同位置. 晶片放置在正交 Nicol 棱镜之间, 棱镜的偏振方向分别为 PP 和 AA

　　由 §30 式 (4) 可知, 该相位差可以写成

$$\Delta = \frac{2\pi}{\lambda}(n_2 - n_1)d \tag{1}$$

如果我们用 a 表示经过起偏器 (其偏振面如图中 PP 所示) 后的入射波振幅, 则当晶片处在对角线位置时, 入射波的主分量的初始振幅为 $a/\sqrt{2}$. 通过晶片后, 这些振荡可表示为

$$\frac{a}{\sqrt{2}} \left\{ \begin{array}{c} \mathrm{e}^{\frac{2\pi\mathrm{i}}{\lambda}n_1 d} \\ \mathrm{e}^{\frac{2\pi\mathrm{i}}{\lambda}n_2 d} \end{array} \right\} \mathrm{e}^{-\mathrm{i}\omega t}$$

我们可以将其写成

$$\frac{a}{\sqrt{2}} \left\{ \begin{array}{c} 1 \\ \mathrm{e}^{\mathrm{i}\Delta} \end{array} \right\} \exp\left(\frac{2\pi\mathrm{i}}{\lambda}n_1 d - \mathrm{i}\omega t\right) \tag{2}$$

现在将这个振荡投影到检偏器的偏振面上 (图 45 中的 AA), 投影的正负号由图中的实线确定, 经检偏器后合成振荡的振幅为

$$\frac{a}{2}|1 - \mathrm{e}^{\mathrm{i}\Delta}| \tag{3}$$

利用

$$|1 - \mathrm{e}^{\mathrm{i}\Delta}|^2 = (1 - \mathrm{e}^{\mathrm{i}\Delta})(1 - \mathrm{e}^{-\mathrm{i}\Delta}) = 2 - 2\cos\Delta = 4\sin^2\frac{\Delta}{2}$$

来简化式 (3), 得

$$a \sin\frac{\Delta}{2} \tag{4}$$

如果晶片转动到位置 H_1'、H_2', 即和对角线位置夹角为 φ (见图 45 中的虚线), 则初始振幅不再是 $a/\sqrt{2}$, 而是

$$a_1 = a\cos\left(\frac{\pi}{4} - \varphi\right), \quad a_2 = a\cos\left(\frac{\pi}{4} + \varphi\right) \tag{5}$$

a_1 和 a_2 在检偏器平面的投影可分别由 $a\cos(\pi/4 + \varphi)$ 以及 $a\cos(\pi/4 - \varphi)$ 表示, 因此两个投影大小相同, 只是正负号不同. 其数值均为

$$a\cos\left(\frac{\pi}{4} - \varphi\right)\cos\left(\frac{\pi}{4} + \varphi\right) = \frac{a}{2}\left(\cos^2\varphi - \sin^2\varphi\right) = \frac{a}{2}\cos 2\varphi$$

由此可得检偏器后面的合成振幅不再如式 (3) 和式 (4) 所示, 而是变为

$$a' = a|\cos 2\varphi|\sin\frac{\Delta}{2} \tag{6}$$

因此, 观测到的光强为

$$J = J_0 \cos^2 2\varphi \sin^2\frac{\Delta}{2} \tag{7}$$

式中, J_0 为入射到晶片的光强.

根据式 (7) 可知, 当晶片经历一整周的旋转后, 在检偏器后面观察到的光强将在 4 个对角线位置

$$\varphi = 0, \quad \frac{\pi}{2}, \quad \pi, \quad \frac{3\pi}{2} \tag{8}$$

处的最大亮度, 以及 H_1'、H_2' 同 P 或者 A 重合,

$$\varphi = \frac{\pi}{4},\ \frac{3\pi}{4},\ \frac{5\pi}{4},\ \frac{7\pi}{4} \tag{8a}$$

时的全黑之间变化四次. 如果用单色光照射, 晶片整体会呈现变化但却一致的亮度.

如果使用白光, 在位置 (8a) 处会再次产生全黑. 在中间位置处, 整个晶片呈现均匀的混合色.

只有非常薄或非常厚的晶片颜色为白色. 这是因为, 对于非常薄的晶片, 没有波长可以满足 $\Delta/2 = \pi$; 对于非常厚的晶片, 在整个光谱中分布着很多可满足 $\Delta/2$ 是 π 倍数的点. 在这种情况下, 虽然光谱 (不要与晶片的外观混淆) 中有大量的暗线, 但它会保持白色特征. 对于中等薄或中等厚的晶片, 只有一个或几个这样的暗线. 光谱中缺失的波长和剩余部分的强度变化会使颜色偏离白色, 并决定了眼睛所见混合色的特征. 如果是用平行而不是正交 Nicol 棱镜, 可以观察到与其精确互补的混合色, 在位置 (8a) 处以最大亮度替代了全黑.

如果使用晶体碎片构成的马赛克, 如由长石、石英、云母、角闪石等组成的花岗岩, 替代原来的单晶, 则图样会变得更加有趣. 在白光照射下, 每个成分会产生不同的颜色, 颜色的差异取决于材料和其相对于晶片表面的取向. 属于各个晶体碎片的主方向 H_1, H_2 在晶片内随机分布. 因此, 当这种类型的薄晶片旋转时, 其各个成分在晶片的不同角位置上会出现消光. 同理, 晶片的各个组分在不同角位置上呈现不同的强度. 岩相研究在很大程度上取决于这样的观察.

我们将不再探讨当起偏器和检偏器处于中间位置 (既不正交也不平行) 时晶片所呈的表象.

B. 会聚光

我们这里考虑的光束依然为本节开头所提到的平行光线束, 但在穿过晶片时, 各光线的方向是晶片法线附近所有可能的方向; 然后通过图 46 中所示的会聚透镜 L' 同时聚焦到眼睛 (位于 O 点), B' 是 L'(透镜或显微镜头) 的焦平面, 也即眼睛 (借助一个透镜或显微镜) 观察所聚焦的平面, B 是会聚透镜 L 的焦平面. 光源是放置于 B 点下方的一个扩展发光面. 我们要研究的是从发光面发出并通过 B 以后的光线. L 将原本发散的光线 (如来自 P 的光线) 变成平行光. L' 将从晶片 K 射出的平行光转换为会聚光, 例如会聚到 P' 的光. 起偏器在 B 下方, 检偏器在 B' 和 O 之间.

图 46 中所画晶片 K 内的平行光线不会发生干涉, 因为它们源于发光面的不同点. 因此, 它们是光强相加的. 由于平行光束具有足够的宽度, 所以我们可对 P' 点上的现象做定量观测, 如图 46 所示.

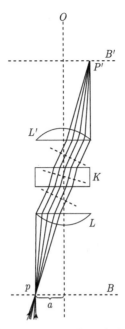

图 46　由会聚光照射的晶片, 该会聚光是一组环绕晶片法线形成一个有限立体角的平行光束

只有来自 P 点的同一束光线在通过晶片 K 的双折射后所产生的两光线, 才会产生干涉现象. 当干涉光束离开晶片 K 时, 每一对干涉光束都是平行光. 图 47 表明, 对于在晶片内折射角为 β_1, β_2 的干涉光线对, (由于 β_1, β_2 并不大) 可将二者近似为一束角度为平均值 β 的光. 在图中用虚线表示这个光线. 由习题IV.3, 很容易验证在这个方向传播的两个波之间的相位差 Δ 可由类似公式 (1) 的表达式给出:

$$\Delta = \frac{2\pi}{\lambda} \frac{n_2 - n_1}{\cos\beta} d \tag{9}$$

像光线 β_1、β_2 一样, 光线 β 也聚焦在焦平面 B' 的同一点 P' 上 (见图 47), 这个点的特性由式 (9) 给出的 Δ 值表征. 因此, 和式 (7) 相似, 从 O 观察到的 P' 点光强为

$$J = J_0 \cos^2 2\varphi \sin^2 \frac{\Delta}{2} \tag{10}$$

式中, J_0 是 A 点的入射光强, 角 φ 取决于 Nicol 棱镜方向与晶片主偏振方向的夹角, 也取决于光线方向 β.

根据式 (10) 可得

如果$\Delta/2 = g\pi$(g为整数), 那么$J = 0$, 消光 $\tag{11}$

由式 (9) 可知, 此条件相当于

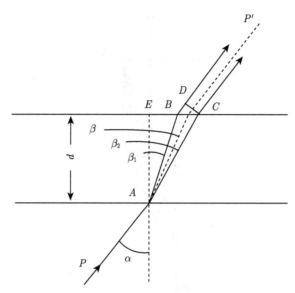

图 47   双折射产生的两条光线 ABD (β_1) 和 AC (β_2) 之间相位差的计算示意图

$$\cos\beta = \frac{d}{\lambda g}(n_2 - n_1) \tag{12}$$

现在有

$$n_1 = \frac{c}{u'}, \quad n_2 = \frac{c}{u''}$$

式中, u'、u'' 是 β 方向的两个波速度. 因此, 我们也可以得出

$$\cos\beta = \frac{d}{\lambda g}\left(\frac{c}{u''} - \frac{c}{u'}\right) = \frac{cd}{\lambda g}\frac{u' - u''}{u'u''} \tag{13}$$

这个公式表明, 我们在 Fresnel 波面上找到了能满足上述方程的方向 $\beta = \beta_g$. 在单轴的情况下, 波面的一个分支是球面 $u = u_0$, 另一个是围绕光轴旋转对称的卵形面 §28 式 (5), 于是这变成了一个相对简单的代数计算, 对此我们不在这里讨论.

相反, 我们将直接转到完全对称的情况:

晶片⊥光轴

在这种情况下, 折射角在卵形体的子午面上, 每个 $\beta =$ 常数的锥体都与卵形面相交成圆形. 由于条件 (13), 可以在焦平面 B' 内获得一组同心圆

$$\beta = \beta_1, \beta_2, \cdots, \beta_g, \cdots \tag{14}$$

在这组同心圆处, 光强为零. 由式 (13) 可知, 同心圆半径取决于比值 d/λ. 随着 g 的增加, 相邻圆的半径差逐渐减小.

但是根据公式 (10) 可知, 不仅在 $\sin \Delta/2 = 0$ (如式 (14)) 时产生消光, 而且在 $\cos 2\varphi = 0$ 时也产生消光. 后者表明, 消光产生在两个相互垂直的方向上

$$\varphi = \pm \frac{\pi}{4} \tag{15}$$

图 48~图 51 来自于著名的照片藏品 "偏振光的干涉", 该组照片由 Magdeburg 的 H. Hauswaldt 于 1902 年和 1904 年所拍摄. 图 48 是用钠灯照射正交 Nicol 棱镜之间的方解石 (1/2 mm 厚) 而获得, 同心圆系统表示式 (14) 中各个 β 值的位置, 与 Nicol 棱镜偏振面重合的暗十字代表式 (15) 中 φ 值的位置, 白光照射下, 图案是彩色的并且干涉环很难分辨. 由于每一个 $\Delta =$ 常数的曲线都有各自的特征混合色, 所以它们被称为等色线.

图 48　方解石晶片, 垂直于光轴切割, 钠灯照射, 晶片位于正交 Nicol 棱镜之间

图 49 为用相同方式拍摄的石英晶片 (7 mm 厚, 因为石英的双折射小于方解石). 与图 48 相比, 图案差别在于其中心是明亮的, 这表明平行于石英光轴的光线偏振面发生了旋转. 中心亮斑反映了图 40 所示的光线面两个分支之间的间隔.

图 50 为平行于光轴切割方解石的图样, 方解石以对角线方向放置在两 Nicol 棱镜之间, 黑色的十字消失, 等色线呈直角双曲线. 对于任意方向切割的单轴晶片的一般情况, 可以证明图 48 中的圆形将变成圆锥截面的形状. 事实上, 这些圆锥截面是由圆锥 $\beta =$ 常数的圆锥与晶片表面相交而形成.

图 51 是由一个垂直于两光轴夹角等分线切割的双轴斜方晶体而得, 其中晶体放置在对角线位置, 晶片材料为白铅矿 ($PbCO_3$). 图 48 和图 49 中消光产生的黑色十字在这里被拉开, 使得两个分支可在两光轴处相遇. 等色线不像单轴晶体那样是

圆锥截面而是四次曲线 (双纽线). 利用偏光显微镜观察大自然如何用高几何精度
描绘出这些不同的图案, 并把它们涂得如此鲜艳, 真是太奇妙了.

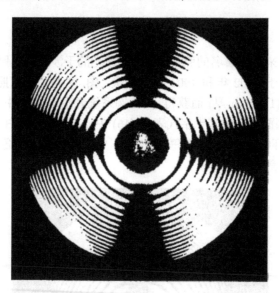

图 49   石英晶片, 垂直于光轴切割, 钠灯照射, 晶片位于正交 Nicol 棱镜之间.
注意中央亮斑

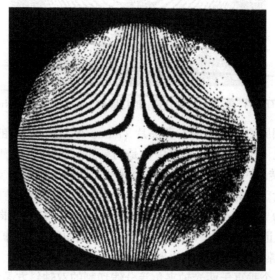

图 50   方解石晶片, 平行于光轴切割, 白光照射. 对角线位置

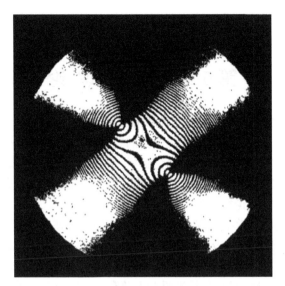

图 51　白铅矿, 双轴, 垂直于光轴之间夹角的等分线切割. 对角线位置

第5章 衍射理论

任何不能被解释为反射或折射的光线偏离直线路径的现象即被称为衍射.显然,反射以及折射现象只发生在引起光线偏折的物体表面曲率半径都大于光波长时.

阴影现象似乎很难用基本波动理论解释,要解释此现象必须依靠衍射理论.根据衍射理论,阴影的边界呈弥散状,且弥散区由衍射条纹组成.几何光学与波动光学的矛盾可借助衍射理论解决.

几何光学是波动光学中光波长趋于零的极限情况,在这种极限情况下并不能产生衍射现象.与折射现象相反,光的波长越长,产生的衍射现象越强.于是一般地说,相对于光线的几何方向,衍射对光谱红光端的偏折要比对紫光端的更大,这与棱镜折射情形正好相反.日光和月光照射到薄雾层中随机分布的悬浮水滴而产生的日华和月华就是衍射现象,水滴颗粒的粒径越均匀,衍射现象越强烈.这种华的外圈为红色.另外,太阳和月亮周围的日晕和月晕则是光被薄卷云中的冰晶折射而形成的现象,因此光的颜色分布与衍射的结果相反,红色在内侧而紫色在外侧.众所周知,Descartes 将彩虹的主要特性归因于雨滴对阳光的折射和反射,然而要完全解释彩虹的成因依然要涉及复杂的衍射问题.

由于衍射现象的强度较低且衍射图样的尺寸较小,在日常生活中,人们用目测或相机记录通常不会注意到这个现象.当然也有例外,当人们透过精细薄织物(如一把撑开的雨伞)观察远处的一个光源时,会看到美丽的颜色图案,这是光被 Fraunhofer 交叉光栅衍射的结果.又如,当人们眯着眼睛看远处的烛光时,会看到彩色的衍射图样,此时睫毛作为 (有畸变的) 线型光栅对烛光进行了光谱分解.

在 §32 和 §33 中我们将讨论这些现象,其中通过引入大量的衍射单元来解决上述低强度问题.这些器件是各种规则的衍射光栅和随机分布的衍射颗粒物,前者借助光的干涉来叠加多个光振动的振幅;后者则实现光强的叠加.然而,在这些器件中,单个光栅单元或颗粒的衍射并未起主要作用.在 §34 中,我们将通过不同程度的近似来研究此问题.若要实现对单个单元衍射现象的观测或记录,则需要望远镜或透镜系统.

虽然在之前的章节中将光作为平面波处理已足够,但今后更多情况下需要将光作为球面波进行讨论.仅在此后两节和再后的 Fraunhofer 衍射部分仍采用平面波处理.在基于 Huygens 原理的经典衍射理论中,我们基本上将光当成标量球面波处理.

§32 光 栅 理 论

A. 线型光栅

最早的衍射光栅是 Fraunhofer 将一些平行、拉紧的金属丝排成阵列制成的. 后来, 他将玻璃片的表面覆盖一层烟熏薄膜, 利用刻线机在其表面刻出一系列等间距透明线条制成线型光栅. Fraunhofer 制备的光栅原件现收藏于慕尼黑市的德意志博物馆.

著名的 H. A. Rowland 反射式光栅到现在 (1954 年) 还依然难以淘汰, 这种光栅在金属反射镜表面刻有高达每毫米 1800 线的刻线, 总共大致有 100000 条线. 光栅整个长度上刻线间距的一致性对于光栅的性能至关重要[①].

我们将光栅刻线的方向定义为 y 轴方向, 将刻线排列的方向定义为 x 轴方向, 光栅刻线之间的距离为 d, 光栅刻线总数为 N. 假设入射面为 xz 平面, 光栅位于 $z = 0$ 的平面内, 假设入射光为经过理想准直仪准直的平行白光. 白光中各单色波的波矢为 k, 光束相对于 x 轴正向的方向余弦为 α_0(此处的 α_0 并非入射角的余弦值, 而是所谓 "掠射角" 的余弦值, 该 "掠射角" 是入射角的补角), 同时假设每条光栅刻线所发出的光均为柱面波. 虽然此过程也可称为 "散射", 但我们此处通常称其为 "衍射". 由于不同光栅刻线所发出的波均来自于同一入射波, 因此各刻线所发出的波可以发生干涉效应.

通过图 52, 我们将介绍如何计算相邻刻线衍射光束的相位差, 类似的计算在图 9 和图 47 的相应内容也有提及. 在对 x 轴的方向余弦为 α 的方向上, 从 O 点发出的光束相对于从 P 点发出的光束多出的光程差为

$$OQ - RP = \alpha d - \alpha_0 d$$

$$d = OP = 光栅常数$$

因此两束光的相位差为

$$\Delta = kd(\alpha - \alpha_0), \quad k = \frac{2\pi}{\lambda} \tag{1}$$

若两束光的相位差为 π 的偶数倍, α 方向光束离光栅足够远时, 将会由于相长干涉而出现强度极大值. 此条件可表示为

$$\alpha - \alpha_0 = h\frac{\lambda}{d}, \quad h = 正整数或负整数. \tag{2}$$

$h = 0$ 代表普通的反射, 此时 $\alpha = \alpha_0$; $h = \pm 1$ 代表在普通反射光右侧或左侧的一级衍射光; $h = \pm 2$ 代表二级衍射光, 依此类推.

---

① 刻线机的周期性误差会产生 "鬼线", 也即衍射光谱中虚假的谱线.

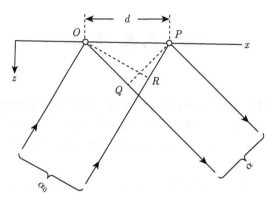

图 52 反射式光栅相位差的确定 $(OP = d = $ 光栅常数$)$

若将所有具有相同相位差的光栅线发出的柱面波都收集在一起, 在与光栅相距大于光栅常数之处将会得到平面波. 当满足方程 (2) 的条件时, 该平面波振幅达到极大值; 而当相位差 Δ 为 π 的奇数倍时, 振幅将为 0. 对于给定的入射光波长 λ, 衍射波的振幅与相位差 Δ 的关系如图 53 中强度曲线所示, 其计算方法将在下面给出. 若要观测到此现象, 需使用一个聚焦于无穷远处的望远镜, 最初 Fraunhofer 正是通过此方法观测到衍射现象的.

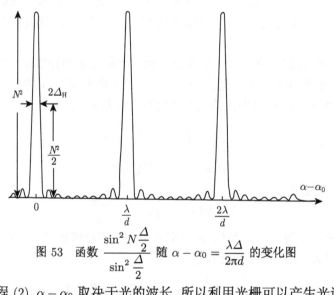

图 53 函数 $\dfrac{\sin^2 N\dfrac{\Delta}{2}}{\sin^2 \dfrac{\Delta}{2}}$ 随 $\alpha - \alpha_0 = \dfrac{\lambda\Delta}{2\pi d}$ 的变化图

根据方程 (2), $\alpha - \alpha_0$ 取决于光的波长, 所以利用光栅可以产生光谱, 即将不同颜色的光分离. 由于 $\alpha - \alpha_0$ 正比于 λ, 所以波长更长的红光将比紫光衍射得更强, 这与本章序言部分提及的现象一致. 光的色散程度也就是不同颜色的光分开的程度正比于光的波长 λ. 因此, 光栅产生了入射白光的光谱, 且该光谱的波长范围与入射光的实际光谱具有正确的波长对应关系. 此外, 光的色散程度还与衍射级次 h 成正比, 二级衍射光的色散程度是一级衍射光的 2 倍. 因此在波长精密测量中更倾向于使用二级或三级衍射谱. 最后, 根据方程 (2) 可知, 色散程度与光栅常数也就是 Rowland 光栅刻线间距 d 成反比. 但零级衍射是一个例外, 在零级衍射中, $\alpha - \alpha_0$ 与颜色无关, 白光的零级衍射光依然是白光, 无法发生色散.

存在一个临界值 $h = h_{\mathrm{cr}}$, 此值对应于 $\alpha = 1$, 并不一定为整数. 当 h_{cr} 恰好为整数时, 此衍射光的传播方向将平行于光栅表面, 这与全反射现象中的反射波类似[1]. 在任何情况, 即使 $h > h_{\mathrm{cr}}$, 衍射光的传播方向依然会平行于光栅表面, 但衍射光将不再以普通电磁波的形式传播, 而是以非均匀电磁波的形式传播, 这种现象也类似于全反射.

下面将证明, 光栅可产生实际的纯净光谱色. 为实现这个目的, 我们必须估算方程 (2) 计算的极大峰的宽度. 讨论过程中假设入射光是波长为 λ 的单色光而非此前讨论的白光.

我们用振幅因子 $f(\alpha)$ 来描述任一光栅槽线所发出的沿 α 方向传播的辐射, 振幅因子 $f(\alpha)$ 对于任何一个光栅槽线都是相同的, 且可将其视为一个随着 α 在极值 ± 1 之间的变化而缓慢变化的函数. 各相继光栅槽线的横坐标可表示为

$$x_0, \cdots, x_n, \cdots, x_{N-1}, \quad x_n = x_0 + nd$$

若忽略时间因子, 我们可以将第 n 条槽线所发出的沿 α 方向的电磁振荡表达式写为

$$u_n = f(\alpha) \exp\{ik(\alpha x + \gamma z) + in\Delta\} \tag{3}$$

其中 Δ 为方程 (1) 中定义的相位差, 这里所谓的电磁振荡可以是矢量 $\boldsymbol{E}, \boldsymbol{D}$ 或 $\boldsymbol{H}$. 对于 $f(\alpha)$ 的意义以及方程 (3) 的系统性推导, 请阅读 §36. 将所有光栅槽线的作用叠加可得

$$u = \sum u_n = f(\alpha) S \exp\{ik(\alpha x + \gamma z)\} \tag{4}$$

其中

$$S = \sum_{n=0}^{N-1} e^{in\Delta} = \frac{1 - e^{iN\Delta}}{1 - e^{i\Delta}} = \frac{e^{iN\frac{\Delta}{2}} \sin N\frac{\Delta}{2}}{e^{i\frac{\Delta}{2}} \sin \frac{\Delta}{2}} \tag{4a}$$

将振幅表达式转化为强度表达式, 可得

$$J = |u|^2 = f^2(\alpha) |S|^2 = f^2(\alpha) \frac{\sin^2 N\frac{\Delta}{2}}{\sin^2 \frac{\Delta}{2}} \tag{5}$$

---

[1] Lord Rayleigh, Phil. Mag. **14**, 60, 1907 and Proc. Roy. Soc. **79**, 399, 1907; W. Voigt, Goettinger Nachr. **40** (1911); 以及 U. Fano, Ann. d. Phys. **32**, 393, 1938; Phys. Rev. **88**, 921, 1948.

此表达式包含两个因式: 第一个因式对应于单个槽线引起的强度, 随 α 而缓慢变化; 第二个因式起因于多个槽线的共同作用, 随 $\alpha - \alpha_0$ 的函数快速变化.

入射光的初始强度包含于方程 (5) 的第一个因式. 第二个因式随 $\alpha - \alpha_0$ 的变化如图 53 所示. 与方程 (1) 和 (2) 中的结果一致, 强度的主极大值位于

$$\frac{\Delta}{2} = \pi h \tag{6}$$

通过方程 (5) 可知, 这些主极大值为 $0/0$ 的形式. 这个极限值通过著名的 de l'Hôpital 法则求解, 所得结果对于所有的衍射级次 h 都适用, 均为 N^2.

此外, 除主极大值外还有一系列次极大值, 它来自于分式中快速变化的分子部分. 由于分母部分变化缓慢, 次极大值的位置可近似地由分子部分确定. 因此在第 h 级主极大值附近, 次极大值的位置可表示为

$$\frac{\Delta}{2} = \pi \left(h + \frac{v}{2N} \right), \quad v = (1), 3, 5 \tag{6a}$$

将 $v = 1$ 值放入括号中是由于其峰值被主极大峰的两侧所掩盖. 次极大的峰值表达式为

$$\frac{1}{\sin^2 \dfrac{v\pi}{2N}} \sim \frac{4N^2}{\pi^2 v^2}$$

由此可知, 需要考虑的第一个次极大值是主极大值 N^2 的 $4/(9\pi^2) \approx 1/22$ 倍. 第二个需要考虑的次极大值为 $4/(25\pi^2) \approx 1/62$ 倍, 此后的次极大值依此类推. 这些次极大值按一个很小的间隔 $\lambda/(Nd)$ 依次排列; 在各次极大值之间, 都会出现强度值为零的点.

下面我们来计算主极大峰的半高宽 $2\Delta_{\mathrm{H}}$, 如图 53 左侧所示. 此半高宽由下面的方程给出:

$$\frac{\sin^2 N \dfrac{\Delta_{\mathrm{H}}}{2}}{\sin^2 \dfrac{\Delta_{\mathrm{H}}}{2}} = \frac{N^2}{2} \tag{6b}$$

方程右侧为最高强度的一半. 由于 Δ_{H} 很小, 因此左侧分母中的正弦函数可用其弧度值替代. 因此, 可将上式写为

$$\sin^2 x = \frac{x^2}{2}, \quad x = N \frac{\Delta_{\mathrm{H}}}{2} \tag{6c}$$

查找正弦函数表可得方程 $\sin x = x/\sqrt{2}$ 的解:

$$x \sim 80° = 1.38, \quad 因此 \Delta_{\mathrm{H}} = \frac{2 \times 1.38}{N}$$

半高宽是上式所求值的 2 倍, 即 $5.5/N$. 由于 N 是一个很大的数值, 因此半高宽是一个非常小的值. 正是由于这个原因, 光谱中各种颜色光的主极大值一个接一个排布, 因此颜色之间位置不会发生明显的重叠. 当然也不能排除不同衍射级次光谱的两端可能发生重叠. 因为色散随着 h 增加, 混合色可能以这种方式产生. 实际上, 我们不难发现二级光谱的红端会与三级光谱的紫端发生重叠, 这是因为 $\lambda_{\mathrm{red}} \sim 2\,\lambda_{\mathrm{violet}}$, 所以 $2\,\lambda_{\mathrm{red}} > 3\,\lambda_{\mathrm{violet}}$.

最后, 我们须将强度表达式 (5) 的第二个因式, 也就是图 53 所示的函数, 乘上一个因子 f^2. 通常 f^2 会随 $|\alpha|$ 的增大而不断减小, 因此衍射光强会随衍射级次 h 增大而减弱. 然而, 这个结论只成立于 "通常情况". 在特殊情况下, f 的形式完全取决于光栅槽线的形状, 如刻线机钻石刻头的形状. 而且 f 也不一定是 α 的偶函数. 例如, 有些情况下 $h > 0$ 的光谱会比 $h < 0$ 的光谱更强. 更有特殊的情况, 大部分光的能量会集中于单一个级次的光谱内, 这正是某些特殊应用中所特别希望的. §36D 节将会给出详细的讨论.

B. 交叉光栅

两组光栅刻线正交或斜交形成的光栅称为交叉光栅. 这样, 在光栅平面上出现了一组沿两个方向延伸的黑暗矩形或平行四边形. 或者也可认为交叉光栅是在黑暗背景上的一个二维排布的明亮矩形系统 (如前文提到的雨伞形成的光栅) 或任意形状的明亮斑点 (如圆斑) 系统.

与线型光栅讨论中的一样, 这里也假设光栅位于 xy 平面. 为讨论方便, 我们假设光栅的刻线分别沿 x 轴和 y 轴方向排列, 也就是刻线形成矩形交叉. 在这里的讨论中, 需将方程 (4) 中对槽线 n 的求和替换为对两组槽线 n_1 和 n_2 的二重求和, 于是有

$$S = \sum_{n_1=0}^{N_1-1} \sum_{n_2=0}^{N_2-1} \exp\{in_1\Delta_1 + in_2\Delta_2\} \tag{7}$$

$$\Delta_1 = 2\pi d_1 \frac{\alpha - \alpha_0}{\lambda}$$

$$\Delta_2 = 2\pi d_2 \frac{\beta - \beta_0}{\lambda}$$

通过求和并计算光强, 可将方程 (5) 改写为

$$J = f^2(\alpha, \beta) \frac{\sin^2 N_1 \dfrac{\Delta_1}{2}}{\sin^2 \dfrac{\Delta_1}{2}} \frac{\sin^2 N_2 \dfrac{\Delta_2}{2}}{\sin^2 \dfrac{\Delta_2}{2}} \tag{8}$$

通过方程 (1)、(2) 可得, 若满足以下条件则会出现衍射主极大值

$$\Delta_1 = 2\pi h_1 \quad \text{且} \quad \Delta_2 = 2\pi h_2 \tag{8a}$$

式中，h_1 和 h_2 为任意正负整数. 根据方程 (7)，这些主极大值相应的偏折光传播方向 α, β 为

$$\alpha - \alpha_0 = h_1 \frac{\lambda}{d_1}, \quad \beta - \beta_0 = h_2 \frac{\lambda}{d_2} \tag{9}$$

主极大值的强度正比于 $N_1^2 N_2^2$. 当只满足方程 (8a) 中的两个条件之一时，强度将仅与 N_1^2 或 N_2^2 成正比，因此其值将远远小于主极大值. 对于方程 (6) 所表示的次极大值也会远远小于主极大值. 由方程 (9) 可知，对于每一个波长 λ 都有一对与之对应的 α 和 β 值，因此所有满足方程 (9) 的情况将组成一个完整的光谱. 当 $h_2 = 0$ 时，光谱将会沿平行于 x 轴的方向延展；当 $h_1 = 0$ 时，光谱将会沿平行于 y 轴的方向延展. 通常情况下 h_1 和 h_2 均不为 0，光谱将会呈径向延展，即向中心点 α_0, β_0 延展. 只有在这个中心点处光不会被光谱分解，保持为白色. 与之前一样，由于方程 (8) 中因式 $f^2(\alpha, \beta)$ 的作用，位于外围的光谱和颜色显现一般都会明显减弱.

C. 空间光栅

下面我们来探讨一下如何制作一个三维光栅. 传统的刻线机及透明纤维叠层法都无法实现三维光栅的制备. Max von Laue 提出了一种独具匠心的设想，即以大自然本身提供的无缺陷非吸收晶体作为三维光栅使用. 虽然这种晶体光栅在光学领域没有用途，但在 X 射线光谱范围却得以广泛应用. 直至 1912 年，人们还没有认识到 X 射线的光谱范围，但借助 Laue 的发现，我们可以对其进行定量的确定. 对于光学应用的目的，晶格网络的尺寸实在是太小了，但对于 X 射线分析，其尺寸量级正好匹配. 事实上，晶体中原子的间距 (几个Å, 1Å $=10^{-8}$cm) 恰好与软 X 射线的波长基本一致，正如 Rowland 光栅中刻线间距与红光波长 (1/2μm, 1μm$=10^{-4}$cm) 相类似一样.

为了使公式尽可能简明，这里只针对正交晶体进行讨论，需要强调的是，若使用斜坐标系，三斜晶体的讨论也并不困难. 假设正交晶体晶胞的三个边长分别为 a, b 和 c (在之前讨论的假设中使用 d_1, d_2 和 d_3)，由此将方程 (9) 改写为三维形式，我们就得到了基本 Laue 方程：

$$\alpha - \alpha_0 = h_1 \frac{\lambda}{a}, \quad \beta - \beta_0 = h_2 \frac{\lambda}{b}, \quad \gamma - \gamma_0 = h_3 \frac{\lambda}{c} \tag{10}$$

当然，四方和立方晶系的特殊情况 ($b = a$, $c = b = a$) 同样适用于此方程.

在 Laue 的实验中，他令 X 射线穿过一系列晶体薄片. 在 1912 年春，Friedrich 和 Knipping 利用垂直于四次或三次对称轴切割的闪锌矿 ZnS 晶体片，获得了 X 射线衍射的照片. 在这里，晶体的作用不是反射光栅，而是透射光栅. 从晶体射出的射线在其后的照相底片上形成非常美丽的 "Laue 图". 照相底片原件现存放于慕尼黑市的德意志博物馆，衍射图样的复制照片无数次出现在教材中.

衍射光强通过经适当推广的方程 (8) 计算. 参与衍射的晶格单元数量 N 由晶片厚度及入射 X 射线的横截面积决定. 方程 (8) 中的因子 $f(\alpha, \beta)$ 需由 "原子形状因子" 替代, 其详细讨论请参考晶体分析理论.

此处理论与交叉光栅理论的不同之处在于, 由于 $\alpha^2 + \beta^2 + \gamma^2 = 1$, 所以方程 (10) 中的三个公式并非对于任意波长 λ 都能同时成立. 交叉光栅可以形成包含所有波长的完整光谱, 但空间光栅的光谱对波长是有选择性的. 每一个 Laue 斑对应一个特征波长. 然而, 由于对称性的原因, 若干个 Laue 斑可能对应同一波长 λ. 例如, 对于具有四次对称性的闪锌矿衍射图, 通常同一波长对应 8 个 Laue 斑. 从每一个 Laue 斑都只从入射 "X 光" 中选择它自己特定的 "颜色" 这个意义上来说, Laue 图再次显现了交叉光栅光谱的多色特性.

下面通过计算分析来确认上述结果, 将方程 (10) 中所确定的 α, β, γ 值平方并求和, 并考虑 $\alpha_0^2 + \beta_0^2 + \gamma_0^2 = 1$ 的条件, 消去一个公因数 λ, 可得

$$\lambda = -2 \frac{\alpha_0 \frac{h_1}{a} + \beta_0 \frac{h_2}{b} + \gamma_0 \frac{h_3}{c}}{\frac{h_1^2}{a^2} + \frac{h_2^2}{b^2} + \frac{h_3^2}{c^2}} \tag{11}$$

因此, 一旦确定了每一个 Laue 斑的干涉级次 h_1, h_2, h_3, 对于已知的晶格, 每一个 Laue 斑所对应的波长也将确定. 同时, 与 Bragg 的方法相比, Laue 的实验中使用的是连续 X 射线谱, 也就是所谓的 "白色 X 射线" 或 "轫致辐射".

在讨论 Bragg 的实验之前, 我们先根据方程 (10) 得出另一个结论. 将方程 (10) 左侧的部分平方并求和, 可得

$$(\alpha - \alpha_0)^2 + (\beta - \beta_0)^2 + (\gamma - \gamma_0)^2 = 1 - 2(\alpha\alpha_0 + \beta\beta_0 + \gamma\gamma_0) + 1 = 2 - 2\cos 2\theta = 4\sin^2\theta \tag{12}$$

这里, 2θ 是以 $\alpha_0, \beta_0, \gamma_0$ 入射的光线与以 α, β, γ 衍射的光线之间的夹角 (图 54). 平面 E 是将两束射线夹角 2θ 平分的平面. 下面我们将方程 (10) 右侧部分平方并求和, 可得

$$\lambda^2 \left\{ \left(\frac{h_1}{a}\right)^2 + \left(\frac{h_2}{b}\right)^2 + \left(\frac{h_3}{c}\right)^2 \right\} = \frac{\lambda^2}{D^2} \tag{13}$$

式中, D 是与边长 a, b, c 有相同数量级的长度. 如果将方程 (13) 中的整数 h 提出公因子

$$h_1 = nh_1^*, \quad h_2 = nh_2^*, \quad h_3 = nh_3^* \tag{14}$$

我们可推导出 D 的更精确表达式, 将其写为

$$D = \frac{d}{n}, \quad d = \left\{ \left(\frac{h_1^*}{a}\right)^2 + \left(\frac{h_2^*}{b}\right)^2 + \left(\frac{h_3^*}{c}\right)^2 \right\}^{-\frac{1}{2}} \tag{14a}$$

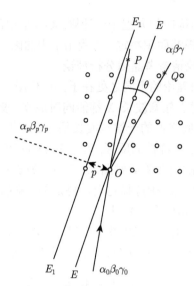

图 54   空间晶格中的 X 射线衍射

令方程 (12) 和 (13) 相等, 并由式 (14) 和式 (14a), 可得 Bragg 方程:

$$2d\sin\theta = n\lambda \tag{15}$$

在此之前, 我们曾经在与 Wiener 驻波相关的方程 (8.6) 中遇到过这个方程. 在那里, 长度 d 代表由驻波产生的两个相邻 "屏" 层之间的间距, 它曾被用于 Lippmann 彩色摄影. 现在我们必须要研究 d 在晶格情形中的意义.

为了达到这个目的, 我们要先构建图 54 中平面 E 的方程. 我们使用直角坐标系, 其方向 x, y, z 分别平行于晶轴 a, b, c, 且其原点为位于平面 E 中的格点 O. 此点同时也为图 54 中衍射光线的原点. 以 O 为起点, 我们沿入射光线方向取线段 OP, 沿衍射光方向取线段 OQ, 并且令

$$OP = OQ = 1$$

于是, 点 P 和 Q 的坐标分别为

$$\alpha_0,\ \beta_0,\ \gamma_0 \text{ 和 } \alpha,\ \beta,\ \gamma$$

现在, 我们可以将平面 E 定义为到点 P 和 Q 所有等间距点的轨迹:

$$(x-\alpha_0)^2 + (y-\beta_0)^2 + (z-\gamma_0)^2 = (x-\alpha)^2 + (y-\beta)^2 + (z-\gamma)^2$$

此式简化可得

$$(\alpha-\alpha_0)\,x + (\beta-\beta_0)\,y + (\gamma-\gamma_0)\,z = 0$$

将方程 (10) 和 (14) 代入此式, 可得

$$\frac{h_1^*}{a}x + \frac{h_2^*}{b}y + \frac{h_3^*}{c}z = 0 \tag{16}$$

这里的平面 E 就是晶体中的一个点阵平面, 意味着对于一个无边界的晶体, 平面 E 包含有无数个格点 (如果点阵平面内包含 3 个格点, 由于晶格的周期性, 那么点阵平面一定会拥有无数个格点). 数值 h^* 被称为点阵平面的 Miller 指数 (Miller 指数的大小决定平面内格点的密度, h^* 越小意味着格点密度越大; h^* 越大格点密度越小. 晶体的自然边界面都是 Miller 指数 h^* 小的点阵平面). 一个平行于点阵平面的平面与晶轴 a, b, c 的交点坐标满足如下比例关系:

$$\frac{a}{h_1^*} : \frac{b}{h_2^*} : \frac{c}{h_3^*} \tag{17}$$

这是宏观晶体学中对于 Miller 指数的原始定义, 这里人们不讨论点阵平面而是直接讨论晶体的自然晶面. 这时 a, b, c 仅用相对长度来定义 (如假设 $b = 1$). 由于我们这里主要讨论关于晶体结构的微观理论, 可以用正交晶胞的边长作为 a, b, c 的绝对值. 因此, 方程 (17) 中的数值也就变成了轴向部分的绝对长度, 平行于且最靠近方程 (16) 的点阵平面 E 可表达为

$$\frac{h_1^*}{a}x + \frac{h_2^*}{b}y + \frac{h_3^*}{c}z = 1 \tag{18}$$

如果我们把方程 (18) 中的 1 替换为任意整数 n, 那么就得到了另一个平行于 E 的点阵平面 E_n, 它与坐标轴相交于 $na/h_1{}^*$, $nb/h_2{}^*$, $nc/h_3{}^*$. 若 n 值不为整数, 那么它就不代表一个点阵平面, 这是由于其与晶体周期性相矛盾.

方程 (18) 的标准形式写成

$$\cos\alpha_p x + \cos\beta_p y + \cos\gamma_p z = p \tag{19}$$

$$\cos\alpha_p = \frac{h_1^* p}{a}, \quad \cos\beta_p = \frac{h_2^* p}{b}, \quad \cos\gamma_p = \frac{h_3^* p}{c}$$

$$p = \left\{ \left(\frac{h_1^*}{a}\right)^2 + \left(\frac{h_2^*}{b}\right)^2 + \left(\frac{h_3^*}{c}\right)^2 \right\}^{-\frac{1}{2}}$$

其中, p 代表从点 O 到面 E_1 的垂直距离, 也就是面 E 与面 E_1 之间的距离; α_p, β_p, γ_p 为 p 的方向余弦, 见图 54. 但是由方程 (19) 可知, p 与方程 (14a) 中长度 d 是一样的. 因此, 之前的长度 d 就是点阵平面系统的间距, 该系统的 Miller 指数等于前述的干涉级次 h(消去任何可能的公约数).

Bragg 方程 (15) 可视作 "点阵平面序列的反射", 它不仅是某一个点阵平面的反射, 而且是一系列相互平行点阵平面的反射. 由图 55 可立即看出, 用 Laue 的理论也可独立地得到相同的结论. 为了使得 E_0 处反射的波能被 E_1 处反射的波加强,

也就是为了使波的振幅加倍, 这两束波的光程差必须为波长 λ 的整数倍. 这种情况下的光程差为 $AO_1 + O_1B$. 图中阴影三角形的斜边为 $OO_1 = d$, 于是有

$$AO_1 = d \sin \theta = O_1B$$

因此, 上述条件变为与方程 (15) 一致:

$$2d \sin \theta = n\lambda$$

这个条件同样可保证点阵平面 E_2, E_3, $\cdots$, E_{-1}, E_{-2} 的反射得到加强, 因此可导出射线强度的 Laue 放大系数 N^2.

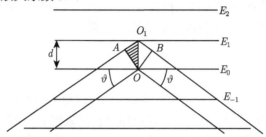

图 55　Bragg 方程的直接推导: 点阵平面 E 的反射

这里的推导显示, 就目前的情况而言, 仅仅是点阵平面 E 的序列规则性在起着决定性的作用, 而点阵平面 E 内部原子排布的周期性并不重要. 即使点阵平面内原子呈完全的随机分布, 例如 Wiener 层中随机分布的银颗粒, 干涉效应依然不会受到影响. 在这种情况下, 我们可以将其称为一维晶体. 三维晶格与其不同之处在于, 在三维晶格中存在很多组平行的点阵平面序列, 每一组点阵平面都会同时产生十涉效应.

紧随 Lauc 之后, William Bragg 和他的儿子 Lawrence Bragg (Cavendish 实验室 Rutherford 的继任者) 率先测定了大多数现在被认为是比较简单的晶体结构 (如岩盐、钻石、萤石、黄铁矿等). 随后他们又测定了一些高度复杂的有机或无机晶体的晶体结构 (例如, 146 页中关于云母的讨论). 他们探测了多种点阵平面的掠射角 θ, 进而通过方程 (15) 确定了相应的点阵平面间距 d. 他们在实验中并没有使用连续 X 射线谱, 而使用的是某些物质的特征线, 例如 Cu 的 K_α 线 $\lambda = 1.537$ Å. 除了反射射线的方向外, 其强度在确定晶体的结构时也具有重要的作用, 偶数或奇数级次消光的观测尤其重要.

Debye 给出了关于晶体中热运动对反射强度影响的一般解释. C. G. Darwin 研究了大多数晶体中都会出现的取向差效应 (也就是所谓的晶体中的马赛克结构). P. P. Ewald 的 X 射线干涉 "动力学理论" 完成了对 Laue 理论的深层扩展. 这个理论在分析时考虑了初始辐射在穿过晶格时的衰减, 以及在格点与格点之间传播时的互辐射. 重要的 "倒易点阵" 概念也是由 Ewald 提出的.

§33 大量随机分布颗粒的衍射

这里我们考虑一个被浓密烟雾颗粒或石松粉覆盖的玻璃片. 光源尽可能小并且放置于很远处, 我们通过聚焦于无穷远处的眼睛穿过玻璃片观测光源. 假设颗粒具有相同的尺寸且形状为圆形, 通过一个滤波片, 我们从光源中选择了一个波数为 k 的窄波段作为研究对象.

玻璃片位于 xy 平面, 平面的原点 $x = 0$, $y = 0$ 位于眼睛与光源的连线上. 小衍射圆盘的中心位置坐标表示为 x_n, y_n. 每一条由颗粒发出并到达眼睛的光线, 其传播方向定义为 α, β, γ, 其辐射振幅公式为

$$u_n = f(\alpha, \beta, \gamma) \exp\{ik[\alpha(x - x_n) + \beta(y - y_n) + \gamma z]\} \tag{1}$$

其中 $f(\alpha, \beta, \gamma)$ 将会在 §36 中详细解释. 与公式 (32.4) 一样, 总振幅可写为

$$\left|\sum u_n\right| = f(\alpha, \beta, \gamma) S \tag{2}$$

$$S = \left|\sum_{n=1}^{N} \exp[-ik(\alpha x_n + \beta y_n)]\right| \tag{3}$$

式中, N 为颗粒的总数. 这里我们将包含有 x, y, z 的因式放于求和符号之前, 同时考虑到在取绝对值时这些因式将会消失.

由于颗粒的坐标 x_n, y_n 未知, 所以这里的求和也就不能像 §32 中的那样用代数法求和. 因此, 我们必须引入统计步骤. 方程 (3) 中的 k 为已知量; α, β 可能为任意值, 一旦选定一组特定值, 它们将会被固定; 假设求和函数中的 x_n, y_n 为完全随机值. 方程 (3) 要求我们将复平面上的 N 个具有随机方向的单位矢量相加, 进而确定合成矢量的长度. 概率论中的一个定理为: 如果所有方向都具有相同的概率, 那么合成矢量的长度为 $\sqrt{N}$. 这个定理在 Brown 运动理论中也曾用到, 其中, 如同我们的衍射问题一样, 所要研究的是, 大量在平均意义上相同的冲击的叠加问题, 这种冲击是由被观察胶体颗粒受其周围液体分子碰撞所产生的.

为了证明这个定理, 我们令方程 (3) 中的指数函数为 $i\varphi_n$ (扣除了 2π 整数倍后的值), 得

$$S = \left|\sum_{n=1}^{N} e^{i\varphi_n}\right|, \quad S^2 = \sum_n e^{i\varphi_n} \sum_m e^{-i\varphi_m}$$

我们现在可以得到 S 的统计平均值 $\overline{S}$, 这里将其定义为 S^2 平均值的平方根, 表达式为

$$\overline{S} = \sqrt{\overline{S^2}}, \quad \overline{S^2} = \frac{1}{2\pi}\int_0^{2\pi} d\varphi_1 \frac{1}{2\pi}\int_0^{2\pi} d\varphi_2 \cdots \frac{1}{2\pi}\int_0^{2\pi} d\varphi_N S^2 \tag{4}$$

因此, 这里将根据每一个处于 $0 \sim 2\pi$ 区间的 φ_n 求 S 的平均数. 对于每一个 φ_n 都假设其处于各角度的概率相等, 同时由于我们并不知道确定 φ_n 值的方程 (3) 中 x_n, y_n 的值, 因此根据方程 (4) 可知所有 φ_n 都是互相独立的.

首先, 我们计算方程 (4) 中仅与 φ_1 有关的积分:

$$\frac{1}{2\pi} \int_0^{2\pi} \mathrm{d}\varphi_1 \left(\mathrm{e}^{\mathrm{i}\varphi_1} + \sum_{n=2}^{N} \mathrm{e}^{\mathrm{i}\varphi_n} \right) \left(\mathrm{e}^{-\mathrm{i}\varphi_1} + \sum_{m=2}^{N} \mathrm{e}^{-\mathrm{i}\varphi_m} \right) \tag{4a}$$

积分中两个括号内式子的乘积可写为

$$1 + \cdots + \cdots + S_1^2, \quad S_1^2 = \sum_{n=2}^{N} \mathrm{e}^{\mathrm{i}\varphi_n} \sum_{m=2}^{N} \mathrm{e}^{-\mathrm{i}\varphi_m}$$

未被写出的中间项包含因式 $\exp(\mathrm{i}\varphi_1)$ 和 $\exp(-\mathrm{i}\varphi_1)$, 因此, 当对 φ_1 求积分时这些项为零. 另两项不包含 φ_1, 所以此式最终化简为 $1 + S_1^2$.

下面我们计算

$$\frac{1}{2\pi} \int \mathrm{d}\varphi_2 (1 + S_1^2) = 1 + 1 + S_2^2, \quad S_2^2 = \sum_{n=3}^{N} \mathrm{e}^{\mathrm{i}\varphi_n} \sum_{m=3}^{N} \mathrm{e}^{-\mathrm{i}\varphi_m} \tag{4b}$$

不断做类似计算, 最后可得

$$\overline{S^2} = 1 + 1 + 1 + \cdots = N, \quad \overline{S} = \sqrt{N} \tag{5}$$

这就证明了此前提到的概率论定理. 由于大量随机分布颗粒在空间排布上的对称性, 所以可以期望 $\overline{S}$ 与 α, β 无关.

现在回到方程 (2) 的讨论, 我们找到了衍射图样的光强

$$J = N J_0, \quad J_0 = f^2(\alpha, \beta, \gamma) \tag{6}$$

J_0 为单个衍射圆盘的衍射光强. 因此对于衍射元呈随机分布情形, 衍射图样的光强通过对单个衍射元的衍射光强求和得到, 而不是光栅情形中的对振幅求和. 在方程 (6) 中所包含的系数为 N, 而非图 53 中的放大系数 N^2.

在这里我们讨论的衍射元为圆盘, 所以 J_0 并不由 α, β, γ 独立地决定, 而是由径向角距离 $s = (\alpha^2 + \beta^2)^{1/2} = (1 - \gamma^2)^{1/2}$ 决定. 正如 §36 将讨论的那样, J_0 在衍射图样中心将具有一个平坦的最大值, 并且第一次下降为零的位置 $s = s_1$ 可以清晰确定. 从中心向外还会相继出现一个相对很弱的极大值, 并伴随一个不陡峭的零点, 等等. 由 §36 的讨论可知, s_1 的表达式为

$$s_1 = 0.61 \frac{\lambda}{a} \tag{7}$$

式中, a 为衍射圆盘的半径. 因此, 当 a/λ 减小时, 衍射图样将会向外扩大.

如果我们用白光替代之前讨论所用的单色光, 那么衍射图样的中心将显示为白色, 这是由于所有颜色光的衍射最大值都会出现在图样中心处. 衍射图样中心圆盘的外边缘会呈红色, 这是由于在

$$s_1 = 0.61 \cdot \frac{\lambda_{\text{blue}}}{a} \tag{7a}$$

处蓝光成分会缺失. 在大约两倍于此距离的位置, 可以预见其颜色将带蓝色色调, 这是由于此处红光成分缺失. 从中心继续向外时, 衍射光的颜色及强度会逐渐减弱. 如果衍射颗粒的形状不是球形, 那么单个颗粒的衍射光强 J_0 将会同时取决于 α 和 β. 然而, 只要颗粒的位置和方向都具有随机性, 则由所有 N 个颗粒共同作用的衍射光强 J 将保持其圆对称性, 这是因为在关于 S 的表达式 (3) 中, 不但要对颗粒的所有位置求和, 还要对颗粒的所有方向求和.

如果研究的对象不是具有相同尺寸的颗粒, 而是诸如一些半径不同的水滴, 那么根据方程 (7), 在单色光的照射下零级衍射环将会模糊. 在白光的照射下, 衍射图样的颜色会很难分辨, 但衍射图样中心部分依然会显示为白色. 如果用平均半径 $\bar{a}$ 代替 a, 那么通过方程 (7a) 可估算衍射图样中心白色光斑的尺寸.

需要指出, 这里关于 S 的统计平均值只是近似有效. 若光源为严格的单色光, 那么衍射图样将会表现出 "颗粒化", 即所谓的 "径向纤维结构". 其原因在于, 径向上统计平均值的波动比与之垂直的方位角上统计平均值的波动更强. M. von Laue 对这种波动进行了详细的实验及理论研究[1].

下面我们来介绍这个理论的气象学应用. 由于光源 (太阳或月亮) 具有一定尺寸且其发出的光为白光, 所以显然无须考虑上述波动. 现实中日华和月华是云层颗粒衍射的结果, 光主要被其中的小水滴衍射. 由于水滴的尺寸不一, 所以成色现象通常较弱, 太阳和月亮通常被白色或蓝白色包围. 正如序言中所提及的, 通常华现象的边缘都呈红色, 这是其衍射本质的反映. 根据华现象边缘的角半径 (不同的观察结果有些差异), 利用方程 (7a) 可推算出水滴的平均直径 $2\bar{a}$ 通常在 $0.01 \sim 0.03$ mm 范围内. 印度尼西亚的 Krakatoa 火山爆发后, 火山灰颗粒漂移到了欧洲, 因此欧洲也可以观测到一个巨大的红棕色太阳光环. 光环角半径为 $20° \sim 25°$, 由此可推测出颗粒直径为 0.002 mm.

卷云中的冰晶颗粒与这里讨论的情况有所不同. 虽然冰晶在日华和月华的衍射中也做了部分贡献, 但它所引起的更典型的现象是日晕和月晕, 而日晕和月晕的成因并非衍射而是折射. 这个结论可通过日晕和月晕现象中颜色的分布来证明: 紫色在外, 红色在内. 此外, 日晕和月晕具有确定的半径, 其半径并不随颗粒尺寸的变化

---

[1] Preußische Akademie 1914, p. 1144.

而改变, 而主要取决于颗粒的晶体结构, 这些事实进一步证明了其成因为折射. 日晕和月晕最常见的角半径为 22°, 这对应于光被六角形柱状的冰晶 (边缘角为 60°) 折射的情况. 如果冰晶由于重力的作用而沿垂直方向排列, 那么晕的光将集中于与太阳等高的晕圆周上的两点. 这就是日晕上两个幻日的成因. 此外, 角半径为 45° 的情况在晕现象中也会出现.

§34 Huygens 原理

Huygens 原理可直观地表述为: 任何给定波面的下一刻形状都可这样确定, 假设该波面上每一点都会发出一个球面波, 画出所有这些球面波的包络即得所求形状. 在均匀介质中, 该作图法产生的波面将平行于原始波面 (原始波面可能存在的边界是例外). 在图 37 中已经看到, 对平面界面采用此作图法会导出一般的折射现象. 同样的处理也会得出一般的反射现象.

Kirchhoff 证明了 Huygens 原理是光学微分方程的精确推论. Huygens 原理构建了经典衍射理论的基础, 而经典衍射理论被成功地用于解决各种相关的光学问题. 然而, 此原理只是一种仅对波长足够小的情况成立的近似. 这是因为, 必须与 Huygens 原理相结合应用的边界条件并没有被精确了解. 此外, 经典理论并未将光场的矢量特性考虑进来, 这个缺陷将在 §38 及其后进行讨论.

A. 球面波

我们对第二卷 §13 中的标量球面声波很熟悉. 与平面波类似, 球面波也是波动方程 $\Delta u + k^2 u = 0$ 的解. 如果假设 u 仅与 x 坐标有关, 在忽略复常数因子的情况下, 可得

$$u = \mathrm{e}^{ikx} \tag{1}$$

另外, 如果假设 u 是仅与坐标系中离原点的距离 r 有关的函数, 那么可得

$$\Delta u = \frac{1}{r} \frac{\mathrm{d}^2 (ru)}{\mathrm{d}r^2}, \quad \frac{\mathrm{d}^2 (ru)}{\mathrm{d}r^2} + k^2 ru = 0, \quad ru = \mathrm{e}^{\pm ikr}$$

因此

$$u = \frac{1}{r} \mathrm{e}^{ikr} \tag{2}$$

这里假设其时间依赖关系为 $\exp(-i\omega t)$ 的形式 (若加入的时间因式为 $\exp(+i\omega t)$ 的形式, 那么原来的出射波就会变成入射波).

电动力学中的矢量球面波将不是那么简单. 若引入 Hertz 矢量作为 u 的特征函数, 将会得到球面电磁波的最简表达式. 对于辐射是由线性振荡偶极子所发出

的特殊情况, Hertz 矢量的引入尤其适用, 详见第三卷 §19 B. 虽然 Hertz 矢量的解析式可由方程 (2) 给出, 也是一个具有球对称性的表达式, 但由其导出的电磁场却不再具有球对称性. 在偶极子振荡方向上环绕有一些圆形的磁场线, 而电场线则存在于振荡方向的各个子午面内. 只有电磁场的相位是球对称的. 电磁场的振幅取决于其方向, 例如, 在偶极子振荡方向上距离大于波长的地方, 其电场振幅将会变为零.

实际的光源 (灯泡或蜡烛等点状光源) 包含所有可能的振荡方向. 这种光源会向各个方向发出无差别的均匀场, 因此场强具有球对称性. 如果我们用方程 (2) 来描述这种场, 就意味着我们放弃了描述诸如偏振等关于光的详细信息的可能.

B. Green 定理和 Huygens 原理的 Kirchhoff 公式

Green 定理用于对标量波方程进行积分; 读者请参阅第二卷 §3 方程 (15) 关于此定理的首次导入, 以及此定理在第三卷和第四卷中的多次应用:

$$\int (u\Delta v - v\Delta u)\mathrm{d}\tau = \int \left(u\frac{\partial v}{\partial n} - v\frac{\partial u}{\partial n}\right)\mathrm{d}\sigma \tag{3}$$

令 u 为代表球面波的函数 (2), 令 v 为方程 $\Delta v + k^2 v = 0$ 所需求得的解. 面 σ 将空间分为两部分, 其中一部分称为 σ 内部, 另一部分称为 σ 外部. 通常情况, σ 延伸至无穷远, 同时无穷远处的点应同属于 σ 的内部与外部. 我们选择 σ 的外部为方程 (3) 左侧部分的积分区域. 假设波源 u 位于 σ 外部的点 P, 但被排除在积分区域外, 可通过一个半径为任意小的球体 K 来实现这个假设, 见图 56.

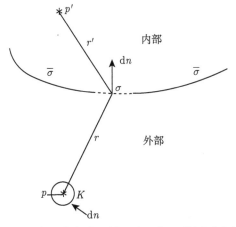

图 56 Green 定理的积分区域. 面 σ 和 $\bar{\sigma}$ 共同形成封闭曲面

由于 u 和 v 所满足的微分方程, 方程 (3) 左侧变为零, 方程右侧的积分值需通过两个边界 σ 和 K 计算[①]; dn 为这两个面的法线方向, 其方向指向 σ 内部. 与第二卷 §20 式 (1a) 中讨论的一样, K 上的积分值为 $-4\pi v_P$, 式中 v_P 为在 K 中心的 v 值. 因此, 方程 (3) 可化为

$$4\pi v_P = \int_\sigma \left(\frac{\partial v}{\partial n} \frac{\mathrm{e}^{\mathrm{i}kr}}{r} - v \frac{\partial}{\partial n} \frac{\mathrm{e}^{\mathrm{i}kr}}{r} \right) \mathrm{d}\sigma \tag{4}$$

需要强调的是, 与之前 Green 定理在势能理论中的应用一样, 在这里的计算中球面波 u 的作用为数学辅助函数, 或者也可将它看成一个用于研究光场 v 的 "探针". 这个 "虚拟" 球面波与将在方程 (4b) 中作为光场源函数的真实球面波毫无关系. 在方程 (4) 中, 我们用方程 (2) 给出的 u 和 $\partial u/\partial n$ 值代替了它们自身, 从而将这个探针从所要研究的场 v 中移除. 从现在开始, 我们要忽略这些量的来源, 而仅把它们看成由面元 $\mathrm{d}\sigma$ 所发出, 且传播到距离为 r 的 P 点处的球面波表达式. 只有通过对方程 (4) 的这种解释, 我们才能得到 Huygens 原理的基础.

如果我们知道面 σ 上 v 和 $\partial v/\partial n$ 的边界值 (或者更准确地说, 我们已知这些边界值), 便可通过公式 (4) 计算任一 σ 外部 P 点的 v 值. 下面假设 σ 包括一个不透明部分 $\bar{\sigma}$ 以及一个透光孔, 从此以后我们将透光孔称为 σ, 也就是图 56 中的虚线部分. 可以合理地假设, 当从外部接近 $\bar{\sigma}$ 时, 会发现其上的值是

$$v = 0, \qquad \frac{\partial v}{\partial n} = 0 \tag{4a}$$

因此, 即使对于新定义的 σ, 方程 (4) 依然成立. 同时, 还可合理地假设在透光孔处的 v 值与 $\bar{\sigma}$ 不存在时的值也一样. 例如, 如果 v 来自于强度为 A 的发光点 P', 那么透光孔内的边界值为

$$v = A \frac{\mathrm{e}^{\mathrm{i}kr'}}{r'}, \quad \frac{\partial v}{\partial n} = A \frac{\partial}{\partial n} \frac{\mathrm{e}^{\mathrm{i}kr'}}{r'} \tag{4b}$$

其中, r' 的定义如图 56 所示.

但是严格地说, 方程 (4a), (4b) 的假设在数学上存在矛盾. 在 Riemann 函数理论中有这样一个著名的定理: 如果一个二维势 v 连同其沿一条有限曲线段 s 的法向导数一起为零, 那么 v 在整个平面内也将一起为零. 这个定理也可推广至二维波

[①] 事实上还应加入第三个边界面, 它是中心位于 P 点的一个半径非常大的球面, 此球面不包含无穷远的点. 其面元可表示为 $\mathrm{d}\sigma = r^2 \mathrm{d}\omega$, 将 r^2 与被积函数结合, 对这个面的积分变为

$$\int \left\{ r \left(\frac{\partial v}{\partial n} - \mathrm{i}kv \right) + v \right\} \mathrm{e}^{\mathrm{i}kr} \mathrm{d}\omega$$

由于辐射条件 (见 §38 方程 (1d)) 且 v 在 $r \to \infty$ 处变为零, 大括号{}内的值将变为零, 因此积分值也将为零.

动方程的解中[1]. 同样, 在任何有限面元 σ 上, 若满足条件 (4a), 那么任何三维势或波动方程的解将在整个空间内变为零. 因此, (4a) 似乎也就意味着 $v = 0$ 处处都成立.

另外, 若将此定理应用于任意两个三维波动方程的解析解 v 和 v' 之差 $\omega = v - v'$, 那么如果在任意一个有限面元 σ 上满足 $v = v'$ 和 $\partial v/\partial n = \partial v'/\partial n$ 的条件, 则在整个空间内应有 v 和 v' 处处相等. 因此, 方程 (4a) 和 (4b) 的假设不但与已知物理情况相矛盾, 而且这两个假设之间也是相互矛盾的.

事实上, 如果将 P 点设置在 $\bar\sigma$ 或 σ 上, 并根据方程 (4) 计算边界值 (4a) 或 (4b), 我们甚至无法得到它们的值. 因此, 只有当已知正确的边界条件 v 和 $\partial v/\partial n$ 时, 我们才能根据方程 (4) 求出正确的 v_P 值.

C. Green 函数和 Huygens 原理的简化公式

若将方程 (3) 中的球面波 u 替代为属于我们曲面的 Green 函数, 就会避免之前提到的数学上的矛盾. Green 函数通过以下条件定义[2]:

$$在 \tau 内, \Delta G + k^2 G = 0 \tag{5a}$$

$$在 \sigma 上, G = 0 \tag{5b}$$

$$当 r \to 0 时, G \to u \tag{5c}$$

$$当 r \to \infty 时, r\left(\frac{\partial G}{\partial n} - \mathrm{i}kG\right) \to 0 \tag{5d}$$

与之前讨论的一样, r 为距点 P 的距离. 条件 (5d) 是第四卷 §28 中所谓的辐射条件. 与 u 类似, 条件 (5c) 意味着 G 仅在 P 点存在一个奇点, 而在外部的其余各处均连续. G 与 u 的不同之处在于加上了条件 (5b). 由于它的加入, 方程 (4) 中包含 $\partial v/\partial n$ 的项将消失, 并且此方程变为[3]

$$4\pi v_P = -\int_\sigma v\frac{\partial G}{\partial n}\mathrm{d}\sigma \tag{6}$$

现在我们仅需要规定 v 自身的边界值. 与式 (4a), (4b) 相似, 可假设其为

$$在 \bar\sigma 上, v = 0 \tag{6a}$$

[1] Heinrich Weber, Mathem. Ann. Vol. **1**, 1869, p. 1.

[2] 见第四卷 §10 E 和 §10 F. 在那里所用的术语中, 球面波 u 并非是 Green 函数, 而是微分方程 $\Delta u + k^2 u = 0$ 的 "主解".

[3] 对于不含无穷远的球面 (见 174 页注解 1) 有

$$\int\left(G\frac{\partial v}{\partial n} - v\frac{\partial G}{\partial n}\right)r^2\mathrm{d}\omega = \int r\left(\frac{\partial v}{\partial n} - \mathrm{i}kv\right)rG\mathrm{d}\omega, 它依然会为零.$$

$$在\ \sigma\ 上,\ v = A\exp\frac{\mathrm{i}kr'}{r'} \tag{6b}$$

这些假设在数学上是自洽的. 此外, 根据 Green 函数理论, 边界值 (6a), (6b) 实际上是根据当点 P 位于屏上或在孔中时, 通过计算方程 (6) 求得的 v_P 函数来假设的.

但依然存在的问题是, 这些假设在物理上是否合理? 答案依然是, 这些假设仅仅在波长足够小的情况下近似成立[①]. 在屏的后面, 场并没有完全消失, 同时屏的存在对孔内的场也不是完全没有影响, 至少在距屏边缘波长量级的距离内是如此.

因此, 对 Green 函数的引入虽然不涉及使用该方法的最终合理性, 但这样做确实将方程 (4) 简化成了积分式 (6) 的形式. 然而, Green 函数方法的适用范围仅限于平面屏的特殊情况. 这种情况是 Green 函数可用所谓的基本镜像法方便地表示的唯一特例.

图 57 中, 我们画出了 P 点相对于屏平面 $z = 0$ 的镜像点 S. 对于任一点 $Q = \xi, \eta, \zeta\ (\zeta > 0)$, 可得

$$G = \frac{\mathrm{e}^{\mathrm{i}kr_1}}{r_1} - \frac{\mathrm{e}^{\mathrm{i}kr_2}}{r_2}, \quad \begin{cases} r_1^2 = (\xi - x)^2 + (\eta - y)^2 + (\zeta - z)^2 \\ r_2^2 = (\xi - x)^2 + (\eta - y)^2 + (\zeta + z)^2 \end{cases} \tag{7}$$

x, y, z 和 ξ, η, ζ 都以屏平面内的同一个点 O 作为原点计算. 这个关于 ξ, η, ζ 的函数满足 (5a)~(5d) 的所有条件. 需要指出的是, 由于镜像点 S 位于屏 $\zeta = 0$ 的另一侧, 所以 G 在像点 S 的奇异性并不与这些条件相违背.

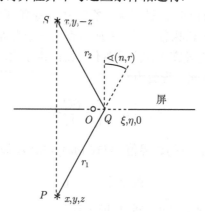

图 57　平面屏的 Green 函数计算示意图

　　[①] 虽然 "波长" 一词及其符号 λ 仅仅是针对平面波的定义, 并且在分析衍射问题中出现的具有更复杂形式的波时它们的含义可能发生改变, 但在这里和以下的讨论中依然会使用它们. 然而, 我们总是可以将 λ 理解为对于所有单色辐射定义并且与平面波的实际波长相一致的 $2\pi c/\omega$.

通过方程 (7) 可求得

$$\frac{\partial G}{\partial \zeta} = \frac{\mathrm{d}}{\mathrm{d}r_1}\left(\frac{\mathrm{e}^{\mathrm{i}kr_1}}{r_1}\right)\frac{\partial r_1}{\partial \zeta} - \frac{\mathrm{d}}{\mathrm{d}r_2}\left(\frac{\mathrm{e}^{\mathrm{i}kr_2}}{r_2}\right)\frac{\partial r_2}{\partial \zeta} \tag{7a}$$

现在, 如果我们将 Q 放于屏上, 如图 57 所示, 则有

$$r_1 = r_2 = r, \quad \frac{\partial r_1}{\partial \zeta} = -\frac{\partial r_2}{\partial \zeta} = \cos(n, r)$$

因此

$$\frac{\partial G}{\partial n} = -\frac{\partial G}{\partial \zeta} = 2\frac{\partial}{\partial r}\left(\frac{\mathrm{e}^{\mathrm{i}kr}}{r}\right)\cos(n, r) \tag{8}$$

对于位置并不靠近屏的所有 P, 此方程还可以被进一步简化. 此时, 有 $kr = \frac{2\pi r}{\lambda} \gg 1$, 因此

$$\frac{\partial}{\partial r}\left(\frac{\mathrm{e}^{\mathrm{i}kr}}{r}\right) = \mathrm{i}k\frac{\mathrm{e}^{\mathrm{i}kr}}{r}\left(1 - \frac{1}{\mathrm{i}kr}\right) \sim \frac{2\pi\mathrm{i}}{\lambda}\frac{\mathrm{e}^{\mathrm{i}kr}}{r} \tag{8a}$$

将式 (8a) 代入式 (8), 再将式 (8) 代入式 (6) 有

$$\mathrm{i}\lambda v_P = \int_{\sigma} \frac{\mathrm{e}^{\mathrm{i}kr}}{r}\cos(n, r)\, v\mathrm{d}\sigma \tag{9}$$

从而我们得到了等价于 Huygens 原理并更精确的表达式. 当光波通过孔 σ 继续传播时, 可将其看成每一个面元 $\mathrm{d}\sigma$ 所发出的球面波, 球面波的振幅和相位由入射光波 v 给定. 我们对与 $\mathrm{d}\sigma$ 相乘的因式 $\cos(n, r)$ 感兴趣. 它符合表面亮度的 Lambert 定律, 最初由 Fresnel 在定性分析时使用. 由于方程 (9) 右侧的量纲为长度 ($\mathrm{d}\sigma/r$), 左侧的因子 λ 就可以理解了.

如果将 v 替换为 (4b) 给出的值, 即对应于点光源照射, 那么方程 (9) 变为

$$\mathrm{i}\lambda v_P = A\int \mathrm{e}^{\mathrm{i}k(r+r')}\frac{\cos(n, r)}{rr'}\mathrm{d}\sigma \tag{10}$$

D. Fraunhofer 衍射和 Fresnel 衍射

假设屏上衍射孔的尺寸与其距观察者和光源的距离 r 和 r' 相比很小, 那么因式 $\frac{\cos(n, r)}{rr'}$ 虽然在狭缝内会发生变化, 但变化量将很微小. 因此, 可将此因式放于积分符号之外, 并令其等于它在积分变量 ξ, η 原点 O 的值. 将 r 和 r' 在原点 O 的值分别称为 R 和 R', 那么可将式 (10) 写为

$$\mathrm{i}\lambda v_P = \frac{A}{RR'}\cos(n, R)\int \mathrm{e}^{\mathrm{i}k(r+r')}\mathrm{d}\xi\mathrm{d}\eta \tag{11}$$

被积函数的剩余部分因 k 值的大小是一个快速变化函数, 为对其进行简化, 我们首先将 r 对 ξ 和 η 以幂级数展开:

$$r = \sqrt{(x-\xi)^2 + (y-\eta)^2 + z^2} = \sqrt{R^2 - 2(x\xi + y\eta) + (\xi^2 + \eta^2)}$$
$$= R - \frac{x}{R}\xi - \frac{y}{R}\eta + \frac{\xi^2 + \eta^2}{2R} - \frac{(x\xi + y\eta)^2}{2R^3} = R - \alpha\xi - \beta\eta + \frac{\xi^2 + \eta^2 - (\alpha\xi + \beta\eta)^2}{2R}$$

式中, α 和 β 分别为衍射射线 $O \to P$ 相对于 ξ 轴和 η 轴的方向余弦. 如果我们将入射射线 $P' \to O$ 的方向余弦称为 α_0 和 β_0(因此 $O \to P'$ 的方向余弦为 $-\alpha_0$ 和 $-\beta_0$), 那么我们相应会得到

$$r' = R' + \alpha_0\xi + \beta_0\eta + \frac{\xi^2 + \eta^2 - (\alpha_0\xi + \beta_0\eta)^2}{2R'}$$

由此可得

$$e^{ik(r+r')} = e^{ik(R+R')}e^{-ik\Phi} \tag{12}$$

其中

$$\Phi = (\alpha - \alpha_0)\xi + (\beta - \beta_0)\eta - \left(\frac{1}{R} + \frac{1}{R'}\right)\frac{\xi^2 + \eta^2}{2} + \frac{(\alpha\xi + \beta\eta)^2}{2R} + \frac{(\alpha_0\xi + \beta_0\eta)^2}{2R'} \tag{13}$$

同时方程 (11) 变为

$$i\lambda v_P = \frac{A}{RR'}\cos(n, R)e^{ik(R+R')}\int e^{-ik\Phi}d\xi d\eta \tag{14}$$

很明显, 展开式 (13) 假设了与 R 和 R' 相比衍射狭缝的线性尺寸很小.

对于 Fraunhofer 衍射情况, 方程 (14) 中剩余的积分部分很容易求解, 此时

$$R \to \infty, \quad R' \to \infty \tag{14a}$$

此条件常见于气象现象, 并且在实验中也最容易实现. 在这种情况下, Φ 中仅剩下线性部分, 我们仅需将平面波做叠加.

如果条件 (14a) 中的一条或两条不能满足, 那么衍射被称为 Fresnel 衍射. 通过选择合适的原点 O (详见 §37), 可令 $\alpha = \alpha_0$ 且 $\beta = \beta_0$, 使得 Φ 中的线性项为零. 对于二次项的积分 (Fresnel 积分) 将为我们提供屏后方整个衍射场的完整图像, 而对于 Fraunhofer 衍射情况, 我们仅局限于距屏很远处的衍射场.

Fresnel 衍射和 Fraunhofer 衍射也分别被称为近焦衍射和远焦衍射. 对于 Fresnel 衍射情况, 可利用凸透镜将位于指定点 P 的衍射场投影到观测屏上, 进而测得其光强. 对于 Fraunhofer 衍射情况, 若通过眼睛在距屏很远处观察衍射场, 其光强将会极弱而无法观测 (对于一个非常小的衍射狭缝尤为如此). 因此, 利用透镜 L 将

所有由衍射狭缝发出的平行光束聚焦于透镜焦平面 E 上的 P 点[①]. 由于类似的原因, 这里使用距屏有限远处的点光源 P' 作为入射光源, 借助透镜 L'(准直透镜) 使其光束变为平行光束后穿过开孔. 当然, P' 必须位于 L' 的焦平面 E', 见图 58.

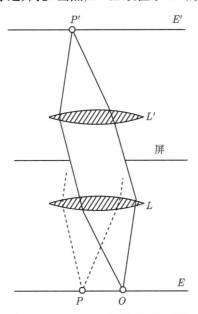

图 58 Fraunhofer 衍射观测原理图

若 O 为 P' 根据几何光学推算出的像点, 那么平面 E 中的 P 点坐标 (坐标系以 O 为原点) 将正比于 $\alpha - \alpha_0$ 和 $\beta - \beta_0$ 的值. 根据式 (13) 和式 (14), P 点光强只与这两个值有关 (由于 $|\exp\{ik(R + R')\}| = 1$, 且 A 与 RR' 类似, 被认为趋于无穷大, 所以 (14) 中积分前面的因式为常数). 在这个 "望远" 观测中, L 为物镜; 用于观察在 E 面产生的衍射图样的目镜并未显示在图 58 中. 聚焦于 P 的衍射射线在图中用虚线表示, 按照 Huygens 原理的表述, 此处绘制的射线可看作源于衍射狭缝[②].

若类似于 §32 和 §33 中那样存在数量巨大的 N 个衍射狭缝, 那么望远装置就变得没有必要了. §32 中的放大系数 N^2 和 §33 中的放大系数 N 使得即使在很远处通过肉眼观测衍射图样也成为可能.

E. Babinet 原理

若有两个衍射屏 1 和 2, 屏 1 的通光处等同于屏 2 的遮光处, 且反之亦然, 则称它们 "互补". 我们计算来自于同一原始光源的 v_1 和 v_2, 并对它们求和. 我们断

---

① 此处我们可以忽略由透镜 L 和 L' 边缘引起的衍射现象.

② Fresnel 衍射也可通过望远镜观测, 此时目镜并非聚焦于焦平面 E, 而是聚焦于任意焦外平面. 当然, 也可通过照相底片记录衍射图样, 而不是通过眼睛观察衍射图样.

言 "在 Huygens 原理的框架下" 有

$$v_1 + v_2 = v \tag{15}$$

式中, v 为两衍射屏不存在时在观测点处未被影响的原始照度.

我们从方程 (4) 开始, 针对任意屏 (可能为曲面) 的一般情况, 来证明这个定理. 当求和时, 我们需将方程左侧的 v_P 替换为

$$(v_1 + v_2)_P$$

方程 (4) 右侧的 v 与两个被加数具有相同的含义, 即未被影响的原始照度. 与方程 (4) 处不同, 此处必须对整个面 σ 积分, 这是由于面 σ 上的每一个点都属于衍射屏 1 或 2. 但是, 如果我们将方程 (4) 应用于没有衍射屏时的原始照度 v, 将会得到完全相同的积分. 在那种情况下, 方程左侧正是这个 v, 方程右侧为对整个面 σ 的积分, 其中被积函数中符号 v 和 $\partial v/\partial n$ 所代表的含义与之前相同. 因此等式 (15) 得到了证明: 由于 $v_1 + v_2$ 与 v 均等于相同的 $\int \cdots d\sigma$, 所以它们相等.

等式 (15) 对所有的外部 P 点均成立, 因此它既包含 Fresnel 衍射也包含 Fraunhofer 衍射的情况, 它被称为 "Babinet 原理". 以上证明基于 Huygens 原理. 在 §38 F 中, 我们将会讨论, 当从边界值问题这一更精确的观点处理时, 应如何改进 Babinet 原理.

在更早的文献中[①], Babinet 原理仅以狭义的形式呈现, 这限制了其在 Fraunhofer 衍射中的应用. 其原因在于, v_1 和 v_2(包括其相位) 的函数依赖关系无法被完整观测, 仅有振幅 $|v_1|$ 和 $|v_2|$ 或与其等价的光强为可观测量. 后者显然无法满足等式

$$J_1 + J_2 = J \tag{15a}$$

更确切地说, 当求等式 (15) 的绝对值时, 式 (15a) 左侧将包含如下附加项:

$$v_1 v_2^* + v_2 v_1^* \tag{15b}$$

仅在 Fraunhofer 衍射情况下才可得到关于光强的简单关系, 即两个互补屏产生的衍射图样具有相同的光强:

$$J_1 = J_2 \tag{16}$$

为证明这个结论, 我们考虑图 58 中的焦平面 E. 对于理想透镜, 原始光 v 集中于点 O, 在其他位置均为零. 在点 O 处衍射图样的奇点性质使得在任何情况下均无法观测衍射图样, 除此点外, 根据式 (15) 可得

$$v_1 = -v_2, \quad |v_1| = |v_2|, \quad \text{因此确实有 } J_1 = J_2$$

---

① 例见, Kirchhoff, Vorlesungen ueber Optik, p. 96.

在 §35 C 和 §35 D 中, 我们将会讨论关于 Fresnel 衍射的基本问题, 那时 J_1 与 J_2 之间不存在这种简单的关系, 但我们仍将证明 Babinet 原理的公式 (15) 依然成立.

F. 黑屏或反射屏

在衍射理论中, 所谓的 "黑屏" 是一个习惯性说法. 然而, 在实际的衍射实验中, 人们发现屏的物理性质通常不会对结果产生显著影响. 因此, 刻有衍射狭缝的锡箔表面无论是具有反射特性还是被涂黑处理, 都会产生相同的衍射图样. 那么我们仅需将屏看成 "不透明的", 以此表示, 不论屏多薄它都不会透光. 在 Maxwell 理论中, 需将这种屏定义为具有无穷大电导率的材料. 在这种情况下, 屏不能为黑色而应是完美反射的, 其反射率 $r = 1$. 另外, 黑色意味着它为完全不反光材料, 在 Maxwell 理论中它甚至无法定义; 变黑并非是材料的性质, 而是其表面的性质. 我们在 §38 中会将此性质加入讨论, 在那里将会对 "黑" 的性质作数学上的描述. 我们对 Huygens 原理的论述表明, 在衍射理论中这个性质不会对衍射结果产生本质影响, 只有通过非常精密的实验才能确定衍射屏材料的性质.

当然, 屏的材料组分仅会在紧邻开孔边缘的区域对光场产生影响, 也就是在距离开孔边缘几个波长的范围内, 如果开孔非常大, 那么相对于开孔的其他区域, 边缘区域就可以忽略. 这也就解释了为什么式 (4a), (4b) 或式 (6a), (6b) 的粗略假设在边缘区域以外的应用如此成功. 可以预料的是, 在开孔尺度为波长量级的情况下, Huygens 原理将会出现偏差 (此类偏差可对应于 §35 E 相似定律所述的小开孔实验中).

G. 两个推广

到目前为止, 我们仅限于将 Huygens 原理直接应用于本章讨论的问题所得出的结果. 下面我们来介绍两个与此紧密相联的结论, 它们在后面的讨论中将会用到.

(1) 在 Green 函数 (7) 中边界条件为, 在 $z = 0$ 处 $G = 0$, 而此处我们将重新构筑

$$G = \frac{\mathrm{e}^{\mathrm{i}kr_1}}{r_1} + \frac{\mathrm{e}^{\mathrm{i}kr_2}}{r_2} \tag{17}$$

这是一个满足在 $z = 0$ 处 $\partial G / \partial z = 0$ 边界条件的函数. 将其代入方程 (3) 中的 u, 则方程 (6) 变为

$$4\pi v_P = + \int \frac{\partial v}{\partial n} G \mathrm{d}\sigma \tag{18}$$

然而, 只有当式 (18) 中的积分不仅是对孔 σ 而是对整个包含孔 σ 的屏进行积分时, 这里的 v_P 才与式 (6) 中的 v_P 相等 (在方程 (6) 中, 由于我们假设在不透明屏上 $v = 0$, 所以无须对整个屏积分). 这样理解方程 (18) 中的积分, 并且已知在开孔内 v

和 $\partial v/\partial n$ 以及在屏上 $\partial v/\partial n$ 的准确边界值的条件下, 有

$$\int \frac{\partial v}{\partial n}G_+\mathrm{d}\sigma = -\int v\frac{\partial G_-}{\partial n}\mathrm{d}\sigma \tag{19}$$

这里, G_+ 为式 (17) 所定义的 Green 函数; G_- 为式 (7) 所定义的 Green 函数. 如果将这些函数替代为其在 $z=0$ 处的值, 可得

$$\int \frac{\partial v}{\partial n}\frac{\mathrm{e}^{ikr}}{r}\mathrm{d}\sigma = -\int v\frac{\partial}{\partial n}\frac{\mathrm{e}^{ikr}}{r}\mathrm{d}\sigma \tag{20}$$

(2) 如果屏并非平面而是曲面 (如球面) 并且包含一个开孔 σ, 那么毫无疑问这里也将有两个函数 G_- 和 G_+, 它们分别满足在 σ 上 $G_-=0$ 和 $\partial G_+/\partial n=0$ 的条件. 波动方程的每一个连续解 v 都可以两种方式通过上述两种 Green 函数表示. 因此, 在上述意义上, 恒等式 (19) 对曲面 σ 也同样成立.

然而, 即使是对于最简单的球面情况, $G_\pm$ 的解析表达式也会有包含球面本征函数的无穷级数. 因此, 在平面屏的情况下通过引入 Green 函数所带来的简化在曲面屏的情况下并不适用, 更不用说在这两种情况下都需要获得边界值的精确信息, 但实际上这很难实现.

§35 几何光学和波动光学中的阴影问题

几何光学可用于指导我们在现实世界中的各种光学现象; 它是制造成像设备 (如眼镜、望远镜、照相镜头) 的理论基础. 这里我们将几何光学看成波动光学在 $\lambda \to 0$ 的极限情况, 相关介绍可参考 §34 的导言部分.

A. 程函

与 §34 一样, 我们从标量波方程开始

$$\Delta u + k^2 u = 0, \quad k = \sqrt{\varepsilon\mu}\omega = \frac{2\pi}{\lambda} \tag{1}$$

但在这里我们不再假设 ε 为常数, 而是假设它为一个随位置 (连续或非连续) 变化的函数. 由于 $\lambda \to 0$, 所以 $k \to \infty$, 这个微分方程将会退化. 不过为了能够得出方程的定量结论, 我们假设方程的解为如下形式[①]:

$$u = A\mathrm{e}^{ik_0 S}, \quad k_0 = \sqrt{\varepsilon_0\mu_0}\omega = \frac{2\pi}{\lambda_0} \tag{2}$$

其中 A 为振幅因子. 我们将 S 称为程函, 这个表达式是由 H. Bruns 首先引入的. 虽然 u 为随位置快速变化的函数 (因为 $k_0 \to \infty$), 但我们把 A 和 S 看成随坐标 x,

① 根据 P. Debye 的方法, 见 Sommerfeld 和 Iris Runge 的论文 Ann. d. Phys. **35** (1911).

y, z 缓慢变化的函数, 它们不会随 k_0 变为无穷大. 对方程 (2) 微分, 可得

$$\frac{\partial u}{\partial x} = \mathrm{i}k_0 u \frac{\partial S}{\partial x} + u \frac{\partial \log A}{\partial x}$$

$$\frac{\partial^2 u}{\partial x^2} = -k_0^2 u \left(\frac{\partial S}{\partial x}\right)^2 + 2\mathrm{i}k_0 u \left(\frac{1}{2}\frac{\partial^2 S}{\partial x^2} + \frac{\partial \log A}{\partial x}\frac{\partial S}{\partial x}\right) + \cdots$$

$$\Delta u + k^2 u = -k_0^2 u \left[\left(\frac{\partial S}{\partial x}\right)^2 + \left(\frac{\partial S}{\partial y}\right)^2 + \left(\frac{\partial S}{\partial z}\right)^2 - \frac{k^2}{k_0^2}\right]$$

$$+ 2\mathrm{i}k_0 u \left(\frac{1}{2}\Delta S + \operatorname{grad}\log A \cdot \operatorname{grad} S\right) + \cdots$$

这里, $\cdots$ 所代表的项不会随 $k_0 \to \infty$ 而变为无穷大.

因此, 当 S 和 A 满足以下微分方程时, 方程 (1) 被近似满足:

$$D(S) = n^2, \quad n = \frac{k}{k_0} \tag{3}$$

$$\operatorname{grad}\log A \cdot \operatorname{grad} S = -\frac{1}{2}\Delta S \tag{4}$$

D 为 "第一微分参数" 的符号.

$$D = \left(\frac{\partial}{\partial x}\right)^2 + \left(\frac{\partial}{\partial y}\right)^2 + \left(\frac{\partial}{\partial z}\right)^2$$

此式在第二卷 §3 方程 (9c) 中已有应用; n 为折射率; 方程 (3) 为程函的微分方程, 它为一阶二次非齐次方程. 若将方程 (3) 积分, 由方程 (4) 将会得到 $\log A$ 的梯度在 S 梯度方向上的分量. 方程 (4) 并没有涉及 A 的梯度在垂直于 S 梯度方向上的信息, 因此方程 (4) 允许 A 在这些方向上不连续.

根据定义式 (2), 满足 $S =$ 常数的面是 u 的等相位面, 因此它们代表波阵面. 面的法线方向为 S 的梯度方向, 它代表光线方向. 通常, 如果 n 在空间中随位置变化, 那么光线将弯曲. 在非均匀光学介质中, 对方程 (3) 积分是最简单的确定波阵面和光线方向的方法.

在 $n =$ 常数的均匀光学介质中, 可获得方程 (3) 的最简单解: 线性函数

$$S = n(\alpha x + \beta y + \gamma z), \quad \text{其中 } \alpha^2 + \beta^2 + \gamma^2 = 1 \tag{5}$$

这个函数中包含两个任意常数, 如 α 和 β. 由这个解确定的波阵面为平面, 光线为在 $\alpha: \beta: \gamma$ 方向上的平行直线, 因为它们表明了三个分量:

$$\operatorname{grad} S = n(\alpha, \beta, \gamma) \tag{5a}$$

对于常数 n, 具有一个奇点的最简单解为球面波:

$$S = nr, \quad r = \sqrt{x^2 + y^2 + z^2}, \quad \text{grad } S = \frac{n}{r}(x, y, z) \tag{6}$$

具有一条奇异直线的最简单解为柱面波:

$$S = n\rho, \quad \rho = \sqrt{x^2 + y^2}, \quad \text{grad } S = \frac{n}{\rho}(x, y) \tag{7}$$

在以上两种情况以及很常见的均匀介质情况下, 光线为直线.

方程的通解可通过对任意面的求解而获得, 它包含一系列与之平行的面 (间距为无穷小的等间距面).

因此, 我们得到了用于解释阴影形成的最简数学方案. 我们假设光源已给定, 它发出沿直线传播的光线. 如果一个屏可吸收所有入射到它上面的光, 并且它自身不发出任何光, 那么我们将其称为不透明屏. 于是屏后面的阴影边界被光源发出的直线光线方向所限定. 在垂直于阴影边界的方向上, A 将非连续地减小为零, 这与方程 (4) 相匹配. 在 $\lambda \to 0$ 的极限情况下, 不会发生衍射现象, 没有遇到屏的光线将继续沿直线传播. 当然, 如果存在多个光源, 那么将会出现半阴影区.

即使对于一些我们已经知道的光线不沿直线传播的情况, 我们依然习惯于用几何光学来分析此类问题. 因此, 当我们 "看见" 太阳还在地平线上的时候, 其实真实的日落在 5min 以前已经发生. 这是由于我们的眼睛会将看到的太阳光沿直线反向投影, 而实际上由于大气层的不均匀性, 太阳光在传播过程中并非沿直线传播. 在有些衍射现象中也会出现类似的情况, 见 §38 D. 在我们看来, 屏的边缘是一条发光的线, 其原因在于我们的眼睛会将看到的柱面波沿直线作反向投影, 但实际上屏边缘附近的场是连续变化的.

通过方程 (1)~(7), 我们从波动光学过渡到了几何光学. 在全面理解了 Hamilton 的思想后, Schroedinger 从相反的方向入手, 完成了从经典力学向波动力学的过渡. 正如第一卷 §44 所述, Hamilton 从光学仪器的理论入手, 几年后将其应用于普通动力学. 程函的微分方程 (3) 是动力学中 Hamilton 偏微分方程的一个简单实例. 在同样意义上, 这里的方程 (5a) 也是 Hamilton 动量方程 $p_k = \partial S / \partial q_k$ 的一个简单特例. 当然, 只有在 Planck 发现了量子的作用之后, Schroedinger 的理论之路才变得清晰. 还需要指出的是, 在很有用的 W.K.B. 方法 (Wentzel-Kramers-Brillouin 近似) 中做了与方程 (2) 同样的假设, 这种方法也对应着从波动光学到几何光学的过渡.

B. 用波动光学理论解释阴影的产生

现在我们用波动光学理论来解决阴影问题, 而非使用之前作为其渐近形式的射线光学理论. 为达到这个目的, 我们需要再次从 Huygens 原理开始讨论.

下面我们考虑 §34 方程 (10) 中积分符号内的表达式. 我们将等相面表示为

$$r + r' = 常数 \tag{8}$$

这些等相面将是一系列具有共同焦点 P(观测点) 和 P'(光源) 的旋转椭球面. 我们将 $\rho + \rho'$ 称为焦点距离, 见图 59, 此处

$$\rho = PD, \quad \rho' = P'D$$

其中, D 为焦点连线与屏的交点. 令 x 为经过 D 点的椭球圆形截面的半径; P 和 P' 到此圆上任一点的距离分别为 r_x 和 r'_x. 假设 P 和 P' 相距足够远, 由图可知

$$r_x^2 = \rho^2 + x^2, \quad r_x'^2 = \rho'^2 + x^2 \tag{9}$$

$$r_x = \rho \left(1 + \frac{1}{2} \frac{x^2}{\rho^2} + \cdots \right), \quad r'_x = \rho' \left(1 + \frac{1}{2} \frac{x^2}{\rho'^2} + \cdots \right) \tag{9a}$$

由此式及方程 (8) 可得

$$r + r' = r_x + r'_x = \rho + \rho' + p \tag{10}$$

其中

$$p = \left(\frac{1}{\rho} + \frac{1}{\rho'} \right) \frac{x^2}{2} + \cdots, \quad \mathrm{d}p = \left(\frac{1}{\rho} + \frac{1}{\rho'} \right) x \mathrm{d}x \tag{10a}$$

其中, p 为旋转椭球系统与屏平面相交所形成椭圆系统的 p 参数. 对于圆环有

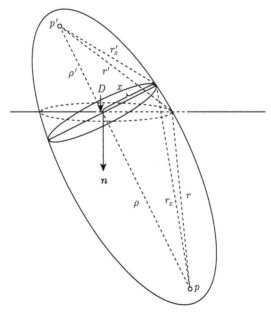

图 59 等相面的结构

$$d\sigma_k = 2\pi x dx \tag{10b}$$

对于屏平面内的椭圆环, 对应地有一个 $d\sigma_e$, 其面积正比于 dp, 我们将此写为

$$d\sigma_e = f dp \tag{11}$$

这些 $d\sigma_e$ 对应于 §34 方程 (10) 中积分的面元 $d\sigma$.

我们将椭圆环 $d\sigma_e$ 落在开孔内的那部分称为 $\varphi(p)$, 有图 60(a) 和 (b) 所示的两种不同情况:

(a) D 在屏上;

(b) D 在孔内.

在 (a) 情况下, 对 p 的积分将变为从 p_1 到 p_2. 对于 p_1 和 p_2, $\varphi(p) = 0$. 在 (b) 情况下, 积分从 $p = 0$ 开始. 在 $p = 0$ 和 $p = p_1$ 之间, $\varphi(p) = 1$. 从 p_1 到 p_2, $\varphi(p)$ 从 1 降为 0.

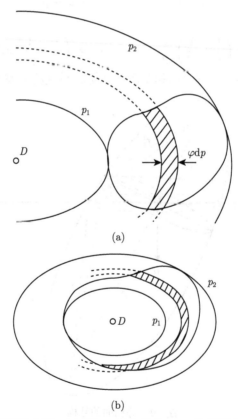

(a)

(b)

图 60　等相面与屏平面的交界: (a) 图 59 中定义的点 D 位于屏上; (b) 点 D 位于孔内

两图中的无规则曲线代表衍射孔边缘; p_1 和 p_2 分别为与孔边缘相切的最小和最大椭圆的 p 参数

我们将因子 φ 和方程 (11) 中的因子 f 与 §34 方程 (10) 中的因式 $\dfrac{\cos(n,r)}{rr'}$ 结合, 将其乘积称为 $F(p)$. 通过方程 (10) 和 (11), 对于 (a) 情况 §34 方程 (10) 变为

$$i\lambda v_P = Ae^{ik(\rho+\rho')}\int_{p_1}^{p_2}F(p)e^{ikp}dp \tag{12}$$

通过分部积分可得[①]

$$\int_{p_1}^{p_2}F(p)e^{ikp}dp = \frac{1}{ik}F(p)e^{ikp}\Big|_{p_1}^{p_2} - \frac{1}{ik}\int_{p_1}^{p_2}F'(p)e^{ikp}dp \tag{12a}$$

对于图 60(a) 中的情况, 方程 (12a) 右侧中的第一项将消失, 这是由于 F 中包含因子 φ, 而 $\varphi(p_1) = \varphi(p_2) = 0$. 随着 k 变为无穷大, 第二项中的积分同样将变为零. 因此, 即使在除以 $i\lambda = 2\pi i/k$ 后, 方程 (12) 的右侧仍将变为零, 通过方程 (12) 有

$$v_P \to 0, \quad 阴影 \tag{13}$$

阴影是由来自于面元 $d\sigma_e$ 的波干涉而形成的.

对于 (b) 情况, 方程 (12) 变为

$$i\lambda v_P = Ae^{ik(\rho+\rho')}\int_0^{p_2}F(p)e^{ikp}dp \tag{14}$$

对其分部积分后, 式 (12a) 变为

$$\int_0^{p_2}F(p)e^{ikp}dp = \frac{1}{ik}F(p)e^{ikp}\Big|_0^{p_2} - \frac{1}{ik}\int_0^{p_2}F'(p)e^{ikp}dp \tag{14a}$$

对于图 60(b) 情况, 随着 k 变为无穷大, 方程右侧的第二项依然会变为零. 由于 $\varphi(p_2) = 0$, 所以第一项在积分上限处也将变为零. 在积分下限, 根据图 59 有

$$r = \rho, \quad r' = \rho', \quad \frac{\cos(n,r)}{rr'} = \frac{\cos(n,\rho)}{\rho\rho'}, \quad \varphi(0) = 1,$$

$$d\sigma_e = \frac{d\sigma_k}{\cos(n,\rho)} = fdp$$

根据方程 (10a), (10b) 可得

$$\begin{cases} dp = \left(\dfrac{1}{\rho} + \dfrac{1}{\rho'}\right)xdx = \dfrac{1}{2\pi}\dfrac{\rho+\rho'}{\rho\rho'}d\sigma_k \\ f = \dfrac{1}{\cos(n,\rho)}\dfrac{d\sigma_k}{dp} = \dfrac{2\pi}{\cos(n,\rho)}\dfrac{\rho\rho'}{\rho+\rho'} \end{cases} \tag{14b}$$

[①] 虽然方程 (12a) 中的导数 $F'(p)$ 在有些情况下于积分上下限处会变为无穷大, 但在 §36 D 的进一步讨论中会证明积分依然收敛.

因此
$$F(0) = \varphi(0) f \frac{\cos(n, \rho)}{\rho\rho'} = \frac{2\pi}{\rho + \rho'}$$

于是该积分下限给出了方程 (14a) 右侧部分的值
$$-\frac{2\pi}{ik} \frac{1}{\rho + \rho'} = \frac{i\lambda}{\rho + \rho'}$$

从而将方程 (14) 除以 iλ 得到
$$v_P = A \frac{e^{ik(\rho + \rho')}}{\rho + \rho'} \tag{15}$$

这是距光源 $\rho + \rho'$ 远处的入射球面波.

方程 (15) 和 (13) 包含了关于 "光与影" 现象的 Fresnel 理论; 通过它们可以从光学的观点来理解为何光 "通常" 沿直线传播.

"通常" 意味着有例外, 我们将会在下面的 C 和 D 部分讨论, 尤其是在 §36 D 中, 我们将讨论由屏的直边所引起的 Fraunhofer 衍射.

C. 圆盘衍射

若屏的一部分边缘与两限界椭圆 $p_1 = $ 常数或 $p_2 = $ 常数之一重合, 则上文所推导的结果 (13) 会出现一个例外情况. 这种情况下 $\varphi(p_1)$ 或 $\varphi(p_2)$ 不为零, 所以方程 (12a) 右侧的第一项将不为零, 因而式 (13) 将不成立. 这时不存在阴影; 我们称其为屏边缘椭圆曲线部分的衍射.

这种情况的一个具体例子为圆盘形衍射屏, 其中点 P 和 P' 的连线恰好是通过圆盘圆心的垂线. 因此, 点 D 位于圆盘的圆心. 椭圆 $p = $ 常数将会变为圆 $x = $ 常数 (采用与图 59 相同的符号). 衍射开孔将包括所有位于圆盘外部的区域 $a < x < \infty$(a 为圆盘半径), 那么 §34 方程 (10) 变为
$$i\lambda v_P = A \int_a^\infty e^{ik(r+r')} \frac{\cos(n, r)}{rr'} 2\pi x dx \tag{16}$$

为了此后的应用, 我们令 $\rho' = \rho$ 且 $r' = r$, 这也将使得对方程 (16) 的求解得到简化. 然而, 需要强调的是这种特定假设并不会对结果产生影响. 为讨论方便, 令 $\rho' = \infty$, 这意味着入射波为平面波而非球面波, 参看第 110 页脚注 1.

如果 $\rho' = \rho$, 那么 (图 61)
$$r^2 = \rho^2 + x^2 = r'^2, \quad x dx = r dr, \quad \cos(n, r) = \frac{\rho}{r}$$

因此, 根据方程 (16) 可得
$$i\lambda v_P = 2\pi A \rho \int_{\sqrt{\rho^2 + a^2}}^\infty e^{2ikr} \frac{dr}{r^2} \tag{16a}$$

通过分部积分可得

$$i\lambda v_\rho = \frac{2\pi A\rho}{2ik}\left\{\frac{e^{2ikr}}{r^2}\bigg|_{\sqrt{\rho^2+a^2}}^{\infty} + 2\int_{\sqrt{\rho^2+a^2}}^{\infty}e^{2ikr}\frac{dr}{r^3}\right\} \tag{16b}$$

如果大括号{}内的第二项同样利用分部积分法求解, 它将包含因式 $\frac{1}{2ikr}$, 这意味着此项会由于干涉而几乎消失. 因此, 忽略第二项, 可将式 (16a) 写为

$$i\lambda v_P = -\frac{2\pi A\rho}{2ik}\frac{e^{2ik\sqrt{\rho^2+a^2}}}{\rho^2+a^2} \tag{16c}$$

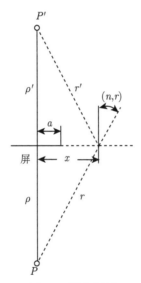

图 61　圆盘衍射

如果我们引入以下符号来表示圆盘边缘的初始激发:

$$v_{P'} = A\frac{e^{ikr'}}{r'} = A\frac{e^{ik\sqrt{\rho^2+a^2}}}{\sqrt{\rho^2+a^2}}$$

那么, 当消去 $i\lambda$ 后, 方程 (16c) 化简为

$$v_P = \frac{1}{2}\frac{\rho}{\sqrt{\rho^2+a^2}}e^{ik\sqrt{\rho^2+a^2}}v_{P'}$$

将上式写为光强表达式 $J = |v_P|^2$ 和 $J_0 = |v_{P'}|^2$ 的形式, 可得

$$J = \frac{1}{4}\frac{\rho^2}{\rho^2+a^2}J_0 \tag{17}$$

由此可知, 在圆盘后方通过其圆心的垂线上的任何地点都不存在阴影 (除了紧邻圆盘的区域). 这个看似不正确的结果绘于图 62 中. 相对光强随着光源与观测点之间距离的增加而增加. 对于距离很远的情况, 观测点处的光强接近圆盘边缘光强的 1/4[①]. 原始光波沿着圆盘边缘的整个圆周通过, 由于光路具有轴对称特性, 通过圆盘边缘的光波以相同的相位相遇于圆盘的中垂线上. 因此, 圆盘衍射的结果与几何光学中光沿直线传播的规律相矛盾, 产生的阴影边界也与几何光学所预测的不同. 然而, 需要指出的是, 方程 (17) 给出的光强仅对紧邻圆盘中垂线的区域成立, 因为只有在这些位置上, $p =$ 常数的线才与圆盘边缘重合. 在偏离中垂线很小距离的位置上, 就会观测到方程 (13) 所表示的阴影.

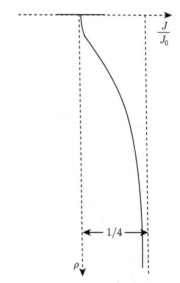

图 62   圆盘后方中央轴上的相对光强 J/J_0 分布

Poisson 根据 Fresnel 的阴影理论预测了中央轴上是亮的, 并认为这是 Fresnel 理论的缺陷[②]. 因此, 或许这个现象可被称为 Poisson 衍射. 不但圆盘衍射会发生此现象, 而且对于球形不透明物也会发生同样现象. 实际上, 对于无线电波的情况, 在与发射天线相对的地球另一侧探测到了信号的增强.

"照相机镜头可被钢球取代". 这个结论是 R. W. Pohl 在他的书 *Einführung in die Optik* 中得出的, 并通过其插图 185 证明. 我们在此处有幸展示我们的合作者

---

① 如果我们采用平面波而非球面波照射圆盘 [方程 (16) 中 $\rho' \to \infty$], 那么方程 (17) 中的因子 1/4 将会消失. 因此随着 $\rho \to \infty$, $J \to J_0$. 当距离足够远时, 无法再观测到圆盘; 原始光波在传播过程中仿佛没有受到影响.

② 关键的实验由 Arago 和 Fresnel 完成. 因此人们也常常将其称为 Arago 斑, 而非 Poisson 斑. 读者也可参阅 W. Kossel 的实验, 这个实验获得了更高的光强, 其实验设计也具有更深刻的意义, Z. f. Naturforschung, Vol. **3a**, p. 496 (1948).

E. von Angerer 所拍摄的照片, 见图 63. 一个直径为 50 mm 的金属圆盘作为 "镜头" 使用. 物体和底片距离金属圆盘均为 35 m. 这里用到的物体比 Pohl 所用的简单字母复杂得多且具有更多细节. 虽然所得图片的对比度相对较差, 但它惊人地真实反映了原物本身. Angerer 发现要使得图像更加清晰, 就需要盘的形状为更精确的圆形 (从理论上讲, 精度需要在波长量级以内!). 令人惊奇的是, 这里的圆盘能够实现与 Pohl 所用球体相同的功能, 要知道圆盘只能对中央光线做精确成像, 而球体的截面对于任何方向的光线来说都是圆形.

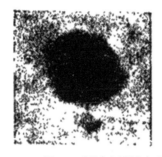 

图 63　通过金属圆盘所获得的 "照片"

D. 圆孔衍射与 Fresnel 波带

现在我们来考虑与上文互补的情况, 即圆孔衍射. 这里的假设和符号完全与前面讨论的一样, 仅将方程 (16) 的积分范围由 $x = a$ 到 $x = \infty$ 改为由 $x = 0$ 到 $x = a$, 方程 (16a) 变为

$$i\lambda v_P = 2\pi A \rho \int_{\rho}^{\sqrt{\rho^2 + a^2}} e^{2ikr} \frac{dr}{r^2} \tag{18}$$

通过分部积分且仅保留一阶项, 可得

$$i\lambda v_P = \frac{2\pi A \rho}{2ik} \frac{e^{2ikr}}{r^2} \bigg|_{\rho}^{\sqrt{\rho^2 + a^2}}$$

$$= -\frac{2\pi A}{2ik\rho} e^{2ik\rho} \left\{ 1 - \frac{\rho^2}{\rho^2 + a^2} e^{2ik\left(\sqrt{\rho^2 + a^2} - \rho\right)} \right\} \tag{18a}$$

由于 a^2 与 ρ^2 相比很小, 为将此表达式简化, 我们在因式 $\dfrac{\rho^2}{\rho^2 + a^2}$ 中忽略 a^2. 然而, 包含因子 k 的指数表达式必须被更精确地估值. 根据以上讨论, 我们将指数部分写为

$$\sqrt{\rho^2 + a^2} - \rho = \rho \left\{ \sqrt{1 + \frac{a^2}{\rho^2}} - 1 \right\} = \frac{1}{2} \frac{a^2}{\rho}$$

与之前讨论的一样, 将其除以 iλ, 方程 (18a) 变为

$$v_P = \frac{A}{2\rho} e^{2ik\rho} \left\{ 1 - e^{\frac{ika^2}{\rho}} \right\} = \frac{A}{2\rho} e^{2ik\rho} e^{ik\frac{a^2}{2\rho}} \left\{ -2i \sin \frac{ka^2}{2\rho} \right\} \tag{18b}$$

再次引入屏边缘的原始光强 $J_0 = \dfrac{A^2}{\rho^2 + a^2} \sim \dfrac{A^2}{\rho^2}$, 可求得光强 $J = |v_P|^2$ 为

$$J = J_0 \sin^2 \frac{ka^2}{2\rho} \tag{19}$$

相对光强 J/J_0 的分布绘于图 64 中. 此式具有无数个极大值和极小值, 在屏附近这些极值将会被限制. 所有极大值具有相同的大小 1, 而所有极小值均为零. 与图 62 类似, 这里出现了一个看似更加不正确的结果. 圆盘屏后中心轴处并不存在阴影区域, 而圆孔屏后的中心轴处却有无数个阴影区域.

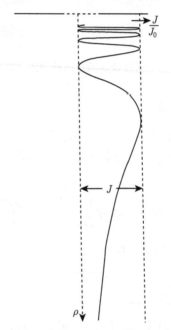

图 64   圆孔后方的相对光强分布

当然, 上面的表述仅对于单色光源入射成立. 如果使用白色光源, 中心轴处会显示色彩, 其颜色会随距离而改变.

方程 (17) 和 (19) 有着本质的不同, 这个不同说明对于圆盘和圆孔这两种互补情况的光强之间不存在简单的关系, 即 J_1(方程 (17))、J_2(方程 (19)) 与原始光强 J_0 之间没有简单的数学关系. 然而, 关于振幅 v_1, v_2 和 v_0 的一般关系式 §34 式 (15), 也就是所谓的 "Babinet 原理", 即使对于衍射问题中非常奇异的中心轴也依然成立.

证明如下: 对方程 (16a) 给出的 v_1 和方程 (18) 给出的 v_2 进行求和, 可得

$$\mathrm{i}\lambda\,(v_1 + v_2) = 2\pi A\rho \int_\rho^\infty \mathrm{e}^{2\mathrm{i}kr}\frac{\mathrm{d}r}{r^2}$$

另外, 对于我们讨论的特殊情况 $(\rho' = \rho)$, P 点的原始振幅可写为

$$v_0 = A\frac{\mathrm{e}^{2\mathrm{i}k\rho}}{2\rho}$$

因此, 根据 §34 方程 (15) 将得出以下等式:

$$\int_\rho^\infty \mathrm{e}^{2\mathrm{i}kr}\frac{\mathrm{d}r}{r^2} = \frac{\mathrm{i}\lambda}{4\pi}\frac{\mathrm{e}^{2\mathrm{i}k\rho}}{\rho^2}$$

此式的正确性可通过对 ρ 微分证明, 微分后可得

$$-\frac{\mathrm{e}^{2\mathrm{i}k\rho}}{\rho^2} = -\frac{2k\lambda}{4\pi}\frac{\mathrm{e}^{2\mathrm{i}k\rho}}{\rho^2} + \cdots$$

方程右侧第一项的系数等于 1, "$\cdots$" 代表第二项, 其值为第一项的 $1/k$, 可忽略. 如果不忽略方程 (16a) 和 (18) 中的高阶项, 我们会得到 §34 方程 (15) 所要求的更精确的等式.

Fresnel 波带作图提供了这些结果的一个图形理解, 虽然这只是定性的. 以光源 P' 为中心, 我们画出一系列球面, 这些球面与屏平面相交于一系列圆 K_1, K_2, $\cdots$, K_n, $\cdots$. 我们对于球面半径的选取采用如下方法: 从 P' 经过 K_n 到观测点 P 的光程与从 P' 经过 K_{n+1} 到 P 的光程相差 $\lambda/2$. 令 P' 和 P 到屏平面的距离分别为 a 和 b (此前我们称它们为 ρ' 和 ρ); r'_n 和 r_n 分别代表光程 $P'K_n$ 和 K_nP. P' 和 P 的连线长度为 $a+b$, 它与屏平面相交于 K_0 点 (半径为 0 的圆), 此点也是这一系列圆 K_n 的共同圆心. 依据 Fresnel 的分析方法, 下列等式可描述圆 K_1, K_2, $\cdots$ 的特性:

$$r'_1 + r_1 = a + b + \frac{\lambda}{2}, \quad r'_2 + r_2 = r'_1 + r_1 + \frac{\lambda}{2}, \quad \cdots$$

对这些等式中的前 n 个进行求和, 可得 K_n 的特性为

$$r'_n + r_n - a - b = n\frac{\lambda}{2} \tag{20}$$

第 n 个圆的半径 x_n 可通过与方程 (9), (9a) 相同的如下方法求解:

$$r'^2_n = a^2 + x_n^2, \quad r_n^2 = b^2 + x_n^2$$

$$r'_n = a + \frac{1}{2}\frac{x_n^2}{a} + \cdots, \quad r_n = b + \frac{1}{2}\frac{x_n^2}{b} + \cdots$$

$$r'_n + r_n - a - b = \frac{1}{2}\left(\frac{1}{a} + \frac{1}{b}\right)x_n^2 + \cdots$$

因此, 按照方程 (20) 可得

$$x_n = \sqrt{n\lambda f}, \quad \text{其中} \ \frac{1}{f} = \frac{1}{a} + \frac{1}{b} \tag{21}$$

f 的表达式 (它仅与方程 (14b) 所定义的 f 相差一个因子 2π) 让我们想起著名的透镜焦距公式. 然而, 在目前的讨论中我们仅将 f 看成一个简化符号.

图 65 展示的是包含一系列圆环 K_n, K_{n+1} 的 Fresnel 波带. 各圆环交替用正负号表示. 如果我们假设中心波带的相位为正, 那么由于光程差为 $\lambda/2$, 则第二波带的相位为负, 以此类推. 照射到中心波带的光波相互增强, 然后被照射到第二波带的光波削弱, 又被第三波带增强, 依此类推.

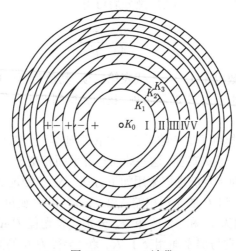

图 65 Fresnel 波带

我们将这个推导过程与公式 (19) 做对比, 公式中的 a 替换为 x_n. 此公式会给出一系列极大值:

$$\frac{2\pi}{\lambda}\frac{x_n^2}{2\rho} = n\frac{\pi}{2}, \quad n \ \text{为奇数}$$

因此

$$x_n = \sqrt{\frac{n\lambda\rho}{2}} \tag{21a}$$

此结果与公式 (21) 一致, 这是由于在公式 (19) 中已假设 $\rho = \rho'$, 因此现在有 $a = b = \rho$, 所以 $f = \rho/2$. 若 n 为偶数, 那么上式代表极小值对应的 x_n. 虽然不无一些随意性, 但通过对相继波带的贡献进行求和, 可验证所有极大值都具有相同值以及所有极小值都为零的事实.

在 Fresnel 的年代, 以下结论是非常令人惊奇的: 在光穿过仅有一个中心波带的光孔后, 其光强与穿过巨大孔后的光强一样; 也就是说, 它给出了入射光的整个强度. 如果孔并不与任何一个圆 K_n 重合, 或者其形状不为圆形, 那么就必须考虑部分波带的贡献.

图 65 也表明一个 "波带片" 的作用与透镜类似 (J. L. Suret, 1875). 为了便于说明, 图中将负号波带加上了阴影线. 假设负号波带被覆盖或者涂黑, 那么剩下的正号波带将会相互增强, 产生 4 倍于入射光强的强度. 这样获得的波带片焦距为 f. 由于同波带本身一样, f 与波长有关, 所以这个 "透镜" 具有非常强的 "颜色差异". f 的约数 f/n 同样为焦距.

E. 衍射相似定律

下面我们来对比两个可通过相似变换映射到彼此的物体 (衍射屏或衍射孔). 我们合理地设定光源和观测点的位置, 以便两物体的波带数目 (整数和可能的分数部分) 相同. 那么由这两个物体所引起的衍射图样也具有几何相似性. 根据方程 (21), 此情况能够发生的充要条件为: 对于两种光路, 无量纲量

$$\frac{x}{\sqrt{\lambda f}} \quad (x \text{ 为物体的任意线性尺寸}) \tag{22}$$

具有相同的数值. 这被称为衍射相似定律.

通常人们认为衍射现象只有在衍射物非常小的时候才更明显. 然而, 相似定律表明: 若将一个小的衍射物通过相似变换放大一定倍数, 当光源和观测点距衍射物的距离也被相应放大时, 获得的衍射图样与原衍射图样也具有相似性. 若物体线性尺寸的放大系数为 q, 则这些距离的放大系数为 q^2. 相反地, 如果人们要在实验室中观测大尺寸衍射物在大距离上的衍射现象, 若距离缩小的系数为 q, 则衍射物尺寸缩小的系数仅为 $\sqrt{q}$. 根据这个定律, W. Arkadiew[1]进行了一系列非常有趣的模拟实验. 例如, 让我们来考虑如下宏观物体: 一个用手托着的普通餐盘. 在莫斯科的一个实验室中, 光源与照相底片相距 $a + b = 40$ m 是可以实现的, 在这个距离下阴影图 (适当地缩小到了底片的尺寸) 不会显示出任何衍射图样, 而是仅相当于几何光学中的阴影.

现在我们来研究在距离为 $a + b = 7$ km 情况下阴影的形貌. 为了在实验室中得到这个衍射图样, 我们需要用到缩小系数:

$$q = \frac{40}{7000}, \quad \sqrt{q} \sim \frac{1}{13}$$

其中 q 施加于 a, b 以及 f; 而 $\sqrt{q}$ 施加于衍射物体的所有线性尺寸. Arkadiew 利用金属薄片制作了一个尺寸为宏观物体的 1/13 的缩小模型. 图 66(a) 所示为展示了

---

[1] Physikal. ZS. Vol. **14**, p. 832, 1913.

所得图像的照相底片: 底片中有一个洞 (Poisson 斑) 和白色的边缘; 手腕处有一些亮条纹; 手腕下面的袖子也有条纹.

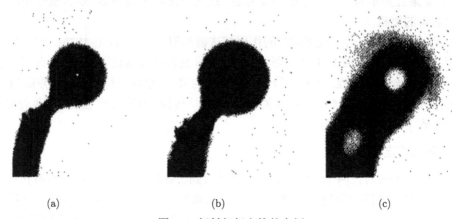

(a)   (b)   (c)

图 66　衍射相似定律的实例

(a) $a + b = 7$ km; (b) $a + b = 29$ km; (c) $a + b = 235$ km (照片由 Arkadiew 提供)

距离为 $a + b = 29$ km 和 235 km 的阴影图分别由缩小系数为

$$\sqrt{q} = \sqrt{\frac{40}{29000}} \sim \frac{1}{27}, \quad \sqrt{q} = \sqrt{\frac{40}{235000}} \sim \frac{1}{77}$$

的模型所产生. 图 66(b) 中, 整个手臂都有衍射条纹. 图 66(c) 仅与原物有微弱的相似性: 中心的 Poisson 斑变大, 在袖子处出现了第二个亮斑.

§36　矩形孔和圆形孔的 Fraunhofer 衍射

为了观测 Fraunhofer 衍射 (图 58), 人们在聚焦于无穷远处望远镜的帮助下, 通过衍射孔观测位于无穷远处的光源. 正如图 58 所示, 这种光源可通过将点光源或线光源放置于准直透镜的焦平面处实现. 从原理上讲, 衍射孔相对于望远镜和光源的位置并不重要. 然而在实际探测时, 衍射孔被直接放置于望远镜的物镜之前, 这样就可以使大角度的衍射光能进入望远镜. 目镜聚焦于物镜的焦平面上 (图 58 中的 E). 此平面上的每一个点 P 都对应于一个从衍射孔射出的平面波. 相应的平面波通过目镜后进入眼睛. (在对图 58 的有关说明中曾指出, 视觉观察者可用一个位于焦平面 E 处的照相底片替代.)

由于所有进入和离开衍射孔的光束都是平行的, 所以我们必须令 §34 方程 (13) 中的 $R = R' = \infty$. 根据 §34 方程 (14a), 这时相位 Φ 简化为线性表达式

$$\Phi = a\xi + b\eta, \quad a = \alpha - \alpha_0, \quad b = \beta - \beta_0 \tag{1}$$

§34 方程 (14) 中积分的求解变得更加简单.

令 ξ, η 为衍射孔中任一点的笛卡尔坐标 (假设衍射孔与之前讨论的一样, 也为平面); α, β, γ 为一束衍射光的方向余弦; $\alpha_0, \beta_0, \gamma_0$ 为入射平行光的方向余弦. 对于入射光与衍射孔平面垂直的特殊情况, 有 $\alpha_0 = \beta_0 = 0, \gamma_0 = 1$.

A. 矩形孔衍射

令矩形的两边长分别为 $2A$ 和 $2B$, 其中心的坐标为 $\xi = 0, \eta = 0$. 那么我们可将 §34 式 (14) 写为

$$v = Ck \int_{-A}^{+A} \mathrm{e}^{-ika\xi} \mathrm{d}\xi \int_{-B}^{+B} \mathrm{e}^{-ikb\eta} \mathrm{d}\eta \tag{2}$$

其中, C 为与入射光振幅成正比的复常数, 它与入射中心光线和观测方向的夹角无关. 积分外的因子 k 相当于 §34 方程 (14) 左侧的 λ, 在这里已将其移至方程右侧. 通过积分可得

$$v = Ck\Delta \frac{\sin x}{x} \frac{\sin y}{y}, \quad \begin{cases} \Delta = 4AB = \text{矩形面积} \\ x = kaA, \quad y = kbB \end{cases} \tag{3}$$

对光强 $J = |v|^2$ 有

$$\frac{J}{J_0} = \left(\frac{\sin x}{x}\right)^2 \left(\frac{\sin y}{y}\right)^2 \tag{3a}$$

通过方程 (3) 可知, 衍射图样中心 $a = 0, b = 0$ 处的光强为 $J_0 = (Ck\Delta)^2$. 在此点也有 $x = 0, y = 0$.

人们对函数

$$X = \left(\frac{\sin x}{x}\right)^2 \tag{4}$$

的特性非常熟悉: 其主极大值位于 $x = 0$ 处, 相应值为 1. 其最小值为 $X = 0$, 最小值等间距地位于点 $x = \pm\,\pi$, $x = \pm\,2\pi$, $x = \pm\,3\pi$, $\cdots$. 当 $\tan x = x$ 时, 还存在一系列次极大值, 这些值的位置随 x 的增加而越来越趋近于点 $\pm\,3/2\pi$, $\pm\,5/2\pi$, $\cdots$. 次极大值依次为

$$X = 0.047, \quad 0.017, \quad 0.008, \quad \cdots \tag{4a}$$

若用 x 计量, 则主极大与第一个极小之间的距离为 π. 现在我们将这个距离用角度计量, 有 $a = \alpha - \alpha_0$. 通过方程 (3) 可得

$$\pi = kaA, \quad \text{因此 } a = \frac{\lambda}{2A} \tag{5}$$

若矩形的边长 $2A$ 越小, 则角距离 a 会越大. 同理, 对于 b 和 B 也是如此.

在图 67 左侧, 我们画出了形状为正立矩形的衍射孔, $2A < 2B$. 右侧所示的衍射图样被细分为一系列矩形单元, 其形状与衍射孔几何相似, 但方向为横向. 四个基本矩形单元组成中央主极大的矩形区, 其边界为强度等于零的线; 其中任意两个矩形都会被 a 轴和 b 轴等分 (由于轴线上强度并不为零, 所以轴用虚线表示). 图左上角画出了一个矩形单元, 它的边界属于两组等距最小值线, 两组线在 x 和 y 方向的间距均为 π. 根据方程 $\tan x = x$, 各次极大近似位于相应区域的中心.

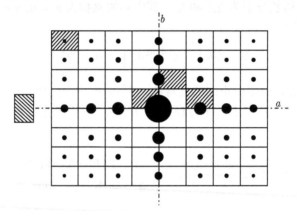

图 67　矩形孔的衍射光分布. 黑色圆形代表的是位于最小强度线之间的极大值. 实际上它们更像矩形而非圆形. 衍射孔的形状和方向示于图左侧 (由于衍射孔和衍射图样尺寸不在同一量级, 所以图中衍射孔与衍射图样并非等比例)

主极大的强度比所有次极大的强度都高得多. 它在衍射图样中心形成了一个扩大了的最大强度光斑. 沿 a 轴和 b 轴方向的次极大与主极大的强度比值由数列式 (4a) 给出. 其余的次极大通常很难用肉眼观测到, 这是由于它们与主极大的强度比是已经很小的各个 (4a) 值之间的乘积.

B. 狭缝衍射

若令 B 增大至远远大于 A, 则边长为 $2A$、$2B$ 的矩形将变为狭缝. 随着 B 的增大, 平行于 b 轴的衍射图样将会收缩. 假设光源为一远处的线光源, 光源上每一个线发光单元发出的光均为非相干光. 因此, 我们需要对每一个线发光单元所引起的衍射光强进行求和. 由于入射光的方向由 α_0、β_0 给出, 所以我们需要对 $b = \beta - \beta_0$ 进行积分, 积分上下限为 $\pm b_1$, 这对应于准直器狭缝的长度. 因此, 根据方程 (3) 可得

$$\int_{-b_1}^{+b_1} \left(\frac{\sin y}{y}\right)^2 \mathrm{d}b = \frac{1}{kB} \int_{-y_1}^{+y_1} \left(\frac{\sin y}{y}\right)^2 \mathrm{d}y, \text{ 其中 } y_1 = kb_1 B$$

由于 k 为一个很大值, 所以虽然在实验中 B 和 b 都为有限值, 但积分上下限 $\pm y_1$ 也可看成很大的数值. 因此, 上式右侧除了随 $1/y_1$ 减小为零的项, 积分部分可替换

为[①]

$$\int_{-\infty}^{+\infty} \left(\frac{\sin y}{y} \right)^2 \mathrm{d}y = \pi$$

因此, 可以看出衍射图样的强度为仅与 $x = kaA$ 相关的函数, 并且与 (4) 中 X 的表达式仅相差一个常数因子. 那么狭缝同样会产生一个位于 $x = 0$ 的主极大以及一些近似等间距的次极大. 相对于主极大, 次极大的强度是非常弱的.

现在我们用这个结果来完成 §32 中未完成的部分. 在 §32 的方程 (5) 中, 我们将光栅光谱的强度分为两个因式, 其中第二个因式通过多个光栅刻线的序列求得. 第一个因式 $f^2(\alpha)$ 由单个光栅刻线的宽度及形状决定, 在之前的讨论中其形式并未确定. 至少在某些最简单的情况下, 此因式可用方程 (4) 中 X 的表达式表示; 根据 x 的定义可知, X 显然是 $a = \alpha - \alpha_0$ 的函数. 现在我们来讨论这个因式对于光栅光强分布的影响 (我们令入射光的光强为 1).

为实现这个目的, 我们写出 §32 方程 (5) 的较复杂形式:

$$J = \frac{\sin^2 x}{x^2} \frac{\sin^2 N \frac{\Delta}{2}}{\sin^2 \frac{\Delta}{2}} \qquad \begin{cases} x = \dfrac{2\pi a A}{\lambda} \\ \\ \Delta = \dfrac{2\pi a d}{\lambda} \end{cases} \tag{6}$$

其中, $2A$ 在本节之前的讨论中为狭缝宽度, 现在它为单个光栅刻线的宽度; d 仍为光栅刻线的间距. 对于 Fraunhofer 最初制作的光栅, d 比 $2A$ 大得多. 在这种情况下, 根据方程 (6) 可知, 当 Δ 改变 1 时, x 只改变很小的量 A/d, 于是方程右侧第一项相对于第二项变化得很缓慢. 与 §32 A 部分最后提到的一样, 此处第一个因式会使得光栅的高级次光谱弱于一级光谱. 方程 (6) 中第二个因式所给出的强度分布在性质上仍与图 53 中的一致.

正如狭缝衍射的结果完善了此前的线型光栅衍射理论一样, 由方程 (3) 给出的矩形孔衍射结果也确定了交叉光栅理论方程 §32 式 (8) 中未确定的函数 $f(\alpha, \beta)$.

C. 圆孔衍射

圆形衍射孔显然对于望远镜、显微镜、照相镜头以及视觉处理的理论都极为重要.

这里我们需要将方程 (1) 所用直角坐标系的 ξ, η 和 a, b 替换为极坐标系. 我们令

$$\xi = r \cos\varphi, \quad a = s \cos\psi$$

$$\eta = r \sin\varphi, \quad b = s \sin\psi$$

---

① 此值最容易通过复数积分方法获得; 见第六卷练习 I.5, 那里的 Dirichlet 不连续因子 $\int (\sin y / y) \mathrm{d}y$ 也用这种方法处理.

其中, r 为距衍射孔中心的距离; s 为衍射光线与垂直入射光线之间偏转角的正弦值. 将衍射孔的半径同样表示为 a, 方程 (2) 变为

$$v = Ck \int_0^a r\mathrm{d}r \int_{-\pi}^{+\pi} \mathrm{e}^{-ikrs\cos(\varphi-\psi)}\mathrm{d}\varphi \tag{7}$$

对 φ 的积分不能使用初等方法, 但由第二卷 §27 和第三卷 §22 的内容可知其为 Bessel 函数 J_0. 更多细节请参阅第六卷第 4 章的内容. 我们在此写出其公式

$$J_0(\rho) = 1 - \frac{1}{(1!)^2}\left(\frac{\rho}{2}\right)^2 + \frac{1}{(2!)^2}\left(\frac{\rho}{2}\right)^4 - \frac{1}{(3!)^2}\left(\frac{\rho}{2}\right)^6 + \cdots$$

$$= \frac{1}{2\pi} \int_{-\pi}^{+\pi} \mathrm{e}^{\pm i\rho\cos\alpha}\mathrm{d}\alpha \tag{8}$$

$$J_1(\rho) = \frac{\rho}{2}\left(1 - \frac{1}{1!2!}\left(\frac{\rho}{2}\right)^2 + \frac{1}{2!3!}\left(\frac{\rho}{2}\right)^4 - \cdots\right) = -\frac{\mathrm{d}}{\mathrm{d}\rho}J_0(\rho) \tag{8a}$$

以及微分方程

$$\frac{\mathrm{d}}{\mathrm{d}\rho}\left(\rho\frac{\mathrm{d}J_0}{\mathrm{d}\rho}\right) + \rho J_0 = 0 \tag{8b}$$

通过此方程可得如下关系:

$$\int_0^\rho \rho' J_0(\rho')\mathrm{d}\rho' = \rho J_1(\rho) \tag{8c}$$

当 ρ 很大时, 可知其渐近表达式为

$$J_0(\rho) = \sqrt{\frac{2}{\pi\rho}}\cos\left(\rho - \frac{\pi}{4}\right), \quad J_1(\rho) = \sqrt{\frac{2}{\pi\rho}}\sin\left(\rho - \frac{\pi}{4}\right) \tag{8d}$$

通过这些结果, 可将方程 (7) 简化为

$$v = 2\pi Ck \int_0^a J_0(krs)r\mathrm{d}r = \frac{2\pi Ck}{k^2 s^2} \int_0^{ksa} J_0(\rho')\rho'\mathrm{d}\rho'$$

$$= \frac{2\pi Ca}{s}J_1(ksa). \tag{9}$$

对于 $s = 0$(衍射图样中心, $\alpha = \alpha_0$, $\beta = \beta_0$), 由式 (8a) 可得

$$v = \pi a^2 Ck \tag{10}$$

由 $J_1(\rho)$ 等于零的情况, 可得出相应 v 等于零的情况. 第一个 v 为零的情况出现在

$$\rho_1 = 3.95 = 0.61 \times 2\pi, \quad s_1 = 0.61\frac{\lambda}{a} \tag{11}$$

ρ_1 以及后面出现零的 $\rho_2, \rho_3, \cdots$, 可通过渐近公式 (8d) 求得

$$\sin\left(\rho - \frac{\pi}{4}\right) = 0, \quad \rho_n = \left(n + \frac{1}{4}\right)\pi, \quad s_n = \left(n + \frac{1}{4}\right)\frac{\lambda}{2a} \tag{11a}$$

与 v 相关的曲线如图 68 所示. 由其得出的光强分布 $|v|^2$ 再一次在中心处具有强度很高的极大值峰, 在其周围环绕着一些近似等间距的暗环. 在各暗环之间有一系列次极大, 其强度向外快速衰减.

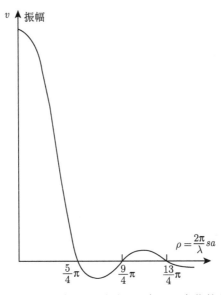

图 68 圆形衍射孔后方振幅 v 随 ksa 变化的曲线

这个中央极大值峰被第一个零环包围, 它决定了 §33 中液滴所产生的中心场尺寸. 事实上, 我们曾使用上述表达式 (11) 来计算日冕和月冕的大小. 由于图 68 中外侧的次极大光强很弱, 通常不会对结果产生影响.

在第 6 章中, 我们还将讨论表达式 (11) 对于显微镜理论的重要性.

从原则上讲, 预测其他形状衍射孔 (尤其是多边形衍射孔) 的衍射图样也并非难事. 这项工作是由 Schwerd 首先以堪称典范的形式完成的[①].

D. 相位光栅

在 §32 公式 (3) 中, 我们假设当入射光照射到光栅刻线表面时, 刻线会向所有方向发射光, 可将其看成线光源. 光的发射在各个方向 α 上并非为均匀分布, 代表非均匀分布的函数 $f(\alpha)$ 当时并未确定. 现在 Huygens 原理为我们提供了一种通过令狭缝中的激发光场等于未受影响的入射光场来计算任意宽度狭缝衍射的函数的方法 (式 (6)). 通过这种方法, 可确定线光栅或镀银玻璃表面刻线光栅的衍射场. Fraunhofer 成功制备了这种光栅, 被称为 "振幅光栅", 这是由于当光垂直入射时光

[①] F. M. Schwerd, Die Beugungserscheinungen aus den Fundamentalgesetzen der Undulationstheorie analytisch entwickelt, Mannheim 1835. Schwerd 是 Speyer 的一名高中教师. 在该书中, 所有彩色插图都是手工精心绘制的.

栅平面上的相位为常数, 根据 Huygens 原理, 积分就是在光栅平面上进行的. 在这个平面上, 仅有振幅会在金属处的零值和玻璃处的某一常数值之间变化. 对于现代刻划非常密集的光栅, 情况将会不同. 对于这种光栅, 光栅刻槽一条紧挨着一条, 不再存在平的表面. 从整体上说, 此光栅被均匀照射, 也就是说在整个平面内光场都具有完全相同的振幅. 但光栅表面各点的相位不同, 这是由于光栅表面上不同位置的光场需通过不同的深度才到达具有另一折射率的介质. 当平面波面垂直入射于光栅时, 波面会在不同的时刻与光栅的不同位置相遇. 因此, 光栅表面的不同点会发出不同相位的初级 Huygens 波. 这种类型的器件被称为 "相位光栅". §32 所推导出的关于光栅的基本特性对于相位光栅依然适用, 但每一个光栅单元出射光的方向分布将会不同, 也即, 函数 $f(\alpha)$ 可以被调节成多种形式. 例如, 可将入射光的能量转化到一个给定级次的单一光谱中, 同时几乎完全抑制其他级次光谱, 尤其是零级光谱.

现在我们来计算几种不同形状光栅表面的函数 $f(\alpha)$. 由于这些光栅的表面不再是平面, 因此我们并不知道其 Green 函数, 从而不得不在 §34 B 的 Kirchhoff 公式中应用 Huygens 原理.

在 Kirchhoff 的假设中, 入射光波在传播到光栅表面之前是不受干扰的, 这限制了我们只能计算大的光栅常数 $d \gg \lambda$、非深度刻线的光栅单元以及适中的入射角和衍射角. 否则, 从一个衍射单元向另一单元传播的光也会对计算结果产生影响. 为了能够利用前面的结果, 我们也将限定各衍射单元的表面为平面.

首先我们来考虑一个阶梯型表面 PP, 它被制作于平面玻璃片的下表面, 见图 69(a). OO 为玻璃片的上表面; EE 为需要研究的光栅单元. 入射光来自于玻璃片上方, 在玻璃片下方对光进行观测. 正如 Kirchhoff 用未受干扰的无边界波来近似有界衍射孔内的波那样, 我们也需用来自无界玻璃平面的未受干扰平面波来近似来自有严格边界限制的平面表面 EE(宽度为 d') 的波. 因此, 我们需要在 §34 Kirchhoff 公式 (4) 中采用从玻璃片出射的折射波的 v 和 $\partial v/\partial n$. 入射光经过玻璃片上表面 OO 后的折射光线将决定光在阶梯表面 EE 的入射角 φ_0. 衍射光相对于阶梯表面的衍射角为 φ. 我们令入射光和衍射光的方向余弦分别为

$$a_0 = \cos\varphi_0, \quad a = \cos\varphi$$

若平面 EE 为无穷大, 则折射光 (未在图中画出) 的角度 φ_1 满足: $\cos\varphi_1 = na_0$.

根据我们最初在 §3 中对折射问题的处理方法, 这里再次写出 §3 方程 (1a), 只是用符号 $\begin{smallmatrix}\cos\\\sin\end{smallmatrix}\varphi_1$ 替代了原来的 $\begin{smallmatrix}\sin\\\cos\end{smallmatrix}\beta$; 由于光线会进入空气中, 所以我们用 k 替代 k_2; 此处的 x 轴位于平面 EE 内; 因此 $y = 0$ 在 EE 上:

$$\boldsymbol{E} = B\mathrm{e}^{\mathrm{i}k(x\cos\varphi_1 - y\sin\varphi_1)}$$

将 E 和 $\partial E/\partial y$ 替代为 v 和 $\partial v/\partial n$, 在 $y = 0$ 处有

$$v = Be^{ikna_0x} \quad \text{以及} \quad \frac{\partial v}{\partial n} = -\sin\varphi_1 ikv$$

图 69(a)　刻划于平面玻璃片下方的阶梯型光栅. 图中标注出了照射于光栅上表面 OO 的入射光线, 玻璃中的折射光线, 以及与 EE 面夹角为 φ 的衍射光线

另一个在 Green 定理中作为 "探针" 出现的波函数 u, 在 Fraunhofer 观测方式中 (§34 式 (1) 中 $r \to \infty$ 的极限情况) 可写为

$$u = e^{-ikax} \quad \text{以及} \quad \frac{\partial u}{\partial n} = +\sin\varphi iku$$

将其代入 §34 式 (4), 可得无穷远处的相对振幅分布

$$f(a) = 4\pi v_P = -ikB\left(\sin\varphi_1 + \sin\varphi\right)\int_{-\frac{d'}{2}}^{+\frac{d'}{2}} e^{ik(na_0-a)x}\mathrm{d}x$$

$$= ikd'B\left(\sin\varphi_1 + \sin\varphi\right)S, \quad S = \frac{\sin\left\{k\left(na_0-a\right)\dfrac{d'}{2}\right\}}{k\left(na_0-a\right)\dfrac{d'}{2}}$$

在正弦商数 S 之前的因式是缓慢变化的, 它会使得大角度衍射有一定衰减; 我们可以忽略此因式. 因此, 函数 $f(a)$ 本质上由 S 给出. S 的曲线与狭缝衍射中 §36 式 (6) 的情况类似. 其主极大位于 $a = na_0$, 或者说位于 $\varphi = \varphi_1$, 也就是由几何光学确定的折射光线方向. 其零值点对称分布在主极大的两侧:

$$a = na_0 \pm \nu\frac{\lambda}{d'}, \quad \nu = \text{整数}.$$

另外, 让我们来考虑由 §32 方程 (4) 所得出的光栅光谱, 这种光栅具有间距为 d 的规则排列光栅单元. 通过图 69(a) 中 d 的定义可知, 我们需要在 §32 方程 (1) 中引入

$$\alpha = \cos\psi = \cos(\varphi - \delta) \quad \text{以及} \quad \alpha_0 = \cos\psi_0 = n\cos(\varphi_0 - \delta)$$

光栅的极大值 (由于光栅单元数量 N 非常大, 所以极大值的峰很尖锐) 位于 $\Delta/2 = 0 \pm h\pi$, 也就是位于 $\alpha = \alpha_0 \pm h\lambda/d$. 其振幅通过函数 $f(\alpha)$ 给出, 这个函数与之前函数 $f(a)$ 的不同之处仅在于初始角度 φ, φ_0 相对于 ψ 和 ψ_0 移动了 δ. 首先我们来看 $d \sim d'$ 的情况, 也就是小角度 ψ_0, ψ 和 δ 的情况, 这些光谱的间距与 $f(\alpha)$ 零值的间距相同. 因此, 如果合理地选取 δ(或者通过合理选取 ψ_0 而得出 δ), 可使得例如一级光谱极大值 $(h = +1)$ 与 $f(\alpha)$ 的主极大值重合, 那么其他与零值点重合的光栅光谱强度将远远弱于一级光谱最大值, 包括零级光谱. 此结果绘于图 69(b) 中, 图中曲线为光谱的强度, 即 $f(\alpha)$ 的平方. 如果令 $n = -1$, 那么上述公式也可用于分析制备于金属表面的反射式光栅. 此时, 主极大与几何反射光同方向, 且与波长无关. 这种光栅可用于分析长红外波, 对于这种波没有合适的折射材料可用. 其光栅常数可达 1mm 以内. 这种间距的阶梯结构很容易实现, 被称为小阶梯光栅. 即使对于可见光光栅, 若利用钻石切割制备合适的形状, 其衍射强度也可提高一个数量级.

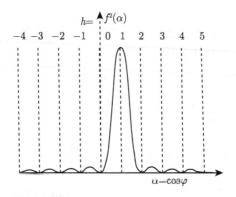

图 69(b)   图 69(a) 所示阶梯光栅的光强分布. 曲线代表单个阶梯的衍射图样. $h = 1$ 处的纵坐标为一级光栅光谱的强度, 阶梯光栅仅发出一级光谱

我们选择矩形层状结构光栅作为第二个例子, 见图 70(a). 这种结构的制备方法为: 将一种透明物质蒸镀于平片表面, 在蒸镀层中刻划一组规则的刻线, 移去狭缝间隔部分后即得到一个缝宽与缝距相等的蒸镀层光栅. 令蒸镀层的厚度为 g, 其折射率为 n. 对于小角度入射情况, 入射到光栅单元 d 一半部分的光波, 其相位比另一半多滞后了 $2\Theta = (n-1)gk$. 在很远处, 由从 $-d/2$ 到 $+d/2$ 的一个衍射单元形成的振幅分布 $f(a)$ 可写为

$$f(a) = \frac{1}{d}\int_{-\frac{d}{2}}^{0} e^{i(\Phi x - \Theta)}dx + \frac{1}{d}\int_{0}^{+\frac{d}{2}} e^{i(\Phi x + \Theta)}dx = \frac{\sin\left(\Phi\frac{d}{2} + \Theta\right) - \sin\Theta}{\Phi\frac{d}{2}}$$

其中, $\Phi = k\,(n\,\alpha_0 - \alpha)$, 且所有非重要项都已忽略. 此式为单个阶梯单元的衍射图样. 由于所有阶梯单元都相互平行, 见图 70(a), 所以 a, a_0 和 α, α_0 并无本质区别. 因此, 此后我们用 $f\,(\alpha)$ 替代上文的 $f(a)$. 此函数相对于方向 $\Phi = 0$ 的不对称性将会在整个光栅产生的光谱中得到平衡; 因为对于垂直入射, 与两个相同级次 $(\pm h)$ 光谱对应的两个方向 $\Phi d/2 = \pm h\pi$ 总会产生相同的贡献:

$$f\,(\alpha_{\pm h}) = \frac{1}{\pi h}\left[(-1)^h - 1\right]\sin\Theta$$

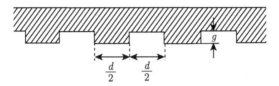

图 70(a) 一种光栅常数为 d, 狭缝深度为 g 的 "层状结构" 光栅

(当 $h = 0$ 时, 必须取 $\Phi \to 0$ 的极限, 此时 $f\,(\alpha) = \cos\Theta$.) 图 70(b) 为 $f^2\,(\alpha)$ 的曲线, 通过此曲线可确定不同衍射级次的光栅光谱强度.

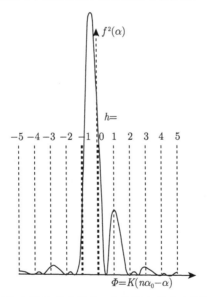

图 70(b) 图 70(a) 所示层状光栅的强度分布. 曲线代表单个光栅单元的衍射图样. 加粗画出的竖线代表全部光栅单元发出的 h 级次光栅光谱强度

由于在显微镜中应用的需要, 人们同样对类似设计的振幅光栅感兴趣. 在这种光栅的制备过程中, 将原来涂敷的透明材料替代为金属吸收层. 在数学上, 这意味着我们需要令 $\Theta = \mathrm{i}\Theta'(\Theta'$ 为实数). 那么光栅单元两部分的透射率之比为 $\mathrm{e}^{4\Theta'}$, 而

Θ' 与吸收层的厚度成正比. 因此, 我们可得对于零级光谱 $f(\alpha) = \cosh\Theta'$, 以及对于高级次光谱 $f(\alpha_{\pm h}) = \left[(-1)^h - 1\right] \cdot \dfrac{\mathrm{i}}{\pi h} \sinh\Theta'$. 这个等式中的因子 i 意味着高级次光谱与零级光谱的相位差为 $\pi/2$. 因此, 通过给零级与高级次光谱的相位差增加或减少 $\pi/2$, 可将相位光栅的衍射图样转化为振幅光栅的衍射图样.

这个方法可以用来替代以往非常重要的染色处理, 后者在显微观测折射率差异很小的透明组织成分时曾经是必须的, 这是因为不同部分的化学成分不同, 染色后所吸收的染料份量差别很大. 可见, 实际上染色方法也相当于将相位光栅变为振幅光栅.

E. §35 B 的补充内容 —— 多边形衍射孔形成的光扇

本节中 A 和 B 部分得到的特殊结果与 §35 B 关于阴影的一般理论有何关系? 为了回答这个问题, 我们首先要针对目前的垂直入射 Fraunhofer 观测情形写出 §35 方程 (12) 的特定形式. 在这种情况下, 图 60(a) 中的点 D 位于无穷远处 (如果我们忽略中心点 $\alpha = \beta = 0$). 之前的等相面在此处为平面, 之前的椭圆形交线在此处为一系列平行的直线. 之前椭圆系统的 p 参数在此处正比于这些平行直线到其中任意一条平行直线的距离, 例如穿过衍射孔中心的那条直线.

首先我们来考虑一个矩形衍射孔, 并确定垂直于矩形一条边方向的阴影边界. p = 常数的直线平行于此边线, 因此这些直线被矩形截取的线段均相等. 那么图 60(a) 所引入的 $\varphi(p)$ 将变得与 p 无关. §35 方程 (12) 中的函数 $F(p)$ 也将与 p 无关. 从而 $F'(p) = 0$, 于是 §35 方程 (12a) 右侧的第二项将为零. 为方便起见, 如果我们将 p 归一化, 使得 $p_2 = -p_1 = \bar{p}$, 那么第一项变为

$$\frac{F}{\mathrm{i}k}\left(\mathrm{e}^{\mathrm{i}k\bar{p}} - \mathrm{e}^{-\mathrm{i}k\bar{p}}\right) = \frac{\lambda F}{\pi}\sin k\bar{p} \tag{12}$$

通过 §35 方程 (12)(消去方程两侧的因子 λ) 可得, 在前文定义的方向上将会出射一个光强为有限值的光扇, 且没有阴影产生. 需要强调的是, 如果光源为非单色的扩展光源, 那么方程 (12) 所示的振幅正弦变化将会模糊. 我们所谓的 "光扇" 就是对这个现象的描述. 对于垂直于矩形其他边方向上的光扇, 情况显然也相同; 然而, 对于其他与矩形各边不垂直的方向上, 情况却并非如此. 对于这些非垂直方向, §32 方程 (12a) 中的 p_1 和 p_2 值对应于矩形的四角, 在那里分数 $\varphi(p)$ 会逐渐降为零. 现在 §32 方程 (12a) 右侧的第一项变为零; 第二项为一个有限的很小的数值. 这个结果在图 71(a) 中 (粗略地) 以四个象限的不带条纹的部分表示, 而这四个象限则示出了阴影. 在带有单组条纹的条带中, 衍射孔边界的一个有限部分与一个有效波带重合, 因此出现了一个具有明显强度的衍射光区域. 此情况与发生在图 68 圆孔衍射中的情况类似. 可将图 71(a) 与图 67 做对比, 在那幅图中用到的是单色光, 所以结果表示得更加精确.

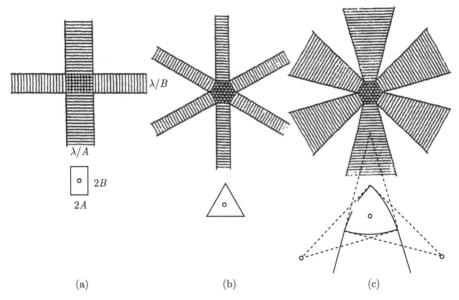

(a)   (b)   (c)

图 71 多边形衍射孔形成的光扇 (用带条纹的区域显示), 每种情况的衍射孔示于相应图样的下方: (a) 矩形; (b) 三角形; (c) 曲线三角形

这些结果与波长无关, 尤其是对于沿着图中 a 轴和 b 轴的强度. 这个结论似乎与几何光学 ($\lambda \to 0$ 的极限情况) 相矛盾, 后者认为仅有中心区域被光照射到. 这个明显的矛盾可解释为, 在这种极限情况下光扇的宽度变为无限窄. 其宽度为方程 (5) 中的 λ/A 和 λ/B, 在相应的图中已有显示. 因此, 在这种极限情况下, 同样是从中心场取得并向这些方向发射的能量将变为无穷小. 此处的情况与 Poisson 斑的情况相同, Poisson 斑在几何光学的极限情况下依然会出现, 但其大小将会缩小为一个几何点.

如果衍射孔为平行四边形, 那么所出现的两条光带将不会相互垂直, 而是分别垂直于平行四边形的两条边. 对于三角形孔的情况, 将会出现三条光带, 它们分别垂直于三角形的三条边, 从而总共会出现 6 个光扇, 见图 71(b). 一个由 n 条边组成的正多边形孔一般会出现 $2n$ 个这样的光线方向.

如果人们通过一个平行四边形的小孔观察一个光源, 并且假设人眼并未聚焦于光源 (或者光源并非足够小), 那么光源看起来将会出现四条星芒. 同样条件下, 三角形孔会出现六条星芒. 一个不规则孔将会出现多条星芒. 需要指出的是, 衍射图样的结果对衍射孔形状的不规则性非常敏感. 由于人眼瞳孔中有很多小的不规则, 所以人眼所见夜间的星星并非是被圆形光环围绕, 这个结果对应于理想的圆形孔; 实际我们看到的星星却具有多个星芒, 这在各个时代的画作中均有体现. 徽章中以及圣诞树上经常出现的五角星, 实际上在波动光学中是无法出现的, 因为星芒必须成对出现.

到目前为止, 我们讨论的衍射孔各边均为直线. 当边为曲线时情况将如何变化? 为研究此类问题, 我们必须回到图 60(a), 但对于 Fraunhofer 衍射, 我们必须将图中的椭圆弧替换为一系列平行直线. 对于每一个 (无穷远处) 点 D 的位置, 与衍射孔边缘相切的切线族中都存在两条直线 p_1 和 p_2. 因此, 这种情况下不存在孔边缘与波阵面相重合的有限线段, 这与边缘为直线孔的情况不同. 对于曲线孔, 重合部分仅为无穷小点, 即切点. 由于这个原因, 此时光扇的强度比直线边界孔情况小若干量级. 下面我们来分析这个数量级的大小.

正如 §35 方程 (12) 之后所述, 在切点处有 $\varphi(p_1) = \varphi(p_2) = 0$, 因此 §35 方程 (12a) 右侧第一项为零. 为了估算第二项, 我们将切点处的边界曲线替换为曲率圆 (半径为 ρ). 用 2ψ 表示此圆被系列直线 p 所截取圆弧的圆心角. 我们可以选择 p 参数, 使它可代表距圆心的距离; 于是 $p = \rho \cos\psi$. 那么每一条弦长为

$$\varphi(p) = 2\rho \sin\psi = 2\sqrt{\rho^2 - p^2} \tag{13}$$

因此

$$\varphi'(p) = -2p\left(\rho^2 - p^2\right)^{-\frac{1}{2}} \tag{13a}$$

在切点 $(p = \rho)$, $\varphi'(p)$ 变为无穷大, 从而 $F'(p)$ 变为无穷大, 但由于它们变化很缓慢, 所以所考虑的积分依然是有限值. 近似计算结果显示其强度正比于 $\lambda\rho$, 因此在几何光学这种极限情况下光强将为零. 另外, 通过方程 (12) 可看出, 在孔边缘为直线的情况下, 衍射强度与入射光强为同一量级. 虽然边缘为曲线的孔也可在垂直于边缘切线的方向上发出衍射光, 但其强度在数量级上小于直线边缘孔情形的强度. 随着研究点处孔边缘曲率 $1/\rho$ 的增加, 衍射强度将减小. 如果我们考虑一个曲线多边形[①], 见图 71(c), 那么多边形的每一个角 E 都存在一个相应的阴影区; 在阴影区内各个方向发射的强度将与直线边缘孔阴影区内的强度处于同一量级, 且强度将随着波长的减小而降为零.

总结并完成定量关系, 我们可以得出: 每一种衍射孔都会产生一种衍射图样, 它会从图中心向外呈扇形散开; 图样中的光扇被阴影分隔开. 如果图样中心处圆周角被分隔的数量表示为 (无量纲数)a, 用 A 表示直线边缘衍射孔某一边的长度, 用同样的符号 A 表示曲线边缘衍射孔的曲率半径 (此前用 ρ 表示), 则衍射强度为:

在直线边缘孔形成的光扇中 $\dfrac{A^2}{a^2}\dfrac{\lambda^2}{a^2 A^2}$

在曲线边缘孔形成的光扇中 $\dfrac{A\lambda}{a^3}\dfrac{\lambda^3}{a^3 A^3}$

---

① 图 71(c) 中的衍射孔为一个由三条圆弧组成的曲线三角形. 三个中心 (曲率中心) 已标于图中. 三个角处画出的切线用于形成上方图中光扇的边界.

在曲线边缘孔或直线边缘孔形成的阴影区中 $\dfrac{\lambda^2}{a^4}\quad\dfrac{\lambda^4}{a^4A^4}$

在各表达式中, 第一项为光强, 它是衍射孔单位面积上的入射光能量, 因此, 它的量纲包含长度的平方. 第二列中的表达式为光强与中央图像中心点处光强的比值, 因此它为无量纲量.

此处的讨论忽略了衍射图中的干涉条纹. 正如我们此前所说, 如果光源不是点光源或者为非单色光, 那么这些条纹将会模糊.

§37 狭缝的 Fresnel 衍射

下文中对于纯粹 Fresnel 衍射理论的推导在 §34 D 中已有提及. 其推导过程可能有些复杂, 且并不一定能得到需要的结果. 孔内点的坐标表示为 ξ, η, 坐标原点 D 为光源 P' 和观测点 P 连线与屏平面 S 的交点, 见图 72. 那么有 $\alpha = \alpha_0$, $\beta = \beta_0$, $\gamma = \gamma_0(\alpha_0, \beta_0, \gamma_0 = P'D$ 方向; $\alpha, \beta, \gamma = DP$ 方向), 并且关于相位 Φ 的 §34 方程 (13) 中的线性项将为零. 然而, 这些情况将会带来以下困难: 若点 P[图 72 中用 (P) 表示] 在偏离中心很远的位置, 则 D 将位于假定尺寸很小的衍射孔之外, 那么在 Φ 的级数展开中本应很小的坐标值 ξ, η 此时不再能满足要求. 因此, 我们必须将 P 的位置限制在不太深入几何光学阴影的区域内 (图 72 中大括号所示部分). 在此区域以外, 无法仅用二次项来表示 Φ. 二次项所产生的衍射图样必须由 Fraunhofer 方法求得的衍射图样进行补充. 进一步的不便在于, 即使对 P 作出了限制, 但 D 的位置会随着 P 的位置变化, 因此每一个 P 的位置会对应一个独立的坐标系 ξ, η.

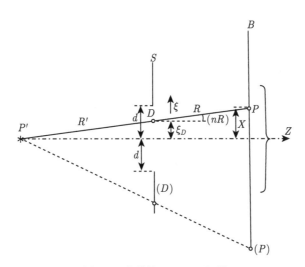

图 72 狭缝的 Fresnel 衍射

现在需要研究的具体问题是一个窄矩形孔 (也就是本节标题所说的狭缝) 所产生的衍射图样. 图 72 平面穿过矩形的中心, 且与矩形的短边 $2d$ 平行; 长边 $2h$ 垂直于此图平面. 坐标 ξ 和 η 分别平行于矩形垂直两边方向. 用于获取衍射图样的观测屏平行于衍射屏 S; 它们都与此图平面垂直. 我们将限于讨论位于图平面内的观测点 P. 假设光源 P' 直接位于矩形中心的前方, 那么直线 PP' 位于此图平面内, 由于 y 轴和 η 轴垂直于此平面, 所以有

$$\beta - \beta_0 = 0, \quad \alpha^2 = \alpha_0^2 = 1 - \gamma^2 \tag{1}$$

如图所示, γ 等于 $\cos(n, R)$, 这将在公式 (4) 中使用. 通过式 (1), 可将 §34 表达式 (13) 简化为

$$\Phi = -\frac{1}{2}\left(\frac{1}{R} + \frac{1}{R'}\right)\left\{\xi^2 + \eta^2 - \alpha^2\xi^2\right\} = -\frac{1}{2}\left(\frac{1}{R} + \frac{1}{R'}\right)\left(\gamma^2\xi^2 + \eta^2\right) \tag{2}$$

采用如下简写:

$$k\Phi = -\Phi_\xi\xi^2 - \Phi_\eta\eta^2, \quad \begin{cases} \Phi_\xi = \dfrac{1}{2}\gamma^2 k\left(\dfrac{1}{R} + \dfrac{1}{R'}\right) \\ \Phi_\eta = \dfrac{1}{2}k\left(\dfrac{1}{R} + \dfrac{1}{R'}\right) \end{cases} \tag{3}$$

§34 方程 (14) 变为

$$\mathrm{i}\lambda v_P = \frac{A\gamma}{RR'}\mathrm{e}^{\mathrm{i}k(R+R')}\int_{-d-\xi_D}^{+d-\xi_D}\exp\left(\mathrm{i}\Phi_\xi\xi^2\right)\mathrm{d}\xi\int_{-h}^{+h}\exp\left(\mathrm{i}\Phi_\eta\eta^2\right)\mathrm{d}\eta \tag{4}$$

我们再来回顾一下 R 和 R' 的含义: $R =$ 距离 DP, $R' =$ 距离 DP', 其中 D 为 $P'P$ 与面 S 的交点, 取决于 P 点的位置; 因此, 根据方程 (3), Φ_ξ 和 Φ_η 也与 P 点的位置相关. 这个依赖关系也会影响方程 (4) 中积分的上下限. 这是由于 ξ 并非相对于狭缝中心度量, 而是相对于坐标为 ξ_D 的 D 点度量, 积分上下限为 $\pm d - \xi_D$, 而非 $\pm d$. 由于对称性, 对点 P 的依赖关系并不会影响方程 (4) 中对 η 的积分.

A. Fresnel 积分

为了与之前的符号一致, 我们来考虑积分

$$F(\omega) = \int_0^\omega \mathrm{e}^{\mathrm{i}\frac{\pi}{2}\tau^2}\mathrm{d}\tau \tag{5}$$

我们将其称为 Fresnel 积分. 通常这个名称也用来指以下两个实数积分:

$$C(\omega) = \int_0^\omega \cos\left(\frac{\pi}{2}\tau^2\right)\mathrm{d}\tau, \quad S(\omega) = \int_0^\omega \sin\left(\frac{\pi}{2}\tau^2\right)\mathrm{d}\tau \tag{5a}$$

显然, 这两个积分式构成了 F 的实部与虚部:

$$F = C + iS \tag{5b}$$

然而需要强调的是, 将 F 分为实部与虚部没有任何好处 [我们同样也没有将平面波 $\exp(ikx)$ 分为余弦和正弦部分]. 方程 (4) 中的两个积分通过简单置换都可简化为 F. 我们得到

$$\int_{-d-\xi_D}^{+d-\xi_D} \exp\left(i\Phi_\xi \xi^2\right) d\xi = \sqrt{\frac{\pi}{2\Phi_\xi}} \left[F(\omega_2) - F(\omega_1)\right], \quad \left.\begin{array}{c} \omega_2 \\ \omega_1 \end{array}\right\} = \sqrt{\frac{2\Phi_\xi}{\pi}}\,(\pm d - \xi_D)$$

$$\int_{-h}^{+h} \exp\left(i\Phi_\eta \eta^2\right) d\eta = \sqrt{\frac{2\pi}{\Phi_\eta}}\, F(W), \quad W = \sqrt{\frac{2\Phi_\eta}{\pi}}\, h$$

对于狭缝有 $h \gg d$ 以及 $W \gg \omega_{2,1}$. 现在将证明可以令 W 为无穷大[1]. 为此, 方便的做法是引入与相似定律相关联的准焦距 f, 见 §35 E. 那么, 在此处我们令

$$\frac{1}{f} = \frac{1}{R} + \frac{1}{R'}, \quad \Phi_\eta = \frac{\pi}{\lambda f}, \quad W = \sqrt{\frac{2}{\lambda f}}\, h \gg \sqrt{\frac{2}{\lambda f}}\, d \tag{6}$$

根据相似定律, 如果 d 的大小刚刚适用于衍射实验, 那么 W 就会很大而无法产生可观测的衍射效应, 因此我们可以像几何光学那样进入极限情况 $\lambda \to 0$, $W \to \infty$. 同时, 通过方程 (6) 引入的 Φ_η 值, 我们令

$$\int_{-h}^{+h} e^{i\Phi_\eta \eta^2} d\eta = \sqrt{2\lambda f F(\infty)} \tag{6a}$$

相应地, 我们会得到

$$\int_{-d-\xi_D}^{+d-\xi_D} \exp\left(i\Phi_\xi \xi^2\right) d\xi = \frac{1}{\gamma}\sqrt{\frac{\lambda f}{2}} \left\{F(\omega_2) - F(\omega_1)\right\}, \quad \left.\begin{array}{c} \omega_2 \\ \omega_1 \end{array}\right\} = \gamma \frac{\pm d - \xi_D}{\sqrt{\dfrac{\lambda f}{2}}} \tag{6b}$$

因此, 根据方程 (4), 有

$$iv_P = fA\frac{e^{ik(R+R')}}{RR'} \left\{F(\omega_2) - F(\omega_1)\right\} F(\infty)$$

如果我们立即引入将在后面部分推导的值 $F(\infty) = \dfrac{1+i}{2}$ 并回到方程 (6) 对 f 的最初定义, 那么上述表达式可被简化. 这是因为, 此时有

$$v_P = \frac{1-i}{2} A\frac{e^{ik(R+R')}}{R+R'} \left\{F(\omega_2) - F(\omega_1)\right\} \tag{7}$$

---

[1] 在 C 小节的开始部分, 我们再来讨论这种极限处理的可行性.

其中

$$A\frac{\mathrm{e}^{\mathrm{i}k(R+R')}}{R+R'} = v_0$$

为在中间屏被完全移除的情况下, P 点观测到的光场振幅. 因此, 我们可将方程 (7) 写为

$$v = \frac{1-\mathrm{i}}{2}v_0\{F(\omega_2) - F(\omega_1)\} \tag{7a}$$

如果我们忽略目前并不关心的前面那个因子, 可得如下结论:

　　屏 B 上产生的图样与原始非衍射场的不同之处在于相差一个等于 Fresnel 积分 $F(\omega_2)$ 和 $F(\omega_1)$ 之差的因子.

　　下面来简述函数 $F(\omega)$ 的解析性质. 其性质完全符合 Gaussian 误差积分

$$F(x) = \int_0^x \mathrm{e}^{-\tau^2}\mathrm{d}\tau$$

　　(a) $F(\omega)$ 为 ω 的整超越函数; 通过其定义式 (5), $F(\omega)$ 可展开为以下在有限平面内处处收敛的级数:

$$F(\omega) = \omega\left[1 + \frac{\mathrm{i}}{1!3}\frac{\pi}{2}\omega^2 - \frac{1}{2!5}\left(\frac{\pi}{2}\omega^2\right)^2 - \frac{\mathrm{i}}{3!7}\left(\frac{\pi}{2}\omega^2\right)^3 + \cdots\right] \tag{8}$$

此展开式直接由指数级数得出. 通过此式可分别得出 $C(\omega)$ 和 $S(\omega)$ 的级数.

　　(b) 更为重要的是, 由 $F(\omega)$ 展开得出的发散级数 (也就是所谓的渐近级数), 即使只对其有限数量的项进行求和, 通过它也可得出大数值 ω 下的足够精确的函数近似值. 为得到上述结果, 我们令

$$F(\omega) = F(\infty) - \int_\omega^\infty \mathrm{e}^{\frac{\mathrm{i}\pi\tau^2}{2}}\mathrm{d}\tau = F(\infty) - \int_\omega^\infty \frac{\mathrm{d}}{\mathrm{d}\tau}\left(\mathrm{e}^{\frac{\mathrm{i}\pi\tau^2}{2}}\right)\frac{\mathrm{d}\tau}{\mathrm{i}\pi\tau}$$

通过分部积分, 上式变为

$$\begin{aligned}F(\omega) &= F(\infty) + \frac{\mathrm{e}^{\frac{\mathrm{i}\pi}{2}\omega^2}}{\mathrm{i}\pi\omega} - \int_\omega^\infty \mathrm{e}^{\frac{\mathrm{i}\pi}{2}\tau^2}\frac{\mathrm{d}\tau}{\mathrm{i}\pi\tau^2}\\ &= F(\infty) + \frac{\mathrm{e}^{\frac{\mathrm{i}\pi}{2}\omega^2}}{\mathrm{i}\pi\omega} - \int_\omega^\infty \frac{\mathrm{d}}{\mathrm{d}\tau}\left(\mathrm{e}^{\frac{\mathrm{i}\pi}{2}\tau^2}\right)\frac{\mathrm{d}\tau}{(\mathrm{i}\pi)^2\,\tau^3}\end{aligned}$$

继续进行分部积分, 可得

$$F(\omega) = F(\infty) + \frac{\mathrm{e}^{\frac{\mathrm{i}\pi}{2}\omega^2}}{\mathrm{i}\pi\omega}\left[1 + \frac{1}{\mathrm{i}\pi\omega^2} + \frac{1\cdot3}{(\mathrm{i}\pi\omega^2)^2} + \frac{1\cdot3\cdot5}{(\mathrm{i}\pi\omega^2)^3} + \cdots\right] \tag{8a}$$

通过此式可分别得出 $C(\omega)$ 和 $S(\omega)$ 的渐近级数.

(c) 为了计算 $F(\infty)$, 我们在此写出著名的 Laplace 积分:

$$\int_0^\infty e^{-\alpha\tau^2}d\tau = \frac{1}{2}\sqrt{\frac{\pi}{\alpha}}$$

我们仅需令 $\alpha = -\dfrac{i\pi}{2}$, 即可得

$$F(\infty) = \frac{1}{2}\sqrt{\frac{2}{-i}} = \frac{1}{\sqrt{-2i}} = \frac{1}{1-i} = \frac{1+i}{2}. \tag{8b}$$

通过考虑变量 τ 在复数平面上的积分, 可检验上述结果, 然而此处略去该检验.

B. 对衍射图样的讨论

现在我们来研究衍射图样中的强度极值 (极大值与极小值). 也就是说, 我们要寻找那些被单色光照射时会在观测屏上形成明暗条纹的点. 这些点应由条件 $\dfrac{d|v|^2}{dx} = 0$ 来定义, 其中 x 为观测屏上一点到屏中心的距离. 由图 72 可知, x 与度量到衍射屏 S 中心距离的坐标 ξ_D 相关. 因此, 我们对 $\dfrac{d|v|^2}{dx} = 0$ 的讨论可替换为 $\dfrac{d|v|^2}{d\xi_D} = 0$. 由于 ξ_D 只出现于方程 (6b) 的积分上下限 ω_2 和 ω_1, 且 $\dfrac{d\omega_2}{d\xi_D} = \dfrac{d\omega_1}{d\xi_D} = -\gamma\left(\dfrac{\lambda f}{2}\right)^{-1/2}$, 所以极值产生的条件为[①]

$$\frac{d}{d\xi_D}\{F(\omega_2) - F(\omega_1)\} = -\frac{\gamma}{\sqrt{\lambda f/2}}\{F'(\omega_2) - F'(\omega_1)\} = 0 \tag{9}$$

因此有

$$\exp\left(\frac{i\pi}{2}\omega_2^2\right) = \exp\left(\frac{i\pi}{2}\omega_1^2\right)$$

$$\frac{\pi}{2}(\omega_2^2 - \omega_1^2) = -2\pi g, \quad (\omega_2 - \omega_1)(\omega_2 + \omega_1) = -4g \tag{10}$$

其中, g 为一个 (正或负) 整数. 现在, 根据方程 (6b) 可得

$$\omega_2 - \omega_1 = \frac{2\gamma d}{\sqrt{\lambda f/2}}, \quad \omega_2 + \omega_1 = \frac{-2\gamma\xi_D}{\sqrt{\lambda f/2}} \tag{10a}$$

[①] 临时使用简写 $f(x) = F(\omega_2) - F(\omega_1)$, 可得

$$|v|^2 = Cff^*, \quad C = \frac{1}{2}|v_0|^2, \quad \frac{d}{dx}|v|^2 = C\left(f\frac{df^*}{dx} + f^*\frac{df}{dx}\right)$$

其中 f^* 为 f 的共轭. 在方程 (9) 中, 已满足条件 $df/dx = 0$, 但同时条件 $df^*/dx = 0$ 也被满足 (将 $+i$ 和 $-i$ 及 $-g$ 和 $+g$ 互换). 因此条件 $d|v|^2/dx = 0$ 也被满足. 所以方程 (9) 不仅是振幅 v 的极值条件也是光强 $|v|^2$ 的极值条件.

由方程 (10) 和 (10a) 可得

$$\frac{2\gamma^2\xi_D d}{\lambda f} = g, \quad \xi_D = \frac{\lambda f g}{2\gamma^2 d}$$

以及两相邻极值之间的距离为

$$\Delta\xi_D = \frac{\lambda f}{2\gamma^2 d} \tag{10b}$$

极值之间的距离随 d 的增加而减小, 随 λ 和 f 的增加而增加. 对于观测屏上的条纹间距 Δx 也有相同的特性.

对于衍射图样的讨论可通过用下述方法绘制的 Cornu 螺线来阐明:

我们将 $F = C + \mathrm{i}S$ 看成一个位于复平面 F 上的点, 也就是一个笛卡尔坐标为 C 和 S 的点. 此外, 我们再考虑一个复平面 ω, 然而这里仅对其实轴感兴趣. 等式 $F = F(\omega)$ 代表从平面 ω 映射到平面 F 的保角映射. 将平面 ω 的实轴映射成平面 F 中的一条曲线, 我们这里仅会处理平面 ω 的实轴部分. 可以证明, 此处的映射为等长度映射. 证明如下:

因为

$$\frac{\mathrm{d}F}{\mathrm{d}\omega} = \mathrm{e}^{\frac{\mathrm{i}\pi}{2}\omega^2}, \quad \text{因此} \quad \left|\frac{\mathrm{d}F}{\mathrm{d}\omega}\right| = 1, \quad |\mathrm{d}F| = |\mathrm{d}\omega| \tag{11}$$

从而, ω 轴与 F 曲线会无拉伸地相互映射. 已知此映射中的三个点, 见方程 (8) 和 (8b):

$$\omega = 0, \quad \omega = \infty, \quad \omega = -\infty$$

$$F(0) = 0, \quad F(\infty) = \frac{1+\mathrm{i}}{2}, \quad F(-\infty) = -\frac{1+\mathrm{i}}{2}$$

F 曲线两端点 $F(\pm\infty)$ 之间的长度为无穷大, 同时这也是 ω 轴的长度. 此曲线相对于平面 F 的原点对称; 这是由于通过方程 (8) 有

$$F(-\omega) = -F(\omega)$$

曲线在原点处的切线为水平方向; 曲线的拐点就在此处; 其原因在于, 根据方程 (8), 在 $\omega = 0$ 处有

$$\frac{\mathrm{d}F}{\mathrm{d}\omega} = 1, \quad \frac{\mathrm{d}^2F}{\mathrm{d}\omega^2} = 0$$

$\omega = \pm\infty$ 处的切线方向无法通过方程 (8a) 确定. 曲线以螺旋形式渐近地趋向这两个点. 完整的曲线绘于图 73 中.

图中的曲线不仅完整地绘制出了 F 的所有取值范围 (针对实数 ω), 同时也可显示衍射图样中所有的振幅比 $|v|/|v_0|$. 这是由于通过方程 (7a) 有

$$\sqrt{2}\,|v|\,/\,|v_0| = |F(\omega_2) - F(\omega_1)| \tag{12}$$

也就是说, 振幅比 (乘以 $\sqrt{2}$ 后) 等于 Cornu 螺线上代表 ω_2 和 ω_1 的两点之间的弦长. 通过方程 (10a) 可得, 两 ω 值之差为

$$\omega_2 - \omega_1 = \frac{2\gamma d}{\sqrt{\lambda f / 2}} = 常数$$

因此, 这个差值与 ξ_D 和观测点的坐标 x 无关. $\omega_2 - \omega_1$ 是 ω 实轴上的一个线段. 上述弦两端点之间的 Cornu 螺线弧也具有相同的固定长度.

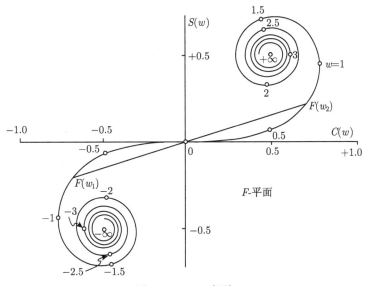

图 73 Cornu 螺线

我们在图 73 中绘制了衍射图样中 $x = 0$ 点所对应的弦. 此弦穿过 F 平面的原点, 并终止于螺线上两个关于原点对称的点, 这两点对应于辐角 $\omega_2 = \dfrac{d}{\sqrt{\lambda f/2}}$ 和 $\omega_1 = -\dfrac{d}{\sqrt{\lambda f/2}}$. 如果我们将弦的起点移动一定的距离, 那么弦的终点需要移动能使螺线的弧长和原来相同的距离. 通过这种方法, 弦的长度发生了改变. 这个改变意味着, 在对应于弦的新位置的新观测点 x 处, 振幅 $|v|$ 也会发生变化. 如果我们令弦的起点逐渐接近螺线上方的极限点, 那么弦的终点也会向此极限点靠近; 弦会逐渐变小, 同时振幅 $|v|$ 也会在这个过程中经过无穷多个逐渐减小的极值点.

C. 直边衍射

如果我们固定狭缝的一条边, 如右侧边, 然后移动其左侧边至无穷远, 从而使得狭缝宽度为无穷大 $(d \to \infty)$, 这样我们就获得了直线边缘衍射的简单问题. 在开始前需要指出的是, 对于衍射孔的极限处理方法有很多种, 并且它们之间似乎是相

互排斥的; 在 §34 方程 (13) 的级数展开中, 我们假设衍射孔为 "非常小". 在处理狭缝问题时, 我们假设 $h \gg d$ 并令 $h = \infty$. 在本小节讨论中, 我们也令 $d \to \infty$. 为了数学上的精确性, 我们需要对这些极限处理方法作谨慎的评估. 然而, 由于半平面问题将在 §38 中作可达到任意精确度要求的讨论, 所以在此处我们省略对它的讨论.

通过将入射光由球面波替代为平面波, 可将问题进一步简化; 也就是说, 将 P' 移至无穷远. 然而, 如果我们在距衍射屏有限远 a 处的观测屏 B 上观测衍射图样, 那么此时研究的问题依然是 Fresnel 衍射 (见 195 页). 在这种情况下 $f = a$ (因为 $b = \infty$ 且 $1/f = 1/a + 1/b$). 如果光为垂直入射, 那么 S 上的坐标 ξ 等于 B 上的坐标 x, 并且 $\gamma = 1$. 如果我们令 x 的原点位于几何阴影的边界上, 那么

$$d - \xi_D = \xi = x, \quad \omega_2 = \frac{x}{\sqrt{\lambda a/2}}, \quad \omega_1 = -\infty \tag{13}$$

令 $\omega_2 = \omega$, 可将方程 (7a) 写为

$$\left| \frac{v}{v_0} \right| = \frac{1}{\sqrt{2}} \left| F(\omega) - F(-\infty) \right| \tag{13a}$$

在 Cornu 螺线结构中, 弦的起点现在被固定于螺线的下端点, 仅有弦的终点会随 x 改变. 在几何阴影区中 ($-\infty < x < 0$), 弦的长度稳定增加, 如图 74 中一系列终点为 a, b, c, d, e 的弦. 点 d 对应于几何阴影的边界. 在此点, $\omega = 0$, $F(\omega) = 0$, 并且

$$\left| \frac{v}{v_0} \right| = \frac{1}{\sqrt{2}} \left| F(-\infty) \right| = \frac{1}{\sqrt{2}} \left| -\frac{1+i}{2} \right| = \frac{1}{2} \quad \text{(根据方程 (8b))} \tag{13b}$$

其后, 弦的长度继续增大至第一个极大值, 在图中用点 f 表示, 然后弦会减小至位于点 g 的第一个极小值, 此后弦会在高度不断减小的极大值和极小值之间振荡. $\omega = \infty$ 处 $|v/v_0|$ 的渐近值为 (13b) 所示几何阴影边界处值的 2 倍; 它通过下式给出:

$$\frac{1}{\sqrt{2}} \left| F(+\infty) - F(-\infty) \right| = 1 \tag{13c}$$

此式相当于全部入射光的强度. 阴影边界处的强度为入射光强度的 1/4. 振幅的变化示于图 75 中.

在我们的假设中, 衍射屏为无限薄同时也是不透明的. 因此, 这些结果无法在实验中实现. 在显微镜下, 即使是剃刀的边缘也更像是一个抛物柱面, 而非一个锋利的半平面. 然而值得注意的是, 在精确的衍射照片 (见 195 页 Arkadiew 文献) 中, 图样几乎不依赖于材料和衍射边缘的形状. 即使对于一片曲率半径为几米的曲面玻璃片, 无论涂黑或不涂黑, 也同样会产生与剃刀边缘基本相同的衍射条纹. 在上述情况下, 衍射图样都如图 75 所示.

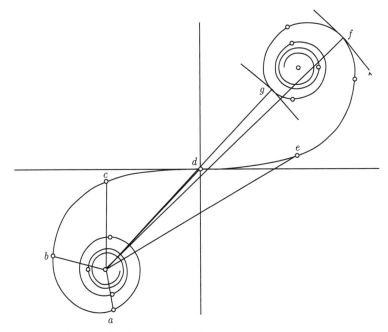

图 74 通过 Cornu 螺线方法确定直边的衍射图样

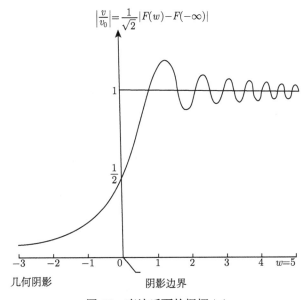

$$\left|\frac{v}{v_0}\right| = \frac{1}{\sqrt{2}}|F(w) - F(-\infty)|$$

几何阴影　　　　　阴影边界

图 75 直边后面的振幅 $|v|$

§38 若干衍射问题的严格解

只有在衍射物内部和外部同时满足 Maxwell 方程, 并且在衍射物表面处满足适当的边界条件时, 我们才能称衍射问题的解为精确解. 此外, 解还必须对应于一个给定的激发源 (平面波或点光源) 类型. 只有一些特殊形状的衍射物才能得出这样的解, 当然前提是波动方程可以在一个适合于衍射物形状的坐标系中被 "分离".

最简单的此类衍射物为球体. 球体外部的波场可表示为球谐函数和半整数阶数 Bessel 函数的级数. G. Mie 已对任意组分的胶体颗粒讨论了这些级数[1]; 但在那里的讨论中也出现了一个数学困难, 即 "级数展开方法" 的一个缺陷: 对于相当大颗粒的情况 ($ka > 1$, a = 半径, $k = 2\pi/\lambda$), 级数收敛过慢以至于在实际中几乎没什么用处. 若非这个困难, 我们就可以求解出彩虹问题[2]的完全解, 这个困难已在第 158 页指出.

对于球体存在的问题, 同样存在于截面为圆形的柱形丝问题中. 在柱形丝情况下, 波场可表示为三角函数和整数阶数 Bessel 函数的级数. 这些级数在声波和 Hertz 波[3]领域是完全合适的, 但在光学领域却并不合适. Debye 通过其著名的 Bessel 函数渐近表示法解决了这个困难. Epstein[4]将抛物柱面问题简化为 Hermite 函数.

三轴椭球衍射包含了所有上述问题, 且其在理论上仍然是可分离的. 这个问题的最广义形式会导致 Lamé函数的出现. 旋转椭球的特例将会导致圆柱角三角函数和两个 "球体函数" 的乘积的出现. 所谓 "球体函数" 可认为是狭义的 Lamé函数或广义的球函数或 Bessel 函数.

圆盘及其包含一圆孔的互补平面屏是旋转扁椭球的一个特定的简并特例. 为了使得一个很薄的圆盘或屏能够影响到光场, 必须假设其材料为不透明 (完美导体). 此时一般的 Maxwell 边界条件简化为 $E_{切线方向} = 0$ 以及由此得出的 $B_{垂直方向} = 0$. 有了这些边界条件以后, 此问题在数学上依然可以严格求解. 但是, 由于上述衍射材料在现实中无法获得, 所以此问题在物理上无法严格实现. 此类问题在物理上的严格实现仅出现于声波[5]和 Hertz 波[6]的情况 (波长大于衍射物厚度).

---

[1] Ann. d. Phys. **25**, p. 377, 1908.

[2] 两篇最接近于求出这个问题的论文为: B. van der Pol and H. Bremmer, Phil. Mag. **24**, p. 191 and 825, 1937 和 H. Bucerius, Optik, Vol. **I**, p. 181, 1946. Debye 在此之前研究过二维彩虹的问题 (玻璃棒的衍射), Phys. Zeitschr. **9**, p. 775, 1908.

[3] Schaefer-Grossmann, Ann. d. Phys. (Leipzig) **31** p. 454, 1910. Experimental verification with undamped waves: Schaefer-Merzkirch, Z. f. Phys. **13**, p. 166, 1922 and Schaefer-Wilmsen, ibid. **24**, p. 345, 1924.

[4] P. S. Epstein, Dissertation, Munich, 1914.

[5] O. J. Bouwkamp, Proefschrift, Groningen, 1941.

[6] J. Meixner, ZS. f. Naturf. Vol. **3a**, p. 506, 1948.

解中出现的球体函数级数同样仅在圆盘或衍射孔半径 a 与波长相比并不很大时才能收敛得足够好. 即使对于 $ka \sim 1$ 情况的数值求解, 也需要在函数表的帮助下进行; 此时, 对于结果的近似求解, 仍然需要对 Bessel 函数采用 Debye 公式之类的渐近公式.

狭缝及其互补问题会导致 Mathieu 函数的出现, 此类问题已被 Morse 和 Ruben-stein[1]通过 Mathieu 函数表格求出数值解.

在此处不会讨论这些函数的具体理论细节; 将在第六卷的《特征函数和特征值》一章中讨论.

A. 直边问题

因为我们需要假设衍射屏的半平面为无限薄却又不透明, 所以这个问题在物理上也并不严格. 我们将得到此问题的数学严格解, 此解甚至是封闭形式的并可容易地应用到所有波长的情形. 对于此类问题, 人们首先证明了 Fresnel 衍射构成一个十分确定的数学边界值问题[2] (Fraunhofer 衍射并不能通过此方法直接处理, 仅可作为 Fresnel 衍射的一个极限情况来处理).

我们令屏边缘位于柱坐标系 r, φ, z 的 z 轴; 屏的前后表面分别为 $\varphi = 0$ 和 $\varphi = 2\pi$ 面. 我们假设在 r 和 φ 平面内, 单色平面波以 α 角入射于屏的前表面 (入射光相对于屏垂直方向的角度为 $\pi/2 - \alpha$). 波为线偏振, 其电场方向平行于 z 轴. 那么衍射光电场也将平行于 z 轴, 从而此问题变为二维问题; 我们仅需考虑 r 和 φ 平面. 因此, 我们可使用标量函数 u; 此函数描述入射波的部分为

$$u_0 = A \mathrm{e}^{-\mathrm{i}kr\cos(\varphi - \alpha)} \tag{1}$$

指数中的负号来自于通常采用的时间依赖关系 $\exp(-\mathrm{i}\omega t)$ 以及光波的半射线传播方向 $\varphi = \pi + \alpha$; 见图 76(起始于 O 点的各箭头也适用于后面 D 小节部分的讨论). 与衍射屏作用后的场 u 必须满足如下条件:

$$\text{波动方程} \quad \Delta u + k^2 u = 0, \Delta = \frac{\partial^2}{\partial r^2} + \frac{1}{r}\frac{\partial}{\partial r} + \frac{1}{r^2}\frac{\partial^2}{\partial \varphi^2} \tag{1a}$$

$$\text{边界条件} \quad u = 0, \text{当} \varphi = \left\{ \begin{array}{l} 0 \\ 2\pi \end{array} \right. \quad (\text{对应于 } E_{tan} = 0) \tag{1b}$$

$$u \text{ 处处有限且连续, 包括屏边缘处} \tag{1c}$$

---

[1] Phys. Rev. **54**, p. 895, 1938.

[2] A. Sommerfeld, Mathem. Ann., Vol. **47**, p. 317, 1896. 对此内容的简要讲解可参考 *Differentialgleichungen der Physik* 中第 II 卷第 20 章部分, Frank and von Mises 编辑, 第二版 1934, 第一版 1927 (Vieweg, Braunschweig).

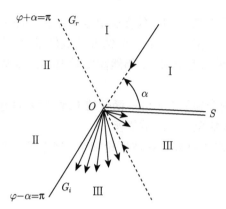

图 76　衍射屏 S 示意图, 入射光的阴影边界为 G_i, 反射光的阴影边界为 G_r

此外, 还必须加上无穷远处的辐射条件[1]. 对于此处的情况, 这个条件必须将 r 和 φ 平面上的 "照明区" Ⅰ + Ⅱ 以及 "阴影区" Ⅲ分别用不同公式表达 ("照明区" 和 "阴影区" 指的是在几何光学角度考虑的区域). 此条件为

$$\lim_{r\to\infty} r\left(\frac{\partial v}{\partial r} - \mathrm{i}kv\right) = 0, \quad v = \begin{cases} u - u_0, & 0 < \varphi < \pi + \alpha \\ u, & \pi + \alpha < \varphi < 2\pi \end{cases} \tag{1d}$$

或者用文字表述为: 在照明区, 场的入射部分由 u_0 精确给出, 差值 $u - u_0$(反射波 + 衍射波) 具有式 (1d) 所要求的辐射特性; 在阴影区, u 自身表示辐射场.

最后, 我们需要通过写出 $r \operatorname{grad} u$ 在屏边缘处性质, 来完成条件 (1c) 的要求, 即

$$随着\ r \to 0, \quad r \operatorname{grad} u \to 0 \tag{1c}$$

根据上式, u 的梯度在 $r = 0$ 处可能变为无穷大, 但这一变化只是 "弱" 变化. 在此极限下, $r \operatorname{grad} u$ 必须为零. 在接下来的 C 小节中我们会看到, 一旦满足此条件, 屏边缘将既不辐射也不吸收能量. 因此, 我们可将条件 (1d) 和 (1e) 看成附加的能量条件, 此条件足以使得问题在物理上具有唯一性[2].

此问题显然无法用通常的图像法求解. 这是由于, 如果我们将入射波 (1) 中加上一个反射波

$$u_0' = -A\mathrm{e}^{-\mathrm{i}kr\cos(\alpha+\varphi)}$$

---

[1] 此条件已在第六卷 §28 中详细讨论. 这个条件等同于如下要求: 如果所有光源都位于空间中的有限远区域, 那么无穷远处的场必须具有类似于外向辐射球面波 $\exp(\mathrm{i}kr)/r$ 的行为. 当 $v = u_0$ 时, 此表达式处处满足式 (1d). 式 (1d) 中必须对两个区域有独立的表达式, 这是由于入射波是一个来自于无穷远处的平面波.

[2] J. Meixner, ZS. f. Naturforsch., Vol. **3**, p. 506 中建立了一个更一般的条件 (屏边缘处的能量密度是空间可积的). 在本小节讨论的情况下, 此条件等价于式 (1e). 在三维情况下, 无法对 u 施加条件 (1c) 的有限性要求, Meixner 的 "边缘条件" 不仅是必要条件, 而且也是充分条件.

(入射方向为 $\varphi = 2\pi - \alpha$), 那么条件 (1d) 将无法满足. 此外, 相应的解不但在半射线 $\varphi = \begin{cases} 0 \\ 2\pi \end{cases}$ 上为零, 而且在整条射线 $\varphi = \begin{cases} 0 \\ \pi \end{cases}$ 上也为零, 这显然是错误的.

然而, 如果将原来周期为 2π 的普通平面波 $u_0(r,\ \psi)$ (此处 ψ 代表 $\varphi - \alpha$) 替换为对变量 ψ 的周期为 4π 的函数 $U(r, \psi)$, 那么镜像法依然可用. 新替换的函数还需要对所有的 $-2\pi < \psi < 2\pi$ 都满足条件 (1a) 和 (1c), 并且当 $|\psi| < \pi$ 时, 式 (1d) 中 $v = U - u_0$, 当 $|\psi| > \pi$ 时, 式 (1d) 中 $v = U$. 用 Riemann 的代数函数语言表述, 这意味着: U 为双叶 Riemann 曲面上波动方程的解, 此面在 $r = 0$ 和 $r = \infty$ 处有两个简单的分支点. U 仅由其在无穷远处的行为以及处处连续的要求确定 (入射光仅照射于 $|\psi| < \pi$ 叶, $|\psi| > \pi$ 叶没有入射光).

这个 Riemann 曲面的一般模型很常见. 例如, 一种包含两个平面叶的模型, 其中一叶位于另一叶之上, 两叶沿半射线方向 $\psi = \pm \pi$ 连在一起. 然而, 我们这里用由角 $\varphi/2$ 定义的单个平面来表示 Riemann 曲面, 见图 77. 此平面的每一个象限都是变量 φ 的半平面. 图中 $+\alpha/2$ 方向的箭头对应于入射平面波 $U(r, \varphi - \alpha)$[①]. 第四象限的半射线 $-\alpha/2$ 代表镜像波 $U(r, \varphi + \alpha)$. 由于这两个波相对于 α 对称, 所以它们在对称线 $\varphi/2 = 0$ 和 $\varphi/2 = \pm \pi$ 处会相互抵消, 这两条对称线分别代表衍射屏的两表面 $\varphi = 0$ 和 $\varphi = 2\pi$. 因此, 此处衍射问题的解可由以下公式给出:

$$u = U(r, \varphi - \alpha) - U(r, \varphi + \alpha) \tag{2}$$

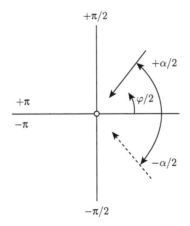

图 77 应用于半平面的镜像方法的符号表示

下面我们来研究其他偏振模式下的衍射问题, 即光电场垂直于衍射屏边缘的

---

① 需要指出的是, 图 77 中的两条直线箭头仅代表正好穿过原点的光线; 其他平行于此的光线在图中需画为抛物线 (用坐标 $r,\ \varphi/2$ 代替原坐标 $r,\ \varphi$). 另外还需注意, 箭头仅指无穷远处的入射波; 此处的原理图完全没有示出衍射屏所产生衍射.

情况. 其他几何条件均与上文相同. 在这种情况下, 入射、反射以及衍射场的磁场强度矢量 $\boldsymbol{H}$ 都平行于屏边缘. 现在我们用 u 表示磁场强度矢量, 同时再次根据 $E_{切线方向} = 0$ 的要求来寻找合适的边界条件. 如果我们临时引入笛卡尔坐标 x, y 来替代 r, φ, 那么必须要求从空气入射到屏上时

$$E_x = 0 \quad 以及 \quad E_z = 0$$

由于已给定 E 分量的偏振方向, 所以后一条件自动满足. 根据 Maxwell 方程, 第一个条件要求在屏两侧都有

$$\operatorname{curl}_x \boldsymbol{H} = \frac{\partial H_z}{\partial y} - \frac{\partial H_y}{\partial z} = 0$$

同时由于 $H_y = 0$ 以及 $H_z = u$, 可得

$$对于 \ \varphi = \left\{ \begin{array}{l} 0 \\ 2\pi, \end{array} \right. \quad 有 \ \frac{\partial u}{\partial y} = 0$$

由此还可写出

$$\frac{\partial u}{\partial n} = 0 \tag{3}$$

其中 n 代表屏两面的垂线. 通过下面的求和可满足此条件:

$$u = U\left(r, \varphi - \alpha\right) + U\left(r, \varphi + \alpha\right) \tag{4}$$

此式与方程 (2) 类似. §34 G 中的 Green 函数 G_- 和 G_+ 就是通过与方程 (2) 和 (4) 类似的镜像法获得的.

从根本上讲, 我们的方法可以有更广泛的应用. 它可毫无困难地扩展至狭缝问题. 在这种情况下, 需使用在两狭缝边缘迹线处存在两分支点的 Riemann 曲面, 用其替代一分支点位于有限远的面和另一个分支点位于无穷远处的面; 此外, 原来的极坐标需替换为双极坐标. 至少在标量情况 (声波) 下, 此方法甚至可扩展到任意边界的平面衍射屏或与其互补的衍射孔问题. 此时, 双叶 Riemann 曲面需替换为 "Riemann 双空间", 其两 "叶" 在衍射屏或孔的边界曲线上具有一个共同的 "支线". 以上推广的难点在于对分支解的数学建构. 目前仅对最简单的半平面情况才可能建构这样的解. 如我们马上会看到的, 即使如此也需要非常特殊的数学手段.

B. 分支解的构建

方程 (1) 中的因子 A 可看成关于入射角 α 的任意函数. 将 α 替换为积分变量 β, 并将此表达式对 β 积分, 可得 "波束"

$$u = \int A(\beta) \mathrm{e}^{-\mathrm{i}kr\cos(\varphi-\beta)} \mathrm{d}\beta \tag{5}$$

这个表达式是微分方程 (1a) 对于任意 (可以为复数的) 路径积分的一个解. 如果积分路径为复数, 那么 u 代表一种 "非均匀" 波, 例如全反射中的非均匀波. 首先我们来选择一条在复 β 平面上包含点 $\beta = \alpha$ 的闭合路径. 如果我们注意到 $A(\beta)$ 在 α 处有一个留数为 $1/2\pi\mathrm{i}$ 的一阶极点, 那么通过 Cauchy 留数定理, 式 (5) 变为方程 (1) 给出的解 u_0, 归一化后 $A = 1$. (此后令 u_0 为归一化解.) 特别地, 我们将 $A(\beta)$ 选取为一个关于 β 的周期函数, 其周期为 2π, 即

$$A(\beta) = \frac{1}{2\pi} \frac{\mathrm{e}^{\mathrm{i}\beta}}{\mathrm{e}^{\mathrm{i}\beta} - \mathrm{e}^{\mathrm{i}\alpha}} \tag{6}$$

因此我们得到

$$u_0 = \frac{1}{2\pi} \oint \frac{\mathrm{e}^{\mathrm{i}\beta}}{\mathrm{e}^{\mathrm{i}\beta} - \mathrm{e}^{\mathrm{i}\alpha}} \mathrm{e}^{-\mathrm{i}kr\cos(\varphi-\beta)} \mathrm{d}\beta \tag{7}$$

其中, $\oint$ 代表围绕闭合曲线的围道积分.

我们可以将极点 $\beta = \alpha$ 周围的路径变形为任意形状, 前提条件为该路径不穿过被积函数的任何其他奇点 (即点 $\beta = \alpha \pm 2\pi, \alpha \pm 4\pi, \cdots$). 如果我们要将路径变形以使其走向无穷大, 那么必须确保被积函数在路径的极限处为零. 在图 78 中, $\cos(\varphi - \beta)$ 包含负虚部的区域显示为阴影区. 这些区域的边界为直线. 对于 kr 为正值, $-\mathrm{i}kr\cos(\varphi - \beta)$ 的实部将随 β 在阴影区内趋于无穷大而趋于 $-\infty$, 因此方程 (7) 中的被积函数将会小到可忽略不计. 在图样的角 A, B 和 M 处, 有

$$\beta = \begin{cases} \varphi - \pi, & A \\ \varphi + \pi, & B \\ \varphi, & M \end{cases} \tag{7a}$$

图 78 中的积分路径包含两个环 C 以及连接路径 D_1 和 D_2. 后两条路径的选择使得它们之间的差别仅是互相位移了 2π. 由于这个原因, 以及这两条积分路径的方向相反, 所以它们对于积分的贡献会相互抵消. 因此, 我们只需将式 (7) 沿两个环 C 积分; 积分路径依然等价于环绕 $\varphi = \alpha$ 的原始回路, 积分 (7) 也依然与平面波 u_0 情况相同.

有了这些准备条件以后, 我们可以立即得出所需 Riemann 曲面上的函数 U. 为完成此工作, 我们需要将上述任意函数 A 的周期给定为 4π(替代 2π), 同时依然令其拥有一个在点 $\beta = \alpha$ 留数为 $1/2\pi\mathrm{i}$ 的极点. 因此, 我们用下式替代方程 (6)

$$A(\beta) = \frac{1}{4\pi} \frac{\mathrm{e}^{\mathrm{i}\beta/2}}{\mathrm{e}^{\mathrm{i}\beta/2} - \mathrm{e}^{\mathrm{i}\alpha/2}} \tag{8}$$

那么可将方程 (7) 替换为

$$U = \frac{1}{4\pi} \int_C \frac{\mathrm{e}^{\mathrm{i}\beta/2}}{\mathrm{e}^{\mathrm{i}\beta/2} - \mathrm{e}^{\mathrm{i}\alpha/2}} \mathrm{e}^{-\mathrm{i}kr\cos(\beta-\varphi)} \mathrm{d}\beta \tag{9}$$

其中积分路径被设定为沿着环 C(不包括连接路径 D). 此函数显然也是波动方程
的解, 这是由于与方程 (7) 类似, 它是由多个普通平面波叠加而成.

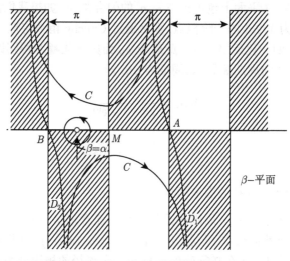

图 78   用于表示 u_0 的 β 平面积分路径

图 78 中的阴影图样取决于角 φ 的值, 通过方程 (7a) 显然可得出此结论. 整个
图样和积分路径一同随 φ 的变化而移动. 这会带来计算上的不便, 为避免此问题可
将积分变量 β 替换为

$$\gamma = \beta - \varphi \tag{10}$$

此处理是可行的, 这是由于角 φ 和 α 可像原来一样结合到一起:

$$\psi - \varphi - \alpha \tag{10a}$$

将方程 (9) 写为 γ 和 ψ 的函数, 可得

$$U = \frac{1}{4\pi} \int_C \frac{e^{i\gamma/2}}{e^{i\gamma/2} - e^{i\psi/2}} e^{-ikr\cos\gamma} d\gamma \tag{11}$$

这个关于 U 的表达式告诉我们, U 在 ψ 上的周期为 4π, 从而其值在简单平面 r, ψ
上有两个; 但在我们的 Riemann 曲面上, U 是单值的. U 同样满足波动方程, 这是
由于它只是函数 (9) 的另一种形式.

现在我们来解释图 79. 根据方程 (10) 和 (7a), 标注了

$$\gamma = +\pi, -\pi, 0$$

的三个点相当于图 78 中的 A, B 和 M. 在目前的讨论中, 需要忽略图 79 中积
分路径的分支 D_1, D_2. 图 78 中的极点 $\beta = \alpha$ 现在位于 $\gamma = \alpha - \varphi = -\psi$.

图 79 中并未画出此点, 这是由于我们首先考虑的是 $|\psi| > \pi$ 情况, 此时极点位于线段 $-\pi < \gamma < +\pi$ 以外. 由于环 C 将在阴影区中走向无穷大, 所以对于所有 $r > 0$, U 肯定都是有限且连续的. 仅有点 $r = 0$ 需要特别考虑, 因为保证积分收敛的因式 $\exp(-ikr\cos\gamma)$ 在此处变为等于 1. 不过即使如此, 积分仍将收敛, 这是因为对于 $r = 0$, 除了一个有限的因子 $-2i$ 外, 积分变为

$$\int \frac{\mathrm{d}z}{z - \zeta} = \log(z - \zeta)\Big|_{C_1}^{C_2} = \log\frac{z_2 - \zeta}{z_1 - \zeta} \tag{12}$$

其中 $z = e^{i\gamma/2}$, $\zeta = e^{-i\psi/2}$. C_1 和 C_2 表示 (上方和下方的) 环 C 在无穷远处的终点; z_1 和 z_2 为在这些终点处的 z 值. 但是, 由于 $z = e^{i\gamma/2}$, 对于上方环其值为 $z_1 = z_2 = 0$, 对于下方环为 $|z_1| = \infty$, $|z_2| = \infty$. 因此, 在下方环上相对于 z 我们可以忽略 ζ. 这样我们就得到了

$$\log\frac{z_2 - \zeta}{z_1 - \zeta} = \begin{cases} \log 1 = 0, & \text{上方环} \\ \log z_2/z_1 = i\pi, & \text{下方环} \end{cases} \tag{12a}$$

最后一个值是根据图 79 中 C_1 和 C_2 的 γ 值相差 2π 而得出的. 因此, 方程 (12) 和 (12a) 证明了积分式 (11) 在 $r = 0$ 处收敛.

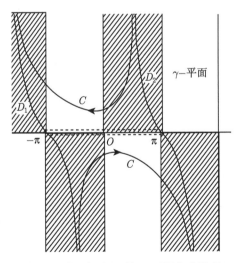

图 79　用于表示 U 的 γ 平面积分路径

接下来我们需要讨论当 $r \to \infty$ 时 U 的行为. 随着 $r \to \infty$, 方程 (11) 中的被积函数不仅在无穷远处为零, 而且在阴影区也处处为零. 在如图 79 所示的 $|\psi| > \pi$ 情况下, 可将两个环 C 变形以使它们完全位于阴影区中. 例如, 可令上方环与原先被 D_1 和 D_2 使用的路径以及 $-\pi$ 和 $+\pi$ 之间的实轴线段重合; 可令下方环与 D_1 和

D_2 的下方部分以及 $+\pi$ 和 $-\pi$ 之外的实轴线段重合. 那么沿两环积分之和可化简为沿连接路径 D_1 和 D_2 积分之和, 积分方向在图中用箭头表示 (与图 78 中相反). 沿这两条路径的积分不再像前面那样相互抵消, 这是由于 γ 的周期为 4π 而非 2π. 然而, 沿这两条路径的积分都为零, 因此

$$\text{当 } r \to \infty \text{ 且 } |\psi| > \pi \text{ 时, 有 } U = 0 \tag{13}$$

但是, 如果 $|\psi| < \pi$, 那么方程 (11) 中被积函数在 $\gamma = -\psi$ 的极点将位于图 79 中 $-\pi$ 和 $+\pi$ 之间的线段上. 因此, 如果环 C 再次被变形至阴影区, 则必须加入一个绕过极点的正向环形积分. 因为在此极点处留数为 1, 所以积分变为

$$\text{当 } r \to \infty \text{ 且 } |\psi| < \pi \text{ 时, 有 } U = \mathrm{e}^{-\mathrm{i}kr\cos\psi} \tag{13a}$$

若用双叶 Riemann 曲面的方式表述, 则我们这里有一个被平面波 u_0 照射的 "上方叶" $|\psi| < \pi$ 以及一个处于阴影中的 "下方叶" $|\psi| > \pi$. 这两叶互相连接于 "阴影边界" $\psi = \pm\pi$. 此处 "光亮和阴影" 这对矛盾有了最简单的数学表达形式. 由于 r 为有限值, U 从一个叶向另一叶过渡时为连续的, 而且这个过渡构成了衍射现象. 实际上, 这个过渡对于 $r \to \infty$ 也是连续的, 尽管式 (13) 和式 (13a) 表达了明显的不连续性 (只有当用角度 ψ 计量时, 过渡区才会缩减为零).

然而, 对于无穷远点的讨论还并未结束. 我们必须更进一步地分析, 并证明不仅式 (13)、式 (13a) 的条件得到了满足, 而且更严格的条件式 (1d) 也同时得到了满足. 若要满足此条件, 则需要在被照射的叶有 $v = U - u_0$, 在阴影叶有 $v = U$. 只有这样才能确定我们所构建的函数 U 确实是大自然中衍射问题的唯一解.

因此, 我们必须找出积分 (11) 对于大 r 值的渐近近似. 在阴影叶上, 通过 D_2 与 D_1 之差可得

$$4\pi U = \int_{D_2} \mathrm{e}^{-\mathrm{i}kr\cos\gamma} \Phi(\gamma)\,\mathrm{d}\gamma \tag{14}$$

$$\Phi(\gamma) = \frac{\mathrm{e}^{\mathrm{i}\gamma/2}}{\mathrm{e}^{\mathrm{i}\gamma/2} - \mathrm{e}^{-\mathrm{i}\psi/2}} - \frac{\mathrm{e}^{\mathrm{i}\gamma/2}}{\mathrm{e}^{\mathrm{i}\gamma/2} + \mathrm{e}^{-\mathrm{i}\psi/2}} \tag{14a}$$

在由 D_1 得到的第二个分式中, $\exp(\mathrm{i}\gamma/2)$ 前面的符号是相反的, 这是由于 γ 值相对于第一分式的分子有 2π 的变化. 这样就使得 $\exp(-\mathrm{i}\psi/2)$ 的符号发生改变. 第二个分式前面的负号对应于图 79 中在 D_1 和 D_2 上积分方向相反. 求方程 (14) 的一般方法为鞍点法, 参阅第六卷 §19 E. 在此处我们并不会使用这个方法求解, 这是由于下面会介绍一种更方便甚至更精确的方法. 我们仅对鞍点法作以下描述: 由图 79 可知, 在这里的情况下关键鞍点位于 $\gamma = \pi$, 这是由于在此点路径 D_2 紧贴两个非阴影区穿过. 对于 $\gamma = \pi$, 方程 (14) 的被积函数中第一项变为 $\exp(\mathrm{i}kr)$; 此式可移至积分符号之外. 对剩余部分的积分仅需在鞍点附近计算, 积分后将产生因式 $\dfrac{1}{\sqrt{kr}}$,

除此之外还会有一个我们目前并不关心的常数系数, 因此, 我们得到

$$U = \frac{C}{\sqrt{kr}} e^{ikr} \tag{15}$$

此表达式确实符合辐射条件 (1d). 这是由于

$$\frac{\partial U}{\partial r} - ikU = \frac{ikC}{\sqrt{kr}} \left(e^{ikr} - \frac{1}{2ikr} e^{ikr} - e^{ikr} \right)$$

即使乘以 r 后, 在 $r \to \infty$ 的极限情况下, 此式也为零. 在照射叶上, 差值 $U - u_0$ 也有同样的特性.

我们把对条件 (1e) 的证明以及对式 (15) 的完整证明放在下一节的最后部分.

C. 用 Fresnel 积分表示 U

本节的目的是将上述公式变换为可以与 §37 C 中导出的表达式相比较的形式. 不幸的是, 这种变换有一些冗长且相当形式化.

可将表达式 (14a) 写为

$$\Phi(\gamma) = \frac{2e^{\frac{1}{2}i(\gamma - \psi)}}{e^{i\gamma} - e^{-i\psi}}$$

通过分别对 D_2 的上半部分和下半部分设置

$$\gamma = \pi + \eta, \quad \gamma = \pi - \eta$$

引入新的积分变量 η. 将位于相等 $|\eta|$ 点的 Φ 值求和可得

$$\Phi(\pi + \eta) + \Phi(\pi - \eta) = \frac{-4i \cos\dfrac{\psi}{2} \cos\dfrac{\eta}{2}}{\cos\psi + \cos\eta}$$

如果将此式代入式 (14), 可得

$$\pi U = -i \cos\frac{\psi}{2} \int e^{ikr\cos\eta} \frac{\cos\dfrac{\eta}{2}}{\cos\psi + \cos\eta} d\eta \tag{16}$$

其中积分范围从 $\eta = 0$ 到 $i\infty - \eta'$, η' 可以是任意小于 π 的实数 (图 79).

根据式 (16) 中的表达式, 我们可以考虑用

$$V = \frac{U}{u_0} \tag{16a}$$

替代 U, 同时将因式 $1/u_0 = \exp(+ikr\cos\psi)$ 放入积分中, 这样在对 r 微分后方程 (16) 中的分母将消失. 微分后可得

$$\pi \frac{\partial V}{\partial r} = k \cos\frac{\psi}{2} \int e^{ikr(\cos\psi + \cos\eta)} \cos\frac{\eta}{2} d\eta \tag{17}$$

现在可将其对 η 进行积分. 由于 $\cos\eta = 1 - 2\sin^2\frac{\eta}{2}$, 所以需计算的积分为

$$\int e^{-2ikr\sin^2\frac{\eta}{2}}\cos\frac{\eta}{2}d\eta \tag{17a}$$

由于 $\cos\psi = 2\cos^2\frac{\psi}{2} - 1$, 所以上式还需再乘以因式

$$\exp\left(2ikr\cos^2\frac{\psi}{2}\right) \tag{17b}$$

此式与 η 无关. 通过如下替代:

$$\sin\frac{\eta}{2} = \sqrt{\frac{\pi}{4kr}}\tau$$

式 (17a) 变为一个 Fresnel 型积分. 这是因为通过引入上文中的积分范围, 式 (17a) 等于

$$\sqrt{\frac{\pi}{kr}}F^*(\infty), \quad F^*(\infty) = \int_0^\infty e^{-\frac{i\pi}{2}\tau^2}d\tau = \frac{1-i}{2} \quad (见 \S37 式 (8b))$$

现在乘以因式 (17b), 方程 (17) 的值为

$$\frac{\partial V}{\partial r} = \frac{1-i}{2}\sqrt{\frac{k}{\pi r}}\cos\frac{\psi}{2}\exp\left(2ikr\cos^2\frac{\psi}{2}\right) \tag{18}$$

右侧部分可写为一个也是 Fresnel 积分形式的表达式对 r 的微商①. 即方程 (18) 等价于

$$\frac{\partial V}{\partial r} = \frac{1-i}{2}\frac{\partial}{\partial r}\int_{-\infty}^\rho e^{\frac{i\pi}{2}\tau^2}d\tau, \quad \rho = 2\sqrt{\frac{kr}{\pi}}\cos\frac{\psi}{2} \tag{18a}$$

通过对 r 积分后, 此式变为

$$V = \frac{1-i}{2}\int_{-\infty}^\rho e^{\frac{i\pi}{2}\tau^2}d\tau \tag{18b}$$

同时因为式 (16a) 有

$$U = u_0\frac{1-i}{2}\int_{-\infty}^\rho e^{\frac{i\pi}{2}\tau^2}d\tau \tag{19}$$

由于式 (18a) 中对 ρ 的定义, 所以这个 U 的表达式是 ψ 的解析函数, 其周期为 4π. 因此, 它不但适用于导出式 (19) 的阴影叶, 还适用于此处双叶 Riemann 曲面的照射叶. 对于后者, 当 $r\to\infty$ 时可得

$$U = u_0\frac{1-i}{2}\int_{-\infty}^\infty e^{\frac{i\pi}{2}\tau^2}d\tau = u_0(1-i)\int_0^\infty e^{\frac{i\pi}{2}\tau^2}d\tau$$

① 如果我们将积分的下限选为零, 则结果为普通的 Fresnel 积分 $F(\rho)$. 但是这时方程 (18b) 右侧需要加上一个 (很容易获得的) 积分常数. 这里我们选择的积分下限为 $-\infty$, 此常数为零.

$$= u_0 \left(1 - \mathrm{i}\right) F\left(\infty\right) = u_0 \frac{\left(1 - \mathrm{i}\right)\left(1 + \mathrm{i}\right)}{2} = u_0$$

正如本节中要求的那样.

在 §37 Fresnel 积分近似公式的帮助下, 我们可方便地讨论表达式 (19) 在大 $|\rho|$ 值和小 $|\rho|$ 值情况下的形式.

(a) 对于几何光学阴影区域中 $(\rho < 0)$ 的大 $|\rho|$ 值情况, 有

$$\int_{-\infty}^{\rho} = \int_{-\infty}^{0} - \int_{-|\rho|}^{0} = F\left(\infty\right) - F\left(|\rho|\right)$$

因此, 根据 §37 式 (8a) 有

$$U = -u_0 \frac{1 - \mathrm{i}}{2} \frac{\mathrm{e}^{\frac{\mathrm{i}\pi}{2}\rho^2}}{\mathrm{i}\pi\rho} \left(1 + \frac{1}{\mathrm{i}\pi\rho^2} + \cdots\right)$$

引入 u_0 和 ρ 的表达式可得

$$u_0 \mathrm{e}^{\frac{\mathrm{i}\pi}{2}\rho^2} = \exp\left\{-\mathrm{i}kr\cos\psi + 2\mathrm{i}kr\cos^2\frac{\psi}{2}\right\} = \exp\left(\mathrm{i}kr\right)$$

从而有

$$U = \frac{1 + \mathrm{i}}{4\sqrt{\pi kr}\cos\frac{\psi}{2}} \mathrm{e}^{\mathrm{i}kr} \left(1 + \frac{1}{\mathrm{i}\pi\rho^2} + \cdots\right) \tag{20a}$$

如果忽略圆括号中的修正项, 那么此式将具有与方程 (15) 预测的渐近行为相同的形式; 在那里未确定的因式 C, 现在可以看出是 ψ 的函数.

(b) 对于光照射区域中 $(\rho > 0)$ 的大 $|\rho|$ 值情况, 我们将下式代入方程 (19)

$$\int_{-\infty}^{\rho} = \int_{-\infty}^{0} + \int_{0}^{\rho} = F\left(\infty\right) + F\left(\rho\right) = 2F\left(\infty\right) - \left[F\left(\infty\right) - F\left(\rho\right)\right]$$

同时考虑到

$$\frac{1 - \mathrm{i}}{2} 2F\left(\infty\right) = \frac{\left(1 - \mathrm{i}\right)\left(1 + \mathrm{i}\right)}{2} = 1$$

通过与 (a) 中相同的展开, 由方程 (19) 可得

$$U = u_0 - \frac{1 + \mathrm{i}}{4\sqrt{\pi kr}\cos\frac{\psi}{2}} \mathrm{e}^{\mathrm{i}kr} \left(1 + \frac{1}{\mathrm{i}\pi\rho^2} + \cdots\right) \tag{20b}$$

此渐近表达式也与公式 (15) 后面的说明一致.

(c) 对于 (照射叶或阴影叶) 小 ρ 值情况, 我们令

$$\int_{-\infty}^{\rho} = \int_{-\infty}^{0} + \int_{0}^{\rho} = F\left(\infty\right) + F\left(\rho\right)$$

通过式 (37.8), 由方程 (19) 可得出

$$U = \frac{u_0}{2}\left\{1 + (1-\mathrm{i})\,\rho\left(1 + \frac{\mathrm{i}\pi}{6}\rho^2 + \cdots\right)\right\} \tag{20c}$$

在分支点 $\rho = 0$ 处 $u_0 = 1$, 因此

$$U = \frac{1}{2} \; \text{且} \; \frac{\partial U}{\partial r} = \frac{1-\mathrm{i}}{2}\frac{\partial \rho}{\partial r} = \frac{1-\mathrm{i}}{2}\sqrt{\frac{k}{\pi r}}\cos\frac{\psi}{2} \tag{20d}$$

因此随着 $r \to 0$, $\partial U/\partial r$ 变为 ∞, 但这个变 ∞ 的趋势是很弱的, 正如式 (1e) 所要求的那样, 该梯度乘上 r 之后依然是有限的:

$$\text{随着 } r \to 0, \quad r\,\mathrm{grad}\,U \to 0 \tag{20e}$$

这样, 我们最终证明了分支解 U 满足 A 小节中假设的所有条件.

D. 直边的衍射场

现在回到图 76 以及表达式 (2) 和 (4), 我们来描述 $0 < \varphi < 2\pi$ 观测区内的光场. 该平面被屏 S、反射波阴影边界 G_r 和入射波阴影边界 G_i 分为三个扇区 I, II, III. 三个扇区的圆心角分别为 $\pi - \alpha$, 2α, $\pi + \alpha$. I 区被入射波 $U\,(r, \varphi - \alpha)$ 和反射波 $U\,(r, \varphi + \alpha)$ 照射, II 区属于入射波的照明叶和反射波的阴影叶, 而 III 区为入射波和反射波两者的阴影区. 反射波的入射方向不处于观测区内. 我们必须将此方向看成位于一个 Riemann 叶上, 此叶沿着 S 与观测区相连.

首先我们来考虑扇区 III. 由于我们只对距离 $r \gg \lambda$ 感兴趣, 所以我们仅需考虑 kr 和 ρ 为很大值的情况 (除了非常靠近阴影边界 G_i 的部分, 此处 $\cos\psi/2 = 0$). 因此, 我们可利用近似公式 (20a), 通过方程 (2) 和 (4) 得到

$$u = \frac{1+\mathrm{i}}{4\sqrt{\pi kr}}\mathrm{e}^{\mathrm{i}kr}\left(\frac{1}{\cos\dfrac{\varphi-\alpha}{2}} \mp \frac{1}{\cos\dfrac{\varphi+\alpha}{2}}\right) \tag{21}$$

上方的减号对应于 $\boldsymbol{E}$ 的振荡平行于屏边缘的情况; 下方的加号对应于 $\boldsymbol{E}$ 的振荡垂直于屏边缘且 $\boldsymbol{H}$ 平行于屏边缘 (在后面的情况中, u 代表 $\boldsymbol{H}$ 而非 $\boldsymbol{E}$). 圆括号中的第二项仅在阴影边缘 G_i 处呈可察觉值, 因此它相对于第一项可忽略[①].

由于圆括号内表达式值随着 φ 的增加而缓慢减小, 我们可以得出光被衍射至深入几何光学阴影区域的结论. 此表达式在阴影边界处的值为无穷大, 这当然不会是真的, 其起因是我们的渐近近似表达式在边界处不再成立. 在此区域, 需用精确表达式 (19) 替代原来的近似表达式 (21), 见下文.

———————————————
① 若保留此项, 对于 $\boldsymbol{E}_\parallel$ 和 $\boldsymbol{E}_\perp$ 情况将有些许差别, 从而产生一个小的偏振效应.

相比于式 (21) 对 φ 的依赖性, 我们更关心它对 r 的依赖性 $\dfrac{e^{ikr}}{\sqrt{r}}$, 它具有屏边缘所发出的柱面波的特征. 我们将此特性在图 76 中用起始于 O 点的箭头表示. A. Kalaschnikow[1]的研究显示, 这些光线的方向可通过照片记录. 他将若干大头针插在照相底片上, 然后将底片放置于与光线方向成一个角度的方向上. 在经过足够长时间的曝光后, 在底片上会显示出这些大头针的放射状阴影.

如果人们将眼睛聚焦于屏边缘处, 那么屏边缘将看起来像一条发光细线. 这个效应在很早以前就被 Grimaldi 发现, 人们称他为衍射现象发现之父. 这种现象产生的原因是眼睛进行了并不正确的推断. 眼睛通过方程 (21) 所示的渐近场外推, 场在 $r = 0$ 处为无穷大, 但这并非事实. 事实上, 单位时间内单位长度的屏边缘向角度 $\delta\varphi$ 发出的辐射能量, 与 $\boldsymbol{E}$ 平行于或垂直于屏边缘有关, 为

$$\delta S = \boldsymbol{S}_r r\delta\varphi = r\delta\varphi \left\{ \begin{array}{c} -E_z H_\varphi \\ +E_\varphi H_z \end{array} \right\} = \left\{ \begin{array}{c} \dfrac{i}{\omega\mu_0} E_z r \dfrac{\partial E_z}{\partial r}\delta\varphi \\ \dfrac{i}{\omega\varepsilon_0} H_z r \dfrac{\partial H_z}{\partial r}\delta\varphi \end{array} \right. \tag{22}$$

在上面一行中 $(E = E_z)$, 我们使用了方程 $\dot{\boldsymbol{B}} = -\mathrm{curl}\,\boldsymbol{E}$; 在下面一行中 $(H = H_z)$, 我们使用了 $\dot{\boldsymbol{D}} = \mathrm{curl}\,\boldsymbol{H}$. 这两行中都出现的因子 $\partial/\partial r$ 在 $r = 0$ 处将变为无穷大, 但由于其变化缓慢, 所以 $\delta S = 0$, 见式 (20e). 因此, "发光边缘" 并不真实存在.

我们同样对方程 (21) 中的以下因式感兴趣:

$$1 + i = \sqrt{2}e^{i\frac{\pi}{4}} \tag{23}$$

此式显示, 被外推到 $r = 0$ 的衍射波和入射波的相位并不相同. u_0 的相位为

$$-ikr\cos\varphi - i\omega t, \text{因此在 } r = 0 \text{ 处等于 } -i\omega t$$

而式 (21) 中 u 的相位为

$$\frac{i\pi}{4} + ikr - i\omega t, \text{因此在 } r = 0 \text{ 处等于 } \frac{i\pi}{4} - i\omega t$$

这种 "相位跃变" 在光穿过一个焦点 (或柱面波情况的焦线) 时总是会发生, 见 §45. 但正如发光边缘的情况, 相位跃变仅为外推的结果而并非真实存在. 事实上, 只要允许讨论复杂振荡在其邻近的相位问题, 则与振幅一样, 相位在原点处也连续.

现在让我们回到扇区 II. 在距阴影边界 G_i 和 G_r 一定距离处, 我们令

$$U(r, \varphi - \alpha) \sim u_0, \quad U(r, \varphi + \alpha) \sim 0$$

[1] Journal of the Russ. Phys. Soc. **44**, p. 133, 1912.

也就是说, 我们可忽略衍射并得到纯粹的入射光场 $u = u_0$.

在 G_i 附近, 我们必须做不同处理. 在这里令

$$\varphi - \alpha = \pi - \delta, \quad \cos\frac{\varphi - \alpha}{2} = \sin\frac{\delta}{2} \tag{24}$$

并将 δ 称为 "衍射角", 在朝向扇区 II 的方向上认为其为正, 在朝向扇区 III 的方向上认为其为负. 那么

$$\rho = 2\sqrt{\frac{kr}{\pi}}\sin\frac{\delta}{2} \tag{24a}$$

即使对于 kr 很大的情况也为有限值, 其前提是假定 δ 相对很小. 因此, 相比于我们可忽略的 $U(r, \varphi + \alpha)$, $U(r, \varphi - \alpha)$ 也具有一个有限值. 通过 $U(r, \varphi - \alpha)$ 的精确表达式 (19), 可得对于式 (2) 和式 (4) 两种情况都有

$$U = u_0\frac{1 - \mathrm{i}}{2}\{F(\infty) + F(\rho)\} \tag{25}$$

通过计算比值 U/u_0, 可得

$$\left|\frac{U}{u_0}\right| = \frac{1}{\sqrt{2}}|F(\infty) + F(\rho)| \tag{25a}$$

此式与 §37 方程 (13) 在形式上精确一致. 其原因在于, 因为 Cornu 螺线关于原点对称, 所以 $F(\infty) = -F(-\infty)$. 但是, 此处的变量 ρ 与 §37 式 (6b) 所定义的变量

$$\omega = \frac{x}{\sqrt{\lambda a/2}} \tag{26}$$

有所不同. 在那里 x 为观测点到阴影边界的距离, 而此处我们需用 $r\sin\delta$ 表示这个距离; 那里的 a 为垂直入射情况下观测屏与衍射屏之间的距离, 而此处需用 r 表示. 因此, 通过式 (26) 可得

$$\omega = \frac{\sqrt{r}\sin\delta}{\sqrt{\lambda/2}} = \sqrt{\frac{kr}{\pi}}\sin\delta \tag{26a}$$

与式 (24a) 相比, 式 (26a) 包含因子 $\sin\delta$ 而非之前的 $2\sin\frac{\delta}{2}$. 在阴影边界附近我们最关心的问题是, 当 δ 为很小值时, 两因子只会有一个三阶的微小差别. 因此, 我们依然可以用图 75 表示此处更严格理论的求解结果. 此图正确地展示了阴影边界旁被照射一侧的衍射极大值和极小值的位置与振幅, 同时也显示了在几何光学阴影区光强单调递减的特性. 在阴影边界处的强度值 1/4 也与此处的理论相吻合. 若不做任何数值考虑, 我们需要指出, 式 (24a) 中出现的 $\sin\frac{\delta}{2}$ 反映出我们理论的一个典型特征, 即衍射角的周期为 4π.

我们需要对 Huygens 原理的应用加上一个重要的说明. 让我们来考虑一个更细致的情况, 未被衍射屏遮挡的半平面 $\varphi = \pi$ 在 Huygens 原理中的作用为 "衍射孔". 根据 §34 C 中的讨论, 我们把 "边界值" 选作为未受干扰的入射波所给出的 u_0 值; 为简单起见, 如果我们假设波为垂直入射 $(\alpha = \pi/2)$, 则 $u_0 = 1$. 与此假设不同, 对于 $\varphi = \pi$ 和 $\alpha = \pi/2$, 由方程 (19) 和 (18a) 可得

$$U = \frac{1-\mathrm{i}}{2}\int_{-\infty}^{\rho} \mathrm{e}^{-\frac{\mathrm{i}\pi}{2}\tau^2}\mathrm{d}\tau, \quad \rho = \sqrt{\frac{2kr}{\pi}}$$

此表达式的值将在 $r = 0$ 处的 $U = 1/2$ 与 $r = \infty$ 处的 $U = 1$ 之间振荡变化. 这些值与应用 Huygens 原理时所采用的假设边界值 $u_0 = 1$ 完全不同. 对于反射波的 U, 需将 α 替换为 $-\pi/2$, 并将 ρ 替换为 $-\sqrt{(2kr)/\pi}$, 这时也得到相应的结果, 从而在两波重合时也会出现矛盾. 因此我们可以这样说, Huygens 原理中使用的边界值与我们这种情况的精确边界值不仅在屏边缘附近不同, 而且在距边缘有大数值距离 kr 处也不同. 令人惊奇的是, 经典衍射理论在实际应用中已足够得出令人满意结果. 我们知道, 扇区 I 属于入射波与反射波两者的照射区. 在反射波照射区的边界 G_r, 衍射现象显然可用与边界 G_i 同样的方法进行分析计算. 但衍射条纹会被此区域中入射波的全部强度所掩盖; 这种衍射条纹在实验中仅在 "Fresnel 镜"(两半平面具有一个很小的倾角) 的情况下进行过研究, 在计算中只是作为一个非常小的扰动添加到两反射波的普通干涉上.

E. 推广

我们可以很容易地从双叶 Riemann 曲面问题过渡到 n 叶 Riemann 曲面问题. 要完成此工作只需将方程 (8) 推广为

$$A(\beta) = \frac{1}{2\pi n}\frac{\mathrm{e}^{\mathrm{i}\beta/n}}{\mathrm{e}^{\mathrm{i}\beta/n} - \mathrm{e}^{\mathrm{i}\alpha/n}} \tag{27}$$

对方程 (9) 作类似推广, 可得到一个周期为 $2\pi n$ 的函数 U, 利用它即可求解中心角为 $2\pi n/m (m$ 为整数) 的扇形空间中的镜像问题. 其中当然包括 $n = 3, m = 4$ 的情形, 即直角楔形板外部的问题. 我们在 C 中讨论的 Fresnel 积分表示方法局限于 $n = 2$ 情形. W. Pauli[1]的研究显示, 对于任意 n 值 (甚至包括非整数), Fresnel 积分需替换为合流超几何函数.

人们对于 $n = \infty$ 的极限情况特别感兴趣. 这将会导致无穷多值的函数:

$$U = \frac{1}{2\pi\mathrm{i}}\int \mathrm{e}^{-\mathrm{i}kr\cos\gamma}\frac{\mathrm{d}\gamma}{\psi - \gamma} \tag{27a}$$

---

[1] Phys. Rev. **54**, p. 924, 1938.

这个函数在此采用了方程 (11) 中的积分变量 γ. 我们认为此函数是通常的 "黑屏" 情况最佳且最可能的表达式: 以 $\varphi = \alpha$ 角入射于屏 $\varphi = 0$ 前表面的波将进入屏内, 并在无穷多个 $\varphi < 0$ 的叶之间消失. 波的能量并不会穿过 $\varphi = 2\pi$ 屏的后表面并经过无穷多个 $\varphi > 2\pi$ 的叶返回物理空间. 为理解这个结论, 我们需要回顾一下热辐射测量实验中的黑体, 即一个保持恒温并有一小洞的腔体. 所有通过小洞进入腔体的辐射将在腔体内来回反射, 再也不能离开腔体. 小洞具有完全吸收的特性, 因此其行为类似一个黑表面. 但是所谓 "黑" 这一特性无法通过 Maxwell 理论范畴内的边界条件来定义. 因此, 黑屏衍射无法用边界值问题的公式表示. 公式 (27a) 绝不是唯一的, 或者没有任意性的.

对于本书方法其他可能的推广, 我们将仅进行简单介绍. 首先, 对于柱面波 (位于有限远处与屏边缘平行的线光源) 情况, 本书方法将会得出衍射问题的封闭形式完全解[1]. 若将问题扩展至三维情况, 仅有标量 (声学) 问题可进行求解. 对于这种情况, 本书方法可用于处理相对于屏边缘有一定角度的非垂直入射球面波或平面波的衍射问题.

F. 关于分支解的基本讨论

在电动力学中有两类基本问题: 叠加问题和边界值问题; 见第三卷 §7 和 §9. 当整个空间的电荷分布已给定时, 我们仅需将所有电荷的作用以一种合理的方式叠加, 即可得到全部电荷形成的静电场. 当空间各处的磁化强度已知时, 可通过同样的方法获得静磁场. 然而, 若出现带有未知电荷或磁化强度的实体材料, 诸如导体、电介质或可磁化物质之类, 那么求解还必须满足某些边界条件. 这样我们将会面对数学上要复杂得多的边界值问题. 对这些边界值问题的正确公式描述的一个明显要求是它们具有唯一性.

Huygens 原理试图通过叠加方法来解决衍射问题. 由于需要确定的衍射屏边值从根本上是未知的, 所以我们必须选择一个看来合理但具有一定任意性的边界值, 通过这种方法所得解的正确性和唯一性显然值得怀疑. 在本节开始所涉及的可严格求解的衍射问题情况中, 边界条件是基于 Maxwell 理论的. 在无穷远处辐射条件的补充下, 这些边界条件确保了我们所求问题的唯一性. 在常见的无限薄屏情况下, 人们必须利用电导率为无穷大的极限假设, 同时还需利用相应边界条件的极限形式. 我们已经看到, 理论和实验中首选的黑屏无法通过边界条件的形式描述, 因此它所引起的衍射也无法用一个具有唯一确定的边界值的问题来描述.

对于一个任意形状的完全反射平面屏, 图像法将导致构筑波动方程的分支解出现问题并使屏边缘成为分支线. 在二维 (如狭缝、平行条带、半平面) 问题中, 解的

---

① 详细讨论见 Frank-Mises, 见前文献, p. 826.

量值范围被描绘于双叶 Riemann 曲面上. 在三维问题中, 解被定义于 Riemann 双空间上. 仅在半平面情况下, 才可能对分支解进行数学建构. 不过, 我们的 Riemann 双空间方法对于任意平面屏问题也可得出定量结果. 为了证明这一点, 还需再做一些准备.

Euler 的研究表明, 若某一系列函数相对于任一个 n 次代数方程的 n 个根是对称的, 则这些函数为此方程系数的有理函数. 对于代数函数的分支, 也即, 对于方程系数为复变量 z 整函数的 n 次方程之根也是如此. 这种代数函数被定义在一个 n 叶 Riemann 曲面上. 如果我们用 $\omega(z)$ 表示一个代数函数, 并用 $\omega_1, \omega_2, \cdots, \omega_n$ 表示它的 n 个分支, 那么 $\omega_1, \omega_2, \cdots, \omega_n$ 的所有对称函数对于 z 将是单值的, 并且这些函数也是它们所定义方程系数的有理函数.

这个定理在二维势理论中经常用到, 例如在流体力学的映射问题中. 如果将速度势 $u(x,y)$ 与流函数 $v(x,y)$ 以 $\omega = u + \mathrm{i}v$ 的方式结合, 那么可得复变量 $z = x + \mathrm{i}y$ 的函数, 其实部和虚部满足 Laplace 方程 $\Delta \left\{ \begin{array}{c} u \\ v \end{array} \right\} = 0$. 如果 ω 是多值的, 那么其分支 $\omega_1, \omega_2, \cdots, \omega_n$ 的对称函数就与代数函数一样, 对 z 是单值的. 由于上述原因, 单值函数 ω 可用代数方法计算, 因此 u 和 v 也可用此方法计算.

这里我们对波动方程的双值解 U 感兴趣, 这种解与 Laplace 方程的解不同, 并不存在与 U 共轭的函数. 对于对称函数, 仅需考虑 $U_1 + U_2$ 的线性组合. 这样得到的和为同一微分方程的单值解, 因此可认为它已知 (对称乘积 $U_1 U_2$ 并不是波动方程的解; 否则, 两分支 U_1 和 U_2 可分别用代数方法求解, 分支解的构筑将很简单). 现在将讨论限制在标量问题, 特别考虑 Riemann 双空间中的平面波, 此 Riemann 双空间的分支线与屏边缘重合. $U_1(P)$ 和 $U_2(P)$ 分别对应此空间的第一分支和第二分支; 这两个分支连接于屏平面. 令

$$U_1(P) + U_2(P) = u_0(P) \tag{28}$$

于是 $u_0(P)$ 为普通空间中波动方程的单值解, 它与之前用于表示没有屏存在时代表平面波的函数 u_0 相同. 此结果是严格的, 这是由于波动方程的解仅由以下两个条件唯一确定, 其一为求解必须具备的连续性条件, 其二为无穷远处解的行为条件 (显然, 方程 (28) 不但适用于平面波情况, 也适用于球面波或柱面波入射情况).

我们首先需要将方程 (28) 应用于具有一条直分支线的双空间中的一些已明确的公式, 从而实现对式 (28) 的确认. 为研究方便, 我们从方程 (19) 开始入手. 若在照射叶中, 方程 (18a) 中的 ρ 为正值, 则在阴影叶中的相应值用 $-\rho$ 表示, 可得

$$U_1(P) + U_2(P) = u_0 \frac{1-\mathrm{i}}{2} \left\{ \int_{-\infty}^{\rho} + \int_{-\infty}^{-\rho} \right\} \mathrm{e}^{\frac{\mathrm{i}\pi}{2}\tau^2} \mathrm{d}\tau \tag{29}$$

我们立即会看到, 通过改变第二个积分中 τ 的符号, 两个积分可合并为

$$\int_{-\infty}^{\infty} \mathrm{e}^{\frac{\mathrm{i}\pi}{2}\tau^2}\mathrm{d}\tau = 2\int_{0}^{\infty} \mathrm{e}^{\frac{\mathrm{i}\pi}{2}\tau^2}\mathrm{d}\tau = 2F(\infty) = 1 + \mathrm{i}$$

这样方程 (29) 就变得与式 (28) 一致. 需要强调的是, 此证明并不依赖于变换形式的式 (19), 通过原始式 (9) 也可推导出相应结论. 在公式 (9) 中, U_2 的积分路径可通过将 U_1 的积分路径移动 2π 而得. 这两条路径相结合形成两个环 C, 见图 78, 两环跨越的距离为 4π 而非 2π. 由于被积函数的周期性, 所以两环可转换成一个围绕着极点 $\varphi = \alpha$ 的回路, 这样积分将再次得出 u_0. 通过同样的方法, 也可对方程 (27) 作类似推广 (将原来的 $n = 2$ 替代为任意 n), 同时式 (28) 也可推广为

$$U_1(P) + U_2(P) + \cdots + U_n(P) = u_0(P)$$

下面将式 (28) 与之前 Babinet 原理中的 §34 公式 (15) 做对比. 这两个表达式形式上的相似性意味着可将 U_1 和 U_2 与两互补屏 I 和 II 的衍射图样相关联[1]. 然而, 上述特性仅允许出现在黑屏情况下, 与 Riemann 曲面的分支切割类似, 黑屏可以吸收光但不能反射光. 此外, 这种关联同黑体的定义一样, 也存在着缺乏唯一性的问题. 因此, 我们需要找到一种对已明确定义的反射屏成立的 Babinet 原理公式, 它也应是 Babinet 原理更加精确的公式. 作为准备, 我们再次考虑半平面的简单情况.

我们将原始半平面的衍射

$$u_{\mathrm{I}} = U(r, \varphi - \alpha) \mp U(r, \varphi + \alpha), \quad 0 < \varphi < 2\pi \tag{30}$$

与用相应符号写出的互补半平面的衍射

$$u_{\mathrm{II}} = U(r, \varphi' - \alpha') \mp U(r, \varphi' + \alpha'), \quad 0 < \varphi' < 2\pi \tag{31}$$

进行对比. 如果要使得入射平面波的方向相对于两屏相同, 那么必须令

$$\alpha' = \pi - \alpha \tag{31a}$$

φ 与 φ' 的关系可由图 80 推导. 这将得出如下结果:

$$\left.\begin{array}{lll}\text{互补屏前表面} & \varphi' = 0, & \varphi = \pi \\ \text{原始屏前表面} & \varphi' = \pi, & \varphi = 0\end{array}\right\} \varphi' = \pi - \varphi \tag{31b}$$

$$\left.\begin{array}{lll}\text{原始屏后表面} & \varphi' = \pi, & \varphi = 2\pi \\ \text{互补屏后表面} & \varphi' = 2\pi, & \varphi = \pi\end{array}\right\} \varphi' = 3\pi - \varphi \tag{31c}$$

---

[1] 可与作者在以下书中的讨论做对比: Frank-Mises, Vol. II, Chap. XX, Sec. 1, eq. (15).

方程 (31b) 为我们所需的关于两屏前表面的关系式; 方程 (31c) 为适用于屏后表面的关系式. 将式 (31a), (31b) 代入式 (31), 对于前表面可得

$$u_{\mathrm{II}} = U\left(r, -\varphi + \alpha\right) \mp U\left(r, 2\pi - \varphi - \alpha\right) \tag{32}$$

由分支解的特性式 (28) 可得

$$U\left(r, 2\pi - \varphi - \alpha\right) = u_0\left(-\varphi - \alpha\right) - U\left(r, -\varphi - \alpha\right) \tag{32a}$$

同时, 由于分支波和未分支波的左右对称性, 所以

$$U\left(r, -\varphi - \alpha\right) = U\left(r, \varphi + \alpha\right), \quad U\left(r, -\varphi + \alpha\right) = U\left(r, \varphi - \alpha\right) \tag{32b}$$

$$u_0\left(-\varphi - \alpha\right) = u_0\left(\varphi + \alpha\right)$$

将式 (32a), (32b) 代入式 (32) 可得

$$u_{\mathrm{II}} = U\left(r, \varphi - \alpha\right) \pm U\left(r, \varphi + \alpha\right) \mp u_0\left(\varphi + \alpha\right) \tag{33}$$

需要指出, 此处 $U\left(r, \varphi + \alpha\right)$ 前的正负号与式 (30) 中的相反. 这是因为, 此正负号由入射光的偏振方向决定 ($\mp$ 表示 $\boldsymbol{E}$ 分别平行或垂直于屏边缘), 所以式 (33) 告诉我们必须将在平行偏振光 ($E_{\parallel}$) 照射下互补屏的衍射图样与在垂直偏振光 ($E_{\perp}$) 照射下原始屏的衍射图样做对比. 此外 $\mp u_0\left(\varphi + \alpha\right)$ 显示, 对于互补屏, 我们必须忽略反射光; 而对于原始屏, 反射光是到处存在的, 因此在讨论原始屏时需将其加入. 站在几何光学的角度, 这是很容易理解的.

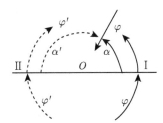

图 80 Babinet 原理: 用于度量角 φ 和 φ' 的方向, 它们分别对应于原始屏 OI 和互补屏 OII

对于后表面相应的计算, 可通过方程 (31a), (31c) 和式 (31) 求得

$$u_{\mathrm{II}} = U\left(r, 2\pi - \varphi + \alpha\right) \mp U\left(r, 4\pi + \varphi + \alpha\right)$$

利用方程 (32a), (32b) 相应的变换形式可得

$$-u_{\mathrm{II}} = U\left(r, \varphi - \alpha\right) \pm U\left(r, \varphi + \alpha\right) - u_0\left(\varphi - \alpha\right) \tag{34}$$

这样我们就得到了与方程 (33) 一样的偏振态互换; 此外, 对于互补屏, 现在我们应该略去原先存在的也即在屏后面的入射波; 而对于原始屏, 则需在原始屏中不存在

入射波的区域也即原始屏的阴影区中加上入射波, 此阴影区在几何光学中为互补屏的照射区.

半平面问题与其他二维问题 (如狭缝、光栅等) 的共同特征是, 它们都可按标量问题处理. 但是, 三维光学问题 (如圆盘或圆孔) 无法用此方法处理. 解决这些问题需要用到矢量计算 (或可使用合理定义的势). 声学问题处理的为标量压强 (或速度势), 所以无须用矢量计算方法. 在第 218 页注释的论文中, 针对任意边界刚性平面屏及与其共面的互补屏的三维标量问题, Bouwkamp 建立了 Babinet 原理的严格形式. 此原理的表述与这里讨论的二维问题相同, 其证明也依赖于分支函数的关系式 (28). 上述方法可扩展至三维标量问题, 该扩展需将屏的直线边缘及其周围的柱面通过拓扑学方式分别变形为给定的任意形状曲线边缘及其周围相应的超环面. 若给这些超环面一个指定参数 φ, 此参数在由双空间中的一叶过渡至另一叶时增加 2π, 那么我们就能够区分这些面. 在上述工作已经完成的情况下, 方程 (30)~(34) 可被直接解释为三维标量情况的 Babinet 原理表达式.

三维光学情况下, 严格的一般形式 Babinet 原理公式由 J. Meixner 给出[①]. 由于入射波的 $E_\perp$ 意味着 $H_\parallel$, 而 $E_\parallel$ 意味着 $-H_\perp$ (保持右手系), 所以当从原始屏向互补屏变换时, 根据以下变化规则, 我们可将原有的符号倒置 $\mp$ 变为 $\pm$,

$$(E, H) \to (H, -E)$$

因此, 根据 Meixner 的研究, 人们可根据原始屏衍射场 $H, -E$ 得到互补屏的衍射场 E, H (假设入射波或反射波在屏前或屏后已被以精确的方式抵消或添加). 此证明不仅对来自无穷远处的光波成立, 而且对任意分布的光源均成立. 此证明仅基于 Maxwell 方程组的对称性. 在这一点上需要指出, 我们用分支解表达的公式本质上也意味着 Maxwell 方程组的对称特性.

最后, 我们要建立能量条件 (1e) 与复变量 z 的函数理论之间的联系. 这里再次将讨论限于标量问题. 与之前不同, 式 (1e) 涉及分支点函数的 Puiseux 展开, 而此前为 Taylor 展开. 如果连接于分支点 $z = 0$ 的叶数量为 n, 且此分支点并不同时为方程 $\omega(z)$ 的极点, 那么

$$\omega(z) = \sum_{m=0}^{\infty} C_m z^{\frac{m}{n}} = \sum_{m=0}^{\infty} C_m r^{\frac{m}{n}} \mathrm{e}^{\mathrm{i}\frac{m}{n}\varphi}$$

波动方程解 u 的相应展开式中的项为分数指数的 Bessel 函数:

$$u(r, \varphi) = \sum_{m=0}^{\infty} C_m J_{\frac{m}{n}}(kr) \mathrm{e}^{\mathrm{i}\frac{m}{n}\varphi} \tag{35}$$

---

① Z. f. Naturforschung, Vol. **3a**, p. 508, 1948.

由于当 ρ 很小时, $J_{\frac{m}{n}}(\rho)$ 正比于 $\rho^{\frac{m}{n}}$, 所以此展开式在分支点 $r = 0$ 处为

$$u = C_0 = 有限值 \tag{36}$$

但因为 $\dfrac{\partial u}{\partial r} = k \sum_{m=1}^{n-1} C_m J'_{\frac{m}{n}}(kr) \mathrm{e}^{\mathrm{i}\frac{m}{n}\varphi}$, 所以 $\partial u / \partial r$ 在 $r = 0$ 处变为无穷大, 然而这仅是一个弱的无穷大趋向:

$$\mathop{\mathrm{Lim}}_{r \to 0} r \,\mathrm{grad}\, u = 0 \tag{36a}$$

对于方程 (20e) 中 $n = 2$ 的情况, 可明确证明此条件. 对于空间分支线情况, 也可以合理地假设与此相同的条件[①], 在此情况下 r 代表到分支线最短的距离. 结果是, 本节的条件 (1e) 原来是 u 处处连续的数学推论 (在屏边缘处也如此), 因此作为一个特殊要求的式 (1e) 可被略去.

---

① 与 A. Sommerfeld, Proc. London Math. Soc., Vol. **28**, p.405, 1897 做对比, 在那里用 "空间分支势" 处理.

第6章　关于衍射理论的附录

§39　极窄狭缝的衍射

当衍射的孔径与波长尺寸相当或者仅仅大几倍的时候, Huygens 原理将不再有意义. 这是因为在应用该原理时 (§34), 我们仅使用入射到衍射孔上未受干扰的波, 并完全忽略了边界区域的作用. 因此, 在我们现在考虑的问题中, 孔主要由边界区域组成, 这种问题应完全归类于边值问题, 于是就需要根据完整解所需满足的连续性条件去确定衍射孔内光场的状态. 这样的话, 入射波和衍射波之间的区别被打破.

Rayleigh 勋爵[①] 最先处理了这个问题, 他将该问题简化为流体动力学或静电学问题中为人熟知的解; 尤其是他用此方法研究了半径 $a \ll \lambda$ 的圆形衍射孔或者足够窄的狭缝情况.

独立于 Rayleigh, Bethe[②]从电磁场的观点处理了圆形小孔的问题, 并得到了大体相同的结果. Levine 和 Schwinger[③]的工作则是针对更难的目标, 尝试通过变分原理将 $a \ll \lambda$ (Rayleigh) 和 $a \gg \lambda$ (Huygens-Kirchhoff) 两种极端情况联系起来. 目前 (1942 年) 该项工作尚限于标量声波情况.

下面将处理对实验很重要的狭缝问题, 我们可以用标量方程 (参见 244 页) 来分别考虑 E 或 H 平行于狭缝边缘的两种情况.

A. 狭缝的边值问题

设狭缝位于 xy 平面, 并设狭缝边缘平行于 y 轴. 屏可认为是无限薄的理想导体, 狭缝的宽度为 $2a$, 其边缘位置设为 $x = \pm a$, $z = 0$. 平面波从负 z 方向垂直入射于狭缝平面. 这个问题与 y 方向完全无关, 因此为二维问题.

我们将入射波表示为 $A\exp(\mathrm{i}kz)$. 先假设 E 的振动方向平行于狭缝边缘, 也就是 $E \to E_y$. 如果屏中不存在狭缝, 那么场可由下式表示:

$$\begin{cases} v = A(\mathrm{e}^{\mathrm{i}kz} - \mathrm{e}^{-\mathrm{i}kz}), & z < 0 \\ v = 0, & z > 0 \end{cases} \tag{1}$$

---

① On the Passage of Waves through Apertures in Plane Screens and Allied Problems, Phil. Mag. **43**, p. 259, 1897. Scientific Papers, Vol. IV, p. 283.

② H. A. Bethe, Phys. Rev. **66**, p. 163, 1944.

③ H. Levine and J. Schwinger, Phys. Rev. **74**, p. 958, 1948 and **75**, 1423, 1949.

由于狭缝的存在, 式 (1) 须变为

$$
\begin{cases}
v = A(\mathrm{e}^{\mathrm{i}kz} - \mathrm{e}^{-\mathrm{i}kz}) + u_-, & z < 0 \\
v = u_+, & z > 0
\end{cases}
\tag{2}
$$

将狭缝开口处的 v 值标记为 $\overline{u}$. 由于场 v 的连续性, 对于 $z = 0$ 处有

$$
u_+ = u_- = \overline{u}
\tag{3}
$$

我们将狭缝中一点的 x 坐标称为 ξ, 因此 $\overline{u} = \overline{u}(\xi)$. 如果 $\overline{u}(\xi)$ 已知, 那么对于所有 $z \gtrless 0$ 的点, 我们用 §34C 中引入的 Green 函数的一般方法可以严格地算出 u_+ 和 u_-. 然而, 在 Green 函数 §34 式 (7) 中

$$
G = \frac{\mathrm{e}^{\mathrm{i}kr}}{r} - \frac{\mathrm{e}^{\mathrm{i}kr'}}{r'}, \quad
\begin{cases}
r^2 = (\xi - x)^2 + (\eta - y)^2 + (\zeta - z)^2 \\
r'^2 = (\xi - x)^2 + (\eta - y)^2 + (\zeta + z)^2
\end{cases}
\tag{4}
$$

现在我们必须将球面波 $\mathrm{e}^{\mathrm{i}kr}/r$ 替代为柱面波 $H(kr)$, 其中 $H = H_0^{(1)}$ 是零阶第一类 Hankel 函数. 我们还需要将 r 转换为二维形式 (由于光源的本性, 对坐标 y 的积分已经隐含在 $H(kr)$ 里面了). 因此式 (4) 变成

$$
G = \frac{\mathrm{i}\pi}{2}[H(kr) - H(kr')], \quad
\begin{cases}
r^2 = (\xi - x)^2 + (\zeta - z)^2 \\
r'^2 = (\xi - x)^2 + (\zeta + z)^2
\end{cases}
\tag{4a}
$$

那么, 由式 §34 方程 (6) 可得

$$
2\pi u_\pm = -\int_{-a}^{+a} \overline{u}(\xi) \frac{\partial G}{\partial n} \mathrm{d}\xi
\tag{5}
$$

§34 式 (6) 中的因子 4π 已由 2π 取代, 这是因为在二维的 Green 定理中, 式 (5) 的左边来源于对极小半径圆的积分, 而非三维情况下该定理中对球面的积分. 如前, $\partial G/\partial n$ 表示对向外法线方向的求导; 对于现在的情况, $\partial n = -\partial\zeta$ 对应 u_+, $\partial n = +\partial\zeta$ 对应 u_-, 则由式 (4a) 有

$$
\frac{\partial G}{\partial n} = \mp\frac{\mathrm{i}\pi}{2}\frac{\partial}{\partial\zeta}[H(kr) - H(kr')] = \pm\frac{\mathrm{i}\pi}{2}\frac{\partial}{\partial z}[H(kr) + H(kr')]
$$

在狭缝内 $\xi = 0$, 因此 $r = r'$, 以及

$$
\frac{\partial G}{\partial n} = \pm\mathrm{i}\pi\frac{\partial}{\partial z}H(kr_0), \quad r_0^2 = (\xi - x)^2 + z^2
\tag{5a}
$$

方程 (5) 变为

$$
u_\pm = \mp\mathrm{i}\frac{\partial}{\partial z}\int_{-a}^{+a} \overline{u}(\xi) H(kr_0) \mathrm{d}\xi
\tag{6}
$$

由于 $\bar{u}(\xi)$ 不可知, 所以方程 (6) 并不能提供什么信息. 这个方程必须补充额外的条件, 即在狭缝处 $\partial v/\partial z$ 连续; 另外, 式 (3) 已保证了 v 的连续性. 现在用 $\partial v/\partial z$ 的连续性条件取代了我们目前尚未完全解决的初始边值问题.

根据方程 (2)

$$\frac{\partial v}{\partial z} = 2\mathrm{i}kA + \frac{\partial u_-}{\partial z}, \quad \text{当从} z < 0 \text{处} z \to 0$$

$$\frac{\partial v}{\partial z} = \frac{\partial u_+}{\partial z}, \qquad\quad \text{当从} z > 0 \text{处} z \to 0$$

因此必须要求

$$\text{在} z = 0 \text{处,} \quad \frac{\partial u_+}{\partial z} - \frac{\partial u_-}{\partial z} = 2\mathrm{i}kA \tag{7}$$

联立方程 (6), 得

$$-\frac{\partial^2}{\partial z^2} \int_{-a}^{+a} \bar{u}(\xi) H(kr_0)\mathrm{d}\xi = kA \tag{8}$$

对于 $z = 0$ 及 $-a < x < +a$ 范围的所有值, 都必须满足这个条件. 需要指出的是, 根据式 (5a), r_0 取决于 z, 因此极限值

$$r_0 = |\xi - x| \tag{8a}$$

仅在式 (8) 中的二重微分求导之后才可被替换.

如果考虑到[①] 柱面波 $H(kr_0)$ 满足二维波方程 $\Delta H + k^2 H = 0$, 那么还能对这一数学问题进行简化. 式 (8) 中的积分也满足该方程, 因此有

$$-\frac{\partial^2}{\partial z^2} \int \cdots = \left(\frac{\partial^2}{\partial x^2} + k^2\right) \int \cdots \tag{8b}$$

现在允许方程的右边趋于式 (8a) 的极限值, 也可以用 $\mathrm{d}^2/\mathrm{d}x^2$ 代替 $\partial^2/\partial x^2$. 故由式 (8) 得到

$$\left(\frac{\mathrm{d}^2}{\mathrm{d}x^2} + k^2\right) X = kA \tag{9}$$

其中

$$X = \int_{-a}^{+a} \bar{u}(\xi) H(k|\xi - x|)\mathrm{d}\xi \tag{9a}$$

根据非齐次微分方程的积分法则对式 (9) 积分, 其中的一个特殊积分是 $X = A/k$; 因为问题的对称性, 我们将仅仅采用齐次方程的通解中对 x 为偶函数的那部分解, 也就是 $B\cos kx$. 因此

$$X = A/k + B\cos kx \tag{9b}$$

---

① 按照 Levine 和 Schwinger 的方法, 见上述文献中关于圆孔类似情形的方程 (A3).

为了确定积分常数 B, 我们设 $x = 0$, 利用式 (9a), (9b) 有

$$B = -A/k + \int_{-a}^{+a} \overline{u}(\xi) H(k\,|\xi|) \mathrm{d}\xi$$

将其代入式 (9b) 的右边, 并将 X 值表达式代入式 (9a) 左边, 可得

$$\int_{-a}^{+a} \overline{u}(\xi) \left[H(k\,|\xi - x|) - \cos kx H(k\,|\xi|) \right] \mathrm{d}\xi = \frac{A}{k}(1 - \cos kx) \tag{10}$$

这是关于未知函数 $\overline{u}(\xi)$ 的线性积分方程, 必须对 $-a < x < +a$ 范围内的所有值都成立. 积分方程的 "核" 是式 (10) 中花括号内的表达式. 因此, 可得到一普遍法则: 边值问题的求解可以简化为一个积分方程的求解. 后者通常可以数值地解出, 当然, 这只适用于方程中的参数取特定值的情况 (在这里的特定值是 ka 和 kx). 这并不能帮助解决问题. 为了得到通解, 需要对每种情况构建合适的近似方法. 对于我们这里的情况, 相应的近似方法将从假设 $ka \ll 1$ 开始, 而且, 我们发现式 (10) 中的核关于 x 和 ξ 并不对称, 而数学理论中处理的一般都是对称核的情况.

在继续求解该积分方程之前, 必须简短地考虑其他偏振态的情况. 将磁场矢量 $\boldsymbol{H}$ 记作 v, 因为 $E_x = 0$, 所以在屏上 v 必须满足 $\partial v/\partial z = 0$. 将入射波的磁场振幅记作 A'[①], 式 (2) 将变为

$$v = A'(\mathrm{e}^{\mathrm{i}kz} + \mathrm{e}^{-\mathrm{i}kz}) + u_-, \quad z < 0 \text{时}$$
$$v = u_+, \qquad\qquad\qquad z > 0 \text{时}$$

同时式 (3) 变成

$$\frac{\partial u_+}{\partial z} = \frac{\partial u_-}{\partial z} = \omega$$

其中, $\omega = \omega(\xi)$ 是现在待求的未知函数. 作为 Green 函数, 需取

$$G = \frac{\mathrm{i}\pi}{2} \left[H(kr) + H(kr') \right] \tag{11}$$

由此可得

$$2\pi u_\pm = \mp \int_{-a}^{+a} \omega(\xi) G \mathrm{d}\xi = \mp \mathrm{i}\pi \int_{-a}^{+a} \omega(\xi) H(kr_0) \mathrm{d}\xi \tag{11a}$$

与式 (5) 不同 (与 §34 G 比较). 因此, 在狭缝开口内有

$$2\pi u_\pm = \mp \mathrm{i}\pi \int_{-a}^{+a} \omega(\xi) H(k\,|\xi - x|) \mathrm{d}\xi \tag{11b}$$

因为 v 在狭缝处连续, 所以有

$$\overline{u}_+ - \overline{u}_- = 2A'$$

---

① 这个记号与 §2 中的一样; A 与 A' 量纲不同, "波阻" 也不同.

根据此式以及式 (11b), 得

$$\int_{-a}^{+a} \omega(\xi) H(k\,|\xi - x|) \mathrm{d}\xi = \mathrm{i}A' \tag{12}$$

这个积分方程的形式以及推导在某种程度上比之前的情况简单; 同时式 (12) 中的 "核" $H(k\,|\xi - x|)$ 也是对称[①]的.

B. 积分方程 (10) 和 (12) 的解

有必要对式 (10) 中的函数 $\bar{u}(\xi)$ 的形式作假设, 使其包含无穷多的待定系数, 进而尝试由式 (10) 确定这些系数. 该形式的假设将受以下条件限制:

(1) 由于解必须连续地趋于值 $v = 0$ (即屏上的值), 故 $\bar{u}(\xi)$ 在 $\xi = \pm a$ 处必须为 0.

(2) 由于问题的对称性, $\bar{u}(\xi)$ 必须是关于 ξ 的偶函数.

(3) 根据我们对分支波函数的处理, 以及它们在 §38 末的表达式, 每绕两个分支点 $x = \pm a$ 之一一整圈后, $u(x, z)$ 必须变号. 再考虑到上面的条件 (1) 和 (2), 得出如下形式:

$$\bar{u}(\xi) = \sum_{n=1}^{\infty} C_n \left(1 - \frac{\xi^2}{a^2}\right)^{n-\frac{1}{2}} \tag{13}$$

C_n 是无限多个可求的复系数.

在著者此前关于声学的工作中[②], 曾通过复杂的计算得到过类似于式 (13) 的结论, 这也被 Levine 和 Schwinger 作为出发点利用 (见 241 页). 该计算同时给出了 C_n 的值, 其形式是唯一特征参数 ka 的确定的幂级数. 其中 C_{n+1} 的级数第一项的 ak 幂次要比 C_n 级数第一项的 ak 幂次高一阶. 我们在这里已经可以将式 (13) 的解的形式直接基于函数理论写出, 使得它对任意宽度的狭缝都适用. 对于极其狭窄的狭缝 $ak \ll 1$, 上面提及的结果表明 C_1 比所有其他的 C_n 大一个数量级, 因此可以专门地将式 (13) 写成

$$\bar{u}(\xi) = C_1 \left(1 - \frac{\xi^2}{a^2}\right)^{1/2} \tag{13a}$$

于是积分方程 (10) 变为

$$C_1 \int_0^a \left(1 - \frac{\xi^2}{a^2}\right)^{1/2} K(x, \xi) \mathrm{d}\xi = \frac{A}{k}(1 - \cos kx) \sim Akx^2/2 \tag{13b}$$

[①] 该积分方程首先由 G. Jaffé 得到, Phys. Zeitschr. **22**, p. 578, 1921.
[②] Die frei schwingende Kolbenmembran, Ann. d. Phys. (Lpz.) **42**, p. 389, 1943.

相比于式 (10), 这里的积分区间限制在 $0 < \xi < a$; 而关于区间 $-a < \xi < 0$ 则需要对积分核作以下修改, 使得其中的 x 可认为是正的:

$$K(x, \xi) = H(k\,|\xi - x|) + H(k(\xi + x)) - 2\cos kx\, H(k\xi) \tag{13c}$$

将这个核分成两部分

$$K_{\mathrm{I}} = H(k(\xi + x)) + H(k\,|\xi - x|) - 2H(k\xi) \tag{13d}$$

$$K_{\mathrm{II}} = 2(1 - \cos kx)H(k\xi) \sim k^2 x^2 H(k\xi) \tag{13e}$$

由于 $ka \ll 1$, 所有 H 函数的幅角在整个积分区域内都很小, 因此在各处都可以应用第三卷 §22 的近似公式 (5):

$$H_0(\rho) = \frac{2\mathrm{i}}{\pi}\log\frac{\gamma\rho}{2\mathrm{i}}; \quad \log\gamma = 0.5772 = \text{Euler-Mascheroni 常数} \tag{13f}$$

然后有

$$K_{\mathrm{I}} = \frac{2\mathrm{i}}{\pi}\log\frac{\left|\xi^2 - x^2\right|}{\xi^2}, \quad K_{\mathrm{II}} = \frac{2\mathrm{i}}{\pi}k^2 x^2 \log\frac{\gamma k\xi}{2\mathrm{i}} \tag{13g}$$

K_{I} 中的对数须根据 $\xi < x$ 或 $\xi > x$ 的情况分别作展开:

$$\log\frac{\left|x^2 - \xi^2\right|}{\xi^2} = \begin{cases} \log\dfrac{x^2}{\xi^2} - \left(\dfrac{\xi^2}{x^2} + \dfrac{1}{2}\dfrac{\xi^4}{x^4} + \cdots\right), & \xi < x \\[3mm] -\left(\dfrac{x^2}{\xi^2} + \dfrac{1}{2}\dfrac{x^4}{\xi^4} + \cdots\right), & \xi > x \end{cases}$$

相应地, 积分式 (13b) 也须分解成两部分:

$$\int_0^a \cdots = \int_0^x \cdots + \int_x^a \cdots = J_1 + J_2 \tag{14}$$

$$J_1 = \int_0^x \left[\log\frac{x^2}{\xi^2} - \left(\frac{\xi^2}{x^2} + \frac{1}{2}\frac{\xi^4}{x^4} + \cdots\right)\right]\mathrm{d}\xi \tag{14a}$$

$$J_2 = -\int_x^a \left(1 - \frac{\xi^2}{a^2}\right)^{1/2}\left(\frac{x^2}{\xi^2} + \frac{1}{2}\frac{x^4}{\xi^4} + \cdots\right)\mathrm{d}\xi \tag{14b}$$

由于 C_1 与 x 无关, 可以选取比 a 足够小的 x, 使得 J_1 中的因式 $\left(1 - \xi^2/a^2\right)^{1/2}$ 可以由 1 替代, 式 (14a) 就已经这样处理过了.

进行基本的积分运算之后, 可得

$$J_1 = 2x - x\left(\frac{1}{1\cdot 3} + \frac{1}{2\cdot 5} + \frac{1}{3\cdot 7} + \cdots\right) \tag{15}$$

因此 J_1 正比于 x, 而积分方程 (13b) 的右边正比于 x^2. 在附录 1 我们将看到 J_1 被积分 J_2 下限的贡献抵消, 另外还将看到, 除了 x/a 的高阶项外, 积分 J_2 上限的贡献值是

$$\frac{\pi}{2}\frac{x^2}{a} \tag{15a}$$

根据式 (13g) 和式 (14), 式 (13b) 左边 K_{I} 整体值将变为

$$C_1\frac{2\mathrm{i}}{\pi}\cdot\frac{\pi}{2}\frac{x^2}{a}=\mathrm{i}C_1\frac{x^2}{a} \tag{16}$$

由式 (13g) 得到 K_{II} 对式 (13b) 的贡献为

$$C_1\frac{2\mathrm{i}}{\pi}k^2x^2\int_0^a\left(1-\frac{\xi^2}{a^2}\right)^{1/2}\log\frac{\gamma k\xi}{2\mathrm{i}}\mathrm{d}\xi \tag{16a}$$

如果引入附录 1 的代换式 (25), 并令

$$q=\frac{4}{\pi}\int_0^{\pi/2}\cos^2\varphi\log\sin\varphi\mathrm{d}\varphi \tag{16b}$$

则式 (16a) 变为

$$\frac{1}{2}C_1\mathrm{i}k^2ax^2\left(\log ka+\log\frac{\gamma}{2\mathrm{i}}+q\right) \tag{17}$$

式 (16) 与式 (17) 的和为

$$\mathrm{i}C_1k^2\frac{x^2}{a}\left[1+\frac{1}{2}(ku)^2\left(\log ka+\log\frac{\gamma}{2\mathrm{i}}+q\right)\right]$$

因为 $ka\ll1$, 故大括号中的第二项可以忽略; 于是由积分方程 (10) 得到

$$\mathrm{i}C_1\frac{x^2}{a}=Ak\frac{x^2}{2},\quad C_1=-\mathrm{i}Aka/2 \tag{18}$$

现在考虑积分方程 (12). 与 A 节末尾约定的一样, v 和 $u_\pm$ 是平行于 y 轴的磁场矢量的分量, ω 是狭缝内 $\partial u_\pm/\partial z$ 在 $z=0$ 处的值. 首先, 我们寻求类似于式 (13) 的 ω 的形式. 我们认为 ω 同样由式 (13) 给出, 只不过求和下限要变为 $n=0$. 因此, 在一级近似下,

$$\omega(\xi)=\frac{C_0}{a}\left/\left(1-\frac{\xi^2}{a^2}\right)^{1/2}\right. \tag{19}$$

为了证明这一论述, 只需要注意到在靠近分支点 $x=\pm a$ 处, 矢量 $\boldsymbol{H}$ 根据到分支点的距离的平方根变化, 因此 $\boldsymbol{H}$ 的梯度按该距离平方根的倒数变化. 我们将会看到, 由式 (19) 的确能得出问题的唯一解. 式 (19) 的分母中引入因子 a 是为了

使 C_0 (如同之前的 C_1 那样) 与现在的 u 量纲相同. 如同之前的 $\overline{u}(\xi)$, $\omega(\xi)$ 是关于 ξ 的偶函数.

现在将积分方程 (12) 写成如下形式:

$$\int_0^a \omega(\xi)\,[H(k\,|\xi - x|) + H(k\,|\xi + x|)]\,\mathrm{d}\xi = \mathrm{i}A' \tag{20}$$

$\{\cdots\}$ 仍叫作积分方程的核. 为了应用上面的计算, 仍将该核分成两部分:

$$K_{\mathrm{I}} = H(k\,|\xi + x|) + H(k\,|\xi - x|) - 2H(k\xi) \tag{20a}$$

$$K_{\mathrm{II}} = 2H(k\xi) \tag{20b}$$

第一部分与式 (13d) 中的 K_{I} 一样. 因此, 方程 (14a), (14b) 在做必要修改后仍适用; 这些只会得到一些正比于 x 的项, 它们的和为 0, 参见附录 2. 方程 (20) 因此可以简化为

$$\int_0^a \omega(\xi)K_{\mathrm{II}}\mathrm{d}\xi = \frac{2C_0}{a}\int_0^a \left(1 - \frac{\xi^2}{a^2}\right)^{-\frac{1}{2}} H(k\xi)\mathrm{d}\xi = \mathrm{i}A' \tag{21}$$

根据附录 2 可得

$$C_0 = \frac{1}{2}A'/p; \quad p = \log\frac{\gamma ka}{4\mathrm{i}} = \log ka - 0.81 - \mathrm{i}\pi/2 \tag{22}$$

C. 讨论

在图 81(a) 和 (b) 中, $\overline{u}(x)$ 和 $\omega(x)$ 的分布分别与入射波的振幅 A 和 A' 比较. 对于 $\xi = 0$, 分别由式 (13a) 和式 (18) 或者式 (19) 和式 (22), 可得

$$\frac{\overline{u}(0)}{A} = \frac{C_1}{A} = -\frac{\mathrm{i}}{2}ka; \quad \frac{\omega(0)}{A'} = \frac{C_0}{A'} = \frac{1}{2p}$$

$|\overline{u}(x)|$ 是一个非常扁平的椭圆; $|\omega(x)|$ 是相应的倒数曲线, 其在狭缝中心的值比 $|\overline{u}(x)|$ 大得多, 在边缘处其值趋于无穷大.

由 $\overline{u}$ 和 ω, 我们可以通过公式 (6) 和 (11a) 计算 $u_+(x,z)$, 从而得到衍射场 v:

$$\pi v = -C_1 \frac{\partial}{\partial z}\int_{-a}^{+a}\left(1 - \frac{\xi^2}{a^2}\right)^{1/2} H(kr_0)\mathrm{d}\xi$$

和

$$\pi v = -\frac{C_0}{a}\int_{-a}^{+a}\left(1 - \frac{\xi^2}{a^2}\right)^{-\frac{1}{2}} H(kr_0)\mathrm{d}\xi$$

其中 $r_0^2 = (x - \xi)^2 + z^2$.

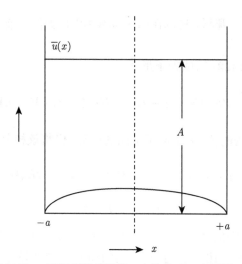

图 81(a)   电场矢量 $\boldsymbol{E}$ 平行于狭缝边缘. 在狭缝开口内振幅 $\boldsymbol{E} = \bar{u}\,(x)$ 的图;
$$ka = 1/10, \quad \bar{u}\,(x) = \frac{\mathrm{i}}{2}kaA\sqrt{1-x^2/a^2}$$

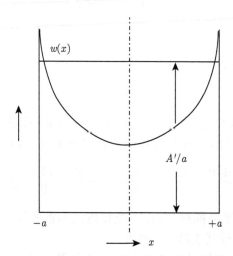

图 81(b)   磁场矢量 $\boldsymbol{H}$ 平行于狭缝边缘. 在狭缝内振幅 $\partial\boldsymbol{H}/\partial z = |\omega\,(z)|$ 的图;
$$ka = 1/10, \quad \omega\,(x) = \frac{1}{2p}\frac{A'/a}{\sqrt{1-x^2/a^2}}$$

由于观测点 x, z 到狭缝的距离为多个波长, 我们可以对 H 使用其渐近公式 (例如, 参见第三卷 §22 方程 (7)), 并且可以在积分中令 $r_0 = r = \sqrt{x^2+z^2}$ 与 ξ 无关. 这样, 可得

$$\pi v = -C_1 \frac{\partial}{\partial z}\sqrt{\frac{2}{\pi kr}}\mathrm{e}^{\mathrm{i}(kr-\pi/4)}\int_{-a}^{+a}\left(1-\frac{\xi^2}{a^2}\right)^{1/2}\mathrm{d}\xi$$

和

$$\pi v = -\frac{C_0}{a}\sqrt{\frac{2}{\pi kr}}\mathrm{e}^{\mathrm{i}(kr-\pi/4)}\int_{-a}^{+a}\left(1-\frac{\xi^2}{a^2}\right)^{-\frac{1}{2}}\mathrm{d}\xi$$

作代换 $\xi = a\sin\phi$, 如附录中的那样, 就能得到上面的积分值, 分别为 $a\pi/2$ 和 $a\pi$. 那么, 如果只对指数的部分作关于 z 的微分, 可得

$$v = -\mathrm{i}akC_1\frac{z}{r}\frac{1}{\sqrt{2\pi kr}}\mathrm{e}^{\mathrm{i}(kr-\pi/4)} \tag{23}$$

和

$$v = -C_0\sqrt{\frac{2}{\pi kr}}\mathrm{e}^{\mathrm{i}(kr-\pi/4)} \tag{23a}$$

因此已经得到了从狭缝 (或者说是从它的中心线) 发出的具有不同振幅的两个柱面波. 第一个波的振幅包含一个余弦因子

$$\cos\delta = \frac{z}{r}\quad (\delta = 衍射角)$$

为了使方程 (23a) 和 (23) 在量纲上相同 (前者表示的是 H_y, 而后者表示的是 E_y), 计算属于 H_y 的电场分量 E_x 和 E_z. 利用 Maxwell 方程 $\dot{\boldsymbol{D}} = \mathrm{curl}\, H$,

$$-\mathrm{i}\omega\varepsilon_0 E_x = -\frac{\partial H_y}{\partial z} = -\mathrm{i}k\frac{z}{r}H_y,\quad E_x = \sqrt{\frac{\mu_0}{\varepsilon_0}}\frac{z}{r}H_y$$

$$-\mathrm{i}\omega\varepsilon_0 E_z = +\frac{\partial H_y}{\partial x} = +\mathrm{i}k\frac{x}{r}H_y,\quad E_z = -\sqrt{\frac{\mu_0}{\varepsilon_0}}\frac{x}{r}H_y$$

从而有

$$E_\perp = \sqrt{E_x^2 + E_z^2} = \sqrt{\frac{\mu_0}{\varepsilon_0}}H_y$$

这一波阻因子 $(\mu_0/\varepsilon_0)^{1/2}$ 使得出现在 C_0 中的振幅 A' 与出现在 C_1 中的振幅 A 有了相同的量纲. 因此, 这两种情况的等强度照射并非意味 $A' = A$, 而是意味 $A'(\mu_0/\varepsilon_0)^{1/2} = A$.

现在我们能够计算在已知入射光是由等强度的上述两个偏振模式组成的情况下衍射光的偏振模式. 衍射光的偏振由式 (23) 和式 (23a) 的商描述, 考虑式 (18) 和式 (22) 后, 为

$$\frac{1}{2}ak\left|\frac{C_1}{C_0}\right|\cos\delta = \frac{1}{2}(ak)^2|p|\cos\delta\sqrt{\mu_0/\varepsilon_0} \tag{24}$$

因此, 对于较小的 ka, 相比于 $E_\perp$, 只有很少的 $E_\parallel$ 分量光通过狭缝. 由于边界条件 $E_y = 0$, 振荡 $E_\parallel$ 被狭缝所抑制. 振荡 $E_\perp$ 在狭缝的边缘处诱导出电荷, 这些电荷以在导线中的 Hertz 波形式沿着屏传播; 这样它们就能克服狭缝边缘的弯曲. 这种偏振效应因 Hertz 关于光栅的实验而为人熟知.

两种偏振模式的强度表现出迥然不同的波长依赖特性. 对于 $J_\parallel$, 根据式 (23) 和式 (18), 它正比于 $\left(\dfrac{a^2k^2}{\sqrt{kr}}\right)^2 = \left(\dfrac{2\pi a}{\lambda}\right)^3 \dfrac{a}{r}$, 而根据式 (23a) 和式 (22),

$$J_\perp \text{正比于} \left(\frac{1}{\sqrt{kr}\,|p|}\right)^2 = \frac{\lambda}{2\pi a}\frac{a}{r}\frac{1}{|\log \sqrt{\lambda/a} + \cdots|^2}$$

这两种情况都不同于 Rayleigh 关于天空蓝色起源的 λ^{-4} 定律. 后者是基于在所有维度上都很小的衍射孔 (或者是相应很小的圆盘) 而得到的. 我们这里的狭缝仅在一个维度上狭窄, 自然导致对不同偏振方向的入射光有完全不同的影响.

对于衍射场, 我们得到的表达式 (23) 和 (23a) 完全符合 Rayleigh 勋爵的方程 (53) 和 (47), 见前面引用的文献. Rayleigh 还曾指出, 在与狭缝互补的金属条带的情形下, 方程 (53) 和 (47) 起的作用刚好对调. 正如我们所知的, 这正是 Babinet 原理的精确表述, 参见 §38F.

虽然我们解决问题的方法很复杂, 但却有如下的优点:

(1) 不同于 Rayleigh 的方法, 它不要求有关于静电学或流体动力学的先验知识;

(2) 我们的方法能够进行推广.

为了将结论推广到更宽的狭缝情况, 只需对我们仅有一项的表达式 (13a) 和 (19) 分别加上 $C_2, C_3, \cdots$ 或 C_1, C_2 等项. 具体如何操作将在附录 3 中说明.

附录 1

为了估算式 (14b) 中的积分 J_2, 作如下替换:

$$\xi = a\sin\Phi, \quad \left(1 - \frac{\xi^2}{a^2}\right)^{1/2} = \cos\Phi, \quad \mathrm{d}\xi = a\cos\Phi\,\mathrm{d}\Phi \tag{25}$$

同时, 如果在积分的下限中设

$$x = a\sin\psi, \quad \psi \sim \frac{x}{a} \ll 1 \tag{25a}$$

我们可有如下的辅助表达式:

$$j_{2n} = -\int_{\psi}^{\pi/2} \frac{\cos^2\Phi}{\sin^{2n}\Phi}\mathrm{d}\Phi, \quad \text{对于 } n = 1, 2, 3, \cdots \tag{26}$$

将相应的不定积分叫作 $\bar{j}_{2n}$, 很容易通过微分验证

$$\bar{j}_2 = \Phi + \cot\Phi, \quad \bar{j}_4 = \frac{1}{3}\cot\Phi, \quad \bar{j}_6 = \frac{1}{5}\cot^5\Phi + \frac{1}{3}\cot^3\Phi, \quad \cdots \tag{26a}$$

据此以及对于 $\bar{j}_{2n}$ 的递归公式, 可得如下结论: 所有的 j_{2n} 在积分式 (26) 的上极限处为零, 但 j_2 是一个例外, 因在该处假设其值为 $\pi/2$. 除了任意小的量 ψ 的高次项

外, 可假定在积分下限处 j_{2n} 取如下的值:

$$-\frac{1}{2n-1}\cot^{2n-1}\psi \sim -\frac{1}{2n-1}\psi^{-2n+1} = \frac{-1}{2n-1}\left(\frac{a}{x}\right)^{2n-1}$$

因此

$$j_2 = \frac{\pi}{2} - \frac{a}{x}, \quad j_{2n} = -\frac{1}{2n-1}\left(\frac{a}{x}\right)^{2n-1}, \quad n \geqslant 2$$

利用 j_{2n}, 将方程 (14b) 重写并将上面的值代入, 得到

$$J_2 = j_2\frac{x^2}{a} + \sum_{n=2}^{\infty}\frac{1}{n}j_{2n}\frac{x^{2n}}{a^{2n-1}} = \frac{\pi}{2}\frac{x^2}{a} - x\sum_{n=1}^{\infty}\frac{1}{n(2n-1)}$$

第一项与式 (15a) 相符, 而第二项在联合式 (15) 后将给出

$$x\left\{2 - \sum_{n=1}^{\infty}\frac{1}{n}\left(\frac{1}{2n+1} + \frac{1}{2n-1}\right)\right\}$$

{ } 里面的表达式可以重写为如下形式:

$$2 - 4\sum_{n=1}^{\infty}\frac{1}{(2n-1)(2n+1)} = 4\left(\frac{1}{2} - \frac{1}{1\cdot3} - \frac{1}{3\cdot5} - \frac{1}{5\cdot7} - \cdots\right) = 0 \tag{26b}$$

这可以参见第六卷习题 I.3 的解答. 于是方程 (15) 后面的表述得以证明.

附录 2

在第二种 (磁场) 情况中, J_1 的方程 (14a) 和 (15) 保持不变, 因为核 K_I 没有变化; 在区间 $0 < \xi < x$ 中, ω 和 $\bar{u}$ 的假设形式之间的差异并不重要. 对于 J_2 的方程, 由于做了代换 (25) 和 (25a), 可简化为

$$\left(1 - \frac{\xi^2}{a^2}\right)^{-1/2}\mathrm{d}\xi = a\mathrm{d}\Phi$$

因此, 基于 Φ, 方程 (14b) 将变为

$$J_2 = -\int_{\psi}^{\pi/2}\left(\frac{1}{\sin^2\Phi}\frac{x^2}{a} + \frac{1}{2\sin^4\Phi}\frac{x^4}{a^3} + \frac{1}{3\sin^6\Phi}\frac{x^6}{a^5} + \cdots\right)\mathrm{d}\Phi$$

由于

$$\int\frac{\mathrm{d}\Phi}{\sin^2\Phi} = -\cot\Phi, \quad \int\frac{\mathrm{d}\Phi}{\sin^4\Phi} = -\frac{1}{3}\cot\Phi\left(\frac{1}{\sin^2\Phi} + 2\right)$$

$$\int\frac{\mathrm{d}\Phi}{\sin^6\Phi} = -\frac{1}{5}\cot\Phi\left(\frac{1}{\sin^4\Phi} + \frac{4}{3}\frac{1}{\sin^2\Phi} + \frac{2}{3}\right), \quad \cdots$$

J_2 中的所有项在上极限 $\Phi = \pi/2$ 处为零. 在 $\psi \ll 1, x \ll a$ 的近似中下极限的贡献值为 $-x\left(1 + \dfrac{1}{2\cdot 3} + \dfrac{1}{3\cdot 5} + \dfrac{1}{4\cdot 7} + \cdots\right)$, 结合式 (15) 中的 J_1 后, 结果将为零, 参见方程 (26b).

因此, 仅仅 K_{II} 对积分方程有显著的贡献, 根据式 (20) 以及利用式 (13f) 中对于 H 的近似, 将有

$$\frac{4}{\pi}C_0\left\{\int_0^{\pi/2}\log\frac{\gamma ka}{2\mathrm{i}}\mathrm{d}\Phi + \int_0^{\pi/2}\log\sin\Phi\mathrm{d}\Phi\right\} = A' \tag{27}$$

第二个积分的值为

$$-\frac{\pi}{2}\log 2$$

联合第一个积分的值将得到

$$\frac{\pi}{2}p; \text{ 如同在方程 (22) 中, } p = \log\frac{\gamma ka}{4\mathrm{i}}$$

因此, 根据式 (27) 有

$$2\mathrm{i}C_0 p = -\pi A' \tag{27a}$$

数值上, 可以得到

$$p - \log ka = \log\frac{\gamma}{4} - \frac{\mathrm{i}\pi}{2} = 0.577 - 1.386 - \mathrm{i}\frac{\pi}{2} = -0.81 - \mathrm{i}\frac{\pi}{2} \tag{27b}$$

于是式 (27a) 和式 (27b) 证实了我们的式 (22).

附录 3

为了表明我们的方法是如何推广的, 首先考虑在附录 2 中讨论的较简单情形. 将式 (19) 推广为

$$\omega(\xi) = \frac{C_0}{a}\left(1 - \frac{\xi^2}{a^2}\right)^{-1/2} + \frac{C_1}{a}\left(1 - \frac{\xi^2}{a^2}\right)^{1/2} \tag{28}$$

必须通过保留 k^2x^2 和 $k^2\xi^2$ 项, 来对式 (20a) 和式 (20b) 中的核 $K = K_{\text{I}} + K_{\text{II}}$ 做更精确的近似. 这时的积分也是基本积分, 可以用附录 2 中的方式积分出来. 通过使左右两边关于 x^0 和 x^2 的系数相等, 可得到两个条件:

$$C_0\left[p\left(2 - \frac{k^2a^2}{4}\right) + \frac{k^2a^2}{8}\right] + C_1\left[p\left(1 - \frac{k^2a^2}{16}\right) - \frac{1}{2} + \frac{3}{64}k^2a^2\right] = A'$$

$$-C_0\frac{k^2a^2}{2}\left[p + \frac{1}{2}\right] + C_1\left[1 - p\frac{k^2a^2}{4}\right] = 0$$

求解二式 (在第二个方程中, 可以使用关于 C_0 的近似式 (27a)), 得到

$$
\begin{cases}
C_1 = \dfrac{\mathrm{i}\pi}{4}\dfrac{A'}{p}k^2a^2\left(p+\dfrac{1}{2}\right) \\[2mm]
C_0 = \dfrac{\mathrm{i}\pi}{2}\dfrac{A'}{p}\left[1+\dfrac{k^2a^2}{8}\left(1-2p\right)\right]
\end{cases}
\tag{29}
$$

很明显, 这与附录 2 中忽略 k^2a^2 时的结果相符.

对于在附录 1 中处理的情形, 式 (13a) 必须推广为

$$
\bar{u}\left(\xi\right) = C_1\left(1-\dfrac{\xi^2}{a^2}\right)^{1/2} + C_2\left(1-\dfrac{\xi^2}{a^2}\right)^{3/2}
\tag{30}
$$

在式 (13b) 以及核公式 (13c) 的展开式中, 不仅 k^2x^2 需要保留, k^4x^4 也必须保留. 通过使式 (13b) 左右两边关于 x^2 和 x^4 的系数相等, 可得到两个条件

$$
C_1\left[1-\dfrac{k^2a^2}{4}\left(1-p\right)\right] + C_2\left[\dfrac{3}{2}-\dfrac{15}{64}k^2a^2\left(1-\dfrac{4}{5}p\right)\right] = \dfrac{1}{2\mathrm{i}}Aka
$$

$$
-C_1k^2a^2 + C_2\left[12-\dfrac{3}{2}k^2a^2\right] = +\mathrm{i}Ak^3a^3
$$

在第二个方程中 C_1 仍可以用它的一阶近似式 (18) 代替, C_1 的二阶近似式可以通过第一个方程求得. 因此, 作为方程 (18) 的改进, 得到

$$
\begin{cases}
C_2 = \dfrac{\mathrm{i}}{24}Ak^3a^3 \\[2mm]
C_1 = \dfrac{1}{2\mathrm{i}}Aka\left\{1+\dfrac{k^2a^2}{8}\left(3-2p\right)\right\}
\end{cases}
\tag{31}
$$

这些结果的相关计算得益于 E. Ruch 博士.

图 82 展示了一阶和二阶近似下关于偏振 $\boldsymbol{H} = H_y$ 所谓的传输因子 T. 该传输因子被定义为有限波长的光通过狭缝的能量与通过同样狭缝的几何光学极限下 ($\lambda \to 0$) 的光能量之比. 两种近似情况下的 T 都是借助测量通过轴线位于狭缝中线的无限长半圆柱体的能量流而求得. 对于一阶和二阶近似 (分别对应于方程 (22) 的 C_0 和方程 (29) 的 C_0 及 C_1)

$$
T_1 = \dfrac{1}{4ka\left|p\right|^2}, \quad T_2 = \dfrac{1}{4ka\left|p\right|^2}\left[1+\dfrac{1}{4}\left(ka\right)^2\right]
\tag{31a}
$$

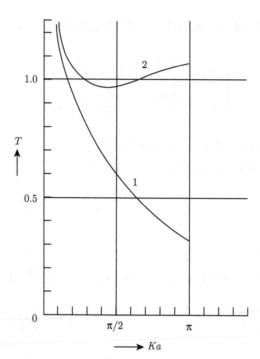

图 82　传输因子 T 在一阶和二阶近似中作为狭缝宽度和波长之比的函数

曲线 1 仅适用于极窄的狭缝 $(ka < 1/4)$. 对于较大值的 ka, 曲线 2 将与 1 分开, 表现出趋近于几何光学下的值 $(T = 1)$; 曲线 2 可以通过与 P. M. Morse 和 J. Rubenstein[1]的工作进行比较来检验, 他们借助 Mathieu 函数的理论, 利用函数表以数值和图形的形式来处理狭缝问题. 我们的曲线 2 与上述作者的相应曲线在 $ka < 2$ 时匹配得很好. J. W. Miles[2]利用变分方法得到了与 Morse 和 Rubenstein 同样的结论. K. Schwarzschild[3]从相反的极限情况 (也就是我们关于半平面的解) 出发, 提出了一个利用交替逐次逼近的近似方法来求解. 尽管经过了反复的尝试, 作者依然未能将 §38 中的方法直接应用到狭缝的问题上. 但是应再次指出的是, 将式 (13) 作为边界值的形式这一基本假设 (这也曾被 Levine-Schwinger 使用) 是由 §38 中的方法所规定的.

§40　光学仪器的分辨本领

所有光谱仪器的目的都是得到更好的分辨本领. 在光谱学中, "分辨率" 意味着

---

[1] Phys. Rev. **54**, p. 895, 1938; 特别见图 4 中标有 90° 的顶部曲线.

[2] Phys. Rev. **75**, p. 695, 1949.

[3] Mathem. Ann. **55**, p. 177, 1902.

两条邻近谱线的可分离性. 对于显微镜, 人们关心的是非常精密的组织结构的清晰成像, 而对于望远镜, 则希望分辨双星、星团, 发现新的卫星等.

A. 线光栅的分辨本领

根据 Rayleigh 勋爵的判据, 对于两条谱线 1 和 2, 如果 2 (波长 $\lambda + \delta\lambda$) 的衍射图样的主极大与 1 (波长 λ) 的衍射图样的第一个零点重合, 则认为它们可以分辨. 感光底片上变黑颗粒的密度对应于谱线 1 和 2 强度曲线的叠加. 它们的强度之和在两个主极大之间有个减弱, 其足以让眼睛分辨出两条谱线 1 和 2; 参见图 83(a) (稍后将讨论图 83(b)). 现在将要证明用这种方法测得的比值 $\delta\lambda/\lambda$ 有一个固定的值, 它仅依赖于光栅的特性及其使用方法. 分辨本领定义为这个比值的倒数. 如果两条谱线的 $\lambda/\delta\lambda$ 小于定义的分辨能力, 则认为它们可以分辨.

回顾 §32 方程 (5), 衍射图样的零点可通过将分子设为零得到. 因此, 在第一个零点处的 $N\Delta/2$ 值比在主极大处的 $N\Delta/2$ 值要大 π. 在主极大处,

$$\Delta = 2\pi h, \quad \text{因此} \quad N\Delta/2 = N\pi h$$

h 是被观测光栅光谱的级次. 因此在第一个极小值处 $N\Delta/2$ 的值是

$$N\pi h + \pi = N\pi \frac{d}{\lambda}(\alpha - \alpha_0) \tag{1}$$

方程的右边由 §32 式 (1) 得到, 它决定了所观测光谱中谱线 1 的衍射图样第一个零点处的偏转角度 $\alpha - \alpha_0$. 现要求谱线 2 的主极大也落在同样的方向 $\alpha - \alpha_0$ 上, 这意味着

$$N\pi h = N\pi \frac{d}{\lambda + \delta\lambda}(\alpha - \alpha_0) \tag{2}$$

将式 (1) 和式 (2) 的左右两边分别相除可得

$$\frac{Nh + 1}{Nh} = \frac{\lambda + \delta\lambda}{\lambda}$$

所以有

$$\frac{\lambda}{\delta\lambda} = Nh \tag{3}$$

在光谱的第二级次 $h = 2$, 其分辨本领是第一级次的 2 倍, 这一结论被光谱学家广泛使用. 分辨本领仅仅依赖于光栅刻线总数 N, 而不依赖于刻线间距 d. Rowland 光栅紧密的刻线间距是为了在入射光束的宽度内容纳足够数量的刻线. 紧密的刻线间距也使得色散增加, 也就是不同谱线的角间距增加, 但是这个间距与谱线的锐度无关, 也就是与分辨本领无关.

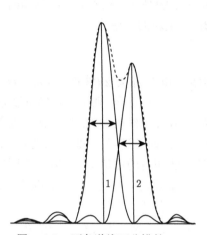

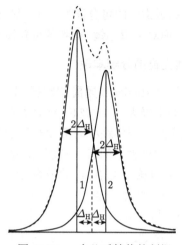

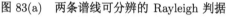

图 83(a)　两条谱线可分辨的 Rayleigh 判据　　图 83(b) 一个几乎等价的判据

这是光栅分辨理论的常见公式. 不过, 这仅适用于低级次的光谱, 例如 Rowland 光栅所用的光谱. 可能的分辨率最大值将在可能的最高级次 $h_{\max}$ 光谱处得到, 也就是当在相对于光栅表面很小的掠射角处观察时. 这个级次在第 161 页处标记为 h_{cr}, 此时 $\alpha \sim 1$, 根据 §32 方程 (2), 对于垂直入射的情况 $h_{\max} \sim d/\lambda$. 由式 (3) 即有

$$\frac{\lambda}{\delta\lambda} = h_{\max}N \sim \frac{Nd}{\lambda} \tag{4}$$

因此, 光栅的最大分辨本领取决于其总宽度 Nd, 而非栅线的数量 N, 或者更精确地说, 其取决于来自第一条和最后一条光栅线的光程差 Nd/λ. 下面我们将认识到, 这一事实包含了关于分辨本领最广义的公式, 即对所有光谱仪都能适用的公式.

当在掠射角处观察时, 拥有 10 条刻线间距为 1 cm 的光栅与拥有 100 000 条刻线间距为 1 μm 的 Rowland 光栅的分辨能力是一样的. 用后者可以在第二级光谱中观测, 而用前者则在第二万级光谱中才可以观测.

但是高级次光谱的观测有严重的缺点, 那就是随着级次的增加, 相邻级次的光谱将重叠得越来越多. 为了展示这一点, 将没有重叠而能被观测到的波长区域, 也就是 $D\lambda$, 用波长、级次 h 和偏转角, 或者是它的余弦 α 表示:

$$(\alpha - \alpha_0)\, d = \lambda h = (\lambda + D\lambda)\,(h - 1)$$

据此有

$$\frac{D\lambda}{\lambda} = \frac{1}{h - 1} \sim \frac{1}{h}$$

这个 $D\lambda$ 也是刚好能观测到不发生重叠的相邻谱线间的波长间距 $\delta\lambda$. 因此, 在第二万级光谱处几乎不可能观测到极窄的多谱线结构, 所以其他所有的光须经棱镜分光仪预先分解开并去除掉.

仅有较少刻线的光栅还有另一个更加严重的缺点: 10 条刻线与 100 000 条刻线的光栅产生的振幅比值为 $1:10^4$, 因此前者能得到的光强仅为后者的 10^8 分之一. 而且, 这两种光栅所需的工艺要求是一样严格的, 制备 10 条刻线的光栅并不比制备 100 000 条刻线的光栅简单.

B. 阶梯光栅和干涉光谱仪

在我们的处理方法中, 光栅刻线扮演着次级光源的角色, 其由入射光激发, 而且由于它们各自的位置, 这些次级光源互相之间将有固定的相位差. 有可能用较小数目的次级光源得到同样大的光强, 只要这些源作为定向辐射器将其大部分的能量辐射至高阶的光谱. 也就是说, §32 方程 (3) 中的函数 $f(\alpha)$ 必须在想要的高阶光谱的方向有显著的最大值, 这对于极窄的狭缝或精确排列的光栅线都无法实现. 相反, 必须用一系列窄的相互平行的反射镜或者是窄的棱镜, 并通过它们的排布, 按照几何光学的方式将光反射或折射至所要到达的方向. 这种光栅几乎无法克服的困难被 Michelson 以一种精妙的方法解决了. 他将玻璃板一个接一个地堆叠起来形成一系列的阶梯, 如图 84(a) 所示. 在制造这种光栅的过程中, 所有的板是从一块平行表面平板中切割下来的, 它们的厚度每处都保持一致, 误差仅为波长的几分之一. 这些阶梯大概是 2 mm 宽, 1 cm 高; 它们是一个 "相位光栅" 的光栅单元. 借助于狭缝以及准直透镜, 光栅受到与玻璃板表面垂直方向的照射, 并在同一方向上通过望远镜观测其光谱. 因此光线相对于阶梯光栅的表面形成了一个非常小的角度. 如果只留下一个光栅单元, 而将所有其他元素进行遮盖, 则将会观察到很明亮的狭缝的像, 然而它在衍射作用下变宽了, 看起来像一个 2 mm 宽狭缝的衍射图样. 当将所有的光栅单元都暴露之后, 狭缝的像将收缩成谱线的像, 宽度小了 1 个或 2 个数量级. 如同所有的光栅一样, 这种 "阶梯光栅" 的分辨本领由第一和最后一条光线的相位差给出:

$$(n-1)Nd/\lambda, \quad n = 玻璃的折射率, N = 阶梯数量 \tag{5}$$

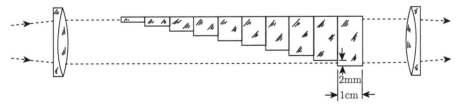

图 84(a)　由 1 cm 厚的玻璃板组成的 10 单元阶梯光栅, 台阶高 2 mm

在并排排列的波面阶梯条带中, 条带之间是相互干涉的. 因此, 必须用准直器使波面在整个光栅范围内都是相干的. 与线光栅的情况一样, 谱线的位置取决于入射光的方向. 如果入射方向改变, 那么次级光源间的相位差也将改变, 因此尖锐干涉条纹的位置将移动. 一个宽的准直器狭缝的作用与很多相邻的窄狭缝的总和效果一样, 因此一个宽的狭缝导致谱线扩展至缝的像的宽度. 这是关于相干性不够所引起的干涉线模糊的定性几何解释 (参见图 2).

这种效应在 "干涉光谱仪" 中并不存在, 这里我们指的是 Perot-Fabry 光谱仪和 Lummer 光谱仪. 对于这些光谱仪, 干涉条纹的位置仅取决于波长以及板的厚度. 干涉波之间的相位差 (尽管不是它们的光强) 不依赖于光源的位置; 也就是说, 只要光源足够强, 其扩展后也不会影响干涉的结果.

与光栅一样, 干涉光谱仪产生的相位差随着观测角度的改变而改变. 对于波法线与板表面的每一个夹角, 都对应于一个确定的相位差, 因此也对应一个确定的波长. 所以, 对于 Perot-Fabry 干涉仪的情况, 一给定谱线的波法线位于环绕板表面法线的一个狭窄的圆锥体上. 这一锥体投影在照相机或视网膜上为一圆形. 不同的级次会形成一系列同心圆, 然而, 仅在扩展光源形成的图像范围内可见 (其他所有的波法线都未被激发). 棱镜光谱仪可用于必要的预分解, 干涉光谱仪放置在棱镜与望远镜之间. 圆环系统受到狭缝像的限制, 在不会引起相邻谱线干扰的前提下, 该狭缝应该尽可能地宽; 见 Perot-Fabry 光谱示意图 (图 84(b)). 对于 Lummer 板的情况, 谱线的波法线位于环绕板表面法线的一组很宽的圆锥上, 因此其呈现在照相底片上是一组近乎为直线的扁平双曲线.

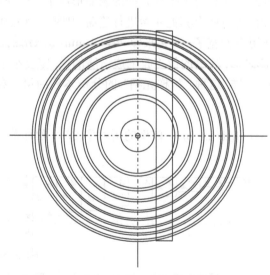

图 84(b) Perot-Fabry 空气板的视场截面图

虽然在光栅中, 不同干涉光线的振幅相等, 但在干涉光谱仪中, 干涉光线的振幅却呈指数型衰减, 因此强度分布不再由 §32 式 (5) 给出, 而是由 §7 式 (33) 给出. 在 §32 方程 (5) 中属于 $N\Delta$ 的小周期消失, 仅有 §32 方程 (1) 中 Δ 所决定的长周期保留下来, 因为干涉光线的数目 N 可以说是无穷多的. 然而, 由于振幅是指数型衰减的, 仅有有限数目的光线是 "有效" 的, 其余的光线则太弱了, 因此分辨本领依然为有限的.

如图 11 所示, 由于干涉光谱仪的条纹中不出现零光强, 我们用干涉条纹的半宽度 $2\Delta_\mathrm{H}$ 定义分辨本领; 也就是, 分辨本领是光强大于光强最大值一半时所在区域的波长间隔. 由图 83(a) 和 83(b) 的对比可知, 这一定义实际上等价于 Rayleigh 勋爵对光栅分辨本领的定义.

Lummer 板的半宽度可由 §7 式 (28a) 求得. 为了将那里用的 φ 标度转换为波长 λ 标度, 注意到 §7 定义式 (18) 中 φ 正比于 k, 因此其反比于 λ. 所以

$$\frac{\mathrm{d}\varphi}{\varphi} = -\frac{\mathrm{d}\lambda}{\lambda} \tag{6}$$

如果用两谱线 1 和 2 之间的波长差 $\delta\lambda$ 替代 $\mathrm{d}\lambda$, 那么根据图 83(b), 必须用半宽度 $2|\Delta\varphi| = 2(1-r)$ (§7 方程 (28a)) 替代 $\mathrm{d}\varphi$, 以及用光强最大值处的相位 $2\pi z$ (参见 §7) 替代 φ. 因此由式 (6) 可得 (这里负号无关紧要)

$$\frac{\lambda}{\delta\lambda} = \frac{\pi}{1-r}z \tag{6a}$$

z 表示干涉条纹的很高级次, 对应于光栅的级次 $h = 1, 2, 3, \cdots$. 由式 (6a) 和式 (3) 的对比可知, 光栅刻线的数目 N 将与表达式 $\pi/(1-r)$ 相当. 所以, 对分辨本领有贡献的两个因子的数量级在两种光谱仪中发生了交换:

对于光栅 : N很大, h中等大

对于板 : $\pi/(1-r)$中等大, z则很大

为了完成数值的对比, 回顾 §7 式 (28a) 和式 (18a) 中 z 的含义. 如果抛弃这些公式中所有不重要的因子, 那么 z 是 2 倍的板厚度除以波长; 因此, 对于 1 cm 的板 $z \sim 4 \times 10^4$. 如果 $r \sim 0.9$, 那么 $\pi/(1-r) \sim 30$. 根据式 (6a), 这种 Lummer 板的分辨本领为 $30 \times 4 \times 10^4$, 约为 10^6. 根据式 (3), 这是在一级衍射中 ($h = 1$) 有相同分辨本领的光栅的刻线数量 N. 这意味着, 如果这种光栅每毫米有 1000 条刻线, 它将达 1 m 宽!

对于 Perot-Fabry 标准具, 能类似地从 §7 半宽度式 (34) 中得到分辨本领

$$\frac{\lambda}{\delta\lambda} = \frac{1}{2}(1+g)z \tag{7}$$

z 仍表示干涉条纹的级次, 因此它是一个很大的数. 另外, 第一个因子仅是一个中等大的数, 因为所需的光强强度限制了其表面镀银量的多少. 如果将 g 估计为 9, 那么第一个因子变为 5. 由于 z 是 2 倍的板间距除以波长, 如果假设板间距为 5 cm, 此时 z 为 2×10^5. 这两个因子的乘积是 10^6, 与上面提到的 Lummer 板一样. 两种板的分辨本领均优于 Rowland 光栅. 由于操作上更加简单, Perot-Fabry 标准具似乎更优于 Lummer 板.

§41　棱镜分辨本领的基本理论

我们假设由准直透镜能得到完全平行的单色光. 假设望远镜和准直透镜比棱镜在入射光和折射光方向的投影大, 那么光束的尺寸将受棱镜的光出射表面尺寸的限制, 参见图 85. 这个表面是一个垂直于图平面的矩形, 与出射光线的方向之间有一个倾角. 采用 §36A 的符号, 该矩形的高是 $2B$, 宽是 $2A$. 这个宽度等于棱镜截面的 2–3 边, 同时也等于 1–3 边. 该矩形的高 $2B$ 在图上没有显示, 并且在下面的讨论中也无关紧要. 这个矩形的 Fraunhofer 衍射图样呈现在望远镜的焦平面上. 如果光经过平行于折射边的狭缝入射于棱镜, 那么由狭缝的单元产生的衍射图样强度将沿着矩形高度 $2B$ 的方向累加起来. 沿矩形宽度 $2A$ 方向的强度分布由 §36 中的方程 (1)、(2)、(3) 给出. 注意到, 因为在极大附近 §32 光栅公式 (5) 中的因子 $\sin \Delta/2$ 的主极大附近可以由 $\Delta/2$ 替代, 上述分布基本与宽度为 $Nd = 2A$ 的光栅一致. 其余的计算与 §40 中对于光栅的计算类似. 主极大左右两边的第一个零点的位置由下式给出:

$$2\pi A \left(\alpha_{1,2} - \alpha_0\right)/\lambda = \pm\pi \tag{1}$$

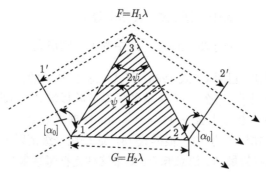

图 85　等腰棱镜平行于其底面的截面及其对称光路. 出射光线在几何光学的意义下画出, 没有考虑棱镜边缘处的衍射. $[\alpha_0]$ 对于入射光和出射光都意味着 $\arccos \alpha_0$

α_0 现在是出射光相对于棱镜出射表面的方向余弦; $\alpha_{1,2}$ 是光线 α_0 左右边的第一个零点的方向余弦.

现在考虑第二条光线, 其波长与前面提及的光线相差 $\delta\lambda$, 由于色散, 这条新的光线将有不同的折射率 n' 以及不同的出射角 α_0'. 我们希望知道 $\delta\lambda$ 的值, 在此值下第二条光线 (方向 α_0') 的主极大将与两个零点 α_1, α_2 中的一个重合. α_0 和 α_0' 由折射定律①决定. 由练习III.2 可知, 对于折射角为 2ψ 的棱镜, 在对称的光路下有

$$\alpha_0 = n\sin\psi \tag{2}$$

这一关系对于折射面 1–3 和 2–3 都成立. 波长为 $\lambda + \delta\lambda$ 的、具有同样入射方向的光线在折射时不再严格对称. 该光线相对于对称线会形成一个小角度 ε, 使得在面 1–3 处有

$$\alpha_0 = n'\sin(\psi + \varepsilon) \tag{2a}$$

以及在面 2–3 处有

$$\alpha_0' = n'\sin(\psi - \varepsilon) \tag{2b}$$

由式 (2a) 和式 (2b) 可得

$$\alpha_0 + \alpha_0' = 2n'\sin\psi\cos\varepsilon$$

从该方程中减去关于 α_0 的表达式 (2) 的 2 倍, 并把由色散造成的折射率变化写为 $\dfrac{\mathrm{d}n}{\mathrm{d}\lambda}\delta\lambda$, 忽略 ε^2 阶的项, 得到

$$\alpha_0' - \alpha_0 = 2(n'\cos\varepsilon - n)\sin\psi \sim 2\frac{\mathrm{d}n}{\mathrm{d}\lambda}\delta\lambda\sin\psi$$

根据关于分辨本领的 Rayleigh 判据, 这一差异必须与由式 (1) 给出的 $\alpha_{1,2} - \alpha_0$ 值相符. 于是有

$$\frac{\lambda}{2A} = 2\frac{\mathrm{d}n}{\mathrm{d}\lambda}\delta\lambda\sin\psi$$

或者

$$\frac{\lambda}{\delta\lambda} = 4A\frac{\mathrm{d}n}{\mathrm{d}\lambda}\sin\psi = G\frac{\mathrm{d}n}{\mathrm{d}\lambda} \tag{3}$$

$G = 4A\sin\psi$ (参见图 85) 是我们棱镜截面的底线. 只有这条底线以及玻璃的色散 $\mathrm{d}n/\mathrm{d}\lambda$ 对分辨本领有影响. 折射角 2ψ 越大, 在分辨本领不降低的情况下, 三角形的高度以及透镜的直径应越小. 当接近全反射的极限角 $\sin\psi = 1/n$ 时, 分辨本领变为

$$\frac{\lambda}{\delta\lambda} \sim 2A\frac{2}{n}\frac{\mathrm{d}n}{\mathrm{d}\lambda} \tag{3a}$$

---

① 注意改变了的表示符号: 折射角之前是 φ, 现在是 2ψ; 入射角和折射角之前表示为 $\alpha, \beta, \alpha', \beta'$, 现在 $\alpha_0, \alpha_0', \alpha$ 是出射 (或衍射) 光线的方向余弦.

棱镜表面宽度的贡献 $2A$ 类似于光栅宽度的贡献 Nd. 现在长度 $l = \left(\dfrac{n}{2} \cdot \dfrac{\mathrm{d}\lambda}{\mathrm{d}n}\right)$ 取代了出现在光栅的 §40 方程 (4) 中的波长 λ. 对于绿光 ($\lambda = 0.5\,\mu\mathrm{m}$) 和重燧石玻璃, 有 $n = 1.77$, $\mathrm{d}n/\mathrm{d}\lambda = 0.23\,\mu\mathrm{m}^{-1}$, $l = 3.84\,\mu\mathrm{m}$, 故 l 大概是相应波长 $\lambda = 0.5\,\mu\mathrm{m}$ 的 8 倍. 因此, 有同样出射面的棱镜能得到的分辨率仅为相应光栅的 1/8; 但是, 棱镜不存在高阶光谱重叠的问题. 这种重叠连同零阶光光谱一起, 在光栅中造成了很大的光强损失. 因此, 与一个相近的光栅相比, 棱镜光谱仪能产生更高的光强. 理论上, 假如能充分地接近棱镜材料的特征频率, 则因为在该频率附近 $\mathrm{d}n/\mathrm{d}\lambda$ 变得非常大, 棱镜甚至可以达到比光栅更好的分辨率. 不幸的是, 在特征频率附近的强吸收阻碍了对这一区域的利用. 这种分辨本领的增强在紫光区 ($\lambda = 0.41\mu\mathrm{m}$) 中已有明显表现, 对于上面提及的玻璃 $l = 1.8\,\mu\mathrm{m}$, 这里的分辨率几乎是绿光情况的 2 倍. 如果不用玻璃, 而是用石英或者岩盐, l 还能更小, 直到远紫外区岩盐棱镜都具有与光栅一样的分辨率.

A. 关于分辨本领的一般考虑

比较下面的两条受限光线的情形: 其中一条光线从狭缝来到光谱仪的十字瞄准线时, 经过了顶点 3, 而另一光线则沿着底边 1–2. 只需要测量由波面 $11'$ (通过棱镜的前棱边) 到波面 $22'$ (通过棱镜的后棱边) 的光程. 我们将只考虑这部分光线, 因为所有来自于狭缝到 $11'$ 的光线都有相同的光程, 对于所有来自 $22'$ 到瞄准线的光线也一样, 因此, 这部分的光路并不对光线间的光程差有贡献. 波面 $11'$ 与 $22'$ 之间的极端光线路径在图 85 中记为 F 和 G. 将它们以波长计量的长度分别记作 H_1 和 H_2, 它们的差将记为 H. 对于画在图中的波长为 λ 的光线, H 的值自然是零, 因为所有的光线在两个波面之间有相同的光程长度

$$H = n\frac{G}{\lambda} - \frac{F}{\lambda} = 0 \tag{4}$$

这一结论对于波长为 $\lambda + \delta\lambda$ (并没有画在图中) 的光线路径也一样成立, 这些路径终止于相对于 $22'$ 有些倾斜的另一个波面上. 但是, 如果我们不是沿着改变后的路径而是沿着原来光线的路径来考虑光程差 H (几何路径 F 和 G 保持固定), 那么通过改变 λ, 可由式 (4) 得到

$$\delta H = \left(\frac{\mathrm{d}n}{\mathrm{d}\lambda}\frac{G}{\lambda} - \frac{nG}{\lambda^2} + \frac{F}{\lambda^2}\right)\delta\lambda = \frac{\mathrm{d}n}{\mathrm{d}\lambda}G\frac{\delta\lambda}{\lambda} \tag{4a}$$

因此, 上面关于分辨本领的表达式 (3) 可以这样表述:

$$\delta H = 1 \tag{5}$$

这些考虑首先解释了方程 (3) 中乍一看很奇怪的 G 因子的来由: G 越大, 玻璃的色散能力越容易在相邻波长间产生分辨率所必要的光程差. 而且, 得到判据 (5)

的理由可以用以下的方式设想和推广: $\delta H = 1$ 意味着, 如果两条极端光线 F 和 G 的波长都是 λ, 它们将同时到达 2 和 2′; 如果它们的波长都是 $\lambda + \delta\lambda$, 那么它们的光程差刚好是一个波长; 并且这一光程差是沿着原始波面 22′ 位置的线性函数. 这意味着在望远镜的焦平面处. 波长为 $\lambda + \delta\lambda$ 的光线消失, 而沿着 22′ 路径的波长为 λ 的同相位光线产生衍射最大值, 反之亦然. 也就是说, 判据 (5) 与 Rayleigh 判据等价.

B. 在光栅和干涉光谱仪中的应用

上面的判据在线光栅上的应用将由图 86 验证. 12 代表光栅与图平面的交线. 对于从左边入射的平面波, 1 是最左端的光栅线, 而 2 是最右端的光栅线. 11′ 依然是入射波的等相面, 22′ 是所考虑的衍射波的等相面. $[\alpha_0]$ 和 $[\alpha]$ 是这两个平面相对于光栅平面的方向余弦. 最左端和最右端在这两个相位面间的光程分别是

$$F = 12' = \alpha N d, \quad G = 1'2 = \alpha_0 N d$$

其中 Nd 是光栅的宽度. 由此有

$$H = H_2 - H_1 = \frac{G - F}{\lambda} = \frac{Nd}{\lambda}(\alpha_0 - \alpha)$$

以及 (方向 α, α_0 是保持固定的!)

$$\delta H = \frac{\mathrm{d}H}{\mathrm{d}\lambda}\delta\lambda = \frac{Nd}{\lambda^2}(\alpha - \alpha_0)\delta\lambda$$

但是, 根据 §32 基本光栅方程 (2): $\alpha - \alpha_0 = h\lambda/d\,(h = $ 光谱级次), 因此

$$\delta H = Nh\frac{\delta\lambda}{\lambda}$$

据此以及判据 (5) 确实能得到光栅的分辨本领

$$\frac{\lambda}{\delta\lambda} = Nh \quad (\text{正如 §40 式(3)中的那样}) \tag{6}$$

关于干涉光谱仪, 只要就 Perot-Fabry 板简单讨论即可. 我们将考虑仅通过板一次然后就出射的光线, 记作 "首光线", 其沿路径 F 传播. 将穿越板 $2p+1$ 次的光线, 也就是正向穿过 $p+1$ 次, 反向穿过 p 次, 称为 "末光线", 其沿路径 G 传播. p 的数值取决于镀银的量及其对光的削弱程度. 由之前对于正向和背向通过板一次的路径长度的标记 $z\lambda$, 可得

$$F = \frac{1}{2}z\lambda, \quad G = \left(p + \frac{1}{2}\right)z\lambda, \quad H = pz$$

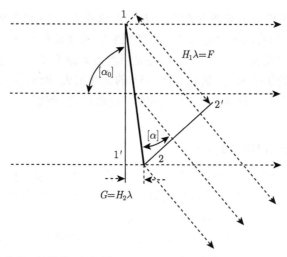

图 86　线光栅 (粗实线) 的横截面. 图中展示了由左边以角度 $[\alpha_0]$ 入射且相平面为 11′ 的波,

该波衍射后角度变为 $[\alpha]$、相平面变为 22′

对于固定的 F 和 G,

$$\frac{\delta z}{z} = -\frac{\delta\lambda}{\lambda}, \quad |\delta H| = p\,|\delta z| = pz\frac{\delta\lambda}{\lambda}$$

由此, 并根据式 (5), 分辨本领变为

$$\frac{\lambda}{\delta\lambda} = pz \tag{7}$$

这个结论将与 §40 方程 (7) 比较, §40 方程 (7) 中的 $g+1$ 取代了现在的 $2p$. 根据 §7 方程 (29) 的讨论, g 是对银层电导率和厚度的度量, 因此 g 是表面反射能力的一种度量. 另外, $2p$ 是光没有被过分减弱而尚能观察到的反射次数 (符号与 §7 方程 (20) 和方程 (21) 中的一样). 因此, g 和 $2p$ 实质上是相同的. 所以, 现在的陈述方程 (7) 与 §40 中的陈述 (7) 定性相符.

§42　望远镜、眼睛，以及 Michelson 对恒星大小的测量

假设望远镜瞄准一对星体 1 和 2, 望远镜的轴线指向 1. 那么 1 在焦平面将产生如图 68 所示的衍射图样. 根据 §36 方程 (11), 第一个衍射极小值的位置由下式给出:

$$s_1 = 0.61\frac{\lambda}{a} \tag{1}$$

其中, a 是物镜的半径; λ 是星体发光的平均波长; s 是 §36 式 (7) 中定义的被观测光线与主极大方向的夹角. 数字 0.61 对应于 Bessel 函数 J_1 的第一个根, 其近似等于 5/8, 参见 §36 式 (11a).

如果我们认同只有当星体 2 的主极大到星体 1 的主极大的距离比星体 1 的第一个极小到星体 1 的主极大的距离大时，星体 2 才能完全与星体 1 区分开 (不论在视觉上或者是在照相底片上)，那么可以看到，公式 (1) 也包含了一种望远镜分辨本领的度量. s_1 越小，分辨本领越大. 因此，可以将望远镜的分辨本领定义为如方程 (1) 所确定的 1 和 2 之间最小可分辨角距离的倒数; 也就是如下的无量纲数:

$$\frac{1}{s_1} = \frac{a}{0.61\lambda} \tag{2}$$

由此可以得出结论: 分辨本领正比于物镜的尺寸. 这也是在 Wilson 山要有巨大的望远镜以及在 Palomar 天文台要有大型的反射镜的原因; 对于后者，$2a = 200$ in[①]，接近 5 m! 进一步来说，在光谱短波长端的分辨率比长波长端的分辨率要好一些.

对于人眼的情况，瞳孔相当于物镜的边缘; 其直径 $2a$ 取决于亮度，在 $1 \sim 8$ mm 变化. 对于一个等于 5×10^{-4} mm 的 λ 中等值，有

$$10^{-3} > \frac{\lambda}{a} > 1.2 \times 10^{-4}$$

因此

$$6 \times 10^{-4} > s_1 > 0.7 \times 10^{-4}$$

或不用弧度，而用角度表示为

$$2' > s_1 > 15''$$

因此，除了视网膜的细胞结构之外，衍射给眼睛的分辨本领设置了一个上限. 在强光照射 (对应瞳孔小) 的情况下，仅仅那些数量级为一分或者几分弧度的方向差异才能被感知到.

方程 (2) 也可以从如 §41 公式 (5) 给出的光程差的一般角度来理解. 重新回到望远镜的讨论，考虑通过物镜边缘直径两端的两条 "极端光线". 在图 87 中，对于星体 1 的这两条光线用实线画出，对于星体 2 用虚线画出. P 是 1 在焦平面的像; P' 是 2 的像. 来自星体 1 的两极端光线的有效光程为

$$G = WP, \quad F = YX + XP$$

当然，这里 $F = G$，因为 P 作为 1 的像，所有来自 1 的光线到达该点时都有相同的相位. 因此

$$YX + XP - WP = 0 \tag{3}$$

① 1 in = 0.0254 m.

但是我们感兴趣的是从星体 2 到 P 的光程, 即

$$G = WP, \quad F = ZX + XP$$

再考虑到式 (3)

$$F - G = ZX + XP - WP$$
$$= ZX - YX + (YX + XP - WP) = ZX - YX \tag{3a}$$

直角三角形 WZX 和 WYX 表明

$$ZX = 2a \sin \alpha; \quad YX = 2a \sin \alpha_0$$

因此, 由式 (3a) 有

$$F - G = 2a \left(\sin \alpha - \sin \alpha_0 \right) \tag{3b}$$

以及

$$H = \frac{F - G}{\lambda} = \frac{2a}{\lambda} \left(\sin \alpha - \sin \alpha_0 \right) \tag{3c}$$

这个 H 值现在必须随着物体位置的改变而改变, 也就是随 α_0 改变, 而非光谱仪器中的随 λ 改变. 这一变化导致

$$|\delta H| = \frac{2a}{\lambda} \delta \sin \alpha_0 \tag{3d}$$

根据条件 $|\delta H| = 1$, 两个物体能否被分辨取决于

$$\delta \sin \alpha_0 \lessgtr \frac{\lambda}{2a}$$

因此分辨本领为

$$\frac{1}{\delta \sin \alpha_0} = \frac{2a}{\lambda} \tag{4}$$

它与我们关于分辨本领的定义式 (2) 的差异是无关紧要的, 因为其仅相差一个数值因子 $2 \times 0.61 = 1.22$ (如果衍射孔是圆形而非矩形, 这一无关紧要因子也会出现在诸如光栅、棱镜等光谱装置中. 作为另一种方式, 可以将条件 $\delta H = 1$ 用 $\delta H = 1.22$ 替换). 画在图 87 下方的星体 1 的光强曲线表明, 用极端光线的方法所得到的结果等价于 Rayleigh 条件: 星体 2 的像与星体 1 的衍射图样的第一极小重合.

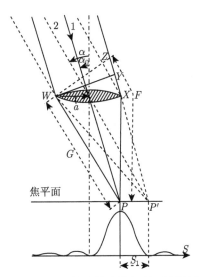

图 87 Rayleigh 判据满足时从双星 1, 2 射来的光的衍射. 该图用于计算两极端光线间的差值 $F - G$

当 "分辨" 并不要求使两个星体达到刚可分开的成像, 而仅需要给出关于所观测的对象是否为双星时, 情况将会不同. 在这种情况下, 允许极端光线存在更大的光程差, 而非要求物镜面内所有光线的光程差精度在一个波长之内. 这导致了一种反射镜的布局方式, 这种设计由 Fizeau 提出, 但由 Michelson 首先成功构建, 参见图 88.

两个外侧的镜子 S, S' 相距 $b + b'$ (几米); 两个里侧镜子的间距位于普通望远物镜直径 $2a$ 之内, 也就是其数量级为几英寸.

首先考虑双星的子星 1, 其光通过路径 S, s 到达望远镜. 最终的衍射图样由光束的横截面决定 (该截面由镜子 S, s 的尺寸和物镜的直径 $2a$ 决定). 衍射图样由一个圆环系列构成, 其类型如 §36C 中所述. 对于通过路径 S', s' 到达望远镜的星体 1 的光, 也有同样的结论. 由于这个光与上述光一样, 同样来自子星 1, 只要这些反射镜的排列是完美对称的, 中央斑和圆环系列的振幅都将加倍. 实际上, 两个反射镜 S, S' 永远不会严格地关于望远镜的轴对称, 也永远不会精确地与该轴成 45°. 因此, 还会有一组等距的直线干涉条纹出现, 我们从 §14 的 Michelson 实验中已经知道这种类型的条纹 (这些条纹是等光程差线). 由于排列缺乏对称性, 已经在图中将距离 $S's'$ 记作 b', 以区别于 $Ss = b$. 条纹系列的位置取决于 $(b - b')/\lambda$.

根据这个比值 (对于确定的 λ 和 Ss 与 $S's'$ 之间的光束中某一给定的位置) 是否为整数或半整数, 我们得到亮条纹或暗条纹.

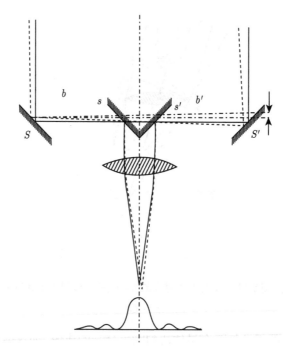

图 88   Michelson 反射镜实验

现在让我们转而考虑双星中的子星 2, 其也有如子星 1 产生的那种类型的衍射图样, 有中央斑、衍射环以及直线干涉条纹. 由于假设了光束的横截面, 或者是物镜的直径 $2a$ 并没有足够大至能分辨该双星的程度, 所以这两个子星的中央斑和衍射环将重合. 子星 2 的中央斑和衍射环与子星 1 的相应部分相重叠 (当然, 因为光源的不同, 它们是按强度相加的). 不过来自于子星 2 的直线条纹的位置与来自于子星 1 的不同. 这些条纹的光程差, 不仅受各反射镜位置的影响, 也受入射光方向的影响. 如式 (3d) 所示, 由子星 1 和子星 2 入射光的方向差而产生的光程差为

$$\frac{b+b'}{\lambda}\delta\sin\alpha_0 \tag{5}$$

因此, 一般情况下这两个条纹系列并不重合, 而会彼此间相距如式 (5) 所示的距离. 反射镜 S、S' 安装在坚固的支撑座上, 它们能被平行地移动, 使得两镜间的总距离 $B=b+b'$ 可以改变. 这样两组条纹间的相对距离也会发生改变. 假设这两个条纹系列在一给定的值 $B=B_n$ 下重合, 其相应的光程差为 n 个波长, 那么,

$$\frac{B_n}{\lambda}\delta\sin\alpha_0 = n \tag{5a}$$

如果移动反射镜, 直到在 $B=B_{n+1}$ 时观测到下一次的条纹重合, 那么

$$\frac{B_{n+1}}{\lambda}\delta\sin\alpha_0 = n+1 \tag{5b}$$

将两个方程相减, 并令 $\Delta B = B_{n+1} - B_n$, 得到

$$\frac{\Delta B}{\lambda} \delta \sin \alpha_0 = 1$$

因此

$$\delta \sin \alpha_0 = \lambda / \Delta B \tag{6}$$

ΔB 可以精确地测出; 当然, 需将 λ 用平均波长替代. 由于干涉现象来自于放大了的尺度 B, 双星的存在得以证实, 而且即使所用望远镜的分辨本领不够, 也能测出两个子星间的角距.

　　同样的方法可以用于单个超大恒星的尺寸测量, 此时它在上述反射镜布局下表现得不再像一个点源, 而像一个小圆盘. 能用此方法测量的星体就是所谓的红巨星 (低温, 因此呈现红色, 不过由于其发光面非常大, 所以依然有很大的亮度); 参见下面的例子. 可以设想把这样的小圆盘分割成左、右和中间三部分, 其中外边的两部分可以当作一个双星系统处理; 来自于中间部分的光线会降低属于两边部分的干涉条纹的对比度, 但是并不会使之消失. 对方程 (6) 描述的条纹重合的研究, 提供了一种评估星体两端边缘间角距的方法. Michelson 得到了如下用角秒表示的值:

猎户座α星0.047″

天蝎座α星0.040″

牧夫座α星0.022″

　　由于可由其他测量得到这些星体到太阳系的距离 (视差), 因此可以计算出它们的线直径. 结果发现, 这些直径的数量级达到 10^8 km, 大概是太阳直径的 100 倍, 约等于地球轨道的直径.

§43　显　微　镜

　　Helmholtz[1] 用与处理望远镜同样的方法处理显微镜的分辨率. 对于一个物体, 取两个相距为 d 的发光点, 它们位于物镜的下焦面 F_1; 参见图 89. 由于这两个点发出的球面波离开物镜后成为平面波, 形成两束方向夹角为 α 的光束, 所以物镜对这两点成的像在无穷远处. 如果物镜两边的介质都是空气, 那么这两束光的夹角将等于从物体发出的两条中央光线到物镜光学中心的夹角. 这个角度大小为 d/f, 其中 f 是物镜的下焦距. 如果在物体和物镜之间填充折射率为 $n > 1$ 的介质 (浸在油中), 那么对于小角度的入射, 折射定律为

$$\alpha = nd/f \tag{1}$$

---

[1] Die theoretische Grenze fuer die Leistungsfähigkeit der Mikroskope, Ann. d. Physik, 1874. Fraunhofer 在很早前就表述过 (Bayerische Akademie June 14, 1823), 显微镜的有效极限取决于衍射.

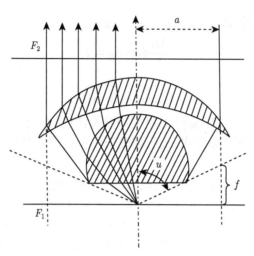

图 89　显微镜中的光线路径. F_1 和 F_2 是前焦面与后焦面

从几何光学的角度来看, 假设物镜是一个完美校正的透镜系统. 物镜的外缘以及其他所有的光阑将被相继的透镜投射成它们的几何像 (实像或虚像). 这些像中最小的称为透镜系统的 "出射光瞳"(出瞳), 出瞳限制了光束的尺寸. 一般而言, 出射光瞳是前方透镜边缘的虚像. 设出射光瞳的半径为 a.

$$A = \frac{an}{f} \tag{2}$$

称为 "数值孔径"; 由透镜系统的基本几何光学知识 (正弦条件, §48), 有 $a = f \sin u$, 其中 $2u$ 是物体光锥的张角. 因此, A 的定义式 (2) 变为

$$A = n \sin u \tag{2a}$$

两束光中的每一束在无穷远处都产生由 §36 方程 (9) 描述的出射光瞳的 Fraunhofer 衍射图像. 因此, 显微镜将以衍射图样的形式 (中心场加上衍射环) 重现每个发光点. 为了能在有限距离观测这些衍射图样, 目镜包含一个会聚透镜, 在其焦平面上可以重现衍射图样. 这一像可通过起放大镜作用的目镜观测到.

像在有限远平面的投影与对分辨率的理论研究无关. 反而是, 原来在无穷远处的衍射图样可以直接处理. 如同望远镜的情况, 由 §42 方程 (1) 可导出结论 $nd/f = 0.61\lambda/a$, 根据 A 的定义式 (2) 亦可写成

$$d = 0.61 \frac{\lambda}{A} \tag{3}$$

仅当两个发光点之间的距离大于由式 (3) 给定的距离时, 它们才可分辨.

回顾 A 的定义式 (2a), 我们注意到, 虽然望远镜的分辨本领取决于物镜的尺寸, 显微镜的分辨本领却取决于物镜对样品所张的角度 u.

A. Abbe 的显微镜理论

　　显微镜的分辨本领问题基本上已由 Helmholtz 理论得到了解决. 仍需解释的是照明方式 (亮场或暗场) 对于不同组织结构的分辨能力所带来的显著作用, 即使这并不影响对两点构成的物体的分辨率, 这就是 Abbe 理论的重要所在. Abbe 将物体看成衍射光栅 (振幅或相位型光栅). 由于观测样品很薄, 以及高分辨本领物镜的小焦深, 所以这些光栅可以看成是平面的, 它们的深度可以忽略. 如果用平行于显微镜光轴的相干光照射物体, 那么从物体出射的将是沿不同级次光栅光谱方向的平面波. 这些在张角 u 范围内发射的级次以 Fraunhofer 衍射图样的形式会集在物镜的上焦面 F_2 上, 该焦面位于物镜的上面, 与之相距很近. 移走目镜后将很容易观测到这种衍射图样. 不过光线还在继续传播, 在无穷远处或者在会聚透镜的焦面上, 它们会形成物体光栅基本准确的像.

　　如果在出瞳限制光谱的基础上再进一步在物镜上焦面遮挡光谱, 或者用更小孔径的物镜, 那么所成的像将变得不清晰. 如果斜入射, 例如至少有两级光谱存在, 那么只能看到正弦形状的结构, 而没有其他的细节. 如果只允许一个级次的光谱通过, 那么像会在均匀照射的面上消失. 也可能模拟出一个并不存在的结构, 例如, 如果将第一级光谱挡住, 而只允许第二级光谱通过, 将会出现一个两倍于实际刻线数量的光栅. 若想能刚好看到正确的光栅周期, 至少需两个一级谱出现在物镜出瞳的边缘; 这意味着两个一级谱最多能以 $\pm u$ 的角度从物镜出射. 由光栅光谱的公式 §32(2), 对于在空气中以及垂直入射的情况[①], 可得

$$\sin u \geqslant \alpha = \frac{\lambda}{d} \tag{4}$$

　　另外, 如果将物体和物镜的第一个透镜放置在折射率为 n 的介质中 (浸没), 那么 λ 须由较小的波长 $\lambda' = \lambda/n$ 取代, 这样光栅光谱将聚集得更紧, 这就从 Abbe 理论的角度解释了浸没的重要性. 条件 (4) 现在变为

$$\sin u \geqslant \alpha = \frac{\lambda'}{d} = \frac{\lambda}{nd} \tag{4a}$$

由式 (2a), 这意味着

$$A = n \sin u \geqslant \frac{\lambda}{d} \tag{5}$$

　　现在可以解释斜照射的优点了. 例如, 假设第零级谱落在出瞳的一端, 并且第一级谱落在另一端; 这种情况依然足以展示结构的存在, 并能重现正确的光栅常数, 不过再没有其他的细节了. 现在两个光谱的角度是之前情况的两倍, 或者可以说光栅刻线的间距是之前的一半. 代替方程 (4a) 和 (5), 现在可得到

$$2 \sin u = \alpha - \alpha_0 = \frac{\lambda'}{d} = \frac{\lambda}{nd} \tag{6}$$

---

① α 和 α_0 仍代表方向余弦; 见 261 页, 脚注①.

$$A = n \sin u = \frac{1}{2}\frac{\lambda}{d}, \quad \text{因此 } d = 0.5\frac{\lambda}{A} \tag{6a}$$

与式 (3) 相比, 式 (6a) 只有比值为 0.5 : 0.61 的小改进. 如果不用光谱的第零级和第一级, 而用第一级和第二级或者两个更高级次的光谱, 这就是所谓 "暗场照明". 直射光 (第零级光谱) 不进入物镜, 若视场内没有物体, 则保持为暗场. 对于 $n \sim 1.6$, $\sin u \sim 1$, $A \sim 1.6$, 根据方程 (6a) 得到如下数值估计:

$$d \sim \frac{\lambda}{3}$$

使用更小的波长才能分辨更短的间距: 装配有适用于低至 $\lambda = 0.2\,\mu m$ 的石英和萤石透镜的紫外显微镜, 或者电子显微镜. 对于后者, 使用硬阴极射线在理论上可使分辨本领接近无穷大.

这些分析不仅对于目前考虑的一维光栅有效, 而且对于任意的平面结构也有效, 因为根据二维的 Fourier 定理, 平面结构可以看成正交光栅的叠加. 物体的结构以及物镜焦面上衍射图样的结构彼此之间是 "倒易" 的; 一方为另一方的 "Fourier 变换"; 参见第六卷 §4 方程 (13). 这一 "倒易性" 意味着上述衍射图像结构的衍射图像又将重现原来物体的结构. 在二维结构情况下, 任何由缩小光阑导致的衍射光谱损失将同样会降低最终成像与物体结构的相似性.

B. 相位光栅在显微镜中的重要性

作为例子, 考虑图 70(a) 的 "层状结构光栅". 像任何纯相位光栅一样, 如果像是完美的, 它将完全不可见, 因为无论视网膜还是照相底片都不能感知到相位差. 我们希望能够看到这种光栅像一组明暗条纹, 也即像一个振幅光栅. 为了实现这一目标, 根据在 §36D 中的结论, 只需将零级光谱的相位相对于高级次光谱的相位移动 π/2. F. Zernicke[1]用下面的方法产生了这一相移: 将玻璃板置于物镜的焦面, 一层很薄的透明材料贴在板的中心, 在平行于轴的光照明情况下, 第零级次光谱将出现在该中心. 在较高级次光谱不受影响的同时, 零级谱的相位会改变, 改变量取决于薄层的厚度及其相对于周围介质的折射率. 为了使相位改变 π/2, 光程差必须为 $\lambda/4$, 从而厚度应为

$$d = \frac{\lambda}{4}/(n-1)$$

这是一个真实的 "四分之一波片"; 这个薄层的厚度小于 $1\mu m$, 与晶体光学的 "四分之一波片" 不同, 参见 §30B, 其厚度由两个振动主方向上的折射率的微小差异 $n_2 - n_1$ 决定, 而非由波片与其周围介质之间大得多的折射率差 $n - 1$ 决定.

Zernicke 的这种相衬法可能是使微弱的相位结构变得可见的最敏感方法. 之前的显微学家只能采用不同程度的倾斜照明的方法, 结果一些光谱的丢失导致物体成

---

[1] Z. f. techn. Physik, Vol. 11, 1935.

像的模糊. 另外, Zernicke 的方法充分利用了组织结构, 与理想的染色方法一样, 使它能被人眼看见.

C. 发光与被照明物体

由于 Abbe 理论的巨大成功, 在很长的一段时间人们认为 Helmholtz 的理论只适用于发光源, 同时认为对于被照明物体只有 Abbe 理论才能处理 [1]. 然而, Laue[2] 通过一个简单的假想实验证明了任何微小发光物体的像, 例如一条炽热的 Wollaston 线, 其与由外部光源照明的同样物体所成的像是完美互补的. 如果线在一个恒温的腔内, 那么根据辐射定律, 它是完全不可见的. 由电线发出的辐射、由腔壁发出的辐射以及被电线吸收并重新发射出的辐射, 这些合起来产生的辐射密度与背景的辐射密度相同. 这对于用显微镜观察同样成立: 由发光物体产生的像与那些受到等亮度均匀照明的同样物体所成的像在结构上必须是完全互补的. 对于这两种情况, 相邻物体的分辨率必然是一样的.

诚然, 对于显微镜的情况, 照明是不均匀的. 采用通常的下方反射式照明布局时, 照明只能尽可能在小孔内均匀, 然而, 却没有由上方而来的照明. 不过, 只要物体不 (或者仅轻微地) 发生反射, 那么有没有上方照明并没有多大的区别. 我们可以把由上方而来的照明看成附加的, 或者也可以忽略它. 对于进入不了小孔的光线, 它们同样不重要. 因此, Laue 将黑体辐射定律应用于显微镜是有道理的.

Abbe 的观点的优越性仅在暗场观测下用倾斜照明的方式时才显现出来. Helmholtz 的理论假设物体所有的点在所有方向都均匀辐射, 而这对于组织结构的组分而言一般是不对的.

§44 关于 Young 的衍射解释

早在 Fresnel 之前, Thomas Young[3] 已经尝试找到由 Grimaldi 发现的衍射现象的一种波动理论解释. Young 假设入射光在衍射孔的边缘处经历了 "一种反射", 他用干涉原理解释了衍射条纹, 因为他发现这是由这些边缘光线与入射光线相互作用而引起的. 他用这种方法得到了对于狭缝衍射图样的定性理解. 然而, Fresnel 在其 1818 年的获奖论文中指出, Young 的假设并不足以给出定量的解释, 因此 Young 的理论被遗忘了很长一段时间.

关于这一点, 我们想回顾一下 §38 对半平面的处理. 进入几何阴影区的光是一个起源于屏边缘的柱面波; 而照明区域中的衍射条纹则是由这个柱面波与入射光的

---

① 例如, 在由 O. Lummer 和 F. Reiche 写的综述文章中: Die Lehre von der Bildentstehung im Mikroskop von Ernst Abbe, 1910.

② M. von Laue, Zur Theorie der optischen Abbildung, Ann. d. Phys. Lpz. **43**, 1914.

③ Phil. Trans. Roy. Soc. London **20**, 1802.

相互作用计算得到的. 当然, 该柱面波并不在所有方向都均匀辐射, 相反, 其强度以某种确定的方式依赖于衍射角. 而且, 屏的边缘并非是有着无穷大振幅的实际光源, 而只是强到能让足够远处的观察者感觉到而已, 这是由于光场的表达式仅在很远的距离处才渐近成立. 由此可以看到: 如果我们想如同 Young 那样去讨论入射光的反射, 这种 "反射类型" 将非常特殊, 必须对其精确地定义.

随之而来的问题是, Young 的解释是否可以推广到任意衍射屏的情况, 以及以何种方式推广. 这个问题最终被 A. Rubinowicz 解答[①].

A. 衍射问题 Kirchhoff 解的重构

将作如下的假设:

(1) 屏可以有任意边界. 我们将使用 §34 Kirchhoff 公式式 (4), 而不用半空间的 Green 函数的简化表示 §34 式 (6), 因为 (即使是平面屏的情况) 不仅要对衍射孔进行积分, 还要对一个锥面进行积分.

(2) 设光源是位于有限距离的发光点, 如在 §34 式 (4b) 中的那样. 将把符号 r' (光源到积分面上一点的距离) 变为 ρ. 我们不专门对平面波 ($\rho \to \infty$) 进行计算, 因为这不会使问题变简单, 反而会变得更复杂.

(3) 就像 Kirchhoff 所做的一样, 将光场当成标量. 因此, 实际上要讨论的是声学的衍射问题, 而不是光学中的矢量问题. 然而, 这已经足以指出 Young 的解释的基本特征.

(4) 在应用 §34 方程 (4b) 时, 可设 $A = 1$, 此时 §34 Kirchhoff 公式式 (4) 中的被积函数变为

$$J = \frac{e^{ikr}}{r} \frac{\partial}{\partial n} \frac{e^{ik\rho}}{\rho} - \frac{e^{ik\rho}}{\rho} \frac{\partial}{\partial n} \frac{e^{ikr}}{r} \tag{1}$$

其中, r 是积分点到观测点 P 的距离. 首先用 Kirchhoff 的方法对以某种方式跨越衍射孔的面 σ 进行积分. 这个面与衍射屏 S 一起将一个包含光源 P' 的空间与包含 P 那部分空间分离开来. 于是 §34 方程 (4) 成为

$$4\pi v_P = \int_\sigma J d\sigma \tag{2}$$

下面的一些运算只是改变 Kirchhoff 公式的形式, 而不会对它有所改进, 或者会改变它的实质.

我们采用以下的观点: 对式 (2) 积分的面 σ 是完全任意的; 其选择的唯一限制是 σ 应该通过形成衍射孔边界的曲线 s, 因此式 (2) 只取决于 s 而非 σ. 所以必然可能将面积分 $\int d\sigma$ 转化为一个线积分 $\int ds$. 为了实现这个目标, 构建一个由 P' 发

---

① Ann. d. Phys. Lpz. **53**, 1917 及 **73**, 1924.

出的光线所组成并通过衍射孔边界的锥面, 参见图 90. 称这个锥面为 f, 其面元为 $\mathrm{d}f$. 现在考虑由 σ 和 f 界定的空间, 并在该区域应用 §34 Kirchhoff 方程式 (4). 在 f 上采用的边界值为

$$v = \frac{\mathrm{e}^{\mathrm{i}k\rho}}{\rho}, \quad \frac{\partial v}{\partial n} = \frac{\partial}{\partial n} \frac{\mathrm{e}^{\mathrm{i}k\rho}}{\rho} = 0$$

后一式是因为 $\mathrm{d}n$ 垂直于 $\mathrm{d}\rho$, 所以 $\mathrm{e}^{\mathrm{i}k\rho}/\rho$ 只是 ρ 的函数. 被积函数 (1) 简化为

$$J' = -\frac{\mathrm{e}^{\mathrm{i}k\rho}}{\rho} \frac{\partial}{\partial n} \frac{\mathrm{e}^{\mathrm{i}kr}}{r} \tag{3}$$

对于由 σ 和 f 界定的区域, 得到取代方程 (2) 的不同于 v_P 的值:

$$4\pi v_{P'} = \int_\sigma J \mathrm{d}\sigma + \int_f J' \mathrm{d}f \tag{4}$$

然而, 我们知道 $v_{P'}$ 的精确值. 如果 P 位于截断的光线锥里面, 那么

$$v_{P'} = \frac{\mathrm{e}^{\mathrm{i}k\rho}}{\rho} \tag{4a}$$

如果 P 位于该区域外, 且处于 P' 所直接照射的区域之外, 那么

$$v_{P'} = 0 \tag{4b}$$

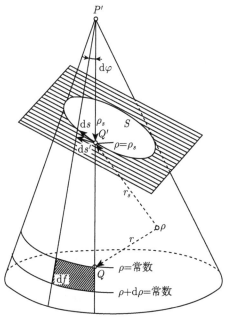

图 90　关于 Thomas Young 的衍射理论. 利用 A. Rubinowicz 的方法将面积分变换为线积分

我们的确已经将波动方程 $\Delta u + k^2 u = 0$ 的解 $u = \mathrm{e}^{\mathrm{i}k\rho}/\rho$ 在 σ 和 f 上准确的边界值融合在式 (4) 中了. 由于根据 Green 定理 Kirchhoff 方程是严格地从这个波动方程推导得到的, 所以当已知准确的边界值时, $v_{P'}$ 将在截断的锥内部严格符合解 $u = \mathrm{e}^{\mathrm{i}k\rho}/\rho$, 而在锥外部变为零. 如果将式 (4a)、(4b) 和式 (2) 代入式 (4), 那么对于内部点

$$v_P = \frac{\mathrm{e}^{\mathrm{i}k\rho}}{\rho} - \frac{1}{4\pi}\int_f J'\mathrm{d}f \tag{5a}$$

对于外部点

$$v_P = -\frac{1}{4\pi}\int_f J'\mathrm{d}f \tag{5b}$$

这就完成了对 Kirchhoff 积分式 (2) 转换的第一步.

B. 锥上的面积分约简为衍射孔边界上的线积分——Young 理论的改进

在图 90 中我们已经画出了锥 f 的两个相邻的母线, 它们所成的角度为 $\mathrm{d}\varphi$. 在图的下部, 画出了球 $\rho =$ 常数和 $\rho + \mathrm{d}\rho =$ 常数与锥面的相交面. 于是图中的阴影面元 $\mathrm{d}f$ 为

$$\mathrm{d}f = \rho\mathrm{d}\rho\mathrm{d}\varphi$$

$\mathrm{d}s'$ 是球 $\rho = \rho_s$ 与衍射孔边缘的交点 Q' 处的弧元, 我们现在用它来替代 $\mathrm{d}\varphi$. 接着用孔边界曲线的线元 $\mathrm{d}s$ 将 $\mathrm{d}s'$ 表示出来:

$$\mathrm{d}s' = \rho_s\mathrm{d}\varphi = \mathrm{d}s\cos(\mathrm{d}s', \mathrm{d}s) - \mathrm{d}s\sin(\rho_s, \mathrm{d}s)$$

因此得到

$$\mathrm{d}f = \frac{\rho}{\rho_s}\sin(\rho_s, \mathrm{d}s)\,\mathrm{d}\rho\mathrm{d}s \tag{6}$$

然后我们计算 $\mathrm{d}f$ 上 Q 点处的式 (3) 中的微商:

$$\frac{\partial}{\partial n}\frac{\mathrm{e}^{\mathrm{i}kr}}{r} = \frac{\partial}{\partial r}\frac{\mathrm{e}^{\mathrm{i}kr}}{r}\cos(n, r) = \left(\frac{\mathrm{i}k}{r} - \frac{1}{r^2}\right)\mathrm{e}^{\mathrm{i}kr}\cos(n, r) \tag{7}$$

式中, n 是在 Q 点处垂直于 $\mathrm{d}f$ 的方向, r 仍是从观察点 P 到积分元的距离. 除了这个距离 r 外, 我们还在图上标明了从 Q', 也就是从边界元 $\mathrm{d}s$ 附近到观察点的距离 r_s. 于是可以看出

$$r\cos(n, r) = r_s\cos(n, r_s) \tag{8}$$

确实, 这个方程的左右两边都等于从观察点到锥面的最短距离; 这里应该注意到锥面上 Q 点处的法线 n 平行于 Q' 点处的法线.

由式 (3)、式 (6)~ 式 (8)，最终得到

$$\frac{1}{4\pi}\int_f J'\mathrm{d}f = \frac{1}{4\pi}\int_s \mathrm{d}s \sin(\rho_s, \mathrm{d}s)\cos(n, r_s)\frac{r_s}{\rho_s}\int_{\rho_s}^{\infty} \mathrm{e}^{\mathrm{i}k(\rho+r)}\left(\frac{\mathrm{i}k}{r^2}-\frac{1}{r^3}\right)\mathrm{d}\rho \qquad (9)$$

右边第一个积分的被积函数由仅依赖于边界曲线 s 的一些因子组成，第二个被积函数包含所有是面元 $\mathrm{d}f$ 和 ρ 的函数的因子；由于从三角形 QPQ' 得到下面的关系，其中同样也包含了 r：

$$r^2 = r_s^2 + (\rho - \rho_s)^2 + 2r_s(\rho - \rho_s)\cos(r_s, \rho_s) \qquad (10)$$

据此，通过对 ρ 微分，保持 ρ_s 和 r_s 固定 (移动 Q 的同时，保持 P 和 Q' 的位置不变)，有

$$r\frac{\mathrm{d}r}{\mathrm{d}\rho} = \rho - \rho_s + r_s\cos(r_s, \rho_s)$$

因此还可以得到

$$r\left(1 + \frac{\mathrm{d}r}{\mathrm{d}\rho}\right) = r + \rho - \rho_s + r_s\cos(r_s, \rho_s) \qquad (10\mathrm{a})$$

我们现在称式 (9) 中的 ρ-积分的被积函数是一个完美的微商，具体表示为

$$\mathrm{e}^{\mathrm{i}k(\rho+r)}\left(\frac{\mathrm{i}k}{r^2}-\frac{1}{r^3}\right) = \frac{\mathrm{d}}{\mathrm{d}\rho}\left\{\mathrm{e}^{\mathrm{i}k(\rho+r)}/r\,[\;\;]\right\} \qquad (11)$$

其中 $[\;\;]$ 代表 (10a) 的右边. 在式 (11) 右边对 ρ 求微分时，将会得到以下三项，并且利用方程 (10a) 它们都可立即被简化：

$$\mathrm{i}k\left(1 + \frac{\mathrm{d}r}{\mathrm{d}\rho}\right)\mathrm{e}^{\mathrm{i}k(\rho+r)}/r\,[\;\;] = \frac{\mathrm{i}k}{r^2}\mathrm{e}^{\mathrm{i}k(\rho+r)} \qquad (11\mathrm{a})$$

$$-\mathrm{e}^{\mathrm{i}k(\rho+r)}r^{-2}\frac{\mathrm{d}r}{\mathrm{d}\rho}/[\;\;] = -\frac{1}{r^3}\mathrm{e}^{\mathrm{i}k(\rho+r)}\frac{\mathrm{d}r/\mathrm{d}\rho}{1 + \mathrm{d}r/\mathrm{d}\rho} \qquad (11\mathrm{b})$$

$$-\mathrm{e}^{\mathrm{i}k(\rho+r)}r^{-1}\left(\frac{\mathrm{d}r}{\mathrm{d}\rho}+1\right)/[\;\;]^2 = -\frac{1}{r^3}\mathrm{e}^{\mathrm{i}k(\rho+r)}\frac{1}{1 + \mathrm{d}r/\mathrm{d}\rho} \qquad (11\mathrm{c})$$

式 (11a)+ 式 (11b)+ 式 (11c) 的和的确等于式 (11) 的左边. 因此，在方程 (9) 中的 ρ-积分的值变为

$$\left\{\mathrm{e}^{\mathrm{i}k(\rho+r)}r^{-1}\,[\;\;]^{-1}\right\}_{\rho_s}^{\infty} = -\frac{\mathrm{e}^{\mathrm{i}k(\rho_s+r_s)}}{r_s^2(1 + \cos(r_s, \rho_s))} \qquad (12)$$

因此，式 (9) 的右边变为沿衍射孔边缘的单重积分：

$$\frac{1}{4\pi}\int_s \mathrm{d}s\frac{\mathrm{e}^{\mathrm{i}k\rho_s}}{\rho_s}\frac{\mathrm{e}^{\mathrm{i}kr_s}}{r_s}\frac{\cos(n, r_s)}{1 + \cos(r_s, \rho_s)}\sin(\rho_s, \mathrm{d}s) \qquad (13)$$

被积函数中的第一个因式表示入射波在边缘上的相位和振幅; 第二个因式对应由边缘反射的球面波在观察点处的相位; 第三个因式决定了反射波相对复杂的角度依赖性. (r_s, ρ_s) 是边缘处的反射角; (n, r_s) 可以说是锥面上的反射角; $(\rho_s, \mathrm{d}s)$ 是边界曲线元上的入射角.

回到方程 (5a), (5b), 我们与 Thomas Young 有同样的结论: 根据方程 (5a), 照明区域的衍射条纹是由入射波与被边缘反射的波干涉而产生的; 根据方程 (5b), 仅有这个边缘波出现在阴影区域. 通过定量地定义边缘处的反射类型, 在这两个区域内所得到的激发 v_P 都与通过 Kirchhoff-Huygens 理论的方法所得到的完全吻合, 这样就改进了 Young 的定性说明. 然而, 我们并没有超越 Kirchhoff 理论的有效范围. 因此, 适合于 Young 的观点的新公式在仅当波长小于衍射孔以及仅当电磁问题的矢量特征还没起作用时才能成立, 参见 §46.

C. 围道积分的讨论

Rubinowicz 用稳定相位法 (鞍点法, 简化了的且适用于实域) 来近似围道积分式 (13): 仅仅那些在边缘曲线上移动时其相位是稳定的点才对积分有实质贡献; 曲线上其余所有部分的贡献由于相邻线元之间的干涉, 而只是高阶小量. 根据式 (13), 在边缘曲线上被积函数的相位是

$$\mathrm{i}k(\rho_s + r_s)$$

当

$$\frac{\mathrm{d}\rho_s}{\mathrm{d}s} = -\frac{\mathrm{d}r_s}{\mathrm{d}s} \tag{14}$$

或者同样地, 当 "反射条件"

$$\cos(\rho_s, \mathrm{d}s) = -\cos(r_s, \mathrm{d}s) \tag{14a}$$

满足时, 该相位在沿着围道移动时保持不变. 一般在曲线上存在有限数量的点 $s = s_1, s_2, \cdots$ 满足这个条件. 每个这样的点有相当数量的辐射到达观测点 P, 线积分可以作为这些辐射之和被足够精确地算出. 从边缘的任意一点 s_v 接收辐射的 P 点的轨迹是顶点在 s_v、轴为 $\mathrm{d}s$ 的半圆锥. 这已由 E. Maey[1]对于半平面的简单情况在实验上证实了, 该种情况仅存在一个这样的点 s_1.

因此, 当 Young 的观点用解析式表达时, 就得到衍射现象的定量解释. 不过, 这仅仅适用于与限制 Kirchhoff 方法一样的范围内.

需要注意的是, 式 (5a) 和式 (5b) 的对比似乎表明阴影边界处衍射场是不连续的, 但事实上这并不存在. 这种表面的不连续性由线积分值的跳变补偿了, 这是由方程 (13) 中分母 $1 + \cos(r_s, \rho_s)$ 在通过阴影边界的时候消失导致的.

[1] Ann. d. Phys. (Lpz). **49**, p. 93, 1893.

最后, 再回顾一下 §36E 中的 "光扇", 在那里, 该现象用 Fresnel 带的观点来解释. 现在看来, 这个现象可以用 Young-Rubinowicz 反射很好地理解. 衍射边缘上的每一点 s_v 辐射出一个圆锥形的光扇; 当不只有离散的点 s_v, 还有点的连续序列时, 光扇将变得特别强. 这是矩形和更一般的多边形边界衍射孔径的情况, 因为锥面 f 由一些沿有限线段满足反射条件 (14a) 的平面部分组成. 这些光扇中的特定强度与入射光有着同样的数量级; 形成阴影的现象因此消失.

§45 近焦点衍射

在日常生活中我们熟知如下现象: 经一个点光源的照射, 在茶杯内将出现不同形状的焦散线 (焦线). 这些曲线可以作为光线锥的包络线用几何光学构建起来. 对这些焦线的邻近区域的更精密研究导致了一些衍射问题, 这已经由 Airy 专门地处理过.

根据几何光学, 焦点是光线的无限集中. 波动光学则将这个 (物理上明显不可接受的) 奇点解释为强的有限振幅和有限延展的光的集中. 在通过一个焦点时, 会有一个大小为 π 的相位跃变. 这一跃变已经被 Gouy 和 Sagnac 等在实验上研究过. 对于如由柱面波光线的会聚而产生的焦线类型, 相位跃变是 π/2 而非 π. Rubinowicz[1]以他的线积分 (§44) 作为出发点对这些相位跃变做出理论解释. 他考虑用光阑从一会聚球面波或柱面波中选取一束光, 并将这束光的进一步传播当成衍射问题来处理.

我们将采用一种更简单的 Debye[2]方法, 将光阑移到无穷远处, 这样得到了光学中一个微分方程的解, 这个解在全空间范围内成立, 并且正确描述了相位跃变以及焦点 (或线) 附近的衍射图样. Debye 的方法不受限于 Kirchhoff 的近似, 而是基于波动光学的基本原理. 例如, 他的解的精度和在 §38 中处理直边问题的解的精度一致. 在 §38 中我们假设, 给定一个在半空间无穷远处的入射波 (平面波), 并要求在另一半空间中也满足此辐射条件 (因此没有入射光). 相应地, 在这里 Debye 规定了存在一个部分无穷远处的入射光 (会聚的球面波), 并要求在无穷远内的任何其他地方将不会有光入射, 而只会有光出射.

A. Debye 的假设

表达式

$$U = e^{-ikr\cos\Theta}, \quad \cos\Theta = \cos\vartheta\cos\vartheta_0 + \sin\vartheta\sin\vartheta_0\cos(\varphi - \varphi_0) \tag{1}$$

---

[1] A. Rubinowicz, Phys. Rev. **54**, 931, 1938; 又见 C. J. Bouwkamp, Physica **7**, 485, 1940.

[2] Das Verhalten von Lichtwellen in der Nähe eines Brennpunktes oder einer Brennlinie. Ann. d. Phys. (Lpz). **80**, 755, 1909.

表示来自无穷远处的平面波, 其以方向 $\vartheta = \vartheta_0$, $\varphi = \varphi_0$ 入射, 在通过点 $r = 0$ 后, 沿 $\vartheta = \vartheta_0 + \pi$, $\varphi = \varphi_0$ 方向向无穷远处辐射. 一如往常, 认为已经加上了时间因子 $\exp(-\mathrm{i}\omega t)$. $r\cos\Theta$ 是如下坐标的线性函数:

$$x = r\sin\vartheta\cos\varphi, \quad y = r\sin\vartheta\sin\varphi, \quad z = r\cos\vartheta$$

其系数分别为

$$\alpha = \sin\vartheta_0\cos\varphi_0, \quad \beta = \sin\vartheta_0\sin\varphi_0, \quad \gamma = \cos\vartheta_0$$

它们的平方和等于 1. 因此, u 在包括点 $r = 0$ (并非 u 的奇点) 的整个 x, y, z 空间满足波动方程 $\Delta u + ku^2 = 0$.

对于波包也同样成立:

$$U = \iint \mathrm{e}^{-\mathrm{i}kr\cos\Theta}\mathrm{d}\Omega, \quad \mathrm{d}\Omega = \sin\vartheta_0\mathrm{d}\vartheta_0\mathrm{d}\varphi_0 \tag{2}$$

这表示仅在 (任意定义的) 立体角 Ω 内的入射波. 然而, 同样的表达式 (2) 对于在立体角 Ω 外 (不止在与 Ω 完全相反的立体角内) 的所有 ϑ, φ 却代表了发散波, 这是由于式 (2) 的结构形式就是波 (1) 的叠加. 由于它是波动方程的一个精确解, 波束在焦点 $r = 0$ 附近的行为的所有问题都可以在 U 中找到答案.

需要注意的是, 不是任何类型的边界条件都需要得到满足. 正是这个 "边界条件必须满足" 的要求, 使得在其他的一些问题里无法得到封闭形式的解. 因此, 相比于其他的衍射问题, 正如式 (2) 的形式所表明的, 焦点衍射问题的 Debye 公式只涉及一个简单的求和方法. 诚然, 我们仅仅在式 (2) 中进行了标量求和, 而不是电磁场的方向特征所要求的矢量求和. 但是 Debye 已经证明了这个表达式可以不经改变地应用到描述 Hertz 矢量的直角分量, 据此可以导出矢量光场.

B. 焦点近邻处的衍射场

首先证明由几何光学得到的焦点处的光场奇点并不真正存在, 根据波动光学, 该光场完全是常规的. 为了简洁起见, 这里将引用第六卷中的几个公式. 根据第六卷 §22 方程 (35)

$$\mathrm{e}^{-\mathrm{i}\rho\cos\Theta} = \sum_{n=0}^{\infty} (2n+1)(-i)^n \psi_n(\rho) P_n(\cos\Theta) \tag{3}$$

其中, $\rho = kr$. P_n 是 Legendre 多项式

$$P_0(x) = 1, \quad P_1(x) = x, \quad P_2(x) = \frac{1}{2}(3x^2 - 1), \quad \cdots, \quad x = \cos\Theta \tag{4}$$

根据第六卷 §22 方程 (11) 中的 ψ_n 是修正的 Bessel 函数

$$\psi_n\left(\rho\right) = \sqrt{\frac{\pi}{2\rho}} J_{n+1/2}\left(\rho\right) = \frac{\rho^n}{1 \cdot 3 \cdot \cdots \cdot (2n+1)} \left[1 - \frac{\rho^2}{2\left(2n+3\right)} + \cdots\right] \qquad (5)$$

$$\psi_0\left(\rho\right) = \frac{\sin\rho}{\rho}, \quad \psi_1\left(\rho\right) = \frac{\sin\rho - \rho\cos\rho}{\rho^2}, \quad \cdots$$

如果在式 (3) 中忽略掉所有 ρ 的幂次高于 2 的项, 然后如式 (2) 所示对 Ω 积分, 并利用式 (4) 和式 (5), 得到

$$U = \left(1 - \frac{\rho^2}{6}\right) \int d\Omega - \mathrm{i}\rho \int \cos\Theta d\Omega - \frac{\rho^2}{3} \int P_2\left(\cos\Theta\right) d\Omega \qquad (6)$$

为了方便, 定义立体角 Ω 为顶点在焦点处的圆锥内部. 因此, 积分范围变为

$$0 < \vartheta_0 < \alpha, \quad -\pi < \varphi_0 < +\pi$$

那么,

$$\int d\Omega = 2\pi \int_0^\alpha \sin\vartheta_0 d\vartheta_0 = 2\pi\left(1 - \cos\alpha\right) = \Omega$$

回顾方程 (1) 中 $\cos\Theta$ 的含义 (包含 $\cos\left(\varphi - \varphi_0\right)$ 的项在对 φ 积分时消失了)

$$\int \cos\Theta d\Omega = 2\pi\cos\vartheta \int_0^\alpha \cos\vartheta_0 \sin\vartheta_0 d\vartheta_0 = \pi\cos\vartheta\left(1 - \cos^2\alpha\right)$$
$$= \frac{1}{2}\cos\vartheta\left(1 + \cos\alpha\right)\Omega$$

进一步, 利用球谐函数的加法定理 (第六卷 §22 方程 (36))

$$\int P_2(\cos\Theta)d\Omega = 2\pi P_2\left(\cos\vartheta\right) \int_0^\alpha P_2\left(\cos\vartheta_0\right) \sin\vartheta_0 d\vartheta_0$$
$$= \pi P_2\left(\cos\vartheta\right) \int_0^\alpha \left(3\cos^2\vartheta_0 - 1\right) \sin\vartheta_0 d\vartheta_0$$
$$= \pi P_2\left(\cos\vartheta\right)\cos\alpha\left(1 - \cos^2\alpha\right)$$
$$= \frac{1}{2} P_2\left(\cos\vartheta\right)\cos\alpha\left(1 + \cos\alpha\right)\Omega$$

将其代入式 (6) 得到

$$\frac{U}{\Omega} = 1 - \frac{\rho^2}{6} - \mathrm{i}\frac{\rho}{2}\cos\vartheta\left(1 + \cos\alpha\right) - \frac{\rho^2}{6} P_2\left(\cos\vartheta\right)\cos\alpha\left(1 + \cos\alpha\right) \qquad (7)$$

对于 $\rho = 0$, 能得到有限值

$$U = \Omega \qquad (8)$$

(对于入射波振幅归一化的特殊情况). 因此, 不同于几何光学, 并不存在奇点. 通过 U 来确定 $|U|^2$, 仍忽略 ρ 的高于 2 阶的高阶项, 可得

$$|U|^2/\Omega^2 = 1 - a_1\rho^2 + a_2\rho^2 \cos^2\vartheta$$

$$a_1 = \frac{1}{3} - \frac{1}{6}\cos\alpha\,(1 + \cos\alpha), \quad a_2 = \frac{1}{4}\left(1 - \cos^2\alpha\right), \quad a_1 - a_2 = \frac{1}{12}\left(1 - \cos\alpha\right)^2 \quad (9)$$

我们感兴趣的是原点周围有着大振幅的区域, 这个区域表示的是几何光学中的焦点的波动光学弥散. 把第一个消光面 $U = 0$ 作为该区域的外缘, 由近似式 (9) 对其进行计算, 并设

$$\rho^2 = k^2\left(x^2 + y^2 + z^2\right), \quad \rho\cos\vartheta = kz,$$

得到

$$k^2 a_1\left(x^2 + y^2\right) + k^2\left(a_1 - a_2\right)z^2 = 1 \quad\quad\quad (10)$$

这是回转椭球的方程, 椭球的长轴方向沿入射光的方向. α 越小, 两个主轴 $1/k\sqrt{a_1}$, $1/k\sqrt{a_1 - a_2}$ 越大. 这意味着入射光束越窄, 焦点区域就越分散, 它的大小随着波长的减小 (k 的增加) 而减小.

C. 光锥轴上以及轴附近的振幅和相位

在光锥的轴上, 在焦点之前 $\vartheta = 0$, 在焦点之后 $\vartheta = \pi$. 因此, 在轴上有 $\cos\Theta = \pm\cos\vartheta_0$. 对于这些取值, 在式 (2) 中的积分可以用基本方法得出, 对于 $\vartheta = 0$, 有

$$\frac{U}{2\pi} = \int_0^\alpha e^{-ikr\cos\vartheta_0}\sin\vartheta_0 d\vartheta_0 = \frac{e^{-ikr} - e^{-ikr\cos\alpha}}{-ikr} \quad\quad (11a)$$

对于 $\vartheta = \pi$, 有

$$\frac{U}{2\pi} = \int_0^\alpha e^{+ikr\cos\vartheta_0}\sin\vartheta_0 d\vartheta_0 = \frac{e^{+ikr} - e^{+ikr\cos\alpha}}{+ikr} \quad\quad (11b)$$

在 $r = 0$ 处, 这两个表达式与式 (8) 中的 U 值一致. 这使我们想起在 §35C 和 §35D 中得到的沿圆盘或圆孔中心轴的衍射图样的基本表达式. 像后者一样, 方程 (11a), (11b) 仅在光束的对称轴上成立. 由 §35 可知 "Poisson 斑" 仅在离轴很短的距离处就消失了. 同样, 这种情况也出现在由式 (11a), (11b) 给出的干涉图样中.

我们将通过对方程 (2) 做关于角度 α 的微分这种有些间接的方式来证明这一点. 在现在考虑的光锥中, α 作为积分的上限出现在式 (2) 中, 因此, 关于 ϑ_0 的积分将忽略掉, 而关于 φ_0 的积分可以用 Bessel 函数 J_0 写出来:

$$\begin{aligned}\frac{\partial U}{\partial\alpha} &= e^{-ikr\cos\vartheta\cos\alpha}\int_0^{2\pi} e^{-ikr\sin\vartheta\sin\alpha\cos(\varphi-\varphi_0)}\sin\alpha d\varphi_0 \\ &= 2\pi\sin\alpha e^{-ikr\cos\vartheta\cos\alpha}J_0\left(kr\sin\vartheta\sin\alpha\right)\end{aligned}$$

对于所有具有物理意义的 r 值, J_0 的宗量在除了 $\vartheta = 0$ 或 π (或者当 $\alpha = 0$ 或 π 时) 之外是一个非常大的数. 然而, 我们知道在实数宗量很大时, J_0 将消失; 例如, 参见第六卷 §20 方程 (57). 因此, 对于除了 $\vartheta = 0$ 和 $\vartheta = \pi$ 之外的所有 ϑ, 有

$$\frac{\partial U}{\partial \alpha} = 0$$

在无穷远处, 除了在这两条半射线上外, U 与角度 α 无关. 由此, 我们判定在式 (11a) 和式 (11b) 的右边, 每个分子的第二项都可以忽略掉. 因此, 得到

$$\frac{U}{2\pi} = \frac{\mathrm{e}^{-\mathrm{i}kr}}{-\mathrm{i}kr}, \quad \text{对于} \, 0 < \vartheta \leqslant \pi/2 \tag{12a}$$

$$\frac{U}{2\pi} = \frac{\mathrm{e}^{+\mathrm{i}kr}}{+\mathrm{i}kr}, \quad \text{对于} \, \pi/2 \leqslant \vartheta < \pi \tag{12b}$$

两种情况下干涉都已消失; 在焦点前面和后面很远的距离处, 如同在几何光学中一样, 光以球面波的形式传播.

我们主要是对方程 (12a)、(12b) 中的相位因子感兴趣, 也就是

$$\text{式 (12a) 中的} -\frac{1}{\mathrm{i}} = \mathrm{e}^{+\mathrm{i}\pi/2} \text{和式 (12b) 中的} +\frac{1}{\mathrm{i}} = \mathrm{e}^{-\mathrm{i}\pi/2}$$

这就是本部分开头所说明的焦点处的相位跃变 π. 由于这一相位变化与焦点处的振幅图样没有任何联系, 而只是表明远离焦点的球面波的状态, 因此可合理地认为它是一个几何光学的性质; 参考前文 Rubinowicz 的文献.

D. 柱面波及其相位跃变

作为上述现象的二维类比, 考虑一束在 r, φ 平面传播的光束

$$U = \int_{-\alpha}^{+\alpha} \mathrm{e}^{-\mathrm{i}kr\cos(\varphi - \varphi_0)} \mathrm{d}\varphi_0 \tag{13}$$

其在 $-\alpha < \varphi_0 < +\alpha$ 范围内从无穷远处向着原点传播. 从三维的观点来看, 这个原点就是垂直于 r, φ 平面的几何焦线. 我们将再次看到, 波动光学中没有奇点出现. 为了证明这一点, 利用第六卷 §21 公式 (2b):

$$\mathrm{e}^{-\mathrm{i}\rho\cos\psi} = J_0(\rho) + 2\sum_{n=1}^{\infty} (-\mathrm{i})^n J_n(\rho)\cos n\psi \tag{14}$$

J 是普通的整数阶 Bessel 函数. 忽略 ρ 的高阶项, 这些 Bessel 函数可以近似为

$$J_0 = 1 - \left(\frac{\rho}{2}\right)^2, \quad J_1 = \frac{\rho}{2}, \quad J_2 = \frac{1}{2}\left(\frac{\rho}{2}\right)^2$$

再由式 (13) 和式 (14) 可得

$$\frac{U}{2\alpha} = 1 - \frac{\rho^2}{4} - \mathrm{i}\rho\cos\varphi\frac{\sin\alpha}{\alpha} - \frac{\rho^2}{4}\cos 2\varphi\frac{\sin 2\alpha}{2\alpha} \tag{15}$$

在 $\rho = 0$ 处, U 具有 (不同于几何光学) 有限值

$$U = 2\alpha \tag{15a}$$

为了找出小 ρ 时的强度分布, 仍只限于计算 ρ 到二次项时的 $|U|^2$. 利用 $kx = \rho\cos\varphi$, $ky = \rho\sin\varphi$, 得到

$$|U|^2/4\alpha^2 = 1 - k^2 a_1 x^2 - k^2 a_2 y^2,$$
$$a_1 = \frac{1}{2}\left(1 + \frac{\sin 2\alpha}{2\alpha} - 2\frac{\sin^2\alpha}{\alpha^2}\right), \quad a_2 = \frac{1}{2}\left(1 - \frac{\sin 2\alpha}{2\alpha}\right) \tag{16}$$

设 $|U| = 0$, 得到 x, y 平面内焦斑大小的一个度量. 根据式 (16), $|U| = 0$ 在一个主轴 $1/k\sqrt{a_1}$ 沿入射方向的椭圆上.

在三维的情况下, 我们得到过焦点前后远距离时的入射和出射球面波式 (12a), (12b), 我们现在在光束区域内得到了 $kr \gg 1$ 处的未受扰动的会聚和发散柱面波. 它们分别由第二类和第一类 Hankel 函数表示为

$$H_0^2(kr) \cong \sqrt{\frac{2}{\pi kr}}\mathrm{e}^{-\mathrm{i}(kr-\pi/4)} \tag{17a}$$

和

$$H_0^1(kr) \cong \sqrt{\frac{2}{\pi kr}}\mathrm{e}^{+\mathrm{i}(kr-\pi/4)} \tag{17b}$$

这里只限于我们感兴趣的第六卷中的方程 (19.55) 和 (19.56) 的渐近表达式. 由此可得出以下结论: 在通过焦点时, 相位由方程 (17a) 中的 $\exp(+\mathrm{i}\pi/4)$ 跃变全式 (17b) 中的 $\exp(-\mathrm{i}\pi/4)$. 在一个柱面波中相位跃变总计为 $\pi/2$.

实际上相位像振幅一样, 在焦点附近是连续变化的; "相位跃变" 的出现是仅由于在方程 (12a), (12b) 和 (17a), (17b) 中我们比较了位于焦点前面以及后面很远距离的点的相位.

§46 电磁矢量问题的 Huygens 原理

我们已在不同场合多次指出过标量声学问题与矢量光学问题的差别. 在推导 §38 和 §39 的精确解的过程中, 通过二维的情况, 将矢量问题简化为两个描述入射光的两个不同偏振状态的标量问题. Huygens 原理从一开始就完全是标量性的, 同样 Huygens 原理的 Fresnel-Kirchhoff 应用也是标量性的. 我们将在这里很简略地讨论这一原理的矢量表示.

现在的问题是当不透明屏上的一个衍射孔 σ 处的 E 和 H 的切向分量给定时, 如何计算孔后的矢量场 E 和 H. 我们将上述给定的矢量记为 E_0 和 H_0. 如果它们都精确已知, 那么就有可能精确地求得 E 和 H. 如果已知的不是精确值, 而是采用未扰动的入射波 E, H 值, 那么得到的只是对小波长有效的一阶近似, 这与 Fresnel-Kirchhoff 的处理一样.

首先, 将 W. Franz[①]得到的矢量 Huygens 原理公式写出:

$$4\pi E = \text{curl} \int_\sigma [\text{d}\boldsymbol{\sigma} \times \boldsymbol{E}_0]\frac{\text{e}^{\text{i}kR}}{R} - \frac{1}{\text{i}\omega\varepsilon}\text{curl curl} \int_\sigma [\text{d}\boldsymbol{\sigma} \times \boldsymbol{H}_0]\frac{\text{e}^{\text{i}kR}}{R} \tag{1}$$

$$4\pi H = \text{curl} \int_\sigma [\text{d}\boldsymbol{\sigma} \times \boldsymbol{H}_0]\frac{\text{e}^{\text{i}kR}}{R} + \frac{1}{\text{i}\omega\varepsilon}\text{curl curl} \int_\sigma [\text{d}\boldsymbol{\sigma} \times \boldsymbol{E}_0]\frac{\text{e}^{\text{i}kR}}{R} \tag{2}$$

相关符号解释如下:

(a) $\text{d}\boldsymbol{\sigma}$ 是垂直于表面 σ 方向的面积元; $\text{d}\boldsymbol{\sigma}$ 和 E_0 的矢量积因此是一个位于 σ 切面内的矢量. E_0 的法向分量并不参与这一矢量积的运算. 同样的情况对 $\text{d}\boldsymbol{\sigma}$ 和 H 的矢量积也成立.

(b) R 是从观测点 x, y, z 到积分点 ξ, η, ζ 的距离, E, H 是 x, y, z 的函数; E_0, H_0 是 ξ, η, ζ 的函数.

(c) 方程 (1) 和 (2) 代表自点 ξ, η, ζ 辐射出的球面波的叠加, 就像基本 Huygens 原理一样; 这些波在点 x, y, z 处相互作用, 不过现在它们将以矢量的方式结合起来.

(d) 旋度运算在各处都是对观测点的坐标 x, y, z 进行, 如果选用笛卡尔坐标, 则可以如后述那样使用等式

$$\text{curl curl} = \text{grad div} - \Delta \tag{3}$$

(e) 在 Franz 的工作中, $\text{d}\boldsymbol{\sigma}$ 的箭头指向 σ 的后面, 也就是, 指向待求的 E 和 H 所在的区域.

(f) ε, μ 的值在各处都是常数, 并可认为与真空中的值等同.

现在来证明式 (1) 和式 (2) 中定义的 E 和 H 满足 Maxwell 方程. 我们将 H 用频率为 ω 的纯周期态表示, 如下:

$$\text{curl } E = \text{i}\omega\mu H, \quad \text{curl } H = -\text{i}\omega\varepsilon E \tag{4}$$

接着从方程 (1) 可得 curl E. 然后, 右边的第一项等于方程 (2) 的第二项乘以 $\text{i}\omega\mu$. 暂时采用笛卡儿坐标并应用式 (3), curl E 的第二项变为

$$-\frac{1}{\text{i}\omega\varepsilon}\text{curl} (\text{grad div} - \Delta) \int_\sigma [\text{d}\boldsymbol{\sigma} \times \boldsymbol{H}_0]\frac{\text{e}^{\text{i}kR}}{R}$$

① ZS. f. Naturforschung, Vol. 3a, 500, 1948; 我们这里不讨论其结果对 Kirchhoff 衍射计算的修正. 又见 Stratton and Chu, Phys. Rev. Vol. 56, 99, 1939, 以及 J. A. Stratton 的著作 Electromagnetic Theory, Internat. Series in Pure and Appl. Physics, New York, 1941.

curl grad 消失, 只剩

$$\frac{1}{\mathrm{i}\omega\varepsilon}\mathrm{curl}\int[\mathrm{d}\boldsymbol{\sigma}\times\boldsymbol{H}_0]\,\Delta\frac{\mathrm{e}^{\mathrm{i}kR}}{R} = -\frac{k^2}{\mathrm{i}\omega\varepsilon}\mathrm{curl}\int[\mathrm{d}\boldsymbol{\sigma}\times\boldsymbol{H}_0]\frac{\mathrm{e}^{\mathrm{i}kR}}{R} \tag{5}$$

因为 $u = \mathrm{e}^{\mathrm{i}kR}/R$ 满足波动方程 $\Delta u + k^2 u = 0$, 而且 $k^2 = \omega^2/c^2 = \varepsilon\mu\omega^2$, 所以 $-k^2/\mathrm{i}\omega\varepsilon = \mathrm{i}\omega\mu$. 因此, 式 (5) 等于式 (2) 右边的第一项乘以 $\mathrm{i}\omega\mu$. 于是就证明了方程 (1) 和 (2) 满足 Maxwell 方程 (4) 中的第一个. 类似可验证也满足 Maxwell 方程 (4) 中的第二个.

但是, 正如 Franz 所指出的, 这一表达式仅近似地满足边界条件:

$$当 x, y, z \to \sigma 时, \ \boldsymbol{E} \to \boldsymbol{E}_0, \ \boldsymbol{H} \to \boldsymbol{H}_0 \tag{6}$$

与之形成对照, 我们现在证明积分表达式:

$$2\pi\boldsymbol{E} = \mathrm{curl}\int_\sigma[\mathrm{d}\boldsymbol{\sigma}\times\boldsymbol{E}_0]\frac{\mathrm{e}^{\mathrm{i}kR}}{R} \tag{7}$$

$$2\pi\boldsymbol{H} = \mathrm{curl}\int_\sigma[\mathrm{d}\boldsymbol{\sigma}\times\boldsymbol{H}_0]\frac{\mathrm{e}^{\mathrm{i}kR}}{R} \tag{8}$$

满足边界条件 (6), 而不满足微分方程 (4).

为了让这一论述更合理, 假设在孔各处 (包括其边界)$\boldsymbol{E}_0, \boldsymbol{H}_0$ 是位置的可微函数, 并且只限于考虑平面屏, 也即平面孔 σ 的情况. 选取笛卡尔坐标系 ξ, η, ζ 的原点为 σ 上与 P 接近的点 O. ζ 轴与 $\mathrm{d}\boldsymbol{\sigma}$ 垂直, 其正方向与 $\mathrm{d}\boldsymbol{\sigma}$ 的方向重合. 定义观测点 P 的 x, y, z 系与 ξ, η, ζ 系平行. 在这样选取的坐标系下, 矢量积 $[\mathrm{d}\boldsymbol{\sigma}\times\boldsymbol{E}_0]$ 的三个分量的值为

$$(-E_{0y}, E_{0x}, 0)\,\mathrm{d}\xi\mathrm{d}\eta \tag{9}$$

现在可得到

$$\mathrm{curl}_x\left\{[\mathrm{d}\boldsymbol{\sigma}\times\boldsymbol{E}_0]\frac{\mathrm{e}^{\mathrm{i}kR}}{R}\right\} = \left\{[\mathrm{d}\boldsymbol{\sigma}\times\boldsymbol{E}_0]_z\frac{\partial}{\partial y} - [\mathrm{d}\boldsymbol{\sigma}\times\boldsymbol{E}_0]_y\frac{\partial}{\partial z}\right\}\frac{\mathrm{e}^{\mathrm{i}kR}}{R} \tag{9a}$$

根据式 (9), 该式等于

$$-\mathrm{d}\xi\mathrm{d}\eta E_{0x}\frac{\partial}{\partial z}\frac{1}{R}$$

其中, 在最后一个表达式中, 已在 O 的附近设 $\mathrm{e}^{\mathrm{i}kR} \sim 1$. 现在计算式 (7) 右边的 x 分量, 得到

$$-\iint\mathrm{d}\xi\mathrm{d}\eta E_{0x}\frac{\partial}{\partial z}\frac{1}{R} = \iint E_{0x}\frac{z}{R}\frac{\mathrm{d}\xi\mathrm{d}\eta}{R^2} \tag{10}$$

右边的 z/R 是 z 和 R 方向之间夹角的余弦, 因此 $\mathrm{d}\xi\mathrm{d}\eta z/R$ 是 $\mathrm{d}\xi\mathrm{d}\eta$ 在中心为 P、半径为 R 的球面上的投影. 它除以 R^2 将得到 $\mathrm{d}\xi\mathrm{d}\eta$ 在 P 点所张的立体角. 当 $P \to 0$ 时, 在 O 附近该立体角接近 2π; 在 ξ, η 平面更远的部分该立体角为零. 因此, 式 (10) 等于 $2\pi E_{0x}$. 同样的方式也可验证式 (7) 中的 y 分量.

同样的计算应用到式 (8) 可以证明边界条件 (6) 对于 $\boldsymbol{H}$ 也满足. 如果将表达式 (7) 和 (8) 代入微分方程 (4), 且如果进行合适的分部积分, 再应用 §34 方程 (20), 方程两边的面积分将会相等. 但是还会出现围绕 σ 边界的线积分 (Stratton 所称的 "磁流", 见前文献), 它们并不互相抵消.

当然, 上述论述并没有解决本部分提出的问题; 它们仅描述了问题的一般性质. 无论如何, 衍射问题的精确解只有在知道 $\boldsymbol{E}_0$ 和 $\boldsymbol{H}_0$(或者更准确地说是 $\boldsymbol{E}_0$ 或 $\boldsymbol{H}_0$) 的精确边界值时才能得到. 当然, 事实并非如此. 实际上, 这些边界值仅能与衍射问题的解同时得到. 即使是在圆孔的情况, 为了求解这个问题, 必须引入两个以某种复杂形式耦合在一起的辅助函数 (势)[1]. 矢量的 Huygens 原理并不是求解边值问题的万能钥匙, 但是它作为 Christian Huygens 久负盛名的想法的推广, 令人特别感兴趣.

§47 Cherenkov 辐射

根据相对论, 一个物体不可能以超过光速 c 的速度 v 运动. 然而, 我们知道, 在折射率为 n 的介质中, 光以相速度 $u = c/n < c$ 传播; 参见 §2. 硬阴极射线以及由超硬 γ 射线产生的 Compton 电子能达到的速度在区间 $u < v < c$ 中. 在这个速度范围里将会发生什么呢?

我们期望找到一些在弹道学领域中已知的现象; 参见第二卷中图 45a 和 b: 抛射体赶上其产生的压力波后会产生一个特征角为 $\sin\vartheta = c/v$ ($c =$ 声速) 的 Mach 锥. 尽管这一现象能从空气动力学的非线性方程中导出, 但是却并不容易, 而相应的电光现象却能很容易并严格地从 Maxwell 方程导出.

以下的讨论将紧密结合作者早期的一篇论文展开, 该论文曾由 H. A. Lorentz 传到 Amsterdam 科学院[2]; 仅有的区别在于该论文 (出现在相对论之前) 处理的是速度小于和大于光速的情况, 即 $v < c$ 和 $v > c$, 现在我们必须分别用 $v < u$ 和 $u < v < c$ 代替. 在速度小于光速时, 电子携带着自己的场, 不辐射能量; 参见第三卷 §30. 然而, 在速度大于光速时, 电子将自己的场甩在后面, 形成 Mach 锥的形状. 这个场沿垂直于锥表面的方向辐射, 并由于其色散本质, 该辐射主要由可见光组成.

---

[1] J. Meixner, ZS. f. Naturforschung, Vol. **3a**, 506, 1948.

[2] Proc. Nov. **26**, 1904, 特别见 p. 359, 其中参考了 Heaviside 和 Des Coudres 的文章; 又见 Göettinger Nachrichten 1905, p. 201.

由于电子以辐射的形式损失能量, 它的速度很快就降至光速 $v = u$. 辐射的光是偏振的, 所以其电场矢量位于通过电子轨迹的平面内.

这种辐射前所未闻, 首先由 Cherenkov 在 1934 年观测到[1]. 刚开始他用的是 Compton 电子, 后来用了很多不同类型的阴极射线. 这些观测不久后由 Frank 和 Tamm[2]用这里提及的方式去解释, 并定量地与理论作了比较.

A. Cherenkov 电子的场

假设电子以速度 v (认为是常数) 通过折射率为 $n > 1$ 的介质, 并有

$$u < v < c, \quad u = c/n \tag{1}$$

在 $t = 0$ 时刻设电子在点 O 处, 并设 Q 是电子在更早时刻 $\tau < 0$ 时的位置. 我们想要找出电子在 $t = 0$ 时在任意一点 P 处的场. 令

$$r = 距离 OP, \quad \vartheta = 角 QOP \tag{2}$$

(参见图 91). 选取电子运动的方向为 x 轴, 将 P 的时空坐标记作

$$x_1 = -r\cos\vartheta, \quad x_2 = r\sin\vartheta\cos\varphi, \quad x_3 = r\sin\vartheta\sin\varphi, \quad x_4 = ict = 0. \tag{3}$$

Q 的时空坐标记作

$$\xi_1 = v\tau < 0, \quad \xi_2 = \xi_3 = 0, \quad \xi_4 = ic\tau \tag{3a}$$

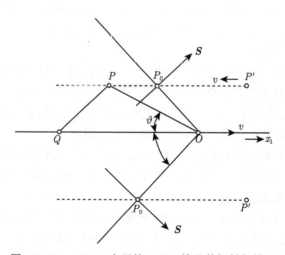

图 91   Cherenkov 电子的 Mach 锥及其辐射矢量 S

[1] Ac. Sci. USSR. **2**, 451, 1934; **3**, 414, 1936; **20** 以及 Phys. Rev. **52**, 378, 1937.
[2] C. R. Ac. Sci. USSR. **14**, 109, 1937; Tamm, Journ. of Sci. USSR. **1**, 409, 1939.

正如在 §2 所见到的, 在折射率为 n 的介质中, 出现在 $\boldsymbol{E}$ 和 $\boldsymbol{H}$ 波动方程中的光速 c 将由相速度 $u = c/n$ 替代. 在第三卷 §19 里推迟势的微分方程中也必须作同样的替代. 由于所考虑的 v 接近于 c, 自然可采用第三卷 §29 中的四维势 Ω 来取代三维的推迟势. 那里的符号 $\square$ 现在必须修正为

$$\square = \frac{\partial^2}{\partial x_1^2} + \frac{\partial^2}{\partial x_2^2} + \frac{\partial^2}{\partial x_3^2} + n^2 \frac{\partial^2}{\partial x_4^2} \tag{4}$$

这是因为, 根据现在关于推迟势的微分方程, 这个表达式中的第四项应该具有如下形式:

$$n^2 \frac{\partial^2}{\partial x_4^2} = -\frac{n^2}{c^2} \frac{\partial^2}{\partial t^2} = -\frac{1}{u^2} \frac{\partial^2}{\partial t^2}$$

相应地, 只要出现 c 的时候, 都必须继续用 $u = c/n$ 将之替换. 因此, 第三卷 §28 方程 (16) 引入的 "电流密度四矢量 Γ" 现在定义为

$$\Gamma = (\rho \boldsymbol{v}, \mathrm{i}u\rho) = (\rho v, 0, 0, \mathrm{i}u\rho) \tag{4a}$$

其中, ρ 是电子的电荷密度, 真空中 Ω 与推迟势 $\boldsymbol{A}$ 和 ψ 的关系在第三卷中由 §26 方程 (26) 表示为 $\Omega = (\boldsymbol{A}, \mathrm{i}\psi/c)$, 而现在这一关系变为

$$\Omega = (\boldsymbol{A}, \mathrm{i}\psi/u) \tag{4b}$$

通过这些定义式的改变, 问题所对应的微分方程有着与 "Sommerfeld 理论物理学" 第三卷 §26 中完全一样的形式:

$$\square \Omega = -\mu_0 \Gamma \tag{4c}$$

为了解出方程 (4c), 如在第三卷 §29 中的那样, 要求微分方程 $\square U = 0$ 在 $P = Q$ 处的解为无穷大. 现在可确定这个解为

$$U = \frac{1}{R^2}, \quad R^2 = (\xi_1 - x_1)^2 + (\xi_2 - x_2)^2 + (\xi_3 - x_3)^2 + \frac{1}{n^2} (\xi_4 - x_4)^2 \tag{5}$$

读者可以自己验证这个函数在两个四变量组中都满足微分方程 $\square U = 0$, 除了在 $P = Q$ 处.

应用 Green 定理, 可得到同第三卷 §29 方程 (6) 一样的表达式, 差别仅在于出现在 ξ_4 中的因子 c 仍须用 $u = c/n$ 替代. 这就导致下式的分母中出现 n:

$$4\pi^2 \Omega / \mu_0 = \int \Gamma \frac{\mathrm{d}\xi_1 \mathrm{d}\xi_2 \mathrm{d}\xi_3 \mathrm{d}\xi_4}{nR^2}$$

如果将电子考虑成一个点, 进而对 ξ_1, ξ_2, ξ_3 积分, 可得

$$4\pi^2 \Omega_1 / \mu_0 = \frac{ev}{n} \int \frac{\mathrm{d}\xi_4}{R^2}, \quad \Omega_2 = \Omega_3 = 0, \quad 4\pi^2 \Omega_4 / \mu_0 = \frac{\mathrm{i}eu}{n} \int \frac{\mathrm{d}\xi_4}{R^2} \tag{6}$$

如第三卷图 41 的文字说明所示, 对 ξ_4 的积分必须通过绕负虚 ξ_4 轴的围道积分来求, 因为电子的位置仅在 $\tau < 0$ 时给定. 这一积分仅在这个半轴上存在使分母 R^2 为零的点时才不为零. 根据式 (3)、式 (3a) 和式 (5), 这一条件为

$$R^2 = \left(v^2 - u^2\right)\tau^2 + 2vr\tau\cos\vartheta + r^2 = 0 \tag{7}$$

这个二次方程的根 $\tau_\pm$ 为

$$\left(v^2 - u^2\right)\tau_\pm = -vr\left(\cos\vartheta \pm \sqrt{\frac{u^2}{v^2} - \sin^2\vartheta}\right) \tag{7a}$$

因此, 我们看到, 对于

$$\vartheta > \vartheta_M, \quad \text{其中 } \vartheta_M = \text{Mach 角}, \ \sin\vartheta_M = \frac{u}{v} \tag{8}$$

式 (7) 不存在实数根. 因此, 在此区域, 式 (6) 中的积分为零, 所以不只有 $\Omega_2 = \Omega_3 = 0$, 还有 $\Omega_1 = \Omega_4 = 0$. 在 Mach 锥外面, 场处处为零.

另外, 对于所有在 Mach 锥内的点 P, 式 (7a) 有两个负的实数解 (由于 $v > u$, τ_- 也是负的); 两个对应于 $R = 0$ 的点都位于负虚 ξ_4 轴上, 因此对积分有贡献. 而且, 当沿围绕这两点的相反方向积分时, 它们的贡献相等 [①]. 在 Mach 锥内部, 电磁场处处不为零.

在计算这个场之前, 先考虑式 (7a) 中计算的时间 $\tau_\pm$ 与推迟势的所谓弛豫时间, 即第三卷 §19 方程 (13c) 所示的 "推迟" 时间

$$\tau = r_{PQ}/c \tag{8a}$$

之间的关系. 为了强调这里指的是电子在时间 $t = \tau$ 的位置 Q 以及在时间 $t = 0$ 时观测场所在位置 P 之间的距离, 我们用 r_{PQ} 代替第三卷中的字母 r, 用图 91 中的符号, 根据 Pythagoras 定理有 (r 在这里表示距离 PO):

$$r_{PQ} = \sqrt{v^2\tau^2 + r^2 + 2vr\tau\cos\vartheta}$$

将其代入式 (8a), 确实能得到方程 (7). 不过 c 要用 u 取代, 关于这一点我们注意到, 第三卷图 41 中两个光点 L 和 L' 由同一二次方程, 也就是我们的方程 (7) 给出; 唯一的差别是, 尽管在第三卷中这两个点有不同的正负号, 现在它们都是负的. 还注意到, 对于 $u = c$, Mach 角表达式 (8) 变为虚数, 这也是本套书第三卷的问题中没有 Mach 锥的原因.

---

　　① 假如积分方向是相同的, 那么这两个贡献的和就是零. 这样就不会得到微分方程 (1) 的实际解. 因此积分路径必须确定为一个环绕 $\tau_\pm$ 两点的双纽环; 这肯定是允许的.

现在回到四矢量势的表达式 (6) 上. 为了求得相关的积分, 重写式 (7) 中 R 的表达式为如下形式:

$$R^2 = \left(v^2 - u^2\right)\left(\tau - \tau_+\right)\left(\tau - \tau_-\right)$$

在求绕 $\tau = \tau_+$ 的环路积分时, 可以用 $\tau_+ - \tau_-$ 代替 $\tau - \tau_-$. 如果再写出 $\mathrm{d}\xi_4 = \mathrm{i}c\mathrm{d}\tau$, 将得到

$$\oint \frac{\mathrm{d}\xi_4}{R^2} = \frac{\mathrm{i}c}{\left(v^2 - u^2\right)\left(\tau_+ - \tau_-\right)} \oint \frac{\mathrm{d}\tau}{\tau - \tau_+} = \frac{-2\pi c}{\left(v^2 - u^2\right)\left(\tau_+ - \tau_-\right)} \tag{9}$$

根据式 (7a), 这个分式的分母等于

$$-2vr \left(\frac{u^2}{v^2} - \sin^2 \vartheta\right)^{1/2}$$

因此式 (9) 变为

$$\oint \frac{\mathrm{d}\xi_4}{R^2} = \frac{\pi c}{vr} \left(\frac{u^2}{v^2} - \sin^2 \vartheta\right)^{-1/2}$$

如果对于零点 $\tau = \tau_-$ 进行同样的运算, 那么在式 (9) 的分母里, $\tau_- - \tau_+$ 将替代 $\tau_+ - \tau_-$. 因此, 如前所述, 对于相反的积分方向, 两项的贡献是相等的. 因此, 从式 (6) 可得

$$2\pi \Omega_1/\mu_0 euv = 2\pi \Omega_4/\mu_0 \mathrm{i}eu^2 = \frac{1}{vr} \left(\frac{u^2}{v^2} - \sin^2 \vartheta\right)^{-1/2}$$
$$= \left(u^2 r^2 - v^2 r^2 \sin^2 \vartheta\right)^{-1/2} \tag{10}$$

或者用观测点的坐标 x_1, x_2, x_3 写出

$$2\pi \Omega_1/\mu_0 euv = 2\pi \Omega_4/\mu_0 \mathrm{i}eu^2 = \left\{u^2 x_1^2 - \left(v^2 - u^2\right)\left(x_2^2 + x_3^2\right)\right\}^{-1/2} \tag{10a}$$

等势面是双曲面; 它们取代了第三卷 §242 脚注 1 中的 Heaviside 椭球面. 在 Mach 锥内该场处处连续且有限; 根据式 (10), 在锥的表面 $(\sin \vartheta = u/v)$ 场会变成无穷大, 这是因为我们假设电子是点电荷; 对于有限半径为 a 的电子, 得到的场只会是 $1/a$ 量级的最大值[①].

我们已经从一个连续体的唯象理论推出了 Mach 锥的存在. 像折射率一样, 这个锥在物理上是由物体的分子结构引起的. 只需要考虑到以速度 $v > u$ 运动的电子在它的路径中比之前激发的分子所发出的辐射抢先到达分子处. 如果将色散考虑进来 (见下文), 那么相速度与群速度的差异将以一种有趣的方式影响 Mach 锥的大小: 之前激发的分子发出的波前速度不等于相速度 u, 但是根据 §22, 它等于群速

---

① 见前面提及的 Proc. of the Amsterdam Academy 上的论文. 论文中还可见到 Mach 锥被一个宽度为 $2a$ 的边缘区包围, 电磁场在该区域内从锥侧的最大值连续地减小到外侧的零值.

度 $g < u$. 因此, Mach 角将略微小于式 (8) 所给出的值, 因为 u 必须用 g 取代. 对于 Cherenkov 波角度的精密测量应该能显示出这一点 [①].

B. Cherenkov 电子的辐射

至今仅考虑了电子所产生场的瞬时图像, 我们能够任意地把这一瞬间规定为时间坐标 $t = 0$, 因此, 场明显与时间 t 无关. 但是对于一个处在实验室中的观察者, 场显然依赖于时间 t. 如果观察者位于图 91 中的点 P', 在 Mach 锥面到达之前他什么都看不到. 为了方便起见, 将图 91 画成好像观察者正沿着虚直线 $P'P$ 以与 v 反向的速度进入锥内. 在锥面的 P_0 点, 观察者感受到场的最大值 (在我们的近似中, 实际上是一个无穷大的场). 同样, 在所有内部点 P, 观察到的场随着距 P_0 的距离增加而变弱.

数学上, 我们很简单地在上面的公式中用 $x - vt$ 代替 x_1 即可得到时间的依赖关系. 也就是, 认为图 91 中的点 O 不固定, 而是随时间运动的. 另外, 将 x_2, x_3 写作 y, z, 并如同方程 (4b) 中的那样, 用真实势 $\boldsymbol{A}, \psi$ 来表示 Ω. 那么方程 (10a) 变为

$$2\pi A_x/\mu_0 euv = 2\pi\psi/\mu_0 eu^3 = \left\{ u^2\left(x - vt\right)^2 - \left(v^2 - u^2\right)\left(y^2 + z^2\right) \right\}^{-1/2} \tag{11}$$

由此可以很容易建立如下有效的关系:

$$\frac{\partial}{\partial t} A_x = -\frac{v^2}{u^2}\frac{\partial}{\partial x}\psi \tag{12}$$

依据第三卷 §19 方程 (7), $\boldsymbol{E} = -\dot{\boldsymbol{A}} - \nabla\psi$, 用上述关系式来计算电场 $\boldsymbol{E}$, 得到

$$\begin{cases} \boldsymbol{E}_x = \left(\dfrac{v^2}{u^2} - 1\right)\dfrac{\partial\psi}{\partial x} = \dfrac{\mu_0 eu^3}{2\pi}\left(v^2 - u^2\right)(x - vt)\{\quad\}^{-3/2} \\[2mm] \boldsymbol{E}_y = -\dfrac{\partial\psi}{\partial y} = \dfrac{\mu_0 eu^3}{2\pi}\left(v^2 - u^2\right)y\{\quad\}^{-3/2} \\[2mm] \boldsymbol{E}_z = -\dfrac{\partial\psi}{\partial z} = \dfrac{\mu_0 eu^3}{2\pi}\left(v^2 - u^2\right)z\{\quad\}^{-3/2} \end{cases} \tag{13}$$

其中, { } 表示方程 (11) 中大括号内的表达式. 因此, 电场方向与矢量 $x - vt, y, z$ 方向一致, 由电子的瞬时位置指向观测位置. 特别是, 如果后者包括图 91 中 P_0 位置的话, 那么电场的方向与 Mach 锥的一条母线方向相同.

[①] 最近, H. Motz 和 L. I. Schiff 在 Am. Journ. Phys. **21** (1953), p. 258 中给出了对这一论述的充分讨论. 该篇论文也表明, 在接下来 B~D 三节中的讨论, 如果不作相关修正的话, 会让人无法接受 (原英文版译者注).

为了计算 $\boldsymbol{H}$, 需要利用第三卷 §19 方程 (6), $\boldsymbol{B} = \operatorname{curl} \boldsymbol{A}$. 根据式 (11), 除了 $H_x = 0$, 还将得到

$$
\begin{cases}
H_y = \dfrac{1}{\mu_0} \dfrac{\partial A_x}{\partial z} = \dfrac{euv}{2\pi} \left(v^2 - u^2\right) z \left\{ \quad \right\}^{-3/2} \\[3mm]
H_z = -\dfrac{1}{\mu_0} \dfrac{\partial A_x}{\partial y} = -\dfrac{euv}{2\pi} \left(v^2 - u^2\right) y \left\{ \quad \right\}^{-3/2}
\end{cases}
\tag{14}
$$

磁场线因此形成围绕电子轨迹的圆. 在点 P_0 处, $\boldsymbol{H}$ 的方向与 Mach 锥的圆形截面相切.

$\boldsymbol{E}$ 和 $\boldsymbol{H}$ 的方向决定了光线的方向 $\boldsymbol{S} = \boldsymbol{E} \times \boldsymbol{H}$. 在点 P_0 处, 光线的方向垂直于 Mach 锥. 辐射光是偏振的; 电场矢量位于通过电子轨迹的平面. 因此, 我们已经证明了开始时关于 Cherenkov 辐射特点的论述. 还须证明其光谱主要位于可见光频率范围. 另外, 注意到辐射几乎像冲击波一样向前传播, 这是因为出现在 $\boldsymbol{E}$ 和 $\boldsymbol{H}$ 乘积中的因子 $\{\ \}^{-3}$ 仅在非常靠近 Mach 锥表面附近的时候才具有大的值.

为了产生 Cherenkov 辐射, 最好用一块薄的树脂板, 并使电子垂直撞击其上. 这样仅有一小部分 Mach 锥出现. 发出的辐射填充垂直于该部分的一个薄的环形锥, 参见图 92. 放在树脂板后面的照相底板上的曝光区域, 使得这个锥的环形轨迹得以可见.

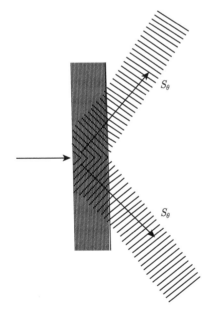

图 92 在一块有大介电常数的平板后面观测 Cherenkov 辐射

C. 考虑色散的 Cherenkov 辐射

目前为止, 我们已经完成了将折射率设为固定常数时的运算. 实际上, 折射率是频率的函数, 其值在远紫外的区域很快趋近于 1. 但是, 随着 n 趋近于 1, 能出现 Cherenkov 效应的区间 $u < v < c$ 将缩减为零.

因此, 之前的处理尚不足以对实验观测作定量的分析. 为了完善计算, 我们需将辐射场的时间依赖关系分解为用 ωt 项表示的 Fourier 分量, 每一个这样的分量都有它自己的 $n(\omega)$. 那时我们将会发现, 只有那些位于可见光谱中的 Fourier 分量才对 Cherenkov 辐射有显著的贡献, 而紫外光谱并不能激发 Cherenkov 辐射. 因此, 可以说: Cherenkov 效应使得电子可见. 这在引言中也已经指出.

然而, 鉴于在 Mach 锥上场具有奇点, Fourier 分析会涉及某些形式上的困难. 如果采用的不是点电荷, 而是有限大小 (半径为 a) 的电子 (参见第 341 页的脚注 1), 这些困难就能够避免, 因为这样的话奇点将被平滑化, 转变为一个具有有限场强的过渡区域. 在这里我们不展现这些有点复杂的计算. Tamm (见前面引用的论文) 利用所谓的 δ 函数[1]克服了上述困难, 但是这些计算也很复杂.

有趣的是, 由于在量子力学里必须在一开始就要将电磁场分解为它的 Fourier 分量, Cherenkov 效应的量子力学处理[2]直接导致了考虑色散的场的表示, 也因此让 Cherenkov 光的可见性直接得到了证明.

最后, 我们希望提及作者在 1904 年的工作, 即导出了关于使电子减速的辐射作用力 $\boldsymbol{F}$ 的一个简单关系. 再次假设折射率为常数, 如果用相速度 u 代替 c, 且如果电子可被看成一个具有空间均匀电荷分布的刚性球, 那么这个力为

$$4\pi \, |\boldsymbol{F}| = \frac{1}{4} \frac{\mathrm{e}^2}{\varepsilon_0 a^2} \left(1 - \frac{u^2}{v^2} \right) \tag{15}$$

一个等价的表达式由 Tamm (见前面引用的论文) 导出. 关于方程 (15) 在弹道学中的一个有趣应用, 参见 (F. Klein 和 A. Sommerfeld, Theorie des Kreisels, IV, p. 925, Leipzig, 1910).

D. 最后的关键评注

我们已经利用狭义相对论的形式得到 Cherenkov 电子情形中波动方程的一个简单积分. 但是在这个形式中, 曾将所有出现光速 c 的地方都用相速度 u 代替. 在 "Sommerfeld 理论物理学" 的第三卷 §26 方程 (7) $\operatorname{div} \varOmega = 0$ 中必须也作这一改变, 为

$$\operatorname{div} \boldsymbol{A} + \frac{1}{\mathrm{i}u} \frac{\partial}{\partial t} \frac{\mathrm{i}\psi}{u} = \operatorname{div} \boldsymbol{A} + \psi/u^2 = 0 \tag{16}$$

---

[1] 类似于 G. Beck, Phys. Rev. **74**, 795, 1948.

[2] K. M. Watson and J. M. Jauch, Phys. Rev. **75**, 1249, 1949.

方程的这一形式已隐含在上面的计算中.

然而, 必须注意到我们已经用到的有四分量的量 Ω, Γ 并不是真正的四矢量; 它们不是相对论协变量, 而是专门基于电子在其中运动的静态电介质系统而来的. 为了从这个参考系变到另一参考系 (例如, 相对电子静止的参考系), 不应该用通常的 Lorentz 变换, 而应该用 Minkowski 的运动介质电动力学 (第三卷第 4 章).

§48 几何光学的补充: 弯曲光线, 正弦条件, 透镜公式, 彩虹

在 §35A 中, 我们将几何光学建立在程函存在的基础之上, 也就是, 满足 $S(x, y, z) = $ 常数的曲面系统, 与之正交的轨迹就是光线. 根据 §35 式 (3), 程函的方程为

$$D\left(S\right) = \left(\mathrm{grad}\, S \cdot \mathrm{grad}\, S\right) = n^2 \quad (n = 折射率)$$

光线方向上的单位矢量①, 即穿过考虑点的程函面法线, 为

$$\boldsymbol{s} = \frac{\mathrm{grad}\, S}{\sqrt{D\left(S\right)}} = \frac{1}{n}\mathrm{grad}\, S \tag{1}$$

因此

$$\mathrm{curl}\ (n\boldsymbol{s}) = 0 \tag{2}$$

这个条件等价于程函的存在. 所有几何光学中成立的光束 (直线或曲线的) 都垂直于这些面, 正因为它们满足条件 (2), 才能够将它们与更一般的曲线系统区分开来.

平行光线以及来自点光源的发散光线是常考虑的光线类型, 它们明显具有垂直于那些曲面的性质. Malus 陈述过的一个定理指出, 这一性质经任意的反射和任何透镜系统中的折射都保持不变. 对我们来说, 这个定理是不言而喻的, 因为程函在每次反射或折射前后都是存在的, 都可由式 (2) 表示.

下面的积分条件等价于微分条件 (2):

$$\oint n\left(s_x\mathrm{d}x + s_y\mathrm{d}y + s_z\mathrm{d}z\right) = 0 \tag{2a}$$

也可以简写如下:

$$\oint n\boldsymbol{s} \cdot \mathrm{d}\boldsymbol{s} = 0 \tag{2b}$$

因此有

$$\int_1^2 n\boldsymbol{s} \cdot \mathrm{d}\boldsymbol{s} = S_2 - S_1 \tag{2c}$$

① 这一使用是基于在 182 页引用的 Sommerfeld 和 Iris Runge 的工作. 这也会为接下来的描述带来简化.

也就是, 在场中的点 1 到点 2 的线积分与路径无关, 并且等于这两点的程函值之差. 后面我们将积分的起始点 1 称为 "物", 将终点 2 称为 "像".

A. 光线的曲率

在所考虑的点 P 处, 我们建立弯曲光线的密切平面. 接下来在 P 点以及同一光线上邻近的 P' 点建立一切向单位矢量 s 和 s'. 光线的曲率定义为这两个矢量间的夹角除以距离 $PP' = \mathrm{d}s$. 由于 $|s| = 1$, 所以上述夹角等于矢量差 $s' - s$, 为 $\mathrm{d}s$. 因此定义曲率为

$$K = \frac{\mathrm{d}s}{\mathrm{d}s} \tag{3}$$

这一矢量的绝对值给出了曲率的大小. 式 (3) 中 $\mathrm{d}s$ 的方向给出了密切平面中曲率半径的位置.

为了简明起见, 暂时用笛卡尔坐标[①]将式 (3) 的右边变换为

$$\frac{\mathrm{d}s}{\mathrm{d}s} = \frac{\partial s}{\partial x}\frac{\mathrm{d}x}{\mathrm{d}s} + \frac{\partial s}{\partial y}\frac{\mathrm{d}y}{\mathrm{d}s} + \frac{\partial s}{\partial z}\frac{\mathrm{d}z}{\mathrm{d}s}$$

因子 $\mathrm{d}x/\mathrm{d}s \cdots$ 正是单位矢量 s 的分量, 因此

$$\frac{\mathrm{d}s}{\mathrm{d}s} = \frac{\partial s}{\partial x}s_x + \frac{\partial s}{\partial y}s_y + \frac{\partial s}{\partial z}s_z \tag{3a}$$

此外, 由 $|s|^2 = 1$ 可得, 对于梯度的每个方向有

$$0 = \frac{1}{2}\mathrm{grad}\ |s|^2 = s_x\ \mathrm{grad}\ s_x + s_y\ \mathrm{grad}\ s_y + s_z\ \mathrm{grad}\ s_z \tag{3b}$$

式 (3a) 减去式 (3b) 可得

$$\frac{\mathrm{d}s}{\mathrm{d}s} = s_x\left(\frac{\partial s}{\partial x} - \mathrm{grad}\ s_x\right) + s_y\left(\frac{\partial s}{\partial y} - \mathrm{grad}\ s_y\right) + s_z\left(\frac{\partial s}{\partial z} - \mathrm{grad}\ s_z\right) \tag{3c}$$

这个矢量方程的 x 分量 (令 $s = s_x$, $\mathrm{grad} = \partial/\partial x$) 为

$$\frac{\mathrm{d}s_x}{\mathrm{d}s} = s_y\left(\frac{\partial s_x}{\partial y} - \frac{\partial s_y}{\partial x}\right) + s_z\left(\frac{\partial s_x}{\partial z} - \frac{\partial s_z}{\partial x}\right)$$
$$= -s_y\mathrm{curl}_z s + s_z\mathrm{curl}_y s = (\mathrm{curl}\ s \times s)_x$$

相应的结果对于式 (3a) 的 y 和 z 分量也成立. 将这些分量结合成一个矢量关系, 有

$$\frac{\mathrm{d}s}{\mathrm{d}s} = \mathrm{curl}\ s \times s \tag{4}$$

这对于每个单位矢量 s 都成立, 而不只是光学中的表面法线矢量.

---

① 否则我们将用到张量分析, 这是我们想避免的.

现在利用描述光矢量 s 的基本方程 (2), 并将其写成如下形式:

$$n \operatorname{curl} \boldsymbol{s} - \boldsymbol{s} \times \operatorname{grad} n = 0 \quad \text{或} \quad \operatorname{curl} \boldsymbol{s} = \frac{1}{n} \boldsymbol{s} \times \operatorname{grad} n \tag{4a}$$

将它代入式 (4), 并取两边的绝对值. 注意到, 根据式 (4a), curl s 是垂直于 s 的, 所以式 (4) 中矢量积的绝对值等于 |curl s| 和 |s| 的积. 因此, 得到

$$\left| \frac{\mathrm{d}\boldsymbol{s}}{\mathrm{d}s} \right| = \frac{1}{n} |\boldsymbol{s} \times \operatorname{grad} n| \tag{5}$$

根据式 (3), 这等于曲率

$$K = \frac{1}{n} |\boldsymbol{s} \times \operatorname{grad} n| = \frac{1}{n} |\operatorname{grad} n| \sin \alpha, \quad \alpha = \text{angle} \ (\boldsymbol{s}, \ \operatorname{grad} n) \tag{6}$$

对于曲率半径的方向, 从式 (4) 和式 (4a) 可得

$$\boldsymbol{K} = \frac{1}{n} [\boldsymbol{s} \times \operatorname{grad} n] \times \boldsymbol{s}$$

或者利用熟知的矢量定理

$$n\boldsymbol{K} = \operatorname{grad} n - \boldsymbol{s} (\boldsymbol{s} \cdot \operatorname{grad} n) \tag{6a}$$

据此我们看到, 主法线 $\boldsymbol{K}$、切线 $\boldsymbol{s}$ 以及 n 的梯度全位于同一个平面内, 也就是密切平面内. 或者更好地表述为: 如果考虑给定的是 n 的梯度以及光线 $\boldsymbol{s}$ 的方向, 而不是给定密切平面, 那么密切面通过 $\boldsymbol{s}$ 和 n 的梯度. 主法线 $\boldsymbol{K}$ 同样也位于这个平面. 根据式 (4a), 副法线与 (轴) 矢量 curl s 的方向相同.

方程 (6) 包含了一个在 §35A 中已用过的定理: 在均匀介质 (n = 常数) 中光线是直线 ($K = 0$).

作为一个非均匀光学介质的例子, 让我们考虑日落时地球的大气层. 空气的折射率 n 随着海拔的升高而减小, 因此 n 的梯度指向地心. 图 93 的平面是所示弯曲光线的密切平面, 这一平面垂直于地球表面. $\boldsymbol{K}$ 的方向实际上由式 (6a) 右边的第一项给定, 这是因为第二项几乎就是水平方向指向. 因此, 光线是凹向地球弯曲的. 以更基本的方式来说, 光线沿着空气密度增加的方向 "折射". 因此, 落日的位置看起来升高了, 如图中相切于 P 点的点划线所示.

在当前的具有平行分层介质的例子中, 弯曲光线的方程可以由折射定律明确地写为

$$n \sin \alpha = \text{const.} \tag{6b}$$

容易看出 (通过对数微分以及计算 $K = \mathrm{d}\alpha/\mathrm{d}s$) 这个方程与普遍成立的方程 (6) 相符.

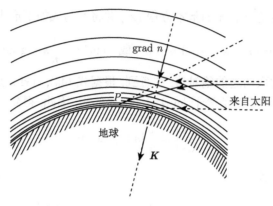

图 93 地球大气中太阳光线的弯曲

B. Abbe 的正弦条件

考虑关于轴 PP' 对称的透镜系统, 利用有限孔径的光束, 将物空间平面 PP_1 上的点映射到像空间平面 $P'P'_1$ 上形成 (几乎) 完美的像. 令 u 和 u' 为光束的孔径角; n 和 n' 为透镜系统前方和后方的折射率; $n > n'$ 表示浸没.

设 (1) 是从 P 指向 P' 的轴上光线, (2) 是从 P 发出的光束边缘光线 (由于旋转对称性, 只需要考虑子午面, 参见图 94). 设物点 P_1 与 P 的距离为 l; 由 P_1 发出的分别平行于 (1) 和 (2) 的光线为 (3) 和 (4). 设从 P' 到像点 P'_1 的距离为 l'. 我们不关心透镜系统内部的光线路径 (可能是弯曲的); 透镜外面的光线为直线.

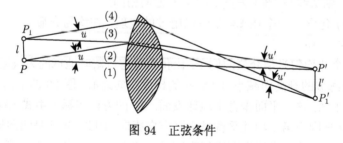

图 94 正弦条件

根据方程 (2c), 有相同起点与终点的两个线积分 $\int n s \cdot ds$ 相等, 并且等于各自的程函值之差

$$
\begin{cases}
(1) = (2) = S(x', 0) - S(x, 0) \\
(3) = (4) = S(x', l') - S(x, l)
\end{cases}
\tag{7}
$$

其中, x 和 x' 分别是物和像沿中心轴的横坐标. 我们希望求出差 (3) − (1), 以及相等的差 (4) − (2).

对于足够小的 l' 和 l, 由式 (7) 有

$$(3) - (1) = S(x', l') - S(x', 0) - \{S(x, l) - S(x, 0)\}$$
$$= l' \frac{\partial}{\partial y'} S(x', y') - l \frac{\partial}{\partial y} S(x, y) \tag{8}$$

其中, $y' = y = 0$. 由于两个微商来自于 Taylor 展开, 它们将在路径 (1) 中求出. 第一个微分将在像空间的点 P' 求出, 第二个则在物空间的点 P 求出. 另外, 因为 S 是 ns 的线积分, 这两个微商分别为

$$\text{在 } P' \text{ 是 } n's_y, \quad \text{在 } P \text{ 是 } ns_y \tag{8a}$$

由于是在 $s_y = 0$ 的路径 (1) 上求解, 它们都等于零. 因此

$$(3) - (1) = 0 \tag{8b}$$

如果用同样的方法计算 (4) − (2), 由 Taylor 展开再次得到式 (8) 的右边, 不过, 其中关于 y 的求导将分别在像空间和物空间中的路径 (2) 上求解; 另外, 通过把 S 定义为线积分, 这些微分再次由式 (8a) 给出, 不过现在是对路径 (2) 求解. 参见图 94, 它们分别是

$$n's_y = n' \sin u' \text{ 和 } ns_y = n \sin u$$

因此得到

$$(4) - (2) = l'n' \sin u' - ln \sin u. \tag{9}$$

但是根据式 (7), $(4) - (2) = (3) - (1)$, 且由于式 (8b), $(3) - (1) = 0$, 所以 $(4) - (2) = 0$. 这就是我们在第 271 页中所预期的 Abbe 正弦条件

$$n'l' \sin u' = nl \sin u \tag{10}$$

正如 Straubel 所指出的 [①], 这个定理包含在几何光学中的一个一般互易定理中.

考虑彼此之间沿轴向错开而非前述横向错开的两点 P 和 P_1, 此时可以推导出一个类似的定理. 现在的假设是, 具有有限开口的光束将这两个点投影为像点 P' 和 P_1' 时, 它们之间也是轴向错开的. 在这一排布中, 仅有的区别是, 在上面所有的公式中, 对程函的导数是对 x 和 x', 而不是 y 和 y'. 结果是

$$(3) - (1) = -nl + n'l'$$
$$(4) - (2) = -nl \cos u + n'l' \cos u'$$

---

① R. Straubel, Physikal. ZS. **4**, 114, 1902.

由此得到如下关系:

$$n'l'\left(1 - \cos u'\right) = nl\left(1 - \cos u\right) \tag{11}$$

这个表达式与正弦条件式 (10) 的不一致表明, 没有光学系统能利用具有宽角度开口的光束同时产生横向和轴向相邻点的清晰像.

C. 关于直线光束的结构

均匀介质中由直线组成的光束引起了人们极大的兴趣. Kummer 研究过最一般的 (不一定是常见的) 直线光束. 我们将只考虑在光学上可能的光束, 也就是当 n 为常数时能满足如下条件 (方程 (2)) 的光束:

$$\text{curl } \boldsymbol{s} = 0 \tag{12}$$

称其中一条光线为中心光线, 并且只考虑那些仅稍微偏离中心光线一定距离的光线. 也就是, 考虑一束无限细的光束. 建立垂直于中心光线的平面 E 并将该无限细的光束中与这个平面相交的点标记出来. 对于一个距离 E 为 δ (小距离) 的平行平面 E', 做同样的操作. 在平面 E 和 E' 上相应的点彼此之间由仿射变换相联系. 根据连续介质运动学的基本定理 (参见第二卷 §1, 适用于二维连续介质), 这个变换由在两个相互垂直方向的变形 (对称变换系数) 以及关于垂直于这两个方向的轴的旋转 (反对称变换) 组成. 画出中心光线与平面 E 相交形成的小圆, 经这一变形变为椭圆, 这一椭圆通过旋转变换转动 $\frac{1}{2}\text{curl } \boldsymbol{s}$ 的角度. 这一转动类似于流体动力学中的角速度. 将条件 (12) 应用到中心光线后, 意味着该变换的转动分量消失, 因此变形椭圆的主轴平行于所有的面 E, E'. 这些轴位于两个相互垂直的固定平面内, 它们是光束结构的对称面.

正因为如此, 它们必须包含变形椭圆的两种简并情形, 即两个主轴中的一个缩小为零. 这两个简并的椭圆称为光束的焦线. 它们彼此互相垂直, 并与中心光线垂直 (Sturm 定理). 焦线与中心光线相交的点称为光束的焦点. 两焦点之间的距离称为像散差 d (对于一般的 Kummer 光束, 两条焦线并不总是垂直的; 对于非光学的射线复合体, 不存在对称平面, 但由于 $\text{curl } \boldsymbol{s} \neq 0$, 它们具有一个正的或负的旋转方向).

从第 183 页我们知道, 每一光束都对应着一组平行面 $S = $ 常数. 在最简单的球面波情形 (其特殊情形为平面波), 这些曲面是同心球面 (或平行平面). 这时, 对称曲面以及与之垂直的焦线的位置是不确定的, 两个焦点重合成一个焦点; d 变为零, 光束会聚到焦点上, 这种情形称为消像散性.

D. 关于透镜公式

在高中我们学过透镜公式

$$\frac{1}{a} + \frac{1}{b} = \frac{1}{f} \tag{13}$$

$$a = 物到透镜的距离$$

$$b = 透镜到像的距离$$

$$f = 透镜的主焦距; \quad 1/f = (n-1)(1/R_1 + 1/R_2)$$

我们将展示可以用上面的方法证明这个公式, 而不需要借助三角几何学方法、折射定律或者特殊的作图法.

物点 P 发出球面波. 根据 §35 式 (6), 对于 $n = 1$ (空气), 原点位于 P 处的程函是

$$S = \sqrt{x^2 + y^2 + z^2}$$

考虑垂直射向透镜的消像散光束, 将 z 轴设为沿该光束的中心线. 忽略 x, y 和 ζ 的高阶项, 在透镜附近 $(z = a + \zeta)$ 有

$$S = z\left(1 + \frac{1}{2}\frac{x^2 + y^2}{z^2}\right) = a + \zeta + \frac{x^2 + y^2}{2a} \tag{14}$$

现在追随这束光到透镜的内部, 设透镜的前表面是中心位于 $x = y = 0$, $z = a + R_1$, 半径为 R_1 的球面. 因此, 其方程为

$$x^2 + y^2 + (z - a - R_1)^2 = R_1^2 \tag{14a}$$

将中心光线与这个球面相交的点记为 T_1.

假设垂直入射的光束经折射后保持消像散性 (斜入射的情况并非如此). 这个假设的正确性依赖于以下事实: 它使边界条件得以满足 (S 在通过球面 R_1 时连续). 我们认为折射光束是通过边界表面往后直线延伸至它的会聚点 Q_1 的. 距离 $Q_1 T_1$ 将是 ρ_1. 从 Q_1 出射的光束的程函类似于式 (14), 但 a 将由 ρ_1 取代:

$$S = n\left(\rho_1 + \zeta + \frac{x^2 + y^2}{2\rho_1}\right) + S_0 \tag{14b}$$

因子 n 考虑了如下因素: 由于这一光束是通过直线延伸穿过边界表面而建立的, 所以必须认为该光束不只是在透镜内传播, 而且也在其外面传播. S_0 这一项是在对程函的微分方程积分时出现的待定积分常数.

我们要求方程 (14) 和 (14b) 在球面 (14a) 上能彼此连续地连接起来, 这不仅发生在中心光线 ($\zeta = 0, x = y = 0$) 上的点 T_1 处, 也发生在其附近的点. 像之前一样, 如果设 $z = a + \zeta$, 根据式 (14a), 后面这些点可由下式表征

$$\zeta = \frac{x^2 + y^2}{2R_1} \tag{14c}$$

将其代入式 (14) 和式 (14b), 得到

$$S = \begin{cases} a + \dfrac{x^2 + y^2}{2R_1} + \dfrac{x^2 + y^2}{2a} \\ n\rho_1 + S_0 + n\dfrac{x^2 + y^2}{2R_1} + n\dfrac{x^2 + y^2}{2\rho_1} \end{cases} \tag{15}$$

选取待定常数 S_0 使得两式的常数项相等. 比较两式的可变项可得

$$\frac{x^2 + y^2}{2R_1} + \frac{x^2 + y^2}{2a} = n\frac{x^2 + y^2}{2R_1} + n\frac{x^2 + y^2}{2\rho_1}$$

因此

$$\frac{n-1}{R_1} = \frac{1}{a} - \frac{n}{\rho_1} \tag{16}$$

接下来考虑像点 P' 是球面波的源的情况, 该波在半径为 R_2 的透镜后表面处折射. 中心光线与这个球面相交于 T_2 点. 如果将 R_1, a, ρ_1 替代为 R_2, b, ρ_2, 那么方程 (15) 仍成立. ρ_2 现在是 T_2 和光束在透镜后表面折射后的会聚点 Q_2 间的距离. 方程 (16) 则变为

$$\frac{n-1}{R_2} = \frac{1}{b} - \frac{n}{\rho_2} \tag{16a}$$

但是, 由于 P' 应是 P 的像点, 从 P' 发出的光线在透镜内必须与之前考虑的由 P 发出的光线重合. 因此, Q_2 和 Q_1 必须重合, 如果今后写为 $Q_1 = Q_2 = Q$, 那么得到

$$QT_2 = QT_1 + T_1T_2 \tag{16b}$$

由此得到 $T_1T_2 = d = $ 透镜的厚度, 用相同含义的 ρ_1 和 ρ_2 表示为

$$-\rho_2 = \rho_1 + d \tag{17}$$

负号出现在左边是因为, 对于透镜的后表面, 会聚点 Q 相对于前表面有相反的位置.

对于 "薄" 透镜 ($d \ll \rho_{12}$), 有 $\rho_2 = -\rho_1$. 两个方程 (16) 和 (16a) 求和可直接得到待证的透镜公式 (13). 为了使后者有效, 就绝对意义而言, 完全不必要求 d 很小.

我们的推导只要求 d 比曲率半径 R_1 和 R_2 小 (或者, 对于 ρ_1、ρ_2 来说, 情况也大体相同).

为了超越平常的学校知识, 我们还将推广至有限厚度透镜的情况.

为此从式 (16) 计算得到

$$\frac{\rho_1}{n} = \frac{1}{\dfrac{1}{a} - \dfrac{n-1}{R_1}}$$

并由式 (16a) 和式 (17) 得到

$$\frac{-d-\rho_1}{n} = \frac{1}{\dfrac{1}{b} - \dfrac{n-1}{R_2}}$$

如之前将方程 (16) 和 (16a) 加起来一样, 也把这两个方程相加, 得到式 (13) 的推广式

$$\frac{d}{n} = \frac{1}{\dfrac{n-1}{R_1} - \dfrac{1}{a}} + \frac{1}{\dfrac{n-1}{R_2} - \dfrac{1}{b}} \tag{18}$$

前面只限于讨论单个透镜的情况 (在透镜的前面与后面 n 相同). 当然, 对于一组透镜的结果将不像方程 (18) 那样简单, 而且, 我们只考虑了垂直入射的光束. 如前所述, 斜入射光束经折射后不再保持消像散性; 得到的像散光线结构有两条焦线, 一条位于入射平面, 另一条则位于与之垂直的平面. 我们要说明, 像散光束无疑是正常的情况: 仅在特殊的轴对称排列情况下, 入射平面波或球面波的消像散性才会保持不变.

如上面在方程 (13) 所指出的, 在 C 节整节中明显地使用折射定律并非必要的. 这是因为在折射定律本身的推导 (参见 §3 的开始) 中保证了入射波和折射波相位的等同性. 另外, 程函只表示波的相位, 参见 §35A. 因此, 要求程函在透镜的边界连续就表示了这完全等效于折射定律. 的确, 折射定律可以直接从现在的方程 (2b) 中得到. 这只需要将后者应用于一个窄的矩形, 该矩形环绕并穿过折射介质中的一个面元. 那么方程 (2b) 为

$$n_1 s_1 = n_2 s_2 \tag{18a}$$

其中, s_1 和 s_2 是单位矢量的切向分量, 从而 $s_1 = \sin\alpha$, $s_2 = \sin\beta$. 因此, 方程 (18a) 就是 Snell 折射定律.

E. 扩散产生的弯曲光线和彩虹理论的评注

通过扩散实验, 可以构造出一种非均匀光学介质, 这种介质的折射率随空间以简单且容易表示的方式变化. 一个高窄、由平行玻璃壁组成的贮水池, 在其下半部,

$x < 0$, 注入甘油, 上半部, $x > 0$, 注入水. 虽然开始时 $(t = 0)$ 存在一个明显的平面 $(x = 0)$ 将这两种介质分隔开来, 不过由于存在扩散, 这一分隔将变得越来越不明显. 在 $x = 0$ 处, 浓度 u 总是保持对应于完美混合时的值 $u = 1/2$. 浓度曲线 $u(x)$ 在这点处也有一条斜率随时间逐渐增加的拐点切线 (图 95 中的曲线 1 和 2). 在 x 取很大的正值时, 曲线 $u(x)$ 接近 0, 而在 x 取很大的负值时, 其值接近于 1. 当 $t \to \infty$ (如果忽略很小的重力效应, 此时为完美混合物) 时, $u \to 1/2$ (图 95 中的 ∞ 线).

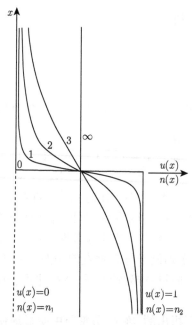

图 95　扩散实验中浓度 u 和折射率 n 的变化

可以假设折射率 n 定性地和 u 一致, 因此图 95 也可以用来表示 n. 那么只需要用新名称来理解该图:

$$\text{直线 } u = 0 \text{ 变为 } n = n_{\text{Water}} = n_1;$$
$$\text{直线 } u = 1 \text{ 变为 } n = n_{\text{Glyc.}} = n_2;$$
$$\text{直线 } u = \frac{1}{2} \text{ 变为 } n = \frac{1}{2}(n_1 + n_2)$$

$n(x)$ 曲线的特征点是拐点:

$$x = 0, \quad n(0) = \frac{n_1 + n_2}{2}, \quad \text{在此点 } n'(0) = n'(x) \text{ 的最大值} \tag{19}$$

在该点处, 由 n 的梯度表示的介质的光学不均匀性最大, 仅在 $t \to \infty$ 时不均匀性消失.

现在在贮水池的前表面粘上锡纸, 使得该表面除了一条与水平方向成 45° 的狭缝外, 都变为不透明的. 在后表面用光 (带准直器的弧光灯) 垂直地入射. 由于每一条入射光线在位置 x 处都通过一个具有常数 $n = n(x)$ 的水平层, 人们或许会认为放置在狭缝前面的观察屏将出现该 45° 狭缝的直线像. 但事实并非如此, 因为 $n'(x) \neq 0$, 所以光线是弯曲的, 也因为 n 的梯度的方向, 光线曲率的中心位于水池的下部; n 的梯度越大, 该中心的位置越高. 由于贮水池很窄, 所以弯曲光线的路径很短, 可以将它近似为一段圆弧, 其在水池的后壁处具有水平切线, 在前壁处具有向下倾斜的切线. 如果 d 是贮水池的内宽度, R 是圆形路径的半径, 那么前壁处切线的斜率就是 $\gamma = d/R$. 因为方程 (6) 中的角度 α 等于 $\pi/2$ (n 的梯度方向垂直于近似为水平的光线路径), 则根据方程 (6) 有

$$\frac{1}{R} = \frac{1}{n} \left| \frac{dn}{dx} \right| \tag{19a}$$

从贮水池出射后, 斜率 γ 将增大一个因子 n (在与薄空气的界面处发生折射). 因此, 出射光线的斜率由下式给出:

$$\gamma' = n\gamma = d \left| \frac{dn}{dx} \right| \tag{19b}$$

观察屏上的像点相对于这个角度向下偏移了   段距离. 在 $x = 0$ 处偏移得最大; 对于 x 很大的正值和负值, 偏移趋于零, 使得像曲线的上部和下部的末端形成一条倾斜 45° 的直线.

图 96 展示了像曲线随时间变化的示意图. 该图是 H. Ott 为一个研讨会准备的, 那时他是我们学院的助教. 在这个图中, 1 是扩散过程刚开始时的曲线形状; 31 是它 30min 后的样子, 61 是又一个 30min 后的情形, 181 是再过 2h 后的曲线, 那时混合过程差不多已经完成. 这个实验首先由 O. Wiener[1]开展, 并由 Kohlrausch 在*Praktische Physik* (《实用物理学》, 译者注) 中作为一种测量扩散常数 k 的方法进行过描述. 为了解释这个应用, 必须稍稍离题到扩散理论中去.

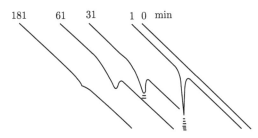

图 96 扩散实验中光的偏移. 最大光偏移点下方的虚线应该想象为彩虹中的颜色

[1] O. Wiener, Ann. d. Phys. (Lpz.) **49**, 105, 1893.

在一维的情况下, 扩散的微分方程是

$$\frac{\partial u}{\partial t} = k\frac{\partial^2 u}{\partial x^2} \tag{20}$$

如果作如下替换 (量纲上的考虑):

$$u = f(\xi), \quad \xi = \frac{x}{\sqrt{kt}} \tag{20a}$$

那么

$$\frac{\partial u}{\partial t} = -\frac{\xi}{2t}f'(\xi), \quad \frac{\partial^2 u}{\partial x^2} = \frac{1}{kt}f''(\xi)$$

再由式 (20) 有

$$f''(\xi) = -\frac{\xi}{2}f'(\xi)$$

从而

$$f'(\xi) = Ae^{-\xi^2/4}$$

其中, A 是积分常数. 因此, 由式 (20a) 有

$$\frac{\partial u}{\partial x} = \frac{1}{\sqrt{kt}}Ae^{-x^2/4kt} \tag{20b}$$

$$\frac{\partial^2 u}{\partial x^2} = -\frac{x}{2(kt)^{3/2}}Ae^{-x^2/4kt} \tag{20c}$$

作为式 (20b) 的推论, u 可以用 Gauss 误差积分来表示, 这一表示与第六卷中对一个类似的扩散问题推导得到的 §13 方程 (19) 相似. 如果 B 是第二个积分常数, 那么有

$$\begin{cases} u = \dfrac{1}{\sqrt{kt}}A\displaystyle\int_0^x e^{-x^2/4kt}dx + B = \sqrt{\pi}A\Phi\left(x/2\sqrt{kt}\right) + B \\ \Phi(p) = \dfrac{2}{\sqrt{\pi}}\displaystyle\int_0^p e^{-\alpha^2}d\alpha \end{cases} \tag{20d}$$

用折射率 n 取代 u 重写以上方程组, 从 n 的初始条件可以得到

$$对于 t = 0 和 x > 0, \quad n = n_1$$

$$对于 t = 0 和 x < 0, \quad n = n_2$$

从式 (20d) 得到

$$\begin{cases} n_1 = \sqrt{\pi}A + B, \quad n_2 = -\sqrt{\pi}A + B \\ A = \dfrac{n_1 - n_2}{2\sqrt{\pi}}, \quad B = \dfrac{n_1 + n_2}{2} \end{cases} \tag{21}$$

再根据式 (20d), 对于 $x = 0$ 和任意的 t 有

$$n(0) = \frac{n_1 + n_2}{2} \tag{21a}$$

这与我们给出的式 (19) 相符. 接下来仍在 $x = 0$ 处从式 (20b) 式 (21) 计算得到

$$\frac{\partial n}{\partial x} = \frac{n_1 - n_2}{2\sqrt{\pi kt}} \tag{21b}$$

由此可通过式 (19b) 得到光线出射的最大角度

$$\gamma' = \frac{(n_2 - n_1) d}{2\sqrt{\pi kt}} \tag{21c}$$

这决定了光线在图 96 中曲线上的最大偏移量. 这一偏移量随时间以 $1/\sqrt{t}$ 减小. 最后, 从式 (20c) 可得, 对于 $x = 0$ 及所有的 t,

$$\frac{\partial^2 n}{\partial x^2} = \frac{x}{4 (kt)^{3/2}} \frac{n_2 - n_1}{\sqrt{\pi}} e^{-x^2/4kt} \tag{21d}$$

作为 x 的函数画出的折射率曲线在 $x = 0$ 处有一个不变的拐点.

Wiener 利用方程 (21c) 从测得的偏折量 γ' 计算出扩散常数 k. 为了得到一条有确定最大偏移量的尖锐偏移曲线, 他用的是单色光. 不过我们感兴趣的是使用白光时出现的现象: 偏移曲线的最低点, 特别是图 96 中的曲线 1, 分解为一条水平方向窄、但垂直方向清晰分离的光谱, 这在图中由七条水平线表示 (彩虹的 "七" 色以顶端的红色开始, 以底端的紫色结束). 这一光谱很快就由于扩散过程而随时间缩减, 在图 96 的曲线 2 中仅能勉强辨认. 在距离光谱最大偏移点很小的距离处光谱就很难分辨出来, 即使在曲线 1 上也如此. 在曲线 1、2 等线上的其他点均呈现白色. 让我们基于波动理论来解释这一现象.

因为 n_1 和 n_2 的色散, 则由式 (21c) 知角度 γ' 依赖于波长. 因此, 各种颜色沿不同方向偏移, 并以序列的形式从顶端的红色到底端的紫色呈现在观察屏上. 我们不再像之前那样限制在 $x = 0$ 层, 为了在屏上得到一定的颜色强度, 也必须考虑邻近的层. 如果我们将光线通过在 x 层的色散记为 $n(x, \lambda)$, 那么不仅 $n(0, \lambda)$, 在 $x = 0$ 附近的 $n(x, \lambda)$ 的行为也是重要的. n 在 $x = 0$ 处是固定的, 也仅在那里才是固定的. 根据式 (21d), 曲线 $n(x, \lambda)$ 在该处有一个拐点, 这意味着在 $x = 0$ 的近邻处偏折角 γ' (参见方程 (19b)) 与在 $x = 0$ 处是一样的. 这里的颜色效应被放大, 而在 $x \neq 0$ 的点处由于叠加而减弱. 仅在扩散过程刚开始的时候得到的光谱才有可观的展宽. 在式 (21c) 中的分母 $\sqrt{kt}$ 不仅导致偏折的快速衰减, 还导致色散的快速衰减. 在图 96 中, 相比于曲线 1, 曲线 2 中的色散已经大大降低了.

为了阐明彩虹理论的基本思想, 我们已经相当详细地介绍了这个例子. 为了使得反射、折射和弥漫在水滴中的光线在进入眼睛时是有充分强度的平行光线, 波前

(更确切地说是其在入射面的轨迹) 必须有一个拐点 (由于这里是用几何光学处理, 我们本应该讲 "程函" 而非 "波前"). 这一充要条件将主虹 (在液滴内部的单次反射) 的半径固定在大约 41° 处, 而将副虹 (两次反射) 的半径固定在大概 51°20′ 处. 因此构成彩虹的光线与其他所有从液滴出射的发散光线相比有一个极值的偏差; 因为实际上, 对于垂直于彩虹的拐点切线, 其偏折相比于其他所有的切线是一个极值 (在我们的扩散实验中, 彩色光谱仅出现在偏移曲线的最低点这一事实可以说明这一点). 从这个实际光线的极值位置, 可得到结论: 对于主虹, 相比于平行光线, 发散光线与太阳的入射光线成一个较小的角度, 因此发散光线从彩虹的下部到达眼睛. 对于副虹还有如下结论: 相比于平行光线, 发散光线与入射的辐射成一个较大的角度, 因此发散光线从虹的上部到达眼睛, 所以两条彩虹之间的区域比主虹的下面以及副虹的上面都要暗一些.

前面 (第 158 页) 强调过, 严格来说, 彩虹代表一类困难的衍射问题, 其特征依赖于液滴的尺寸, 这使得每种情况都不一样. 至于彩虹的波动理论处理, 将只限于得到与存在拐点有直接联系的结论. 如果希望研究柱面波的传播, 例如通过鞍点法, 将波面的迹线表示为 $y = S(x)$, 那么必须寻找使得 $S'(x_0) = 0$ 的点 $x = x_0$. 为此, 对于 $S(x)$, 用 Taylor 级数在该点处展开:

$$y = S(x_0) + \frac{(x-x_0)^2}{2} S''(x_0) + \frac{(x-x_0)^3}{3!} S'''(x_0) + \cdots$$

通常, 辐射由这个波面迹线的曲率决定, 由 $S''(x_0)$ 给出. 由于我们关心的是积分 $\int \exp(iky)\,dx$ 的近似, 结果会得到 Fresnel 积分:

$$\int \exp(ika\tau^2)\,d\tau, \quad \tau = x - x_0, \quad a = \frac{1}{2}S''(x_0)$$

但是, 如果迹线有一个拐点 $S''(x_0) = 0$, 也就是, 如果它的曲率为零, 这个近似就不再成立; 代替 Fresnel 积分的是 Airy 积分, 其形式为

$$\int \exp(ika\tau^3)\,d\tau, \quad \tau = x - x_0, \quad a = \frac{1}{6}S'''(x_0)$$

这也可以称为 "彩虹积分", 因为它具有彩虹中颜色分布以及所有类似的简并波问题定量研究的特征. 后面这些问题的其中之一已经在第六卷 §21D 中结合 Hankel 函数的渐近表达式详细讨论过了; 具体见该节中最后的评注. 这里我们仅感兴趣于: 最令人印象深刻的天体现象, 即彩虹的主要特征, 至少是可以定性地用几何光学来理解的, 而且几何光学提供了定量处理这个问题的线索.

§49 白光的本性——光子理论和互补性

在 §1 的历史年表中, 已经列出了 Rayleigh 勋爵在光学领域中的一项重要成果: 他的理论认为自然白光是一个完全随机的过程. 我们将首先引用 Rayleigh[①]的一个评论, 它涉及的是白光的对立情况, 即规则的单色波.

"如同有时在光学猜测中的那样, 假设一列简单的波可以从一个给定的时间点开始, 延续一段时间 …… 最后停止了, 无疑是自相矛盾的. 如果我们说非偏振光为均匀的, 也会包含类似的矛盾, 事实上, 均匀的光必然是偏振的."

关于该引文中的最后一点, 参考 §2, 理想单色平面波的椭圆偏振已被证明为 Maxwell 方程的数学推论. 在 §22 中已经考虑所引用的第一假设了, 一个由 Rayleigh 描述的波列分解成它的 Fourier 谱, 因此它不是被当作单色光, 而是作为多色光来处理的.

考虑白光的问题, 我们再次引用 Rayleigh 勋爵[②]的一个评论, 是关于当时 Röntgen 的新发现: "Stokes 和 J. J. Thomson 关于 'Röntgen 射线不是波长很短的波, 而是脉冲' 的结论, 令我感到惊奇. 从它们表现出的高度压缩脉冲这个事实来看, 我应该下相反的结论, 它们是波长很短的波 …… 那么 Fourier 定理会有什么结果?"

"这难道是认为在进行分辨之前 (不论是纯理论的, 还是实际中光谱仪达到的), 普通光 (如白光) 的振动是规则的, 因此可以与由脉冲组成的扰动区分出来? 这个观点已经由 Gouy、Schuster 以及本书作者指出是站不住脚的. 如果将一条代表白光的曲线画在纸上, 将不会显示出一些类似波的序列."

我们希望补充几句: Emil Wiechert 曾独立于 Stokes 发展了关于 Röntgen 射线本性的假设, 并且本书作者在 20 世纪初与他合作过几篇论文. 不同于这些理论, Planck 意识到有必要假设 "自然光" 相位的完全独立, 这与他的作用量子 (参见第 8 页) 的发现有关. Laue 的发现随后将连续谱的各个 Fourier 分量直接呈现出来, 证明了区分脉冲和波辐射是没意义的, 这与 Rayleigh 的观点完全一致.

我们使用的白光和自然光两个词是同义的. 我们感受到太阳的自然光是白色的, 也就是没有各种光谱颜色的, 这是因为眼睛适应了太阳; 也就是说, 是因为我们的眼睛以及相关的生理-心理视觉系统在其进化的过程中已经使自身适应了太阳的光谱. 如果我们生活在一个红巨星附近, 想必也会认为红的颜色是正常的白色. 众所周知, Goethe 憎恶白光是由彩虹的七种颜色混合而成的理论 (从他对白色感觉的基本观念来说, 这当然是正确的). 但是, 彩虹现象理应让他相信白光是由分光器件 (这种情况下是水滴) 分解成各种颜色的. 在这一分解中, 周期性的出现不是来自于

---

① Phil. Mag. **50**, 135, 1900, Sci. Papers, Vol. IV, p. 486.
② Röntgen Rays and Ordinary Light. Nature **57**, 607, 1898 和 Sci. Papers, Vol. IV, p. 353.

最初的太阳光, 而是来自于对频率敏感的分光器件.

Gouy (1886) 可能是最先主张线光栅对一个 "平面" 单脉冲[①]的衍射与对一个平面波的衍射方式相同的人. 一个斜入射的初始脉冲 (或者是一系列随机的相互独立的脉冲) 在相等的时间间隔内有节奏地撞击各光栅线, 由此光栅线发射出一系列交错的次级脉冲[②]. 可以参考图 37, 不过需要记住的是, 它描述的是连续波, 而我们现在处理的是离散的一系列次级柱面激发. 在离光栅足够远处的任意给定方向上, 这些脉冲相距一个固定的距离:

$$\lambda = d(\alpha - \alpha_0)$$

(α 是入射脉冲相对于光栅平面的方向余弦). 这是前面对于 $h = 1$ 的 §32 光栅方程 (2). 然而, λ 现在不是单色正弦波的波长, 而是脉冲之间的距离. 光的白色特征因此并没有完全丢失, 次级脉冲序列远非单色的. 周期性起源于光栅而不是初始脉冲, 对于不同的观察方向, 它也会不同. 如果次级脉冲以 Fourier 的形式分解为纯正弦波, 也即分解成波长为 λ 的基频振动和波长为 λ/h 的谐波, 那么可以得到更高级次 ($h > 1$) 的谱线.

但是, 对于棱镜情况会是怎么样的呢? 棱镜也能从白光中生成单色波, 而它看起来并没像光栅那样有周期结构. Gouy 以如下的方式回答了这个问题: 一条宽的谱线, 也就是连续光谱的某一部分, 从波动光学观点来看, 表示一个调制的波列 (在相邻频率之间存在拍频). 这些拍频以群速度传播, 因此滞后于以相速度传播的波列. 这导致了波列形状的周期变化: 仅当波群比相位落后一个完整的波长时波列才能保持同样的形状. 在棱镜内部, 光程从顶部到底部连续地增加, 那些对于任意给定波长满足上面条件的光路径, 在出射面确定了一系列可与光栅结构比拟的平行等间距线. 能得到这些有规律的出射波, 是由于群速度和相速度之间的差别, 或者也可以说是由于色散. 这种规律性也是源于棱镜而非入射光 (几乎为白光或有颜色光).

基于脉冲的概念, 我们已经将以前过于受限的波动理论的概念推广成接近于 Einstein 光量子假设的形式. 实际上, 光量子的机制从其一开始就困扰着光学界.

Fermat 最短到达时间原理除了力学中无外力质点的最短 (测地) 线原理之外, 还能是什么呢? 由于在无外力的情况中, 运动的时间以及路径长度彼此之间成正比, 所以两者皆给出同样的结论. 这对于最小作用量原理也同样成立, 因为动能保持不变, 参见第一卷 §37 方程 (1) 和 §37 方程 (2). Fermat 原理给我们提供了在求极大

---

① "平面脉冲" 指的是 "平面波" 的对应物, 也就是有如下特性的电磁扰动: 它仅在两个相隔一小段距离的无限大平行平面间有明显的强度, 而且在每个平行于这两个平面的平面上都有一个恒定的瞬时值.

② "次级脉冲" 指的是有如下特性的激发: 它仅在两个以一条光栅线为中心的共轴柱面间有明显强度, 而且以光速按这一圆柱面形状向外传播.

值和极小值方法中一个很流行的习题: 给定路径的始末点, 也给定第一和第二种介质中的速度, 入射的光粒子将沿着其到达第二种介质中的终点所用最短时间的路径传播. 如果终点也位于第一种介质中, 并附加一个条件: 粒子将接触到介质 1 和 2 的分界面, 那么上述结论也成立. 这里我们利用这个原理计算非均匀介质中路径的曲率, 在前文中曾用程函理论计算过这个曲率.

从以下原理出发

$$\delta \int_{P_0}^{P} \mathrm{d}t = 0 \tag{1}$$

其中, P_0 和 P 是规定的路径始末点. 考虑分层的介质, 因此光粒子的速度 u (光的相速度) 在其中是只依赖于坐标 x 的给定函数. 我们用速度比值 $n(x) = c/u(x)$ 代替 u, 其中 c 是标准速度, 其大小在这里并不重要. 式 (1) 就变为

$$\frac{1}{c} \delta \int_{P_0}^{P} n(x) \, \mathrm{d}s = 0 \tag{2}$$

上式可以写成如下形式:

$$\delta \int F(x, y') \, \mathrm{d}x = 0, \quad F(x, y') = n(x) \sqrt{1 + y'^2}$$

这个变分问题的 Lagrangian 导数是

$$\frac{\mathrm{d}}{\mathrm{d}x} \frac{\partial F}{\partial y'} - \frac{\partial F}{\partial y} = 0$$

由于 F 与 y 无关, 有

$$\frac{\mathrm{d}}{\mathrm{d}x} \frac{\partial F}{\partial y'} = n(x) \frac{\mathrm{d}}{\mathrm{d}x} \frac{y'}{\sqrt{1 + y'^2}} + \frac{\mathrm{d}n}{\mathrm{d}x} \frac{y'}{\sqrt{1 + y'^2}} = 0 \tag{3}$$

如果 α 是曲线 $y = y(x)$ 的切线与 x 轴的夹角, 那么

$$\tan \alpha = y', \quad \sin \alpha = \frac{y'}{\sqrt{1 + y'^2}}, \quad \cos \alpha \frac{\mathrm{d}\alpha}{\mathrm{d}x} = \frac{\mathrm{d}}{\mathrm{d}x} \frac{y'}{\sqrt{1 + y'^2}} \tag{4}$$

因此, 方程 (3) 的最后一项等于 $\sin \alpha \, \mathrm{d}n/\mathrm{d}x$, 倒数第二项等于 $n(x) \cos \alpha \, \mathrm{d}\alpha/\mathrm{d}x$, 则方程 (3) 变为

$$n(x) \cos \alpha \frac{\mathrm{d}\alpha}{\mathrm{d}x} + \sin \alpha \frac{\mathrm{d}n}{\mathrm{d}x} = 0 \tag{5}$$

但是现在

$$\mathrm{d}x = \cos \alpha \, \mathrm{d}s, \quad \text{因此} \quad \cos \alpha \frac{\mathrm{d}\alpha}{\mathrm{d}x} = \frac{\mathrm{d}\alpha}{\mathrm{d}s} = K \tag{6}$$

其中, K 是曲线 $y(x)$ 的曲率. 合并方程 (5) 和 (6), 得到

$$|K| = \frac{1}{n} |\text{grad } n| \sin \alpha \qquad (7)$$

这是方程 §48(6). 正如 Hamilton 早已意识到的, 不仅对于均匀介质, 而且也对于非均匀介质, 几何光学与质点的普通力学是一样的.

然而, 为了从光的这一原始的微粒理论过渡到现代的 "光子理论", 需要向量子理论迈出勇敢的一步, 这一步在 1905 年由 Einstein 迈出: 光子的能量须设为 $h\nu$, 动量为 $h\nu/c$. 只有这样处理才能在光电效应、Compton 效应以及连续 X 射线谱的短波极限等实验中得到完全验证的能量关系, 也仅在这种方式下, 经典光学才能与原子物理相融洽.

重要的是, Einstein 在对量子理论作出这个发展的同一年也创立了相对论. L. de Broglie[1]强调, 只有相对论力学才能满足光子理论的要求. 根据经典力学, 对于光子的能量 W、动量 g 和速度 u, 会有

$$W = \frac{m}{2} u^2, \quad g = mu$$

因此, $g = \sqrt{2mW}$.

如果用从普遍成立的关系式 $W = mc^2$ 中得到的值代替质量, 那么我们得到

$$g = \sqrt{2 \frac{W^2}{c^2}} = \sqrt{2} \frac{W}{c}$$

而不是光子理论所要求的

$$g = \frac{W}{c} = \frac{h\nu}{c}$$

另一类似的差异出现在光压表达式中的因子 2, 这取决于光压是由经典力学计算得到的, 还是如同在第三卷 §31 方程 (15) 中由相对论电动力学计算而得的.

光子理论是一种如同 Newton 所设想的光的微粒理论. 光的波动理论有着与光子理论同样的地位. 这两种理论中的哪一种将会给出正确的答案, 需视每一具体实验所提出的问题而定. 一种将完善另一种——它们是互补的. 在第 2 章的最后, 讨论了这两种理论彼此并不冲突, 还提及它们所导致的深刻哲学推论. 人们在学校受到的教育是眼睛 "看到光波", 这不是事实, 眼睛 "看到" 的是发生在视网膜中的光电过程, 其根据入射光子能量的大小 $h\nu$ 而产生五颜六色世界的视觉感受. 当然, 就我们原生的感觉而言, 对于光的波动结构 (不管受它的影响有多深) 并没有优于量子结构. 通过再次强调波和粒子的互补性这一最非凡、认识论上最重要的结论, 至此可以结束本卷——《光学》了.

---

[1] Rev. Mod. Physics, Vol, **21**, p. 345, 1949, 发表于 Einstein 七十岁生日.

习　　题

第 1 章

I.1　同频率的两个平行线性振荡的叠加.

设两个振荡 (实数标记) 为

$$x_1 = a_1 \cos(\omega t + \alpha_1), \quad x_2 = a_2 \cos(\omega t + \alpha_2) \tag{1}$$

通过形成这些振荡的 (复) 矢量和, 找到所得振荡的振幅 a 和相位 α

$$x = x_1 + x_2 = a \cos(\omega t + \alpha) \tag{2}$$

I.2　在一个周期内, 平面波的电矢量和磁矢量所描述的曲线.

在理想情况下 (理想单色平面波), 这一曲线是一个椭圆. 在什么条件下椭圆会退化为圆或直线?

I.3　关于 I 和 II 之间边界的表面电荷.

证明如 §3A 一样, §3B 中的界面不存在电荷.

I.4　对图 4 的核查.

找出关于 α 的函数 R_{p} 和 R_{s} 的抛物线方程.

I.5　关于反射率 r 和透射率 d 的计算.

对于具有任意常数 ε、μ 的材料, 证明能量定理 $r + d = 1$.

I.6　全反射光的椭圆偏振.

以 §5 方程 (11) 开始, 证明关于最大相位差 $\gamma - \delta$ 和相应入射角 $\alpha_{\max}$ 的 §5 方程 (12).

I.7　被认为是共振效应的 Perot-Fabry 极大值.

根据 Kossel[1]的建议, 研究标准具镀银板之间的 Perot-Fabry 空气空间的电磁本征振荡. 考虑场只依赖于 y 坐标 (垂直于板), 并且大量镀银的情况, 因此, 电场矢量 $\boldsymbol{E}$ 的振荡须处处与板平行. 确定这些自由振荡的频率, 并证明它与被垂直入射 p 偏振波激发的受迫振荡最大值的频率一致.

I.8　斜入射光的 Wiener 实验.

研究以任意角度 α 入射的两种偏振情况下干涉条纹的形状.

---

[1] W. Kossel, Ann. d. Phys. (Lpz.) **36**, 1939; 见此文第 191 页底部至第 192 页上部的论述.

第 3 章

III.1   分子内部振荡问题的约化质量.

对于由质量为 M_1 的正离子和质量为 M_2 的负离子组成的分子, 试证明 §18 式 (3) 中给出的表达式 $\dfrac{1}{M} = \dfrac{1}{M_1} + \dfrac{1}{M_2}$. 正负离子可以认为是理想的质点, 通过有心力相互吸引. 这个表达式与两个质点非弹性碰撞的表达式 (第一卷 §3 方程 (28b)) 相同.

III.2   棱镜的偏转角 δ .

证明对称光线路径所形成的偏转角 δ 最小.

III.3   直视棱镜和消色差棱镜.

对于小棱镜角和小入射角的情况, 计算由两块不同玻璃 (折射率 n_1、n_2, 棱镜角 φ_1、φ_2) 组成的双棱镜的偏转角 δ. 棱镜 1 是直立的, 棱镜 2 是倒置的, 使其脊邻接 1 的底面. 对于 $\delta = 0$ (直视棱镜) 和 $d\delta/d\lambda = 0$ (消色差棱镜), 确定 φ_2/φ_1 的比值.

III.4   Zeeman 效应和 Larmor 旋进.

假设电子在任意原子场中运动, 原子场用势 $V(r)$ 来描述. 对于以下两种情况: (a) 附加一个均匀磁场 B 时; (b) 相反, 电子以角速度 ω 以磁场 B 的方向为轴做旋转时, 证明当 $\omega = \dfrac{1}{2}\dfrac{e}{m}B$ (Larmor 旋进公式) 时, (a) 和 (b) 的运动相同. 假设普通离心力与 Coriolis 力相比可以忽略不计.

第 4 章

IV.1   法线面的几何推导.

在第二卷习题 I.6 的解答中, 对于一个主轴为 a, b, c 的椭球张量曲面, 通过其张量不变式可得出以下两个定理:

(a) 任意三个相互垂直半径的平方倒数之和与其空间方向无关, 因此它们的和等于

$$\frac{1}{a^2} + \frac{1}{b^2} + \frac{1}{c^2}$$

(b) 椭球的任意外切平行六面体的体积与其特定的位置或形状无关, 因此其体积等于

$$2a \cdot 2b \cdot 2c$$

将这两个定理应用于折射率椭球, 构建 §25 中所描述的方程 (12)~(19), 并通过此方法获得法线面的方程.

IV.2   光线面的基本几何推导.

将上面习题中的定理 (a)、(b) 应用于 Fresnel 椭球, 构建关于电场矢量 $\boldsymbol{E}$ 的方程并将其补充至 §25. 通过此方法获得光线面的方程.

IV.3   证明关于会聚光照射晶片所引起相位差的 §31 近似公式 (9).

在图 47 中, 若将两光线 ABD 和 AC 相位差的精确公式里的角 β_1 和 β_2 看成小量, 可适当地将两者替换为其平均角 β, 所得近似公式可认为已足够精确.

习 题 解 答

第 1 章

I.1 普通方法是让

$$x_1 = a_1 \cos\tau, \quad x_2 = a_2 \cos(\tau + \delta), \quad \tau = \omega t + \alpha_1, \quad \delta = \alpha_2 - \alpha_1$$

$$x_1 + x_2 = (a_1 + a_2 \cos\delta)\cos\tau - a_2 \sin\delta \sin\tau$$

与题目中的方程 (2) 比较, 可得

$$a_1 + a_2 \cos\delta = a\cos(\alpha - \alpha_1), \quad a_2 \sin\delta = a\sin(\alpha - \alpha_1)$$

因此

$$a^2 = (a_1 + a_2 \cos\delta)^2 + a_2^2 \sin^2\delta = a_1^2 + a_2^2 + 2a_1 a_2 \cos\delta \tag{1}$$

$$\tan(\alpha - \alpha_1) = \frac{a_2 \sin\delta}{a_1 + a_2 \cos\delta} \tag{2}$$

然而, 更简化的方法是将公因子 $\mathrm{e}^{\mathrm{i}\omega t}$ 省略, 可得

$$x_1 = a_1 \mathrm{e}^{\mathrm{i}\alpha_1}, \quad x_2 = a_2 \mathrm{e}^{\mathrm{i}\alpha_2}, \quad x = a\mathrm{e}^{\mathrm{i}\alpha}$$

这里, x_1, x_2 表示在复平面内长度为 a_1, a_2 的矢量 $\overrightarrow{OP_1}, \overrightarrow{OP_2}$. 在图 97 中它们的和表示边长为 x_1 和 x_2 的平行四边形的对角线 OQ. 由 Pythagoras 定理, 对角线的长度 a 由下式给出

$$a^2 = a_1^2 + a_2^2 + 2a_1 a_2 \cos\delta \tag{3}$$

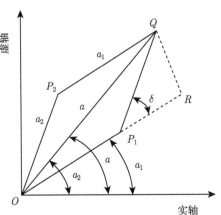

图 97 复平面内两个具有不同相位的平行振荡的叠加

这与方程 (1) 相同. OQ 和 OP 的夹角 $\alpha - \alpha_1$ 由直角三角形 OQR 算出

$$\tan(\alpha - \alpha_1) = \frac{a_2 \sin \delta}{a_1 + a_2 \cos \delta} \tag{4}$$

这与方程 (2) 相同.

当 $a_2 = a_1$ 和 $\delta = \pi - \Delta$ 时, 式 (3) 变为

$$a^2 = 2a_1^2(1 - \cos \Delta), \quad a = 2a_1 \sin \frac{\Delta}{2} \tag{5}$$

我们将在 §31 的干涉问题中再次见到这个公式.

I.2 在 §2 式 (1) 中作替换

$$E_y = \eta, \quad E_z = \zeta, \quad A_y = A\mathrm{e}^{-\mathrm{i}\alpha}, \quad A_z = B\mathrm{e}^{-\mathrm{i}\beta}$$

然后在实空间得到

$$\eta = A \cos(\tau - \alpha), \quad \zeta = B \cos(\tau - \beta), \quad \tau = kx - \omega t$$

消去 $\sin \tau$ 或 $\cos \tau$, 得到

$$\cos \tau \sin(\beta - \alpha) = \frac{\eta}{A} \sin \beta - \frac{\zeta}{B} \sin \alpha$$

$$\sin \tau \sin(\beta - \alpha) = -\frac{\eta}{A} \cos \beta + \frac{\zeta}{B} \cos \alpha$$

平方并求和得到

$$\left(\frac{\eta}{A}\right)^2 + \left(\frac{\zeta}{B}\right)^2 - 2\frac{\eta}{A}\frac{\zeta}{B} \cos \gamma = \sin^2 \gamma, \quad \gamma = \beta - \alpha \tag{1}$$

这是椭圆的极坐标方程. 一般情况下两个主轴绕 y 轴和 z 轴有一定旋转; 仅当 $\gamma = \pm \pi/2$ 时, 两个主轴与 y 轴和 z 轴重合. 并且当 $A = B$ 时, 椭圆变成了圆, 这对应于圆偏振判据 §2 式 (6).

当 $\gamma = 0$ 或 π 时, 偏振为线偏振. 然后式 (1) 变为

$$\left(\frac{\eta}{A} \mp \frac{\zeta}{B}\right)^2 = 0$$

这与判据 §2 式 (6a) 一致.

考虑到 §2 式 (5), 对于磁矢量 $H_y = \eta$, $H_z = \zeta$ 做相同的计算:

$$\eta = -B\sqrt{\frac{\varepsilon}{\mu}} \cos(\tau - \beta), \quad \zeta = A\sqrt{\frac{\varepsilon}{\mu}} \cos(\tau - \alpha)$$

则式 (1) 变为

$$\left(\frac{\eta}{B}\right)^2 + \left(\frac{\zeta}{A}\right)^2 + 2\frac{\eta}{B}\frac{\zeta}{A} \cos \gamma = \frac{\varepsilon}{\mu} \sin^2 \gamma \tag{2}$$

因此, 在与电场矢量相同的条件下, 磁矢量所描绘的曲线变成一个圆或一条直线.

I.3 对于不含表面电荷的一般性证明, 通常包括以下考虑:

非导电介质的 Maxwell 方程遵循 $\mathrm{div}\,\boldsymbol{D} = \rho$, 不依赖于时间. 但是, 因为场在时间上有周期性, 排除 $\rho = f(x,y,z)$ 后, 仅 $\rho = 0$ 成为可能. 对于表面散度 $\omega = D_n - D'_n$ 也如此.

对于 §3 B 的情况通常按下述方法证明: 在 $y = 0$ (图 3(b)),

$$E_y = \begin{cases} (A+C)\sin\alpha\,\mathrm{e}^{ik_1 x \sin\alpha}, & \text{介质 I 中} \\ B\sin\beta\,\mathrm{e}^{ik_2 x \sin\beta}, & \text{介质 II 中} \end{cases}$$

根据上式、折射定律和关系式 $\boldsymbol{D} = \varepsilon\boldsymbol{E}$, 可得

$$D_y = \left\{ \begin{array}{l} \varepsilon_1(A+C)\sin\alpha \\ \varepsilon_2 B\sin\beta \end{array} \right\} \mathrm{e}^{ik_1 x \sin\alpha}$$

从 §3 方程 (14a)、折射定律以及 m_{12} 和 n_{12} 的定义, 很容易得出这两个 D_y 的值相等.

I.4 由折射定律可得, 对于小 α 的二阶近似有

$$\beta\left(1 - \frac{\beta^2}{6} + \cdots\right) = \frac{\alpha}{n}\left(1 - \frac{\alpha^2}{6} + \cdots\right)$$

因此, 仍然忽略 α 的高次幂

$$\beta = \frac{\alpha}{n}\left(1 - \frac{\alpha^2}{6}\right)\left(1 + \frac{\alpha^2}{6n^2}\right) = \frac{\alpha}{n}\left(1 - \frac{n^2-1}{6n^2}\alpha^2\right)$$

$$\alpha \pm \beta = \alpha\left\{1 \pm \frac{1}{n}\left(1 - \frac{n^2-1}{6n^2}\alpha^2\right)\right\} \tag{1}$$

因此可以得到同阶近似

$$\frac{\sin(\alpha-\beta)}{\sin(\alpha+\beta)} = \frac{n-1+\dfrac{\alpha^2}{6n^2}[n^2-1-(n-1)^3]}{n+1-\dfrac{\alpha^2}{6n^2}[n^2-1+(n+1)^3]}$$

$$= \frac{n-1}{n+1}\left[1 + \frac{\alpha^2}{6n^2}(2n+4n)\right] = \frac{n-1}{n+1}\left(1 + \frac{\alpha^2}{n}\right) \tag{2}$$

此式由 R_p 的 §4 表达式 (4) 给出.

从式 (1) 可得出相同的近似:

$$\frac{\cos(\alpha+\beta)}{\cos(\alpha-\beta)} = 1 - \frac{2\alpha^2}{n} \tag{3}$$

式 (2) 和式 (3) 的负数积是

$$R_s = -\frac{n-1}{n+1}\left(1 - \frac{\alpha^2}{n}\right)$$

它与 §4 式 (9) 相同.

I.5 我们需要根据 §3 方程 (9)、(15)，给出一个一般性证明 (不仅仅针对在 §4 所考虑的特殊情况 $\mu_2 = \mu_1$). 由 §4 式 (18)，方程被变为

$$\left|\frac{C}{A}\right|^2 + m\frac{\cos\beta}{\cos\alpha}\left|\frac{B}{A}\right|^2 = 1$$

除以 $|B/A|^2$ 后写为

$$\left|\frac{C}{B}\right|^2 + m\frac{\cos\beta}{\cos\alpha} = \left|\frac{A}{B}\right|^2$$

根据 §3 式 (9)，对于 p 偏振，方程变为

$$\left(1 - m\frac{\cos\beta}{\cos\alpha}\right)^2 + 4m\frac{\cos\beta}{\cos\alpha} = \left(1 + m\frac{\cos\beta}{\cos\alpha}\right)^2$$

根据 §3 式 (15)，对于 s 偏振，方程变为

$$\left(m - \frac{\cos\beta}{\cos\alpha}\right)^2 + 4m\frac{\cos\beta}{\cos\alpha} = \left(m + \frac{\cos\beta}{\cos\alpha}\right)^2$$

显然，这两个方程都得以证明.

I.6 对 §5 式 (11) 做关于 α 的微分，并令微分商为零，得到 (使用 §5 式 (11) 分子和分母的运算符号)

$$0 = \frac{\cos(\alpha - i\beta')}{\sin(\alpha + i\beta')}\left(1 - i\frac{d\beta'}{d\alpha}\right) - \frac{\sin(\alpha - i\beta')}{\sin^2(\alpha + i\beta')}\cos(\alpha + i\beta')\left(1 + i\frac{d\beta'}{d\alpha}\right) \tag{1}$$

对折射定律 $n\sin\alpha = \cos i\beta'$ 微分，得到

$$\frac{d\beta'}{d\alpha} = \frac{in\cos\alpha}{\sin i\beta'}$$

将它代入式 (1) 得

$$0 = \sin 2i\beta' + n\frac{\sin 2\alpha \cos\alpha}{\sin i\beta'}$$

再次应用折射定律可得

$$0 = 2n\frac{\sin\alpha}{\sin i\beta'}\left\{2 - (n^2 + 1)\sin^2\alpha\right\}$$

它包含了我们要推导的第二个公式 §5 式 (12). 现在重写 §5 式 (11) 的实部，令 $\Delta = \gamma - \delta$ 得

$$\frac{e^{i\Delta} - 1}{e^{i\Delta} + 1} = -\frac{\cos\alpha \sin i\beta'}{\sin\alpha \cos i\beta'}$$

或相等的表达式

$$i\tan\frac{\Delta}{2} = -\cot\alpha \tan i\beta'$$

从上述推导的 $\sin\alpha_{\max}$ 值和折射定律，得出右边的两个因子为

$$\cot\alpha = \sqrt{\frac{n^2 - 1}{2}}, \quad \tan i\beta' = \frac{i}{n}\sqrt{\frac{n^2 - 1}{2}}$$

因此 §5 式 (12) 的第一个公式也得以证明.

I.7 如果设 §7A 中的一般试探解的系数 A 为零, 也就是说, 如果入射波的连续激发被忽略, 那么平行平板问题的解将表现为自由振荡而非受迫振荡. 前面被称为反射波的振幅为 C 的波, 现在用由自由振荡向外部空间辐射的 D 波表示. 如果镀银层不能完全反射, 必须明确给出此辐射. 设空气盘的厚度还是 $2h$. §7 的公式是基于习题中相同的 p 偏振, 但是因为自由振荡已给定的几何性质 (不依赖于 x), 现在我们必须让 $\alpha = \beta = \gamma = 0$. 更进一步, 因为三种介质 I、II 和 III 现在都是空气, 所以 $n = n_1 = 1$.

因此, §7 式 (30) 和 §7 式 (31) 的四个方程简化为

$$-Ce^{+ikh} - Be^{-ikh} + Ee^{+ikh} = gCe^{+ikh} = g(Be^{-ikh} + Ee^{+ikh}) \tag{1}$$

$$-De^{+ikh} - Ee^{-ikh} + Be^{+ikh} = gDe^{+ikh} = g(Ee^{-ikh} + Be^{+ikh}) \tag{2}$$

这种书写方程的方式表明 C 和 D 具有对称性, 同时 B 和 E 也具有对称性, 这是因为忽略了入射波. 因此我们可令 (解的对称性)

$$D = C, \quad E = B \tag{3}$$

因此式 (2) 和式 (1) 变得相同, 因此只剩下一个双重方程

$$-Ce^{ikh} + 2iB\sin kh = gCe^{ikh} = 2gB\cos kh \tag{4}$$

通过消去 B 或者 C, 我们得到

$$\tan kh = \frac{1+g}{i} \tag{5}$$

或者, 我们令 (反对称型解)

$$D = -C, \quad E = -B \tag{3a}$$

除了正负号, 方程 (1) 和 (2) 再次变得相同. 替代式 (4) 和式 (5), 可得

$$-Ce^{ikh} - 2B\cos kh = gCe^{ikh} = -2igB\sin kh \tag{4a}$$

$$\tan kh = \frac{1}{i(1+g)} \tag{5a}$$

令

$$\xi = kh, \quad \tan kh = \frac{e^{i\xi} - e^{-i\xi}}{i(e^{i\xi} + e^{-i\xi})}, \quad \beta = \frac{1}{1+g} \ll 1 \tag{6}$$

式 (5a) 变为

$$e^{2i\xi} = \frac{1+\beta}{1-\beta} \sim 1 + 2\beta, \quad \xi = \frac{1}{2i}(2\beta + 2m\pi i) \tag{7}$$

式 (5) 变为

$$e^{2i\xi} = -\frac{1+\beta}{1-\beta} \sim -(1+2\beta), \quad \xi = \frac{1}{2i}[2\beta + (2m+1)\pi i] \tag{7a}$$

由式 (6) 中定义的 ξ 和 β, 式 (7) 和式 (7a) 得出

$$kh = m\pi - i/g \tag{8}$$

$$kh = \left(m + \frac{1}{2}\right)\pi - \mathrm{i}/g \tag{8a}$$

kh 的对称和反对称本征值形成相邻值之间相差 2π 的等间距序列. 这个结果与图 11 所示的标准具的受迫振荡完全一致.

根据式 (8) 和式 (8a), 阻尼常系数 $1/g$ 对于所有自由振荡都相同. 因此我们能得出, 对于所有如图 11 所示的受迫振荡, 半宽度都相同. 为了证明这一点, 仅需将此结果与第一卷 §19 中导出的最简单的阻尼自由振荡和阻尼受迫振荡结果相比较.

I.8. 根据一般表达式 (3.1), 任意角 α 入射的入射波和反射波可表示为

$$\left.\begin{array}{l} E_{\mathrm{i}} = A\mathrm{e}^{ik(x\sin\alpha - y\cos\alpha)} \\ E_{\mathrm{r}} = C\mathrm{e}^{ik(x\sin\alpha + y\cos\alpha)} \end{array}\right\} \mathrm{e}^{-\mathrm{i}\omega t} \tag{1}$$

p 偏振的 E, 与 z 轴平行, 并且, 因为 $y = 0$ 处的边界条件, 所以有 §8 式 (3) 所示的 $C = -A$. 因此

$$\mathrm{Re}(E_{\mathrm{i}} + E_{\mathrm{r}}) = 2A\cos(\omega t - kx\sin\alpha)\sin(ky\cos\alpha)$$

电场强度的最大值点 (最佳摄影效果) 位于一系列平行平面上

$$ky\cos\alpha = \left(m + \frac{1}{2}\right)\pi \tag{2}$$

这些平面的间距大于垂直入射情况 ($\alpha = 0$) 的间距 $\lambda/2$. 特别是, 当 $\alpha = \pi/4$ 时间距为 $\lambda/\sqrt{2}$.

s 偏振的 H 在 z 轴方向, 并且 E 在 x 和 y 方向有分量, 由边界条件, 对于 $y = 0$, $E_{xi} + E_{xr} = 0$, 得出 $C = -A$(见图 3(b)), 并且根据式 (1), 对于 $y > 0$, 有

$$\mathrm{Re}(E_{\mathrm{i}} + E_{\mathrm{r}})_y = 2A\sin\alpha\sin(\omega t - kx\sin\alpha)\sin(ky\cos\alpha)$$

$$\mathrm{Re}(E_{\mathrm{i}} + E_{\mathrm{r}})_x = 2A\cos\alpha\cos(\omega t - kx\sin\alpha)\cos(ky\cos\alpha)$$

由这些分量平方和的时间平均值可得

$$\begin{aligned} J &= 2A^2\left\{\sin^2\alpha\cos^2(ky\cos\alpha) + \cos^2\alpha\cos^2(ky\cos\alpha)\right\} \\ &= 2A^2\left\{\cos^2\alpha - \cos 2\alpha\sin^2(ky\cos\alpha)\right\} \end{aligned}$$

因此, 对于 Wiener 所用的入射角 $\alpha = \pi/4$, 得出 A^2; 没有其他条纹产生, 而且照度是均匀的. 对于其他入射, 弱的条纹将叠加出现于均匀亮度之上.

第 3 章

III.1 如果用 f 表示有心力除以两个质点的距离, 表示为笛卡尔坐标 x, y 和 x_1, y_1 的形式, 运动方程可以写为

$$\left\{\begin{array}{ll} M_1\ddot{x}_1 = f(x_2 - x_1), & M_1\ddot{y}_1 = f(y_2 - y_1) \\ M_2\ddot{x}_2 = f(x_1 - x_2), & M_2\ddot{y}_2 = f(y_1 - y_2) \end{array}\right. \tag{1}$$

把方程的每一列相加就会得到质心的运动方程; 方程的每一列相减得到两个质点的相对运动方程:

$$\ddot{\xi} = -\left(\frac{1}{M_1} + \frac{1}{M_2}\right)f\xi, \quad \ddot{\eta} = -\left(\frac{1}{M_1} + \frac{1}{M_2}\right)f\eta, \quad \begin{cases} \xi = x_1 - x_2 \\ \eta = y_1 - y_2 \end{cases} \tag{2}$$

M 的定义在题目中给出了, 这些方程描述了质点 M 与坐标 ξ, η 的关系. 如果结合力如同我们在色散计算中假设的一样是准弹性的, 那么 $M=$ 常数, 由式 (2) 可得

$$\ddot{\xi} + \omega_0^2\xi = 0, \quad \ddot{\eta} + \omega_0^2\eta = 0, \quad \omega_0^2 = f/M$$

因此, 运动是频率为 ω_0 的简单周期运动. 同样的情况也适应于 Coulomb 吸引力 (f 正比于 r^{-3}), 但不适应于任意的有心力场.

III.2 把折射定律应用到棱镜的前后表面, 要求

$$\frac{\sin\alpha}{\sin\beta} = n, \quad \frac{\sin\alpha'}{\sin\beta'} = n' \tag{1}$$

如果棱镜的两面都在空气中, 这里 $n' = 1/n$. 在棱镜表面和内部光线形成的三角形中, 角度的和满足

$$\varphi = \beta + \alpha' \tag{2}$$

在棱镜的前表面, 入射光线的偏转角为 $\delta_1 = \alpha - \beta$; 在棱镜后面出射光线的偏转角为 $\delta_2 = \beta' - \alpha'$. 因此总偏转角为

$$\delta = \delta_1 + \delta_2 = \alpha - \beta + \beta' - \alpha'$$

再根据式 (2) 可得

$$\delta = \alpha + \beta' - \varphi \tag{3}$$

代入式 (1) 可得

$$\frac{\sin\alpha}{\sin(\varphi - \alpha')} = n, \quad \frac{\sin\alpha'}{\sin(\delta + \varphi - \alpha)} = \frac{1}{n} \tag{4}$$

因此, 通过消去 α', 可以得到以 α 为函数的 δ 表达式.

对式 (4) 做 α 的微分 (在消去 α' 之前) 得到最小偏转角 $\mathrm{d}\delta = 0$ 的条件:

$$\cos\alpha \mathrm{d}\alpha + n\cos(\varphi - \alpha')\mathrm{d}\alpha' = 0$$

$$n\cos\alpha'\mathrm{d}\alpha' + \cos(\delta + \varphi - \alpha)\mathrm{d}\alpha = 0$$

只有在如下条件时, 上面的式子才能满足

$$\begin{vmatrix} \cos\alpha & \cos(\varphi - \alpha') \\ \cos(\delta + \varphi - \alpha) & \cos\alpha' \end{vmatrix} = 0 \tag{5}$$

让第一列和第二列中对应的项相等, 可得 $\alpha = (\delta + \varphi)/2$, $\alpha' = \varphi/2$, 再利用式 (2) 和式 (3) 得到 $\beta = \alpha'$, $\beta' = \alpha$. 因此, 如果光线是关于棱镜角平分面对称, 通过替换方程 (1) 中的任何一个, 就可以确定折射率 n:

$$n = \sin\frac{1}{2}(\delta + \varphi)\,/\,\sin\frac{\varphi}{2} \tag{6}$$

III.3　对于较小的角度 α, φ, α', 由上题解的方程 (4) 中消去 $\alpha + n\alpha'$ 可得

$$\delta = (n-1)\,\varphi$$

为了能够直接将这一结果应用于双棱镜, 可以想象棱镜 1 和棱镜 2 被非常窄的空气隔开. 因此, 考虑到两个棱镜脊的相反位置, 可以得到总的偏转为

$$\delta = \delta_1 - \delta_2, \quad \delta_1 = (n_1 - 1)\,\varphi_1, \quad \delta_2 = (n_2 - 1)\,\varphi_2 \tag{1}$$

(a) 对于直视棱镜, 需满足

$$\delta = 0, \quad \text{即} \ (n_1 - 1)\,\varphi_1 - (n_2 - 1)\,\varphi_2 = 0, \quad \frac{\varphi_2}{\varphi_1} = \frac{n_1 - 1}{n_2 - 1} \tag{2}$$

由于 n_1 和 n_2 取决于波长, 所以在某些平均波长下这个条件才能满足, 比如 $\lambda = 0.590\,\mu\mathrm{m}$.

(b) 对于消色差棱镜, 需满足

$$\frac{\mathrm{d}\delta}{\mathrm{d}\lambda} = 0, \quad \frac{\mathrm{d}n_1}{\mathrm{d}\lambda}\varphi_1 - \frac{\mathrm{d}n_2}{\mathrm{d}\lambda}\varphi_2 = 0, \quad \frac{\varphi_2}{\varphi_1} = \frac{\mathrm{d}n_1/\mathrm{d}\lambda}{\mathrm{d}n_2/\mathrm{d}\lambda} \tag{3}$$

而且对于 $\lambda = 0.590\,\mu\mathrm{m}$ 的波, 这些条件更是要满足. 下表分别列出了不同波长下轻硼冕玻璃的折射率 n_1 和重火石玻璃的折射率 n_2. 对于 $\lambda = 0.590\,\mu\mathrm{m}$, 由式 (2) 和式 (3) 可得

$$\frac{\varphi_2}{\varphi_1} = \frac{0.5103}{0.7562} \tag{4a}$$

$$\frac{\varphi_2}{\varphi_1} = \frac{4.18}{13.84} \tag{4b}$$

冕玻璃 (n_1) 和重火石玻璃 (n_2) 的色散

λ	n_1	n_2
0.761	1.5050	1.7300
0.656	1.5076	1.7473
0.590	1.5103	1.7562
0.486	1.5156	1.7792
0.397	1.5245	1.8403

在 (a) 的情况中, δ 的值在光谱中处处很小并非常依赖于颜色. 在 (b) 的情况中 (也对于 $\lambda = 0.590\,\mu\mathrm{m}$), 非零的光线偏转与颜色无关 (只有在光谱的紫色端, 偏转才稍微减小). 一旦角 φ_1 被任意给定 (尽管它非常小), 那么角 φ_2 将由方程 (4a)、(4b) 确定.

一个更重要的问题是消色差透镜. 对于这类问题, 一个类似方程 (3) 的条件必须满足.

III.4　情况 (a), 试图使电子脱离轨道的惯性力被原子场力 $-\partial V/\partial r$ 和 Lorentz 力 $\boldsymbol{K} = e\boldsymbol{v} \times \boldsymbol{B}$ 所平衡, 我们没有必要研究轨道的形状或速度沿轨道的变化. 在情况 (b) 中, 普通的离心力 $|\boldsymbol{Z}| = m\rho\omega^2$ (ρ 是电子离转动轴的距离) 和 Coriolis 力 $\boldsymbol{C} = 2m\boldsymbol{v} \times \boldsymbol{\omega}$ ($\boldsymbol{v}$ 是相对于旋转系统的速度) 取代了 $\boldsymbol{K}$ (可参见第一卷 §29), 而原子产生的力 $-\partial V/\partial r$ 与情况 (a) 相同. 假设 $\boldsymbol{Z}$ 与 $\boldsymbol{C}$ 相比可忽略 (见题干陈述), 那么通过令 $\boldsymbol{C} = \boldsymbol{K}$ 可得 (b) 情况下的力学平衡式为

$$2m\boldsymbol{v} \times \boldsymbol{\omega} = e\boldsymbol{v} \times \boldsymbol{B}; \quad \omega = \frac{1}{2}\frac{e}{m}\boldsymbol{B}$$

这就证明了 Larmor 定理.

为了可以忽略 $\boldsymbol{Z}$, 必须有

$$m\rho\omega^2 \ll 2m|\boldsymbol{v}|\omega$$

这相当于, 当磁场开启时, 赋予电子的速度 $\rho\omega$ 与没有外磁场时的电子速度 $|\boldsymbol{v}|$ 相比非常小. 对于实际能够实现的磁场 $\boldsymbol{B}$, 这个条件总是满足的.

因此我们可以得出结论, 在 §21 中所讲的 Zeeman 效应的理论中, 当假设的准弹性结合力被 Coulomb 场 (氢原子) 或任意原子场 $V(r)$ 取代时, Zeeman 效应理论依然成立. 尤其对于正常 Zeeman 效应理论 (对于纵向观测 $\Delta\omega = 0$, 对横向观测 $2\Delta\omega = \pm(e/m)B$), 由于 Larmor 定理的普遍有效性而被保留了下来.

第 4 章

IV.1　折射率椭球 [根据 §25 式 (12) 归一化后]

$$u_1^2 x_1^2 + u_2^2 x_2^2 + u_3^2 x_3^2 = C, \quad C = 2W_e/\mu_0 \tag{1}$$

与垂直于波数矢量 $\boldsymbol{k}$ 的平面 E

$$k_1 x_1 + k_2 x_2 + k_3 x_3 = 0 \tag{2}$$

相交成一个椭圆. 根据 §25 式 (19), 我们将此椭圆主轴的倒数表示为 $u'/\sqrt{C}$ 和 $u''/\sqrt{C}$, 然而为保证波速不变, 这里并没有使用之前对 u' 和 u'' 的定义. 我们构建垂直于这两轴的第三条主轴, 此轴与椭球的交点距原点的距离为 $OP = l$. P 点的坐标为 $x_i = lk_i/k$. 将其代入式 (1) 可得

$$\frac{C}{l^2} = \frac{1}{k^2}\sum u_i^2 k_i^2 \tag{3}$$

这样, 根据定理 (a) 可给出三轴的长度 $\sqrt{C}/u'$、$\sqrt{C}/u''$、l 之间的关系为

$$\frac{1}{C}\left(u'^2 + u''^2\right) + \frac{1}{l^2} = \frac{1}{C}\left(u_1^2 + u_2^2 + u_3^2\right)$$

因此, 由式 (3) 可得

$$u'^2 + u''^2 = \sum u_i^2\left(1 - \frac{k_i^2}{k^2}\right) \tag{4}$$

为了能够应用定理 (b), 我们必须构建与式 (1) 所示的椭球相切并平行于平面 E 的平面 E'. 相切于切点 $\xi_1\xi_2\xi_3$ 的任意切面方程为

$$\sum u_i^2 \xi_i \left(x_i - \xi_i\right) = 0 \tag{5}$$

若此平面垂直于 $\boldsymbol{K}$, 则

$$u_i^2 \xi_i = \rho k_i \quad (\rho\text{为比例常数}) \tag{5a}$$

由于 ξ 点必须位于椭球 (1) 上, 所以

$$\rho^2 \sum \frac{k_i^2}{u_i^2} = C \tag{6}$$

因为式 (5a) 和 (1), 所以方程 (5) 变为

$$\rho \sum k_i x_i - C = 0 \tag{7}$$

根据解析几何中的规律, 平面 E' 与椭球中心的距离为

$$p = \frac{C}{\rho k}$$

因此, 根据式 (6) 有

$$p = \frac{1}{k}\sqrt{C \sum k_i^2/u_i^2} \tag{8}$$

E' 和其直径方向上相对的平行平面 E'', 以及与椭球相切于交界椭圆主轴端点的平面, 共同形成了一个外切于椭球的平行六面体. 其体积为

$$2p \cdot \frac{2\sqrt{C}}{u'} \cdot \frac{2\sqrt{C}}{u''} = \frac{8}{k}\frac{C^{3/2}}{u'u''}\sqrt{\sum k_i^2/u_i^2}$$

根据定理 (b), 这个体积等于由椭球三个主轴长度 $\sqrt{C}/u_i$ 所构成的长方体体积, 即等于 $8C^{3/2}u_1u_2u_3$. 于是得出了如下结果:

$$u'^2 u''^2 = \frac{u_1^2 u_2^2 u_3^2}{k^2} \sum \frac{k_i^2}{u_i^2} \tag{9}$$

由两对称函数 $u'^2 + u''^2$(方程 (4)) 和 $u'^2u''^2$(方程 (9)) 可得到一个关于 u^2 的二次方程, 其根为 u'^2 和 u''^2. 很容易证明, 此方程与代入了 ξ_i 的 §26 表达式 (19) 的法线面方程 §26 式 (19b) 相一致.

IV.2 将关于 Fresnel 椭球的方程 §24 式 (6a) 写成类似于上一问题中方程 (1) 的形式:

$$\frac{x_1^2}{u_1^2} + \frac{x_2^2}{u_2^2} + \frac{x_3^2}{u_3^2} = C, \quad C = 2\mu_0 W_e \tag{1}$$

式中, x_i 表示 $\boldsymbol{E}$ 的分量. 由于 $\boldsymbol{E}$ 垂直于光线矢量 $\boldsymbol{S}$, 所以它也垂直于与 $\boldsymbol{S}$ 平行的单位矢量 $\boldsymbol{s} = s_1, s_2, s_3$, 我们用如下平面分割椭球:

$$s_1 x_1 + s_2 x_2 + s_3 x_3 = 0 \tag{2}$$

并计算它们相交所形成椭圆的主轴. 除了附加条件 (1) 和 (2) 形式上的变化, 这里要求解的极值问题与 §25 中的相同.

令相交形成椭圆的主轴长度为 $\sqrt{C}v'$ 和 $\sqrt{C}v''$; 令 l 为垂直于这两条主轴的轴与椭球交点到原点的距离. 因为其端点坐标为 $\xi_i = ls_i$, 所以方程 (1) 变为

$$\frac{C}{l^2} = \sum \frac{s_i^2}{u_i^2} \tag{3}$$

由定理 (a) 给出了三个主轴长度 $\sqrt{C}v'$、$\sqrt{C}v''$、C 的关系:

$$\frac{1}{C}\left(\frac{1}{v'^2} + \frac{1}{v''^2}\right) + \frac{1}{l^2} = \frac{1}{C}\sum \frac{1}{u_i^2}$$

因此利用式 (3) 可得

$$\frac{1}{v'^2} + \frac{1}{v''^2} = \sum \frac{1 - s_i^2}{u_i^2} \tag{4}$$

定理 (b) 涉及 Fresnel 椭球的切面 E' 和 E'', 这两个平面也平行于我们现在的交界椭圆. 这几个面中任一平面的方程为

$$\sum \frac{\xi_i^2}{u_i^2} (x_i - \xi_i) = 0 \tag{5}$$

或者, 根据上一问题, 可写为

$$\rho \sum s_i x_i - C = 0 \tag{6}$$

这里

$$\rho^2 \sum u_i^2 s_i^2 = C \tag{7}$$

由此可得, 此平面到原点的距离为

$$p = \frac{C}{\rho} = \sqrt{C \sum s_i^2 u_i^2} \tag{8}$$

那么此处讨论的平行六面体的体积为

$$2p \cdot 2\sqrt{C}v' \cdot 2\sqrt{C}v'' = 8C^{3/2} v' v'' \sqrt{\sum s_i^2 u_i^2}$$

因此, 根据定理 (b) 可得

$$\frac{1}{v'^2 v''^2} = \frac{\sum s_i^2 u_i^2}{u_1^2 u_2^2 u_3^2} \tag{9}$$

根据式 (4) 和式 (9) 可知, v'^2 和 v''^2 为关于 v^2 的二次方程的根, 可将此写为

$$0 = \left(\frac{1}{v^2} - \frac{1}{v'^2} \right) \left(\frac{1}{v^2} - \frac{1}{v''^2} \right) = \frac{1}{v^4} - \frac{1}{v^2} \sum \frac{1 - s_i^2}{u_i^2} + \frac{1}{u_1^2 u_2^2 u_3^2} \sum s_i^2 u_i^2$$

可以很容易证明此方程与光线面的方程 §26 式 (13b) 相同.

IV.3 由图 47 可得

$$AC = d/\cos\beta_2, \quad AB = d/\cos\beta_1, \quad BD = BC\sin\alpha \tag{1}$$

$$BC = EC - EB = (\tan\beta_2 - \tan\beta_1) d \tag{1a}$$

同时, 根据折射定律可得

$$\sin\alpha = \sin\beta_1 \frac{k_1}{k} = \sin\beta_2 \frac{k_2}{k} \tag{2}$$

因此

$$\sin\alpha \tan\beta_1 = \frac{\sin^2\beta_1}{\cos\beta_1} \frac{k_1}{k}, \quad \sin\alpha \tan\beta_2 = \frac{\sin^2\beta_2}{\cos\beta_2} \frac{k_2}{k}$$

式中, 波数 k 对应于空气中的波数, k_1 对应于强折射光线, k_2 对应于弱折射光线. 因此, 由式 (1) 和式 (1a) 可得

$$BD = \frac{d}{k} \left(\frac{\sin^2\beta_2}{\cos\beta_2} k_2 - \frac{\sin^2\beta_1}{\cos\beta_1} k_1 \right)$$

那么总相位差 Δ 为

$$
\begin{aligned}
\Delta &= k_2 AC - k_1 AB - kBD \\
&= \left(\frac{k_2}{\cos\beta_2} - \frac{k_1}{\cos\beta_1} - \frac{k_2\sin^2\beta_2}{\cos\beta_2} + \frac{k_1\sin^2\beta_1}{\cos\beta_1} \right) d \\
&= (k_2\cos\beta_2 - k_1\cos\beta_1)\, d.
\end{aligned}
\tag{3}
$$

这个结果可应用于小入射角 α 的特殊情况, 因此也同样可应用于小折射角 β_1 和 β_2 的情况. 这里引入平均折射角, 其定义为

$$
\sin\beta = \sqrt{\sin\beta_1 \sin\beta_2}
$$

将折射定律 (2) 中的两个等式相乘可得

$$
\sin^2\alpha = \sin^2\beta \frac{k_1 k_2}{k^2}
$$

以及

$$
\frac{1}{\cos\beta} = \left(1 - \frac{k^2}{k_1 k_2}\sin^2\alpha \right)^{-1/2} = 1 + \frac{1}{2}\frac{k^2}{k_1 k_2}\sin^2\alpha + \cdots
\tag{4}
$$

另外, 对于 $i = 1, 2$ 有

$$
\cos\beta_i = 1 - \frac{1}{2}\sin^2\beta_i + \cdots = 1 - \frac{1}{2}\sin^2\alpha \frac{k^2}{k_i^2} + \cdots
$$

$$
\begin{aligned}
k_2\cos\beta_2 - k_1\cos\beta_1 &= k_2 - k_1 - \frac{k^2}{2}\sin^2\alpha \left(\frac{1}{k_2} - \frac{1}{k_1} \right) + \cdots \\
&= (k_2 - k_1)\left\{ 1 + \frac{1}{2}\frac{k^2}{k_1 k_2}\sin^2\alpha + \cdots \right\}
\end{aligned}
$$

将其代入式 (3) 并应用式 (4) 可得

$$
\Delta = \frac{(k_2 - k_1)\, d}{\cos\beta}
\tag{5}
$$

它与 §31 方程 (9) 一致.

译　后　记

　　"Sommerfeld 理论物理学"(第四卷)《光学》的翻译和校对是一件很艰难的事情,我们有幸参加了这一工作。

　　从组织、联系出版社再到稿件的翻译和校对,自始至终的工作都得到了范天佑教授的热情支持和帮助。他艰难地为翻译稿出版筹集经费,并为我们聘请了著名的光物理学家赵达尊教授担任校对专家,他本人亲自参与了与翻译有关的具体工作,不厌其烦地为我们解决一些疑难问题。在该工作完成之际,特向范老师表示衷心的感谢。

　　赵达尊教授承担了繁重的全部译稿的校对工作,他在光物理学领域深厚的造诣和对工作一丝不苟的精神,尤其是带病坚持译稿的校对,大大提高了译稿的质量和进度,在此向赵老师表示深深的谢意。

　　由于翻译工作不可避免地还会存在缺点与错误,欢迎读者批评指正!

　　感谢北京理工大学物理学院对本书出版的资助。

徐朝鹏、边飞 (燕山大学)

成惠 *(河北工程大学)

王健 (辽宁科技大学)

范长增 (燕山大学)

林仕容 *(北京理工大学)

2021 年 5 月

---

* 在北京理工大学攻读博士学位期间的工作